雅克拉－大涝坝凝析气田开发理论与实践

文军红　刘雄伟　李宗宇　赵习森　编著

中国石化出版社

内 容 提 要

本书结合“十五”、“十一五”期间雅克拉－大涝坝凝析气田开发科学技术攻关研究，着重从凝析气田的相态特征、渗流特征、开发优化、提高采收率技术与采气工艺技术等方面对雅克拉－大涝坝凝析气田的开发理论、技术与实践进行了系统总结。

本书适合于从事凝析气田开发的专业技术人员使用，也可作为有关院校师生的参考资料。

图书在版编目(CIP)数据

雅克拉－大涝坝凝析气田开发理论与实践／文军红等编著．—北京：中国石化出版社，2012.7
ISBN 978－7－5114－1626－1

Ⅰ．①雅… Ⅱ．①文… Ⅲ．①凝析气田－气田开发－研究－新疆 Ⅳ．①TE372

中国版本图书馆CIP数据核字(2012)第168928号

中国石化出版社出版发行

地址：北京市东城区安定门外大街58号
邮编：100011　电话：(010)84271850
读者服务部电话：(010)84289974
http://www.sinopec-press.com
E-mail：press@sinopec.com
河北天普润印刷厂印刷
全国各地新华书店经销

*

787×1092毫米16开本19印张466千字
2012年8月第1版　2012年8月第1次印刷
定价：76.00元

前言

1984年9月22日，SC2井钻进到深度5391.18m时获高产油气流，日产原油一千多立方米，天然气二百多万立方米。油气产出层位是奥陶系碳酸盐岩，在塔里木盆地乃至全国均属首次。成为我国石油天然气勘探史上继大庆、海上油气突破之后举世瞩目的第三座里程碑，是我国最大沉积盆地——塔里木盆地油气勘查的重要里程碑，为塔里木石油会战掀开了历史新篇章。

在SC2井所在雅克拉构造上相继在白垩系卡普沙良群亚格列木组、下侏罗统、下奥陶统及中寒武统试获工业油气流。目前全面投入开发的为雅克拉白垩系凝析气藏，含气面积38.6km^2，天然气地质储量245.57×10^8m^3，凝析地质储量442×10^4t。1991年开始试采，2005年正式投入开发。

大涝坝凝析气藏总的含气面积17.0km^2，气田叠合面积8.8km^2，天然气地质储量48.20×10^8m^3，凝析油地质储量为444.2×10^4t。1997年开始试采，2005年正式投入开发。

本书在国内外已有的凝析气田开发理论的基础上，结合雅克拉、大涝坝凝析气田开发科学技术攻关研究，着重从凝析气田的相态特征、渗流特征、开发优化技术、提高采收率技术与采气工艺技术等方面对雅克拉、大涝坝凝析气田的开发理论、技术与实践进行了系统总结。并以雅克拉、大涝坝气藏开发为实例，介绍了两大凝析气田在开发过程中表现出来的特征、遇到的问题及治理的对策进行了总结，实例生动鲜明。在凝析气田开发理论与实践方面有诸多创新，对其他凝析气田的合理开发具有指导借鉴意义。

本书由文军红、刘雄伟、李宗宇、赵习森编著，各章分别由下列同志完成编写：绪论文军红、何云峰，第一章赵习森、姚田万，第二章柳春云、杨海涛，第三章梁静献、张艾，第四章李宗宇、袁锦亮，第五章陈擎东、徐士胜、王栋，第六章文军红、丁卫平、马海虎，第七章刘雄伟、黄成，第八章李建伟、胡仕庄，全书由陈擎东、王利刚、吴剑整理及清稿。

本书在编写过程中，得到了中石化西北油田分公司有关专家和国内相关科研院校的帮助，在此深表感谢；雅克拉采气厂许多同志为本书排版校正付出不少努力，在此也对他们致以深切谢意！

由于水平有限，书中不足之处敬请读者批评指正。

人民日报

RENMIN RIBAO

国庆前夕传来振奋人心的喜讯

塔里木盆地北部打出一口高产油气井

表明这个盆地石油普查勘探取得重大突破

乌鲁木齐讯 通讯员赵苹秀报道：国庆前夕，传来振奋人心的喜讯，地矿部西北石油地质局第一普查勘探大队六〇〇八钻井队，于九月二十二日三时在塔里木盆地北部地区钻探的一口深井达到五千三百九十一米时，喷出了高压高产工业油气流。这为塔里木盆地油气资源前景的评价开拓了新领域、新类型。

这口井位于我区轮台和库车县之间的戈壁滩上。继一九七七年石油部在塔里木盆地西南部柯克亚地区的背斜构造打出第一口高产油气井后，这次又在北部断块隆起地带找到基岩油气藏，表明这个盆地的石油普查勘探取得重大突破。

目前，有关领导、专家和工程技术人员已奔赴现场，组织力量进行保井保矿等工作。

沙漠春雷

——塔里木盆地沙参二井出油记

本报记者 肖体焕

轰——隆——！

轰——隆——！

蓄积亿万年的原油、天然气，从地层深处，沿着钢管喷射而出。声声巨响，打破了塔克拉玛干沙漠的沉寂，响彻了秋夜高远而静谧的星空。

地点：塔里木盆地北部库车县与轮台县之间的沙参二井。

时间：1984年9月22日凌晨四点十分。

中国石油勘探开发史上，将永远记载着这一令人难忘的日子。

“出油了！出油了！”

正在井上作业的地矿部西北石油地质局六〇〇八钻井队的工人们惊喜地高呼。

六〇〇八井队是一个具有艰苦奋斗光荣传统、能打硬仗的井队。辽宁的下辽河油区、山东的济阳油区，都留下了他们的战斗足迹。自1979年转战到新疆塔里木盆地以来，他们与沙漠恶劣的环境搏斗，平均每两年打一口井，每口井都为石油地质勘探发挥了重要作用。

六〇〇八井队的打钻工人，大多是二十来岁的年轻人。9月22日凌晨两点，三班班长李汉旗杜刚把住上提钻，发现泥浆顺着钻杆往上涌，怎么压也压不住。三十七岁的队长王守忠闻讯赶往钻台。他根据1966年在下辽河地区碰到过的情况，判断是有油、气往外顶。于是他与工人一起，赶紧往下落钻管，关防喷器，开防喷管线，天然气、原油顺着防喷管线，向外喷射。刹时天然气弥漫井场。工人们听到喷管动地的吼声，感到又惊又喜：年年月月在找油，天天盼出油，这回终于盼到了。一个个心里乐开了花。

喜讯传开，许多人为之欢呼雀跃。转战南北的“石油地质老兵”、西北石油地质局党委书记徐生道说：“沙参二井出油，之所以特别值得高兴，是因为我们在塔里木盆地北部，第一次找到了有这样喷势的油气流，牵住了地下油龙的鼻子。由此顺藤摸瓜，预计会接连打成出油井，远景是十分光明的！”

自出油以来，远近维吾尔族、蒙古族、汉族等广大群众奔走相告，送来哈密瓜、西瓜等慰问品，向石油地质工人表示祝贺。

1984年9月，《人民日报》在头版头条对沙参2井获得重大油气突破进行了报道

沙参二井的重大突破，

实现了塔里木盆地找

油气的新转折。

孙大光

一九八四年十二月

1984年12月，时任地质矿产部部长孙大光为沙参2井重大发现题词

目录

绪　论

一、凝析气藏的基本特点

自从1936年在美国发现世界上第一个凝析气藏以来，随着油气田地质勘探工作的深入和钻井深度的增加，世界上许多国家如美国、俄罗斯、英国、加拿大、挪威、澳大利亚、阿联酋以及我国等都相继发现了凝析气藏。

凝析气藏通常具有高温、高压特征，这是其形成的重要地质条件，压力起主导作用，温度次之。凝析气藏越深，压力和温度愈高，在其他条件相同的情况下，凝析油含量也越高。压力限制了凝析气藏的最小埋藏深度，根据美国1945年前发现的224个凝析气藏的统计，其中约80%的凝析气藏深度在1500m以下。

凝析气藏的原始地层压力一般高于露点压力，气藏温度介于临界温度和(最高)临界凝析温度之间。在地层条件下，天然气和凝析油呈单一的气相相态，当地层压力处于初始凝析压力和最大凝析压力之间时，凝析油会从气相中析出，形成气、液两相，并有一部分残留在储层中，造成凝析油的损失。

凝析气藏中必须有足够数量的气态烃，流体组分中90%以上是甲烷、乙烷、丙烷，它们在高温、高压下溶解一定数量的液态烃。凝析气藏中具有一定数量的液态烃，液态成分是凝析油的主要成分。凝析气藏中还具有一定的甲烷同系物，在高压下，液态烃在甲烷气体中的溶解度非常低，当高分子气态同系物增加时，可以明显地提高液态烃的溶解，有利于凝析气藏的形成。

我国凝析气田特点主要表现在：①凝析油含量多中偏低，回注干气都处于经济极限边缘；②地露压差小，多为饱和凝析气藏；③最大反凝析液量大大小于临界流动饱和度，一旦析出于地层中很难流动；④反凝析液量损失率一般超过50%；⑤同一油区内，凝析气藏常带有油环或为凝析气顶油藏，这也增加了开发的难度和复杂性。

二、凝析气藏开发现状

凝析气藏的开发方式与纯气藏有很大的区别，凝析气藏的开发除了采出天然气外，其主要目的是尽量多的采出凝析油，这就要防止由于地层压力下降引起凝析油损失。多年来的开发实践证明，在确定凝析气藏的开发方法时，要综合考虑凝析气藏的地质条件、气藏类型、凝析油含量和经济指标。

(一)衰竭式开发

凝析气藏采用衰竭式开发是一种简单而低耗的开发方式，产出的天然气和凝析油可直接销售，对开发工程设计及储层结构要求低，容易实施，其主要缺点是凝析油采出程度低，特别是对高凝析油含量的凝析气藏，衰竭开发导致地层发生反凝析，损失凝析油最高可达30%～60%。在低渗储层中，反凝析液还会在井底形成积液造成气井停喷或堵塞储层，影响天然气的采收率。

通常对具有以下特点的凝析气藏采用衰竭方式开发：①凝析油含量低，一般低于 $100g/m^3$，或地露压差大的气藏；②凝析油含量虽然高，但油气储量小的气藏；③储层连续性差、非均质性强的裂缝型、断块型或低渗透气藏；④地层天然能量（如边水、底水）充足，无需补充能量的气藏。

如前苏联卡拉达格凝析气田，气藏埋深 2600～4100m，砂岩储层，孔隙度 13.90%，凝析油含量 $180g/m^3$，原始地层压力 47.10MPa，原始温度为 90℃，衰竭式开发的采收率为 51.21%。我国大港板桥凝析气田板 820 井区板 2 油组凝析油含量 $58.93g/m^3$，原始地层压力 32.23MPa，原始地层温度 94.85℃，衰竭式开发的采收率为 41.53%。

（二）保持压力开发

保持压力开发是提高凝析油采收率的主要方法，尤其是高凝析油含量的凝析气藏，不保持压力开发，凝析油的损失可达到 30%～60%。

1. 注气开发

采用保持压力的方式需要补充大量投资，购置高压压缩机，而且在相当长的时间内无法利用天然气。有的凝析气藏自产的气量少，不能满足回注气量，需要从附近的气田购买天然气。因而，有无供气气源，也是决定采取什么方式保持压力的重要因素。20 世纪 80 年代以前，前苏联所有的凝析气藏都采用衰竭方式开发。1981 年夏天才在部分衰竭的诺瓦－特洛伊茨凝析气藏开始采用循环注气保持压力。

从世界凝析气藏开发的实践来看，目前可供选择的注入剂主要有干气、氮气或氮气与天然气的混合物、二氧化碳，保持压力可分为以下四种情况：

（1）早期保持压力。地层压力与露点压力接近的凝析气藏，通常采用早期保持压力的方式。美国黑湖凝析气藏和张德里泥盆系凝析气藏属于这类情况。

（2）后期保持压力。即经过降压开发，使地层压力降到露点压力附近甚至以下后，再循环注气保持压力。美国吉利斯英格利什－贝约凝析气藏属于这类气藏。

（3）全面保持压力。如果能够比较容易地获得注入气，通常是在达到经济极限之前，将整个气藏的压力保持在高于露点压力的水平。

（4）部分保持压力。如果气藏本身自产的气不能满足注气量的要求，而购买气又不合算，则采取部分保持压力，即采出量大于注入量。部分保持压力可以使压力下降速度减缓，从而减少凝析油的损失。

如牙哈凝析气田 2000 年采用循环注气开发近 6 年，年产凝析油达到 $60\times10^4t/a$ 以上，自然递减小于 2%，凝析油的采出程度比采用衰竭式开发提高 35% 以上，实现了凝析气田高效开发。柯克亚凝析气田于 1994 年 9 月开始循环注气开采，截至 1999 年 6 月凝析油采出程度达到 38.6%，比采用衰竭式开发提高 17.6%，开发效果良好。板桥油气田大张坨凝析气藏于 1995 年 1 月开始循环注气，随着开发的进行，见到了气油比下降并稳定的效果，油气生产趋势稳定。通过模拟预测，预计可实现凝析油的采收率由 35% 提高到 60.2%，凝析油稳产期可达 7 年。

2. 气水交替注入开发

美国学者针对东安休斯牧场凝析气田的气（注 N_2）水交替开发方式进行了实验和数值摸拟研究，以克服连续注气中不利的流度比和容易气窜的通病。水经常可以封堵高渗透层，这样可迫使随后注入的气体渗透到以前未波及到的储层中，从而可提高凝析气采收率。三层层状数值模型研究结果表明，气水交替比连续注气提高采收率的幅度大很多，达到 28% ~ 42%。实验研究也表明，在连续注入 1.2 倍烃孔隙体积的气和水注入量条件下，气水交替注入比连续注气的采收率高出 40%，而且此方法早已成功地用于注气提高原油采收率方面。

3. 注水开发

注水开发可以看成是替代凝析气藏衰竭式开发和注干气开发的一种经济方法，这方面已有近 10 位作者进行了专门研究。Elababibi 等人通过与循环注气比较，认为凝析气藏的注水开采是可行的。从技术角度看，凝析气藏注水开采模式具有下述特点：①由于水的密度高，所需地面注入压力要求比注入气体和溶剂都低，因而注水能耗与成本均较低，尤其适用于深层注水；②由于具有合适的流度比，水驱效率高；③与衰竭式开发相比，注水开发时凝析油析出较少；④注水促进了三相驱替，对反凝析油的驱替，水驱效率优于气驱。

虽然注水开发具有一些注气开发不可替代的的优越性，但其本身也具有一些不利的因素：①水驱前缘会捕集大量孔隙中的气体，剩余气饱和度较高；②气井见水后气产量会迅速降低，就要采取排水采气工艺。

目前大涝坝凝析气田 1 号构造已经实施注水开发先导性试验，并取得了较好的开发效果。

（三）凝析气井增产技术

我国有许多凝析气藏凝析油含量中偏低，处于保持压力开发的经济极限边缘，且地露压差小，多为饱和凝析气藏，最大地层反凝析液析出量在地层孔隙中的饱和度常常小于临界流动饱和度，不易流动。反凝析液容易积聚在近井地带，严重地影响气相渗透率和气井产量。

（1）注干气（C_1为主）单井吞吐：俄罗斯柯米自治共和国西萨帕列克凝析气田于 20 世纪 90 年代初实施了 9 口井，其中 6 口有效，该气田埋深 4200 ~ 4300m，地层渗透率 5×10^{-3} ~ $100\times10^{-3}\mu m^2$，孔隙度 6% ~ 17%，原始地层压力 35MPa。塔里木柯克亚凝析气田进行了现场试验，取得了较好效果。

（2）注 CO_2 处理凝析气井近井地带：乌克兰季莫菲也夫凝析气田用泵向井底注 CO_2，处理后产量提高了 0.3 ~ 0.5 倍。

（3）采用富气处理凝析气井近井地带：俄罗斯有实验证明，用富气处理近井地带可采出 35% 析出在近井地带的凝析油，而干气只有 12% ~ 15%。

（4）甲醇前置段塞 + 干气处理凝析气井近井地带：美国哈特斯·邦凝析气田气井注甲醇后，表皮系数由 0.68 降到 −1.9，气产量由 $7.08\times10^3 m^3/d$ 上升到 $14.2\times10^3 m^3/d$，凝析油产量由 $13.8m^3/d$ 上升到 $24.96m^3/d$。我国中原油田也进行了现场试验，见到良好效果。

三、雅 − 大凝析气藏开发难点

凝析气藏开发过程中，当地层压力低于露点压力时，地层中出现反凝析现象，随着边底水逐渐侵入、井筒积液，最终造成气井停喷，严重影响了气井产能和气藏开发效果。同时，由于凝析气藏压力都是高压或特高压，因而对气井完井管串的选择，注气工艺技术和设备的要求高。

（1）凝析气藏发生反凝析后，凝析油吸附在岩石孔隙表面，造成储层渗流能力下降，气井产能和气藏采收率降低。

大涝坝2号构造巴什基奇克气层的第一口生产井DL3井2005年6月压恢测试的地层压力为55.41MPa，高于露点压力47.2MPa，测试有效渗透率为$7.0\times10^{-3}\mu m^2$；2006年5月二流量测试的地层压力为43.77MPa，地层发生反凝析现象，测试有效渗透率为$1.27\times10^{-3}\mu m^2$，储层渗透率下降了81.9%。由于储层有效渗透率的下降，DL3井在不到一年的生产时间里，日产气量从$7.9\times10^4m^3/d$下降到$4.8\times10^4m^3/d$，严重影响了气井产能。

（2）随着地层压力不断下降，边底水逐渐侵入，造成气相渗流能力下降，气井产能大幅下降；部分气井凝析水含量高，造成凝析油采出难度加大；部分气井井筒积液严重，气井产能大幅下降，甚至停喷。

气藏发生水侵后，往往在储层中形成水封气，导致天然气在孔隙中无法采出，同时造成气相渗透率下降，气井产能大幅下降。大涝坝1号构造发生水侵之后，凝析油产量从2005年10月底的190t/d下降到2006年底的60t/d，天然气产气同期从$16\times10^4m^3/d$下降到$7.7\times10^4m^3/d$。

（3）地层中束缚水环绕岩石颗粒，填充了角隅及小孔隙，有利于凝析油流动，并减少了残余油饱和度。随着地层压力的下降，部分束缚水蒸发变成气态水，束缚水饱和度下降，原来的束缚水被部分的凝析油所代替成为束缚油，从而增加了凝析油的临界流动饱和度，造成凝析油采出难度加大。

当气井产气量小于临界携液产气量后，井筒出现积液现象，井筒下部压力梯度急剧增高，严重时还会出现反渗吸现象，对储层造成伤害。由于排液效果差，使得油压、产量大幅下降，甚至导致气井停喷。目前雅克拉－大涝坝凝析气田的35口气井中，有9口井筒积液严重，有5口井因井筒积液停喷。

（4）雅克拉－大涝坝凝析气藏为砂岩储层，不但存在水敏、速敏等伤害，还有水锁和烃锁伤害。由于气井修井周期长，修井需要压井，采用常规压井液做到压井动态平衡困难，且部分井滑套打不开，只能从油管平推压井，压井漏失严重，对储层造成严重污染。

S45井2001年10月第三次修井，前10天漏失压井液$160m^3$，恢复生产后相同工作制度下，油压下降2.2MPa，日产油下降19t，日产气下降$5.5\times10^4m^3$。2007年11月对DL5井进行检管作业，使用清水作为压井液，修井后气举4000m地层才启动，恢复生产后6mm工作制度同原4mm工作制度相比，油压下降6.7MPa，日产油下降7.2t，日产气下降$1.0\times10^4m^3$。

（5）雅克拉－大涝坝凝析气井在地层压力较高、CO_2等腐蚀性介质分压较高、腐蚀较严重、自喷携液能力较强、井筒积液不严重的前期生产阶段，采用井下安全阀＋封隔器＋13Cr油管的管柱结构是完全适应的。但随着地层压力下降、水侵和反凝析导致井筒积液日益严重，现有生产管柱结构由于不利于排液采气工艺的开展，且成本较高，已经不能适应目前的生产工况，需要根据当前及以后的生产状况重新对生产管柱结构进行优化。

（6）雅克拉－大涝坝凝析气田的一些气井油压高达20～35MPa，井口节流后易形成水合物，造成采气树、地面回压管线冻堵，既影响生产时效又存在安全风险。

四、雅－大凝析气藏开发成果

雅克拉－大涝坝凝析气藏自2005年全面投入开发以来，经历了7年的开发历程，在开发地质、气藏工程、实验机理、采气工艺、现场管理等方面取得一定的成果，对其他凝析气藏的开发有一定的指导意义。

(1)在地质研究方面。利用三维地震资料对小断层、微构造进行了精细解释，重新完善了雅克拉－大涝坝的地质模型；完善了地层对比标准，建立各小层展布框架，进行了储层内部小层的划分。针对砂泥岩反演区分难度大的问题，利用拟声波反演技术区分砂、泥岩层，进一步刻画了沉积微相展布情况，揭示了沉积微相对储层非均质性和流体分布的控制作用。

(2)在气藏工程方面，利用流体高压物性资料，分析认为雅克拉凝析气藏属于中低含凝析油型凝析气藏，最大反凝析压力相对较低，有利于采用衰竭方式开发。大涝坝凝析气藏属于高含凝析油型凝析气藏，最大反凝析压力高，地露压差小，不适合于采用衰竭方式开发，衰竭实验大涝坝凝析油最终采出程度仅22.4%，雅克拉凝析油最终采出程度可达到42.7%。大涝坝气田适合进行保压开发。

(3)在实验机理方面，对油气水三相体系相态特征、多孔介质中的渗流与相态特征、注气驱相态特征和长岩心相变渗流实验中进行了深入研究与探讨，进行了凝析气井试井解释、产能评价、反凝析评价深入研究，此外在注气、注水提高采收率方面做了深入分析，指出大涝坝适合进行循环注气保压开发。

(4)在气井动态管理上，坚持“少动、慢控、时查、及解”凝析气井动态管理原则，尽量避免频繁调整对气井的伤害。实施“平面、层间、层内、时间”的“四个”均衡开发准则，把控凝析气藏动态规律，进行科学合理配产，控速稳产，延缓边底水入侵，实现了气田的平稳开发。

(5)在储层保护方面，针对压井液漏失造成储层水锁、水敏、乳化等伤害，研发出了适合雅－大凝析气井的储层保护液体系(ADG077储层保护液)，采用超微分子降滤失剂，具有能解除凝析气藏水锁伤害，黏土稳定性能好、防凝析油乳化、密度可变范围宽等特点。使储层保护液作业后凝析气井产能恢复率达90%以上，较前期采用普通压井液作业产能恢复率提高20%。

(6)在完井工艺方面，针对雅克拉－大涝坝凝析气井高温、高压、含腐蚀流体、强冲刷的特点，开发初期采用13Cr110材质Fox扣$3^1/2$in和$2^7/8$in油管＋井下安全阀、伸缩节、封隔器的完井管柱设计，封隔器以下采用13Cr110材质套管，并在封隔器以上油套环空加入环空保护剂，解决了井下管柱腐蚀问题，井下安全阀实现自平衡操作简单方便，保证了气井的安全正常生产，有效地延长了气井免修期。

随着开发的进行，部分气田地层压力下降快、反凝析与边水推进造成产量下降较快、井筒积液日益严重，$3^1/2$in和$2^7/8$in13Cr油管＋封隔器的完井管柱不利于排液采气工艺的开展，且成本较高，不能很好的适应开发形势，为此针对各气田的不同开发形势和问题，对生产管柱结构(管径、材质、钢级、配套井下工具等)进行了进一步优化，进一步适应了气田开发的需要。

(7)针对深层凝析气井井筒积液和停喷问题，进行了放嘴排液、泡排棒排液、连续油管气举排液、有杆泵排液、柱塞气举等现场实验，但是效果较差，目前正在开展小油管＋气举阀排液工艺技术实验。

(8)针对雅克拉－大涝坝等凝析气田采气树、地面回压管线冻堵等问题，现场应用了水套炉加热、加抑制剂(甲醇、盐水)、井下节流、电拌热、井口回流拌热、中频感应加热等方法。应用情况表明，防冻堵工作要针对不同的冻堵特点，选择相应的措施，不能单一使用一种方式，应针对不同特点，不同阶段应用采用组合拳的方式解决冻堵问题。

第一章　气田概况

第一节　雅克拉凝析气田

雅克拉凝析气田位于塔里木盆地北部，新疆维吾尔自治区库车县东南约50km处，距314国道约25km，构造位置处于沙雅隆起雅克拉断凸中段。雅克拉构造有多套含油气层系，自上而下依次为白垩系亚格列木组砂砾岩段、侏罗系底砂岩、古生界奥陶系、寒武系及震旦系碳酸盐岩潜山，其中白垩系亚格列木组上、下气层主力产层。

白垩系亚格列木组上下气层顶面构造形态相似，发育继承性好，背斜走向与断裂基本平行，在S15井以西构造走向为85°，向东转为55°。两翼倾角平缓，南翼稍陡，为6°30′，北翼为4°。白垩系亚格列木组上气层顶面构造图见图1－1和图1－2。

地面原油性质具有“三低一高”的特点，即为低密度、低黏度、低含硫、高含蜡的轻质原油。上气层凝析油相对密度为0.7976～0.8093g/cm^3，平均0.8018g/cm^3；运动黏度为1.73～3.0mm^2/s，平均2.26mm^2/s；含硫量为0.11%～0.25%，平均0.18%；含蜡量为0.96%～3.67%，平均3.0%。下气层凝析油相对密度为0.7915～0.8025g/cm^3，平均0.7977g/cm^3；运动黏度为1.90～2.16mm^2/s，平均2.02mm^2/s；含硫量为0.1%～0.29%，平均0.15%；含蜡量为2.32%～4.6%，平均3.93%。

地面天然气相对密度0.648～0.66g/cm^3，C_1含量在86.36%左右，C_2含量在5.11%左右，C_3含量在1.79%左右，CO_2含量为1.56%～2.68%，平均含量2.07%。

地层水密度1.091g/cm^3，氯离子含量6.38×10^4～9.47×10^4mg/L，矿化度10.38×10^4～15.51×10^4mg/L，pH值5.9，呈弱酸性，水型为$CaCl_2$，属封闭环境下高矿化度地层水。

地层高压流体性质分析确定雅克拉为不带油环的凝析气藏，气藏原始地层压力58.72MPa，露点压力54.76MPa，地露压差3.96MPa，凝析油含量在216～301cm^3/m^3，最大反凝析液量为7.74%，属中低凝析油含量。

白垩系亚格列木组上、下气层同属于一个压力系统，压力系数在1.10左右，地温梯度在2.004～2.335℃/100m，属正常压力系统、正常地温系统，属于背斜构造孔隙型砂岩层状边水不带油环凝析气藏(见图1－3)。

雅克拉白垩系亚格列木组气藏含气面积38.6km^2，天然气地质储量245.57×10^8m^3，天然气可采储量147.34×10^8m^3；凝析地质储量442×10^4t，凝析油可采储量132.6×10^4t。

截至2011年底，雅克拉白垩系共有开发井12口，开井11口，日产油水平562t/d，日产气水平275×10^4m^3，综合含水5.5%，气油比4903m^3/t，天然气采速4.09%，凝析油采速4.64%，折算年自然递减4.22%，天然气采出程度25.82%，凝析油采出程度31.62%。

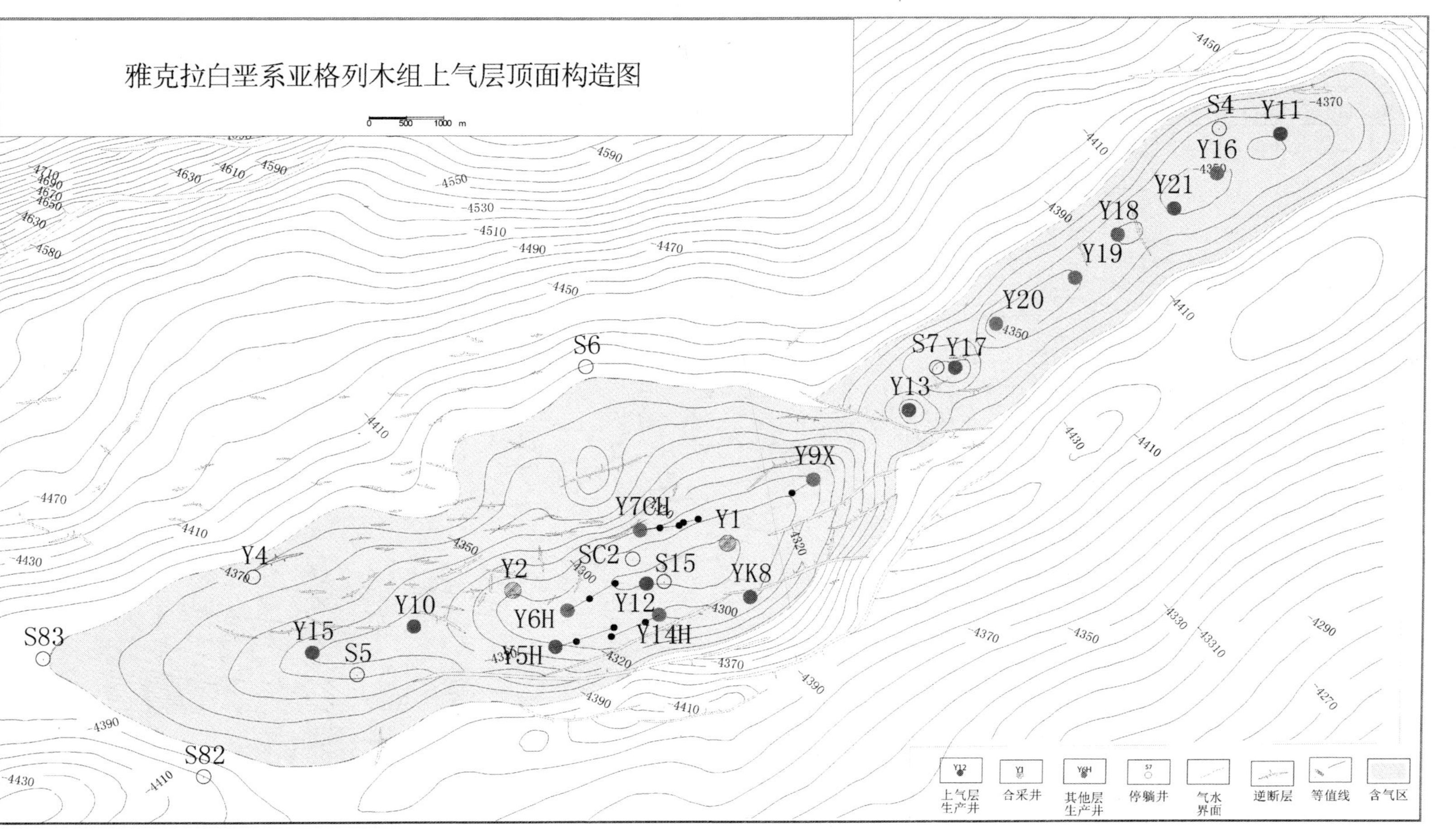

图1－1 雅克拉白垩系亚格列木组上气层顶面构造图

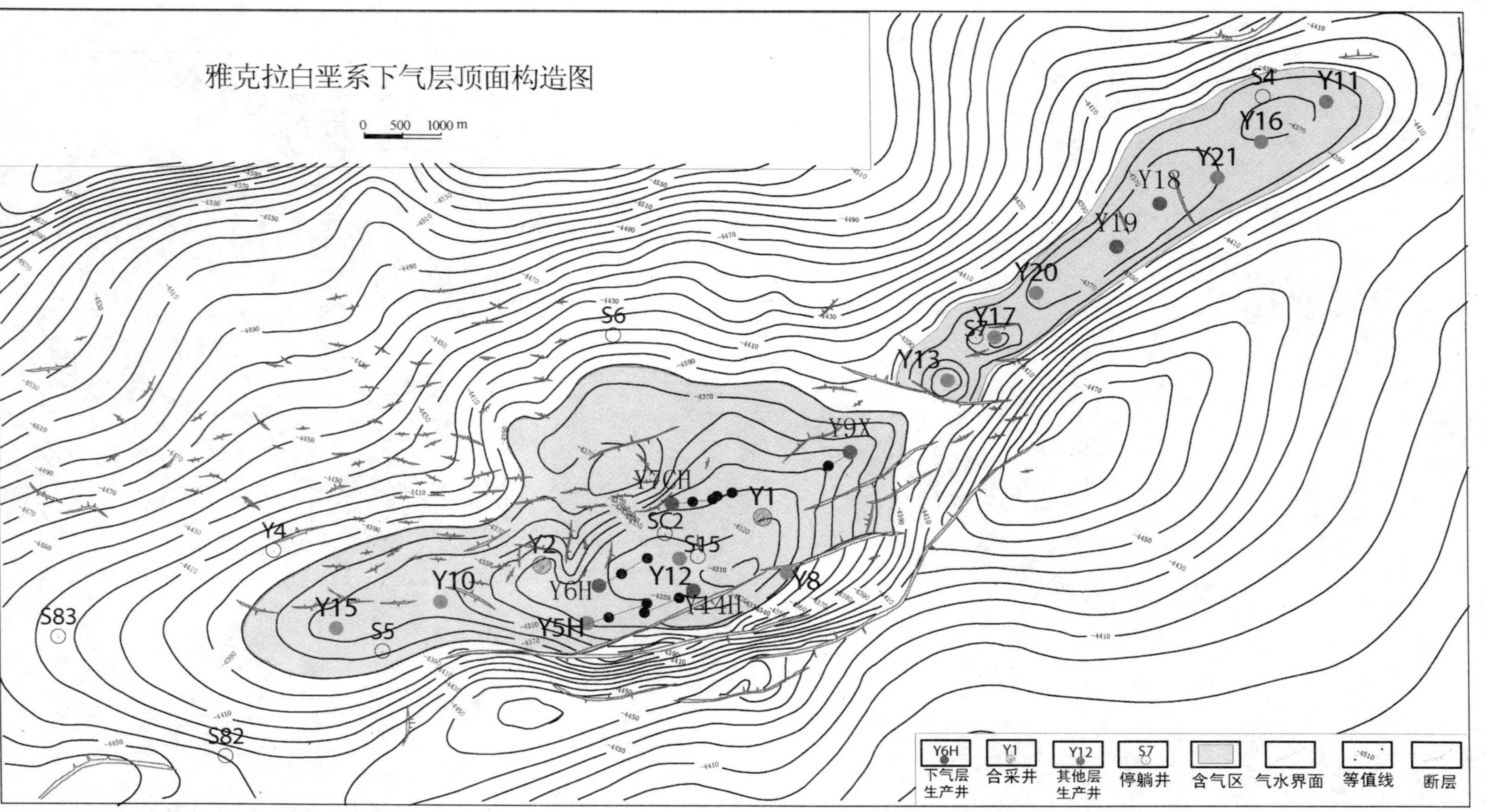

图 1－2 雅克拉白垩系亚格列木组下气层顶面构造图

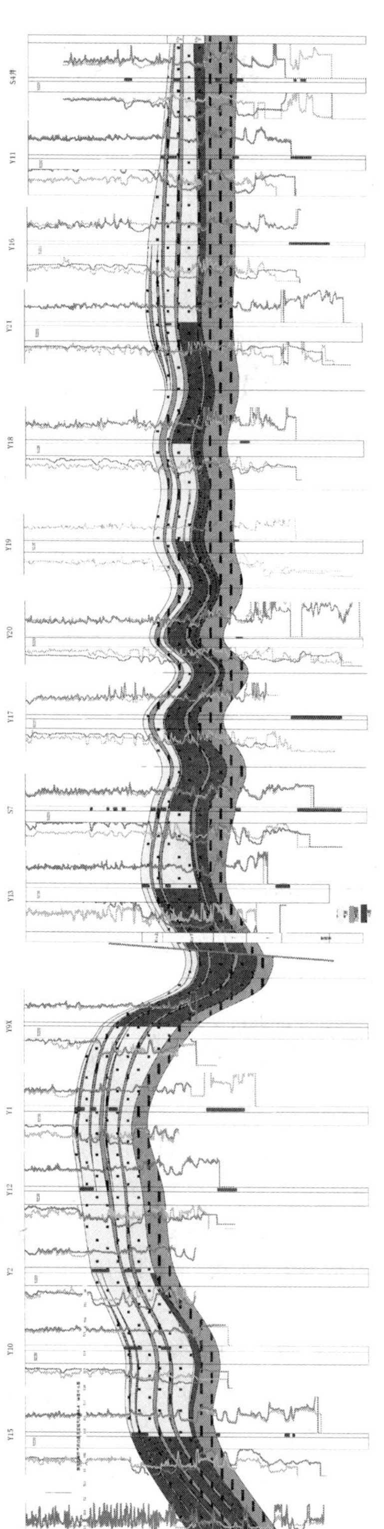

图1-3 雅克拉凝析气田白垩系亚格列木组气藏剖面图

第二节 大涝坝凝析气田

大涝坝凝析气藏位于塔里木盆地北部，在新疆维吾尔自治区阿克苏地区境内。位于县牙哈乡东南约27km，距314国道约5km。构造位置处于库车坳陷－阳霞凹陷南缘的大涝坝构造带，为大涝坝构造带东部大涝坝1、2号局部构造。

大涝坝构造由东西两个高点组成。平面上表现为不规则哑铃形态、呈北东向展布；纵向上构造形态、大小、南北高点基本一致。大涝坝1号构造主力产层为下第三系苏维依组上、下气层；大涝坝2号构造主力产层为下第三系苏维依组上、下气层和白垩系下统巴什基奇克组气层(见图1－4、图1－5、图1－6)。

大涝坝各产层天然气性质非常接近。天然气中甲烷含量在80.34%～85.53%之间，$C_1/(C_2+C_3)$一般均小于10，在5.72～8.49；重烃(C_2^+)含量一般在10.08%～15.0%，平均为13.54%，CO_2含量介于0.15%～0.67%，平均为0.53%，氮气含量2.78%～4.86%，平均为3.64%，具有凝析气藏天然气特征。

地面原油性质差别不大，均以稻黄色为主。原油相对密度0.7899～0.8089g/cm^3，平均为0.7978g/cm^3；黏度介于1.46～4.00mPa·s，平均为2.69mPa·s；含硫量在0.01%～0.49%，平均为0.15%；含蜡量介于2.16%～12.44%，平均为4.78%。属于低密度、低黏度、低硫、高含蜡的轻质原油，具凝析油特点。地层水密度平均为1.163g/cm^3；矿化度平均为247536.91mg/L，属于高矿化度卤水，水型为$CaCl_2$型。

大涝坝凝析气藏2号苏维依组上、下气层均属凝析气藏，露点压力分别为51.26MPa和49.90MPa，凝析油含量分别为574g/m^{3}和406g/m^3，属特高凝析油含量。巴什基奇克组气藏也属凝析气藏，其露点压力为47.2MPa，凝析油含量为712g/cm^3，为特高凝析油含量，原始地层压力为55.41MPa，地露压差为8.21MPa。

大涝坝1号构造苏维依组气藏流体在纵向上呈现出上轻下重的现象，上气层气油比比下气层高；露点压力上气层46.1MPa，下气层49.9MPa，原始地层压力分别为55.55MPa和56.17MPa，地露压差分别为9.45MPa和6.27MPa。

大涝坝凝析气田为砂岩储层、中孔中渗、特高凝析油含量的超深凝析气田，各油气藏压力系数1.139～1.150，地温梯度2.342～2.383，属正常压力、地温系统。大涝坝1、2号苏维依组上、下各凝析气藏分属各自独立的温度、压力系统，为以弹性气驱为主的层状边水凝析气藏；大涝坝2号巴什基奇克组气藏属于以弹性气驱为主的层状边水凝析气藏(见图1－7)。

大涝坝油气藏1、2号苏维依组凝析气藏总的含气面积17.0km^2，气田叠合面积8.8km^2，天然气地质储量48.20×10^8m^3，凝析油地质储量为444.2×10^4t，天然气可采储量为36.15×10^8m^3，凝析油可采储量为177.7×10^4t。

截至2011年底，有开发井12口，开井10口，日产油水平157t/d，日产气水平29.6×10^4m^3，综合含水8.93%，气油比1878m^3/t，天然气采速2.24%，凝析油采速1.29%，折算年自然递减13.61%，天然气采出程度19.81%，凝析油采出程度16.29%。

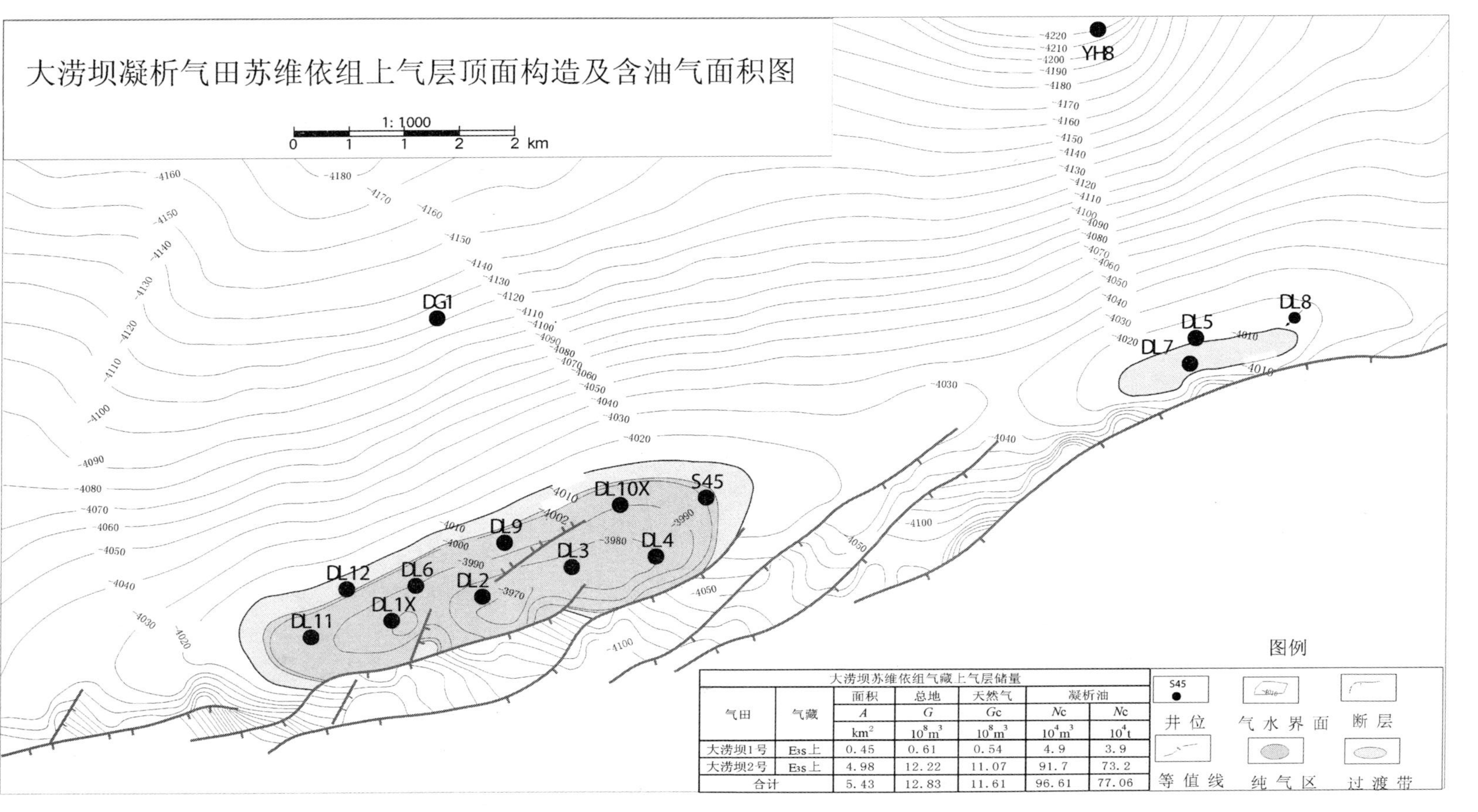

大涝坝苏维依组气藏上气层储量						
气田	气藏	面积	总地	天然气	凝析油	
		A	G	Gc	Nc	Nc
		km^2	10^8m^3	10^8m^3	10^4m^3	10^4t
大涝坝1号	Es上	0.45	0.61	0.54	4.9	3.9
大涝坝2号	Es上	4.98	12.22	11.07	91.7	73.2
合计		5.43	12.83	11.61	96.61	77.06

图 1-4　大涝坝气藏苏维依组凝析气藏上气层顶面构造图

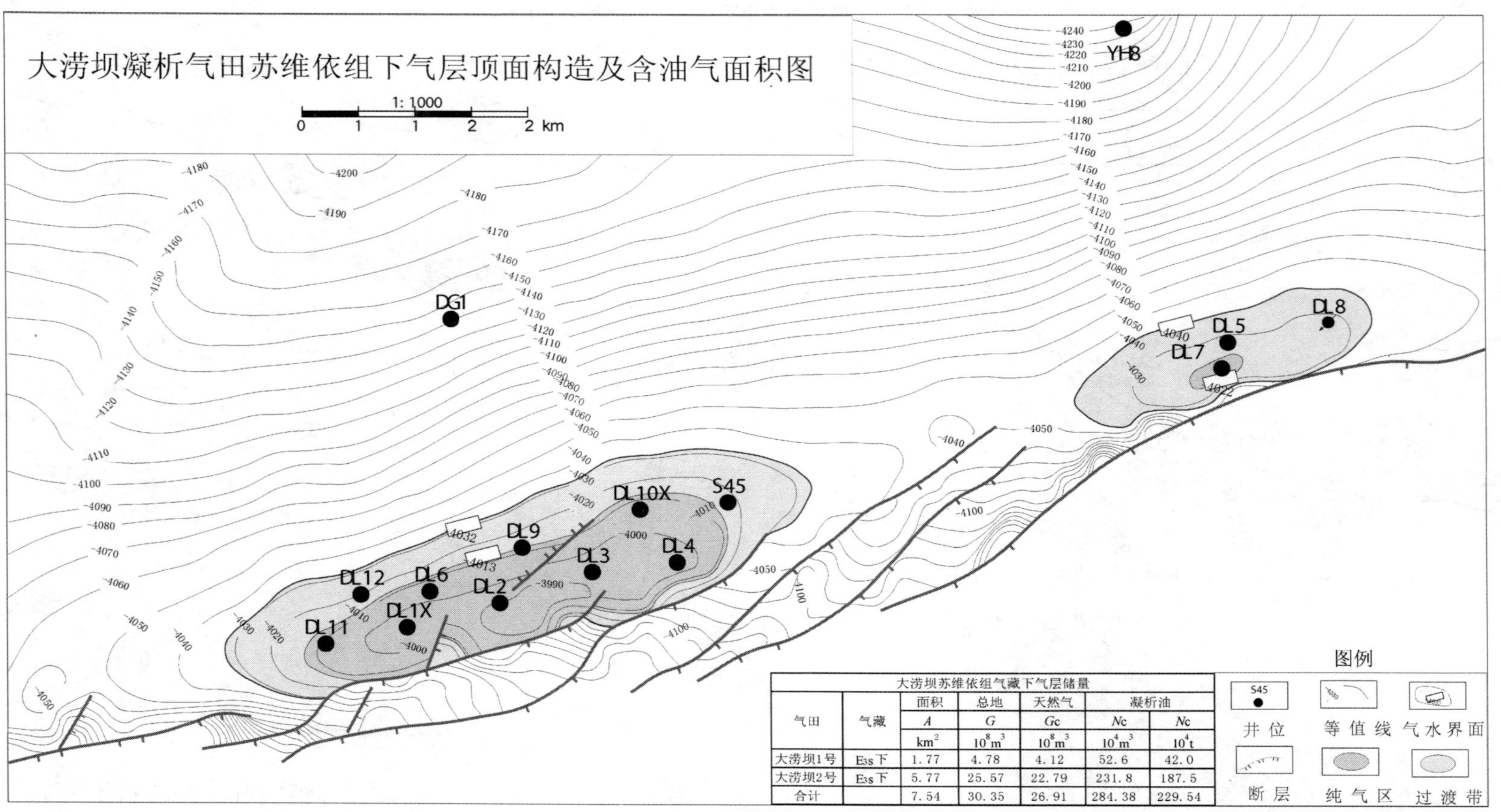

大涝坝苏维依组气藏下气层储量						
气田	气藏	面积	总地	天然气	凝析油	
		A	G	Gc	Nc	Nc
		km^2	10^8m^3	10^8m^3	10^4m^3	10^4t
大涝坝1号	E_3s下	1.77	4.78	4.12	52.6	42.0
大涝坝2号	E_3s下	5.77	25.57	22.79	231.8	187.5
合计		7.54	30.35	26.91	284.38	229.54

图1-5　大涝坝气藏苏维依组凝析气藏下气层顶面构造图

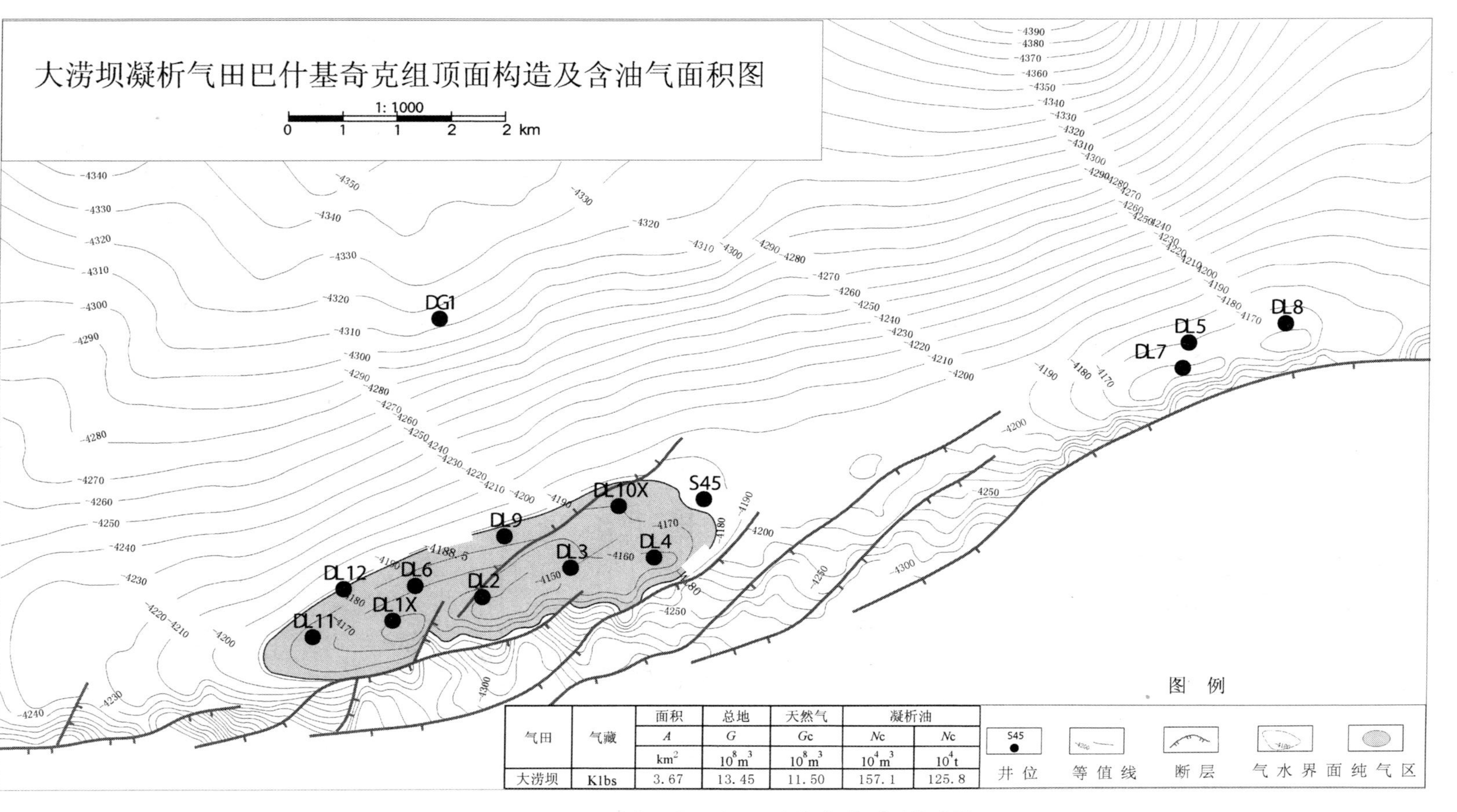

气田	气藏	面积	总地	天然气	凝析油	
		A	G	Gc	Nc	Nc
		km^2	10^8m^3	10^8m^3	10^4m^3	10^4t
大涝坝	K1bs	3.67	13.45	11.50	157.1	125.8

图 1－6　大涝坝气藏巴什基奇克组凝析气藏顶面构造图

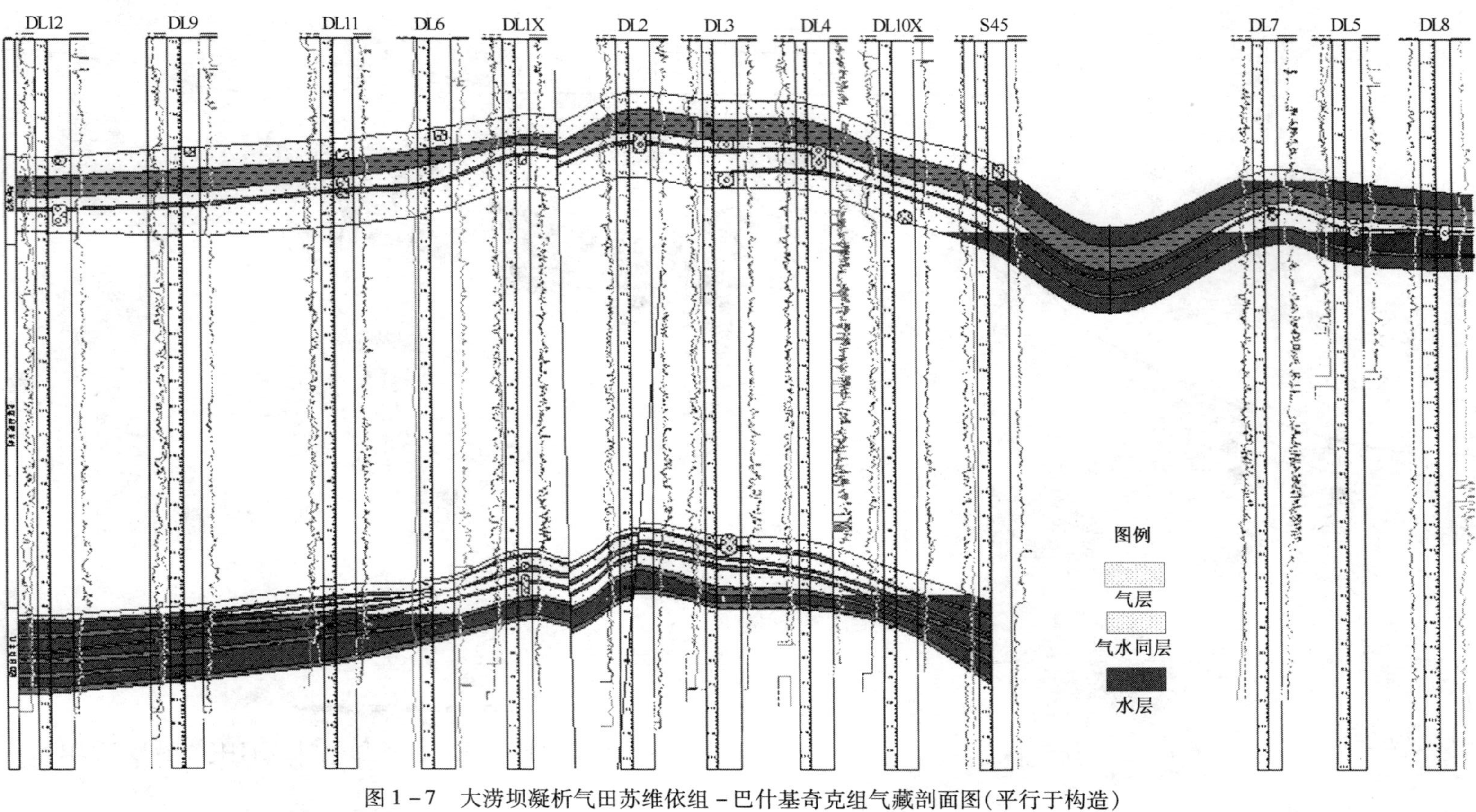

图1－7　大涝坝凝析气田苏维依组－巴什基奇克组气藏剖面图（平行于构造）

第二章　雅克拉－大涝坝凝析气田地质特征

第一节　雅克拉凝析气田地质特征

一、构造特征

（一）　圈闭特征

雅克拉构造是在前中生界背冲断块基础上发展起来的中生界背斜构造。白垩系亚格列木组上、下气层顶面构造形态相似，背斜走向与断裂基本平行，在 S15 井以西构造走向为 85°，向东转为 55°。两翼倾角平缓，南翼稍陡，为 6°30′，北翼为 4°(见表 2－1)。

表 2－1　雅克拉凝析气藏构造要素表

圈闭名称	反射层位	圈闭类型	主要形成期	构造要素							
				高点埋深/m	闭合幅度/m	外圈闭合等值线值/m	闭合面积/km^2	轴向	长轴/km	短轴/km	可靠程度
S15 井井区	T_3^4	背斜	燕山早期	－4290	90	－4380	26.49	NE	12	4.5	可靠
	T_3^5	背斜	燕山早期	－4310	70	－4380	16.08	NE	9	3.2	可靠
Y8 井区	T_3^4	背斜	燕山早期	－4300	40	－4340	1.43	NE	2.8	0.6	可靠
	T_3^5	背斜	燕山早期	－4320	20	－4340	0.65	NE	2	0.4	可靠
S4～S7 井区	T_3^4	背斜	燕山早期	－4340	50	－4390	13.9	NE	8.4	2.4	可靠
	T_3^5	背斜	燕山早期	－4360	30	－4390	5.11	NE	5.8	1.4	可靠

（二）断裂特征

雅克拉白垩系亚格列木组断层主要发育在雅克拉背斜构造东南翼较陡位置。断层基本上是北东向，或者北东东向，断层的走向与对应的构造轴线平行或成一定微小角度。

二、沉积微相划分

（一）沉积微相

雅克拉地区亚格列木组地层属于冲积扇—扇三角洲沉积体系。其中，亚格列木组上段为辫状河三角洲沉体系，发育辫状河三角洲平原和辫状河三角洲前缘2种亚相以及辫状河道、泛滥平原、水下分支河道、河口砂坝、分流间湾、远砂坝6种沉积微相；亚格列木组下段为冲积扇沉积体系，发育扇中1种亚相以及辫状河道、片泛沉积2种沉积微相（见表2－2）。

表2－2　雅克拉地区亚格列木组沉积相划分方案

相	亚相	微相	分布区域和层段
辫状河三角洲	辫状河三角洲平原	辫状河道、泛滥平原	东北部 K_1y 上段
	辫状河三角洲前缘	水下分支河道、河口砂坝、分流间湾、远砂坝	K_1y 上段
冲积扇	扇根	泥石流、辫状河道	不发育
	扇中	辫状河道、片泛沉积	K_1y 下段
	扇端		不发育

（二）沉积微相平面分布特征

亚格列木组上段发育有东西、北北西和北东向3支水下分流河道，即S83－Y15－Y10井区分流河道、S6－Y7CH－Y12－Y8井区分流河道和Y11－Y13－Y9X井区分流河道。

亚格列木组下段发育有东西、北西、北北西和北东向3支辫状河道，即S83－S82井区辫状河道、Y3－S6－Y7CH－Y12－Y8井区辫状河道和Y11－Y13－Y9X井区辫状河道。

三、储层特征

（一）储层岩性特征

根据薄片及铸体薄片鉴定表明，雅克拉凝析气田下气层段岩性主要为：砾质粗粒长石砂岩、细粒岩屑长石砂岩、砂砾岩、细砂岩。杂基含量为5%～10%，为泥质、水云母和绢云母。孔隙式胶结，胶结物以高岭石为主。上气层段岩性主要为：长石岩屑细砂岩，分选较好，孔隙式胶结，胶结物以钙质、泥质为主。

（二）储层储集空间类型

雅克拉白垩系气藏上、下气层在岩性及沉积相上有所不同，但据铸体薄片观察，两者在储集空间类型上一致。主要孔隙类型为粒间孔（包括原生粒间孔和粒间次生溶孔），其次为粒内溶孔、晶间孔（主要为高岭石晶间孔）、石英加大后残余粒间角孔，另有少量微裂缝和压溶缝。其中原生粒间孔部分被黏土矿物、石英、方解石、杂基所充填，充填物含量多者一般物性较差，反之则较好，孔隙多呈多角状、不规则状。储集空间类型以各类孔隙为绝对主体，裂缝极少，仅在局部有稀少的裂缝存在，对砂岩渗透性能的影响极为有限。

（三）储层物性特征

白垩系亚格列木组三个气层物性参数变化较小，差异性不是很明显，上气层物性最好，其次是下气层2小层，下气层1小层物性最差（见表2－3）。

表2－3　雅克拉白垩系凝析气藏上下气层孔渗数据表

储层	孔隙度/%			渗透率/$10^{-3}\mu m^2$		
	分布范围	主要集中	平均	分布范围	主要集中	平均
上气层	9～19.1	11.5～15	13.44	0.8～449.6	10～70	35.8
下气层1	9～17.9	10.5～14.5	12.56	0.8～164.5	8～60	19.2
下气层2	9～17.88	11.5～14.5	13	0.8～184	8～70	25

综上所述，储层属于中等偏差的储集岩。

（四）储层非均质性

储层存在非均质性，且纵向上的非均质性略强于平面上的非均质性（见表2－4），但气层在总体上具有较好的连通性。气层的非均质性程度不能构成为白垩系气藏开发的主要矛盾。

表2－4　雅克拉白垩系凝析气藏上下气层非均质数据表

层位	变异系数	突进系数	渗透率极差	评价结果
上气层	0.87	4.69	1147.92	强
下气层1	0.72	3.20	476.33	中等偏强
下气层2	0.67	2.86	399.35	中等

（五）储层敏感性特征

根据Y1井亚格列木组储层岩样速敏实验（见表2－5），亚格列木组储层上、下气层储层敏感性为：弱速敏、中等水敏、中等酸敏、弱盐敏。

表2－5　雅克拉白垩系凝析气藏上下气层岩样敏感性实验

层位	速敏/%	水敏/%	酸敏/%	盐敏/%
上气层	8.04	0.517～0.562	0.362～0.529	0.26
下气层	9.28			

（六）隔夹层展布特征

根据钻井及测井资料，雅克拉白垩系亚格列木组地层是由两个中等旋回组成的一套砂泥岩剖面，而每个旋回又由多个正韵律砂层组成，故亚格列木组划分了两个小层：上、下气层，两个小层之间、下气层内部之间以泥岩作为隔层划分。

1. 层内隔层

隔层岩性以灰色、灰绿色泥岩、粉砂质泥岩为主夹薄层透镜状细砂岩，富含海绿石、绿泥石、有机质及含低价铁的硫化物，其沉积相应为高水位、还原或强还原环境下产物，据进一步分析该泥岩层应为湖进（水进）期的产物，亦即为湖相泥岩，是湖平面上升所形成的产物。由此该隔层的分布较河道沉积的泥岩（夹层）无论范围还是厚度都相对要稳定。泥岩隔层厚度2～6m，平均厚度3.1m，大部分井厚度分布在2.5m以内，厚度大于2.5m的Y8－Y14H－Y7－Y1井区位于气藏的中部，主构造的高部。在全区具有良好的连续性和封闭性，可以作为上、下气层间隔层，对气层具有良好的分隔作用，对气田开发有重要的意义（见表2－6）。

表2－6　雅克拉凝析气田白垩系亚格列木组隔层渗透率对比表

深度/m	孔隙度/%	垂直渗透率/$10^{-3}\mu m^2$	水平渗透率/$10^{-3}\mu m^2$	岩性
5267	2.31	0.013	4.73	泥岩
5263.4	0.94	0.0064	0.34	泥岩

由于隔层的厚度太薄，地震剖面难以追踪。但从整个气田储层宏观和微观资料特征表明上、下气层局部连通。其特征表现在：

(1)从雅克拉凝析气田的断层发育特征来看，断层的断距远远大于隔层的厚度。

(2)各井很多岩石薄片都有碎裂程度不等的碎裂岩发育，且碎裂岩分布比较广泛，无论是气层以破碎强烈，上、下气层内部还是气层以下都有发育。从岩石薄片特征来看，矿物很多也发生晶面、解理面、双晶结合面的弯曲等现象。由于岩石错动比较强烈，有些岩石薄片颗粒被研磨粉碎，并由于强烈的塑性变形，细小的碎粒处在塑性流变状态下而呈定向排列，而且新生矿物也因定向排列，而呈条带状。

碎裂岩是原岩在较强的应力下，受到挤压破碎而形成，往往分布在断裂带的两侧，碎裂岩的存在表明气田内部存在断裂，从一方面证明了上、下气层在纵向上是连通的。

(3)S7 和 S15 井岩心滑脱断面上有很多凸境状定向排列的碎斑，碎斑的存在也表明气田内部存在断裂。

(4)根据应力分析该气田为背斜圈闭，在圈闭的东南部为断裂沟通，而且在背斜的轴部应该也发育一系列的断裂，这已在其他的油藏得到证实。

因此，从各井的微观和宏观资料来看无论是上、下气层之间还是气层内部都有发育断裂的表现，因此从整个气藏来看上、下气层连通。

2. 层内夹层

亚格列木组储层中夹层主要有两类：岩性夹层和物性夹层(见图 2-1)。岩性夹层一般是由于水体能量减弱而形成的泥质夹层，其特点是自然电位曲线有明显的回返，在微电极曲线上表现为两条曲线重叠，几乎不具渗透率性；物性夹层是指由于砂体内部的物性变化所形成的夹层，特征是在微电极曲线上表现为两条曲线下凹，但是并不重叠，即渗透率较低。

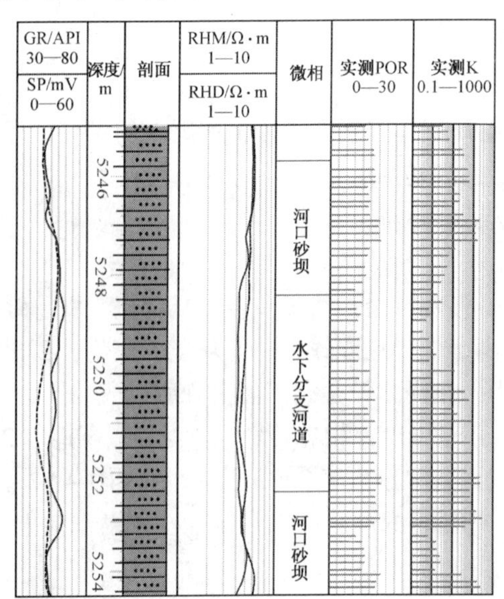

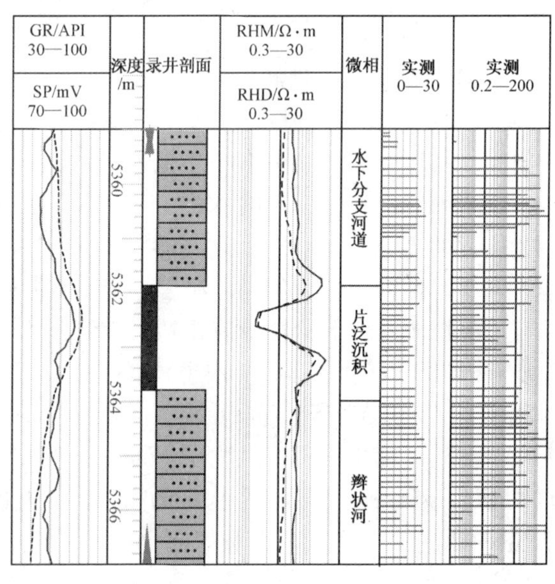

图 2-1 物性隔夹层和岩性隔夹层特征

根据钻井及测井资料分析，亚格列木组上气层发育 2 条夹层，其中夹层 1 主要分布在 S83 井、Y15 井、Y10 井、S15 井和 Y1 井，钻遇率为 23.8%；夹层 1 厚度最大 1.5m，最小

1m，平均厚度1.3m。夹层2主要分布在S83井、Y15井、Y10井、S15井、Y1井、Y9X井、Y13井、S7井、Y11井、S4井、Y4井、S5井、S82井、SC2井和Y8井，钻遇率71.4%；夹层2厚度最大3.5m，最小1m，平均厚度2.2m。

亚格列木组下气层发育2条夹层，其中夹层3主要分布在Y2井、Y12井、S15井、Y1井、Y9X、S7井、Y11井、S6井、Y7CH、SC2井、Y14H和Y8井，钻遇率57.1%；夹层3厚度最大3m；最小1m，平均厚度2.2m。夹层4主要分布在Y13井和Y8井，钻遇率9.5%，平均厚度1.5m。

其岩性以红色、紫红色、褐红色泥岩为主，从泥岩的颜色特点及成分来看泥岩中含有铁的氧化物或氢氧化物，表示沉积时为氧化或强氧化、低水位环境。据进一步分析该泥岩层应为河道沉积的产物，应为短期不稳定沉积与剥蚀互相交替的结果，其连续性较差，在较短距离内即尖灭，由此该夹层的分布较上述湖相沉积的泥岩隔层无论范围还是厚度上的稳定性变差。它的存在增加了气层的非均质性，并没有对气层起到分隔作用。

根据夹层在平面上分布的稳定程度，可将亚格列木组的夹层划分为三类：一类为厚度大，呈大面积连片分布的稳定隔层，具有分隔上下气层的特征；二类为有一定分布面积的次稳定夹层2、夹层3，封隔性较差；三类为分布不稳定、连片性差的夹层1、夹层4，随机分布，主要呈透镜状分布，不起封隔作用。

四、气藏类型

雅克拉白垩系亚格列木组凝析气藏是具边水、背斜层状砂岩、低孔中渗、常温常压、中等凝析油含量不带油环凝析气藏，气藏的基本数据见表2－7。

表2－7 雅克拉白垩系亚格列木组气藏基础数据表

含气面积/km^2	天然气地质储量/10^8m^3	储层岩性	气层深度/m	有效厚度/m	孔隙度/%	原始地层压力/MPa	原始地层压力系数	地温梯度/(℃/100m)
47.47	248.75	砂岩	5250	13.62	13.1	58.3	1.11	2.49

五、储量计算

雅克拉凝析气藏总地质储量为$256.87\times10^8m^3$，其中天然气地质储量为$248.75\times10^8m^3$，凝析油地质储量为486.3×10^4t。各计算单元的储量参数及储量情况见表2－8。

表2－8 雅克拉凝析气藏白垩系储量计算表

计算单元		A/km^2	H/m	$\Phi/\%$	$S_g/\%$	P_i/MPa	T/K	$G/10^8m^3$	$G_c/10^8m^3$	$GOR/(m^3/m^3)$	$\rho_o/(g/cm^3)$	$N_c/10^4m^3$	$N_c/10^4t$
上气层	S5－S15井区	32.12	16.2	12.8	60	58.3	404	131.93	127.77	4111	0.7839	310.81	243.64
	S7－S4井区	13.91	4.8	13.3	68.6	58.3	404	19.92	19.3	4111	0.7839	46.94	36.79
	Y8井区	1.44	14.6	13.7	66	58.3	404	6.27	6.07	4111	0.7839	14.76	11.57
	小计	47.47	12.78	13.32	61.45	58.3	404	158.12	153.14	4111	0.7839	372.51	292.01

续表

计算单元		A/km^2	H/m	$\Phi/\%$	$S_g/\%$	P_i/MPa	T/K	$G/10^8m^3$	$G_c/10^8m^3$	$GOR/(m^3/m^3)$	$\rho_o/(g/cm^3)$	$N_c/10^4m^3$	$N_c/10^4t$
下气层	S5－S15 井区	20.13	16.1	13.7	63.69	58.3	404	89.91	87.05	3904	0.7934	222.96	176.90
	S7－S4 井区	5.11	8	11.9	51.89	58.3	404	8.04	7.79	3904	0.7934	19.95	15.82
	YK8 井区	0.65	4	14.5	67	58.3	404	0.8	0.78	3904	0.7934	1.99	1.58
	小计	25.89	14.46	12.87	60.95	58.3	404	98.76	95.61	3904	0.7934	224.9	194.3
合计									248.75			617.4	486.3

六、三维地质建模

(一)构造建模

构造模型包括断层模型和层面模型。断层模型是通过 T_3^4、T_3^5、T_4^0 三个层面上地震解释的断层多边形(Polygen)建立断层模型，三个层面上对应于同一条断层的三个多边形控制了断层的形态。建模工区内发育有大小断裂 17 条。此次构造建模采用地震解释并经过时深转换得到 T_3^4、T_3^5、T_4^0 层面数据，建立了上气层顶面、下气层顶面和底面模型构造，同时在断层模型的基础上，以井点的砂体顶部数据为基础，以地震解释的构造层面为控制，建立三维构造模型(见图 2－2)。

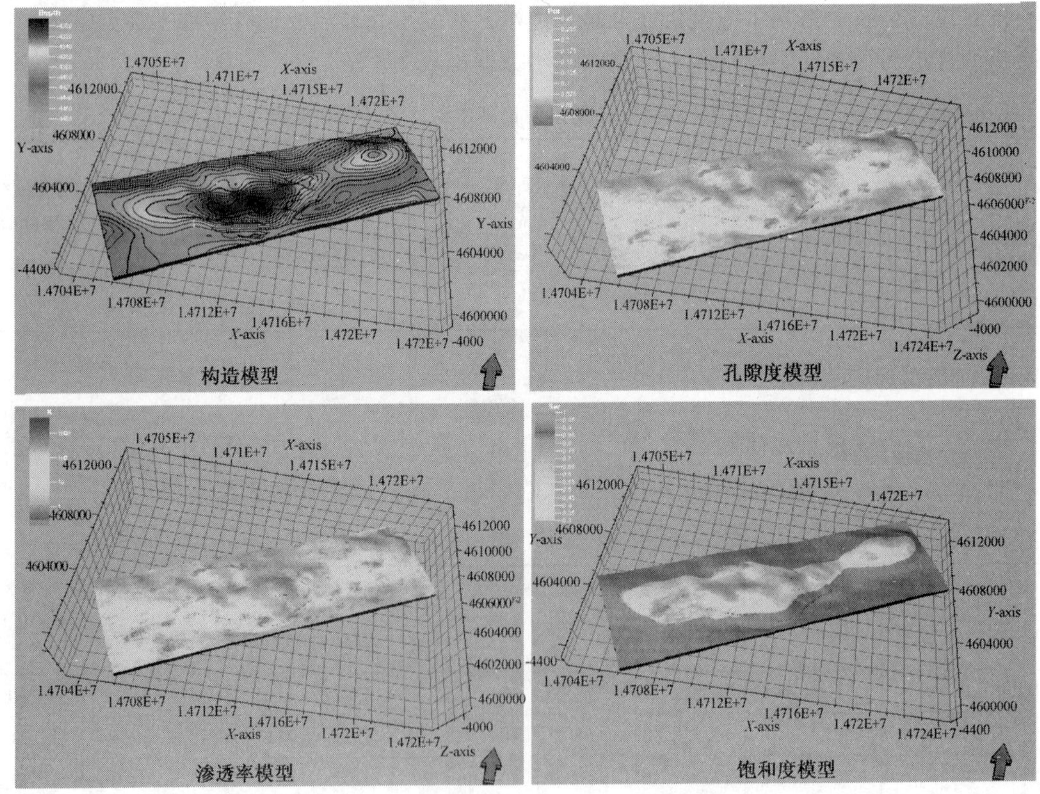

图 2－2　雅克拉亚格列木组上气层地质建模成果图

（二）三维网格划分

雅克拉白垩系亚格列木组气藏建模范围东西长（X 轴）14.4km ，南北宽 6.9km，目的层厚约 50～80m，纵向共分为三小段（2 个含气层和 1 个隔层）。依据建模所用单井数据体的特点及气藏数值模拟的需要，建模所用的三维网格系统在平面上的网格间距为 25m×25m，纵向上网格间距为 2m。建立的模型网格为 899×773×34，总网格数 23627518，网格参数见表 2－9。

表 2－9　雅克拉白垩系亚格列木组气藏建模网格参数表

网格方向 / 纵向分带	X 方向		Y 方向		Z 方向	
	网格数	长度/m	网格数	宽度/m	网格数	厚度/m
上气层	899	25	773	25	16	2
泥岩隔层	899	25	773	25	2	2
下气层	899	25	773	25	16	2

（三）属性建模

雅克拉白垩系亚格列木组气藏储层的属性建模，采用岩相相控建模方法，对测井解释和岩心资料解释的物性参数采用虚贯高斯模拟方法进行随机模拟。该方法在储层参数预测时确保了预测结果在井点处忠实于井上的数据，在井点以外则根据储层参数的空间变化规律、参数的分布概率等进行储层参数的预测。建立了渗透率模型、孔隙度模型及含水饱和度模型（见图2－2）。

（四）地质储量拟合

利用软件提供的储量计算工具对雅克拉亚格列木组气藏的地质储量进行了拟合计算。通过参数模型计算的天然气地质储量为242.1×$10^8$$m^3$，与实际储量 248.75×$10^8$$m^3$ 相对比，相对误差为 2.7%，基本与实际地质储量相吻合。

第二节　大涝坝凝析气田地质特征

一、构造特征

（一）圈闭特征

大涝坝凝析气田由大涝坝 1 号构造和大涝坝 2 号构造组成。在地震资料精细处理和解释的基础上，通过目前完钻各单井测井解释资料校正，制作了该气田苏维依组上、下气层及巴什基奇克组气层顶面构造图（见图 1－4、图 1－5、图 1－6）。

大涝坝 1 号构造为背斜圈闭，大涝坝 2 号构造为断背斜圈闭，其构造要素见表 2－10。

表 2-10　大涝坝三维地震工区局部构造要素表

构造名称	构造类型	主要形成期	地质层位	反射波	构造要素						可靠程度
					高点埋深/m	闭合幅度/m	闭合面积/km^2	轴向	长轴/km	短轴/km	
1号	背斜	喜马拉雅	E_3s 上气层顶	T_2^2	-4005	19	7.68	NE	5.68	0.96	可靠
	背斜	喜马拉雅	E_3s 下气层顶	T_2^3	-4026	19	8.12	NE	5.71	1.00	可靠
	背斜	喜马拉雅	K_1bs 顶	T_3^0	-4145	20	8.60	NE	7.09	0.73	可靠
2号	断背斜	喜马拉雅	E_3s 上气层顶	T_2^2	-3968	57	8.97	NEE	5.98	1.36	可靠
	断背斜	喜马拉雅	E_3s 下气层顶	T_2^3	-3987	58	8.81	NEE	6.04	1.37	可靠
	断背斜	喜马拉雅	K_1bs 顶	T_3^0	-4136	59	4.72	NEE	4.43	1.32	可靠

(二)断层特征

亚南断裂为大涝坝区块的一条主断裂，控制着构造的形成、发展及油气聚集与分布，其走向呈北东东方向，具有上正下逆的特点。在气田区亚南断裂由呈雁行排列，它们对油气藏的形成与分布也起着一定的作用，断裂要素(见表2-11、图1-4、图1-5、图1-6)。

表 2-11　大涝坝三维地震工区主要断裂要素表

断裂名称	展布特征	断裂性质	断裂产状		断裂规模			主要活动期	可靠程度
			走向	倾向	延伸长度/km	垂直断距/m	断开层位		
F1	弯曲	正	NEE	SSE	0.62	5~10	$T_2^0 \sim T_5^0$	海西-喜马拉雅	可靠
F2	弯曲	正	NE	SE	1.5	1~5	$T_2^0 \sim T_5^0$	海西-喜马拉雅	可靠
F3	弯曲	正	NE	SE	3.6	5~10	$T_2^0 \sim T_3^2$	海西-喜马拉雅	可靠
F4	弯曲	正	NE	SE	4.2	5~10	$T_2^2 \sim T_3^2$	海西-喜马拉雅	可靠
F5	弯曲	正	NE	SE	1.17	5~10	$T_2^0 \sim T_5^0$	海西-喜马拉雅	可靠
F6	弯曲	正	NE	SE	1.79	5~15	$T_2^2 \sim T_3^0$	海西-喜马拉雅	可靠
F7	弯曲	正	NE	SE	4.48	5~10	$T_2^2 \sim T_5^0$	海西-喜马拉雅	可靠
F8	弯曲	正	NE	SE	3.23	5~20	$T_2^2 \sim T_5^0$	海西-喜马拉雅	可靠
F9	弯曲	正	NE	SE	6.76	5~14	$T_2^2 \sim T_3^2$	海西-喜马拉雅	可靠
F10	弯曲	正	NE	SE	1.91	5~10	$T_2^2 \sim T_3^2$	海西-喜马拉雅	可靠
F11	弯曲	正	NE	SE	1.25	5~10	$T_2^1 \sim T_5^0$	喜马拉雅	可靠

二、沉积微相划分

(一)苏维依组沉积相分析

通过岩心观察、测井相分析，在大涝坝区块苏维依组中识别出辫状河三角洲和湖泊相2种沉积相类型。苏维依组上气层为浅湖亚相，下气层为辫状河三角洲前缘亚相(见表2-12)。

表 2－12　苏维依组沉积相、亚相、微相划分方案

相	亚相	微相	分布
辫状河三角洲相	辫状河三角洲平原		不发育
	辫状河三角洲前缘	水下分支河道、河口砂坝、分流间湾	下气层
湖泊相	浅湖	近岸砂坝、远岸砂坝	主要分布于上气层
		浅湖泥	主要分布于隔层

（二）巴什基奇克组沉积相分析

通过岩心观察、测井相分析，在大涝坝区块巴什基奇克组中识别出辫状河三角洲和扇三角洲相 2 种沉积相类型。巴什基奇克组三段为扇三角洲沉积，一段、二段为辫状河三角洲沉积。大涝坝区块仅有 DG1 井和 DL6 井钻穿巴什基奇克组，其余各井仅钻达巴什基奇克组二段，因此重点分析辫状河三角洲沉积相。其中一段为辫状河三角洲前缘亚相，二段为辫状河三角洲平原亚相。其沉积微相划分如下（见表 2－13）。

表 2－13　巴什基奇克组沉积相、亚相、微相划分方案

相	亚相	微相	分布
辫状河三角洲	辫状河三角洲前缘	水下分支河道、分流间湾、河口砂坝、远砂坝	一段（含油气层段）
	辫状河三角洲平原	辫状河道、泛滥平原	二段
	前辫状河三角洲	前三角洲泥	不发育

三、储层特征

（一）储层岩性特征

1. 苏维依组储层岩性特征

苏维依组储层岩石类型主要是长石石英砂岩、岩屑石英砂岩、石英砂岩，其颜色为浅褐色、棕褐色、褐灰色。岩性以粉－细粒砂岩为主，少量含中砂岩、粗砂岩。砂岩的成分成熟度普遍较高，砂岩颗粒呈次棱到次圆，分选中等。

胶结类型主要以接触－孔隙式为主，其次为孔隙－接触式，少量接触胶结，颗粒以点接触和点－线接触为主，显示其结构成熟度一般－中等的特点。

苏维依组填隙物包含粒间杂基和胶结物，填隙物总量一般在 3%～16%，平均含量为 8%，泥质杂基含量较少，大多在 0.5%～8%，平均含量 1.8%。杂基以陆源为主，主要为（铁）泥质。碳酸盐胶结物约占总组分的 0.5%～8%，平均含量 3.47%，碳酸盐胶结物主要以方解石为主，一般不含白云石，其次为绿泥石、硬石膏含量也较高，硅质含量较少。

2. 巴什基奇克组储层岩性特征

巴什基奇克组岩石类型主要是长石石英砂岩、岩屑石英砂岩，其颜色为浅褐色、棕褐色、褐灰色。砂岩以中粒、细粒砂岩为主，少量为细粉砂岩、粗砂岩。

胶结类型主要以接触－孔隙式为主，其次为孔隙－接触式，少量接触式胶结，颗粒以点接触和点－线接触为主，显示其结构成熟度中等的特点。

巴什基奇克组填隙物包括粒间杂基和胶结物，填隙物总量介于 4%～16%，平均含量为 8%，泥质杂基含量较少，一般在 0.5%～8%，平均含量 1.2%。杂基以陆源为主，主要为（铁）泥质。碳酸盐胶结物约占总组分的 1%～12%，平均含量 3.7%，碳酸盐胶结物以方解

石为主，极少见白云石。其他类型胶结物如绿泥石，铁质、硬石膏等含量很少。

(二)储层物性特征

1. 苏维依组储层物性特征

1)储层孔隙类型

苏维依组储层孔隙度较大，储集性能较强。通过 DL3、DL5、S45 井铸体薄片鉴定分析，苏维依组主要孔隙类型为原生粒间孔隙、扩大粒间溶孔，其次为粒内溶孔，贴粒缝，溶缝。

2)储层孔隙结构

苏维依组压汞数据据表明，砂岩储层的毛管压力曲线排驱压力较低。DL3 井苏维依组的压汞数据表明，其排驱压力为 0.3035MPa，中值压力 P_{c50} 约为 1MPa，都较低。曲线歪度略粗，曲线平缓部分长，几乎平行横坐标，说明孔吼集中，分选性较好，表明苏维依组岩石储集性能较好。

3)储层孔隙度和渗透率

A. 苏维依组上气层储层孔渗性

苏维依组上气层样品孔隙度分布范围在 8.4% ~22%，平均孔隙度 16.1%；渗透率分布范围在 $0.11\times10^{-3}\sim242\times10^{-3}\mu m^2$，平均渗透率 $73.6\times10^{-3}\mu m^2$。下第三系苏维依组上气层实测孔隙度和渗透率之间相关系数 r 为 0.8936，具较好相关性，表明储层孔、渗表明岩石的渗透性主要受孔隙度变化的控制。按照砂岩储层分类标准，苏维依组上气层整体属中孔、中渗储层。

B. 苏维依组下气层储层孔渗性

苏维依组下气层孔隙度分布范围在 6.9% ~24%，平均孔隙度 17.3%；储层样品渗透率分布范围在 $0.09\times10^{-3}\sim335\times10^{-3}\mu m^2$，平均渗透率 $64\times10^{-3}\mu m^2$。2 号构造苏维依组下气层实测孔隙度和渗透率之间相关系数 r 为 0.9228，具较好相关性，表明岩石的渗透性主要受孔隙度变化的控制。按照砂岩储层分类标准，苏维依组下气层整体属中孔、中渗储层。

2. 巴什基奇克组储层物性特征

1)储层孔隙类型

巴什基奇克组一段储层孔隙度较大，储集性能较强。通过 DL3、S45 井铸体薄片鉴定分析，一段主要孔隙类型为扩大粒间溶孔、原生粒间孔隙，其次为粒内溶孔，贴粒缝，溶缝。

2)储层孔隙结构

巴什基奇克组压汞数据表明，砂岩储层的毛管压力曲线排驱压力较低。DL3 井巴什基奇克组的压汞数据表明，其排驱压力为 0.0797MPa，中值压力 P_{c50} 约为 0.6MPa，都较低。曲线歪度略粗，曲线平缓部分长且接近横坐标，说明吼道粗且分布较集中，表明巴什基奇克组岩石储集性能较好。

3)储层孔隙度和渗透率

巴什基奇克组孔隙度分布范围在 7.6% ~22.6%，平均孔隙度为 15.2%；渗透率分布范围在 $0.68\times10^{-3}\sim728\times10^{-3}\mu m^2$，平均渗透率为 $78.48\times10^{-3}\mu m^2$。巴什基奇克组实测孔隙度和渗透率之间相关系数 r 为 0.7936，具有较好相关性，表明岩石的渗透性主要受孔隙度变化的控制。按照砂岩储层分类标准，巴什基奇克组为中孔、中渗储层。

(三)储层非均质性

1. 储层的非均质性模式

通过岩性观察，苏维依组和巴什基奇克组主要有 4 种非均质性模式：①物性向上变差的非均质模式（见图 2－3）；②物性变化不大的非均质模式（见图 2－4）；③物性向上变好的非均质模式（见图 2－5）；④物性向上变差后复变好的非均质模式（见图 2－6）。

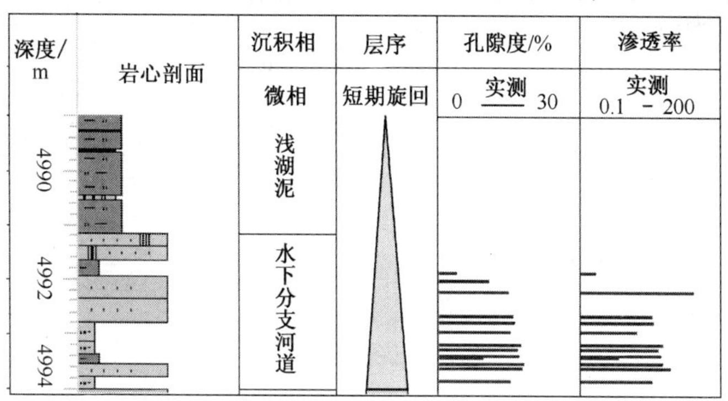

图 2－3　物性向上变差的非均质模式

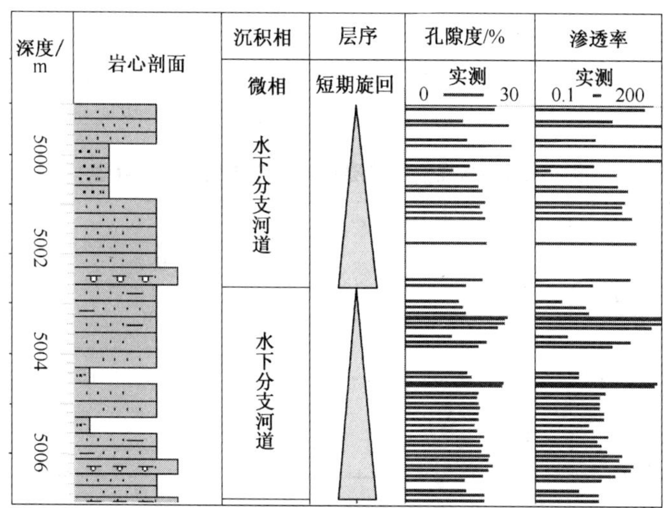

图 2－4　物性变化不大的非均质模式

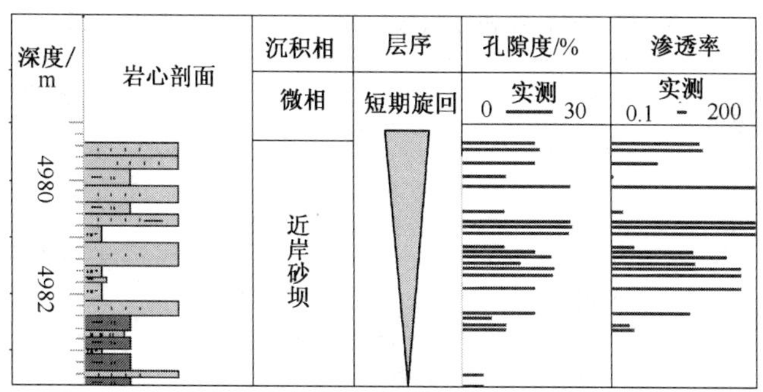

图 2－5　物性向上变好的非均质模式

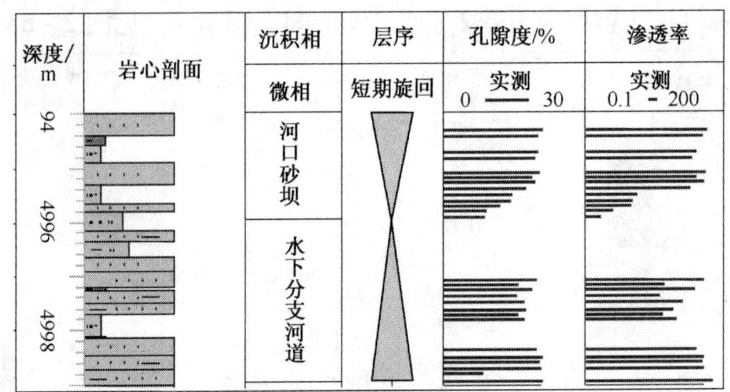

图2-6　物性向上变差后复变好的非均质模式

2. 储层的非均质性参数

苏维依组的各项非均质参数(见表2-14)，可以看出，储层内部渗透率纵向差异比较明显：苏维依组上气层储层非均质变异系数为0.96，下气层变异系数为1.18，苏维依组储层平均变异系数1.07，均属于非均质性严重，其中下气层非均质性比上气层严重。

表2-14　苏维依组储层物性与非均质参数统计表

层位	孔隙度/%	样品数	渗透率/$10^{-3}\mu m^2$	样品数	非均质参数		
					级差	突进系数	变异系数
上气层	15.96	18	64.91	18	1101.2	3.73	0.96
下气层	17.34	139	63.68	137	1889.4	4.73	1.18
合计	16.65	157	64.3	155	3722.2	4.94	1.07

巴什基奇克组的各项非均质参数(见表2-15)，可以看出，储层内部渗透率纵向差异比较明显：变异系数平均1.21，属于非均质性严重。

表2-15　巴什基奇克组储层物性与非均质参数统计表

井名	孔隙/%	样品数	渗透率/$10^{-3}\mu m^2$	样品数	非均质参数		
					级差	突进系数	变异系数
S45	15.4	51	117.4	49	1070.58	6.2	1.38
DL3	15.03	8	41.55	8	18.27	3.15	1.03
合计	15.2	59	79.48	57	544.4	4.68	1.21

苏维依组上、下气层之间发育一条厚度3~10m的泥岩隔层，形成于浅湖环境，岩性主要为含膏泥岩或含膏质粉砂质泥岩，一般含有较纯的泥岩。由DL10井MDT测试数据(见表2-16)可知，上气层压力高于下气层压力，说明隔层起到了完全的分隔作用。

表 2－16　DL10 井 MDT 测试数据表

序号	测试点(斜深)/m	测井解释	压力/psia①	压力/MPa	原始地层压力/MPa	层位
1	4986.0	油气层	6569	45.30	55.02	E_3s 上
2	5000.5	油气层	6271	43.25	56.17	E_3s 下 1
3	5002.0		6261	43.18		
4	5010.5		6264	43.20		E_3s 下 2
5	5013.1		6270	43.24		
6	5167.5	油气层	6179	42.61	56.40	K_1bs1
7	5169.2		6151	42.42		K_1bs1
8	5172.0		6164	42.51		K_1bs1
9	5174.7	油水同层	6592	45.47		K_1bs2
10	5179.0	水层	6512	44.91		K_1bs3
11	5182.5		6549	45.17		K_1bs4
12	5186.5		6905	47.62		K_1bs5

注①：绝对压力单位，1psia＝6.8948kPa。

储层物性统计结果表明：苏维依组上气层的平均渗透率为 $73.6\times10^{-3}\mu m^2$，苏维依组下气层平均渗透率为 $64\times10^{-3}\mu m^2$，两者相差很小。

层内非均质统计结果表明：苏维依组上气层的变异系数为 0.96，苏维依组下气层的变异系数为 1.18，两者差距也不大。

苏维依组上、下气层层间非均质性较小。

3. 平面非均质性

从区域看苏维依组上气层平面非均质性在三个储层中最弱(渗透率变异系 0.15)，下气层平面非均质性中等(变异系数 0.33)，下白垩系巴什基奇克组渗透率平面非均质性最严重(变异系数 0.655)。从不同井点各储层平均渗透率值来看，苏维依组上气层横向渗透率级差最小为 1.36，下气层极差中等为 2.38，巴什基奇克组横向渗透率级差为 4.18，非均质性越强，极差越大(见表 2－17)。

表 2－17　大涝坝区块储层平面非均质程度对比表

气层	孔隙度/%			渗透率/$10^{-3}\mu m^2$			平面非均质性		
	2 号构造		1 号构造	2 号构造		1 号构造	非均质变异系数	突进系数	极差
	DL3	S45	DL5	DL3	S45	DL5			
E_3s 上气层	17.88	14.03		74.82	55		0.15	1.12	1.36
E_3s 下气层	18	16.68	15.56	94.3	39.6	52.9	0.33	1.63	2.38
K_1bs	16.5	15.4		37.52	117.4		0.51	1.48	3.13

大涝坝凝析气田苏维依组上气层、苏维依组下气层和巴什基奇克组纵向上为严重非均质，平面上非均质性从渗透率来看，变化比较大，上气层非均质性最弱，下气层中等，巴什基奇克最严重。

4. 夹层分布规律

1)夹层分布特征

苏维依组夹层是在分流间湾处形成的，岩性主要为含膏质泥岩或含膏质粉砂质泥岩，在平面上连续性差。苏维依组下气层存在2条泥质粉砂岩夹层(夹层1、夹层2)，把下气层分为三个小层。夹层1区域上分布稳定，各井均有钻遇，厚度最大为2.0m(DL6井)，最小为0.8m(DL5井)，平均在1.0m左右，由西向东，厚度逐渐减小。夹层2在全区分布不稳定，仅在区块的东部(DL4井以东)分布，有6口井没有钻遇，厚度最大为1.5m(DL4井)，最小为1.0m(DL8井)，平均在1.0m左右，厚度变化不大。

巴什基奇克组夹层是在分流间湾处形成的，岩性主要为含膏质泥岩或含膏质粉砂质泥岩，在平面上连续性差。巴什基奇克组一段储层存在5条夹层(夹层3－夹层7)，将巴什基奇克组一段分为五个小层。夹层3、夹层4和夹层5的厚度相对较小，在1.0~1.5m，横向上连续性较差。夹层6厚度最大为4.0m(DL3井)，最小为1.0m(DL10)，平均在2.0m左右。夹层7在一段分布最广，连续性最好，在各井上该夹层厚度一般大于2m，在DL6井上厚度最大，为3.0m。

2)夹层分隔性分析

苏维依组下气层发育2条夹层，根据DL10井MDT测试数据(见表2－16)，下气层1和下气层2的压力基本相同，说明夹层只起到局部分隔作用。

巴什基奇克组一段发育5条夹层，根据DL10井MDT测试数据(见表2－16)，巴什基奇克气层1的压力相对其他气层较低，说明夹层起到了一定的分隔作用，但巴什基奇克气层5的压力相对原始地层压力下降8.78MPa，说明夹层只起到局部的分隔作用。

(四)储层敏感性特征

根据大涝坝凝析气藏储层岩样速敏实验(见表2－18)：

苏维依组储层敏感性为：无速敏、中等水敏、中等酸敏、弱盐敏。

巴什基奇克组储层敏感性为：弱速敏、中等水敏、中等酸敏、弱盐敏。

表2－18　大涝坝气藏岩样敏感性实验

层位	速敏/%	水敏/%	酸敏/%	盐敏/%
巴什基奇克组	18	0.66	0.37	1.04~3.31
苏维依组		0.7	0.46	0.39~1.36

四、气藏类型

根据大涝坝凝析气田完井测试和中测成果，将各测点压力、温度折算至各气藏中部得到各气藏原始地层压力、温度(见表2－19)，大涝坝凝析气藏各气藏均属于常温常压系统。

表2－19　大涝坝凝析气田各气藏原始地层压力、温度数据表

气藏	气层	中深/m	原始地层压力/MPa	原始地层压力梯度/(MPa/100m)	原始地层温度/℃	地温梯度/(℃/100m)
大涝坝	E_3s 上	4960	55.02	1.11	137	2.76
	E_3s 下	4982	56.17	1.13	137	2.75
	K_1bs	5146	56.40	1.10	137	2.66

综合分析认为苏维依组气藏为具边水、背斜层状砂岩、中孔中渗、常温常压、高凝析油含量不带油环凝析气藏。巴什基奇克组气藏为具边水、背斜层状砂岩、中孔中渗、常温常压、特高凝析油含量带油环凝析气藏。

五、储量计算

由于大涝坝凝析气田1、2号气藏各气层具有独立的温压系统以及独立的气水界面，因此在储量计算时各气层单独计算，即划分为5个计算单元，分别为：大涝坝凝析气田1号气藏苏维依组上气层、下气层，大涝坝凝析气田2号气藏苏维依组上气层、下气层及巴什基奇克组气层。

将各储量计算参数代入容积法计算公式，计算储量数据见表2－20。

表2－20　大涝坝凝析气田储量计算表

单元	A/km^2	H/m	Φ/%	S_g/%	P_i/MPa	T/K	Z_i	G/10^8m^3	G_c/10^8m^3	GOR/(m^3/m^3)	ρ_o/(g/cm^3)	N_c/10^4m^3	N_c/10^4t
1号E_3s上气层	0.59	4.63	16.7	64.8	55.55	410	1.236	0.94	0.87	1604	0.795	5.43	4.31
1号E_3s下气层	3.16	7.75	16.6	65.5	56.93	416	1.374	7.69	6.72	872	0.792	77.02	61.00
2号E_3s上气层	4.52	6.05	15.96	67.4	55.02	410	1.236	9.27	8.26	1058	0.794	78.08	62.00
2号E_3s下气层	4.87	12.24	17.34	66.7	56.17	410	1.374	19.94	17.39	872	0.795	199.37	158.50
2号K_1bs	4.73	12.35	15.2	65	56.4	410	1.42	16.22	13.98	788	0.792	177.35	140.46
合计	17.87							54.06	47.21			537.25	426.28

六、三维地质建模

(一)构造建模

构造模型包括断层模型和层面模型。断层模型是通过T_2^2、T_2^3、T_3^3三个层面上地震解释的断层多边形(Polygen)建立断层模型，三个层面上对应于同一条断层的三个多边形控制了断层的形态，建模工区内发育有大小断裂18条。

此次构造建模采用地震解释并经过时深转换得到T_2^2、T_2^3、T_3^0层面数据，建立了苏维依组上气层顶面、下气层顶面和巴什基奇克组气层顶面构造模型，同时在断层模型的基础上，以井点的砂体顶部数据为基础，以地震解释的构造层面为控制，建立三维构造模型(见图2－7)。

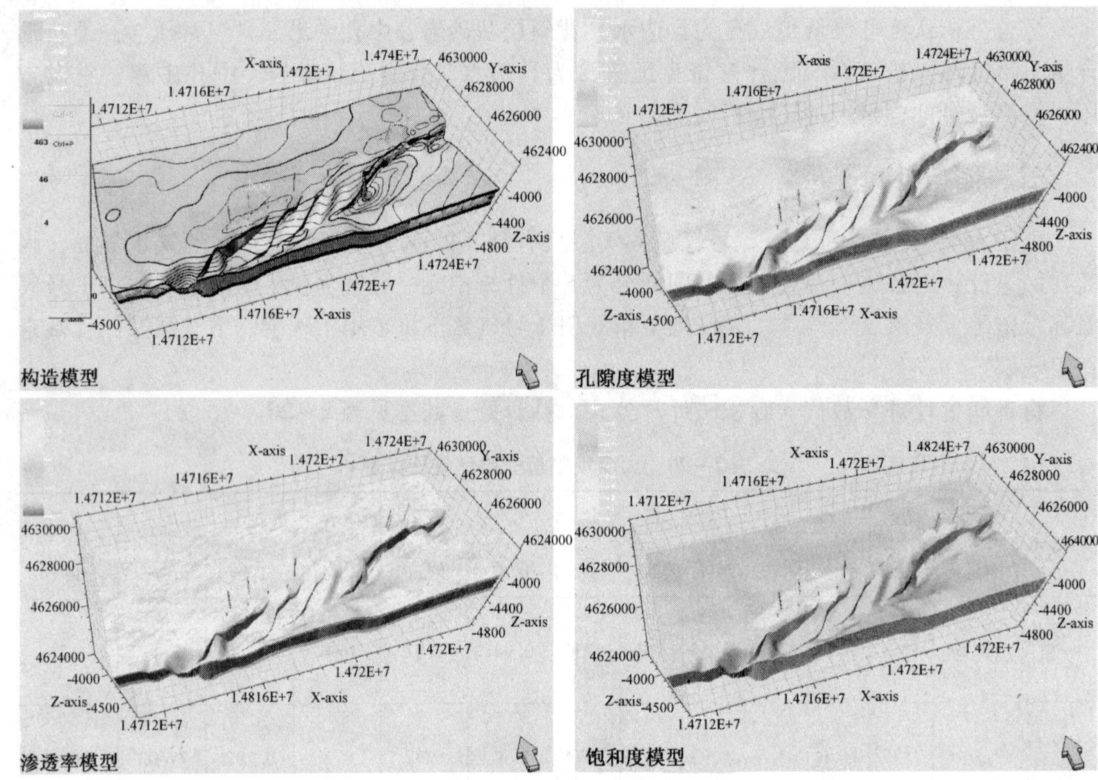

图 2－7　大涝坝凝析气田地质建模成果图

(二)三维网格划分

大涝坝凝析气田建模工区范围东西长(*X* 轴)14.38km，南北宽(*Y* 轴)6.46km，目的层厚约 180～200m，纵向共分为三个气层。建立的模型网格为 158×108×30，总网格数 511920，网格参数见表 2－21。

表 2－21　大涝坝凝析气田建模网格参数表

网格方向 / 纵向分带	*X* 方向		*Y* 方向		*Z* 方向	
	网格数	长度/m	网格数	宽度/m	网格	厚度/m
苏维依组上气层	158	100	108	100	4	2
隔层	158	100	108	100	1	9
苏维依组下气层	158	100	108	100	8	2
隔层	158	100	108	100	1	127
巴什基奇克组气层	158	100	108	100	16	3

(三)属性建模

采用岩相相控建模方法，对测井解释和岩心资料解释的物性参数采用序贯高斯模拟方法进行随机模拟。该方法在储层参数预测时确保了预测结果在井点处符合于井上的数据，在井点以外则根据储层参数的空间变化规律、参数的分布概率等进行储层参数的预测，并建立了大涝坝凝析气田的渗透率模型、孔隙度模型及含水饱和度模型(见图 2－7)。

(四)地质储量拟合

三维建模储量计算是在储层参数三维模型建完之后，利用软件提供的储量计算工具对大涝坝凝析气田的地质储量进行拟合计算。通过参数模型计算的天然气地质储量为44.2×10^8m^3,与实际储量43.01×10^8m^3相对比，相对误差为2.8%，基本与实际地质储量相吻合，模型可靠(见表2－22)。

表2－22　储量拟合计算表

小层	模拟值/10^8m^3	计算值/10^8m^3	相对误差/%
苏维依组上气层	9.06	9.13	0.78
苏维依组下气层	23.98	24.10	0.50
巴什基奇克组气层	13.74	13.98	1.68
合计	46.78	47.21	0.91

第三章　雅克拉－大涝坝凝析气田多相流体相态特征

第一节　雅克拉－大涝坝凝析气田流体相态特征

一、雅克拉凝析气田流体物性

雅克拉凝析气藏上、下气层原油性质都具有“三低一高”的特点，为低密度、低黏度、低含硫、高含蜡的轻质原油。

雅克拉凝析气藏上气层凝析油相对密度为0.7976～0.8093g/cm^3，平均0.8018g/cm^3，运动黏度为1.73～3.0mm^2/s，平均2.26mm^2/s，含硫量为0.11%～0.25%，平均0.18%，含蜡量为0.96%～3.67%，平均3.0%。

下气层凝析油相对密度为0.7915～0.8025g/cm^3，平均0.7977g/cm^3，运动黏度为1.90～2.16mm^2/s，平均2.02mm^2/s，含硫量为0.1%～0.29%，平均0.15%，含蜡量为2.32%～4.6%，平均3.93%。

雅克拉凝析气藏上、下气层天然气性质均属于凝析气。雅克拉区块有4口井取得上气层天然气气样分析，平均相对密度0.648，C_1平均含量86.36%，C_2平均含量5.11%，C_3平均含量1.79%，CO_2含量为1.56%～2.68%，平均含量2.07%。4口井取得下气层天然气气样分析，平均相对密度0.66，C_1平均含量85.45%，C_2平均含量5.31%，C_3平均含量2.07%，CO_2含量为1.81%～3.11%，平均含量2.33%。

目前雅克拉凝析气田亚格列木气层有5口井取得合格水分析样，氯离子含量6.38～9.47×10^{4}mg/L，平均7.89×10^{4}mg/L；总矿化度10.38×10^4～15.51×10^{4}mg/L，平均12.934×10^{4}mg/L；地层水密度1.091g/cm^3，pH值5.9，呈弱酸性，属封闭环境下高矿化度地层水。

雅克拉凝析气田属深层高温高压凝析气田（见图3－1），为解释雅克拉凝析气藏开发过程中出现的各类现象，加强对凝析气藏开发特征的深入认识，先后进行了不同层位15井次的高压流体物性测试，2井次油气水三相相态特征的测试，1井次多孔介质下的流体相态测试。

另外，根据历次测试数据（见表3－1）可以看出以下几点：①亚格列木组上下气层露点压力随着地层压力下降而下降（见图3－2）。②随着时间变化，亚格列木组下气层油罐油密度有下降的趋势，亚格列木上气层油罐油密度则成上升趋势。

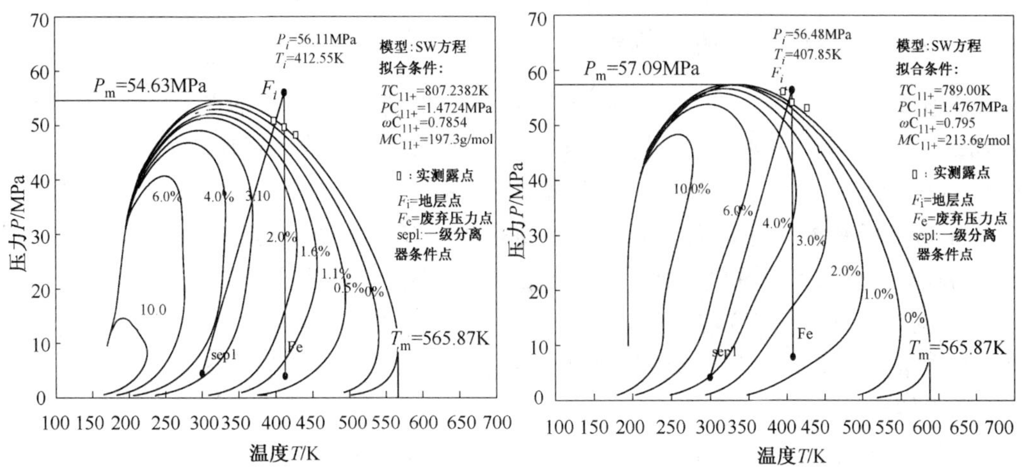

图 3－1　Y2 井上气层及下气层流体相图

表 3－1　雅克拉凝析气藏高压物性实验结果主要参数表

井号	层位	取样日期	地层温度/℃	地层压力/MPa	露点压力/MPa	油罐油密度/（g/cm³）	凝析油含量/（g/m³）
S15	k_1y	1991. 8. 29	131. 7	56. 62	54. 1	0. 78	
Y1	k_1y	1996. 2. 6	134. 9	57. 26	54. 4	0. 799	
Y1	k_1y	2002. 12. 24	133. 7	56. 46	54. 02	0. 786	
Y2	k1y 下	2003. 8. 5	134. 7	56. 48	54. 76	0. 7895	
Y2	k1y 上	2004. 5. 27	139. 4	56. 11	49. 75	0. 7854	
Y6H	k_1y 下	2005. 9. 16	125. 4	56. 33	56. 18	0. 7973	285. 7
Y5H	k_1y 上	2005. 11. 16	130. 1	55. 69	53. 66	0. 7824	189. 7
Y6H	k_1y 下	2006. 8. 12	136. 25	58. 72	53. 7	0. 7877	
Y1	k_1y	2007. 4. 3	136. 47	58. 72	52. 9	0. 788	
Y5H	k_1y 上	2007. 11. 6	130. 8	53. 85	52. 26	0. 7941	219. 2
Y14	k_1y 下	2008. 11. 21	133. 5	51. 86	51. 02	0. 791	238. 1
Y13	K_1y 下	2009. 1. 12	136	52. 35	46. 5	0. 788	
Y5H	k_1y 上	2009. 11. 1	135. 2	50. 62	50. 9	0. 7926	168. 6
Y5H	k_1y 上	2010. 5. 25	134. 2	49. 82	47. 9	0. 793	191. 9
Y5H	k_1y 上	2010. 5. 25	134. 2	49. 82	48. 51	0. 793	191. 9

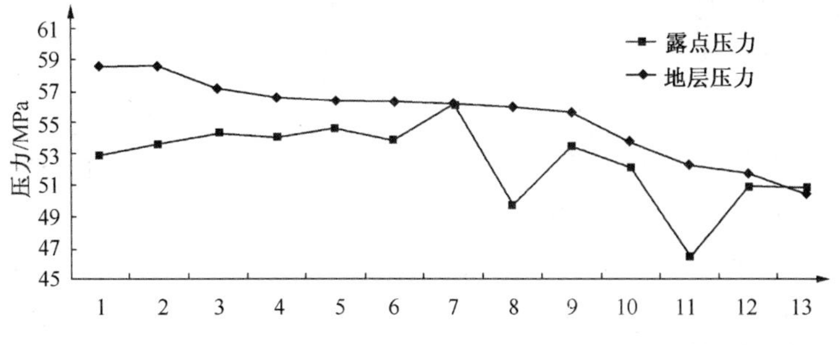

图 3－2　历次测试地层压力－露点压力变化曲线

二、大涝坝凝析气田流体物性

大涝坝凝析气田 5 个油气层所产原油性质差别不大。原油相对密度 0.7775～0.8140g/cm³，平均0.7834g/cm³；黏度 1.72～3.52 mPa·s，平均2.66mPa·s；含硫量0.01～0.04%，平均0.024%；含蜡量8.15%～30.35%平均13.96%。大涝坝凝析气田原油属于低密度、低黏度、低含硫、高含蜡的轻质原油，具凝析油特点。

大涝坝凝析气田5个油气层所产天然气性质非常接近。天然气中甲烷含量在79.06%～84.36%之间，$C_1/(C_2+C_3)$均小于9(5.2～8.54)；重烃(C_{2+})含量在11.16%～16.21%，二氧化碳含量介于0.48%～0.99%，氮气含量介于2.97%～4.66%，平均3.86%。大涝坝凝析气田天然气具有凝析气藏特征。

大涝坝凝析气田地层水比重 1.16～1.18，矿化度 248984～334565mg/L ；Cl^- 含量151285～203317mg/L，分析水型为 $CaCl_2$ 型，属于高矿化度卤水，矿化度从上往下逐渐降低。

大涝坝凝析气田先后进行了不同层位21井次的高压流体物性测试，其中2次解释为挥发性油藏，其他19井次解释是凝析气藏，实验结果显示大涝坝以挥发性油藏与凝析气藏过渡带为主，为近临界凝析气藏。

根据历次测试数据(见表3－2)可以看出以下几点：①苏维依组上下气层露点压力随着地层压力下降而下降；巴什基奇克组前期露点压力随着地层压力下降而下降，但随着地层压力的恢复上升，露点压力出现了大幅回升(见图3－3、图3－4)。②随着时间变化，苏维依组下气层油罐油密度有下降的趋势，巴什基奇克组油罐油密度则成上升趋势。

表3－2　大涝坝凝析气藏高压物性实验结果主要参数表

井　号	层位	取样日期	地层温度/℃	地层压力/MPa	露点压力/MPa	油罐油密度/(g/cm³)	凝析油含量/(g/m³)	最大反凝析液量/%
S45	苏维依组上	1997.10.29	139.3	55.14	51.26	0.7842	597	30.67
S45		2002.12.28	137.3	55.55	46.1	0.7811	406	15.72
DL9		2010.6.21	138.86	43.72	42.15	0.782	621.9	16.95
DL6	苏维依组下	1994.9.13	137	56.17	49.9	0.802	574	24.86
DL2		2006.8.16	135.1	53.62	47.73	0.7927	753.89	31.72
DL2		2006.8.26	136.23	55.7	48.4			
DL4		2007.4.1	134.4	56.17	46	0.7831		30.59
DL10X		2009.6.15	136	42.32	42.28	0.779	597.5	14.12
DL6		2009.8.10	137.91	47.81	45.01	0.785	584.2	15.77
DL4		2009.8.10	136	42.32	42.15	0.785	488.5	15.37
DL7		2010.6.21	141.95	41.92	41.92	0.783	676.7	18.21

续表

井　号	层位	取样日期	地层温度/℃	地层压力/MPa	露点压力/MPa	油罐油密度/(g/cm^3)	凝析油含量/(g/m^3)	最大反凝析液量/%
DL3	巴什基奇克组	2005. 5. 30	141. 1	55. 4	47. 2	0. 7862	712	33. 42
DL1X		2006. 4. 9	141. 2	55. 46	41. 73	0. 7797	875. 055	38. 12
DL1X		2007. 4. 1	141. 7	56. 4	44. 76	0. 7807		38. 12
DL9		2007. 10. 15	140. 1	50. 41	43. 85	0. 7859	848	34. 97
DL10X		2009. 1. 22		43. 08	39. 55			9. 37
DL10X		2009. 1. 22		43. 15	37. 07			11. 33
DL11		2009. 2. 5	135. 7	45. 8	45. 56	0. 787	653	23. 25
DL3		2009. 11. 8	137	44. 7	44. 45	0. 793	812	19. 43

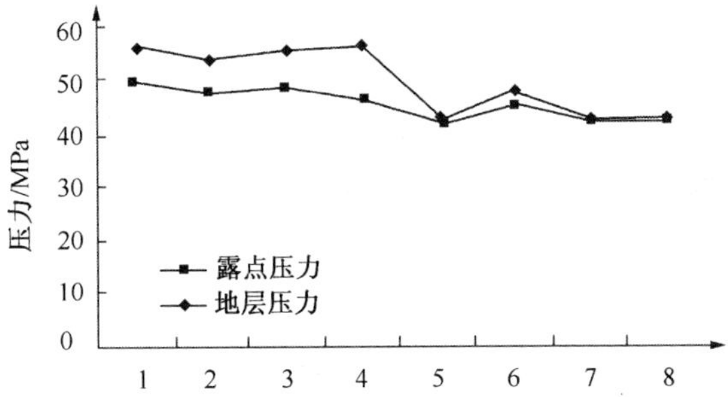

图 3－3　E_3s 下地层压力－露点压力变化曲线

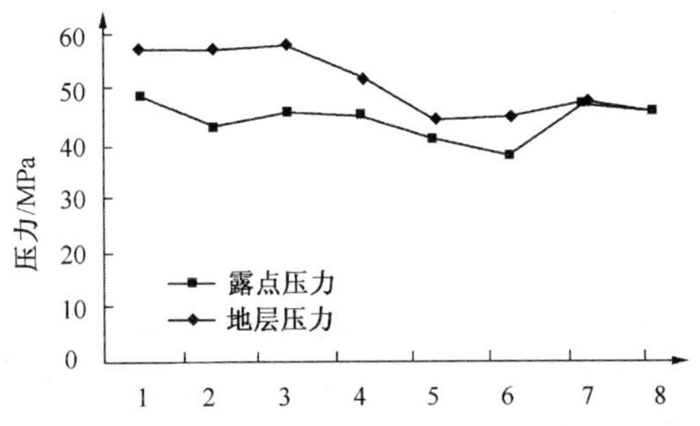

图 3－4　K_1bs 地层压力－露点压力变化曲线

大涝坝凝析气藏 DL3 井巴什基奇克组气藏地层流体在不同地层压力条件下呈现不同的相态特征，其中在低于露点压力(47. 2MPa)后相态变化剧烈，由于地层流体组分变化，随着地层中重烃含量增加，相包络线向右下方发生偏移(见图 3－5)，综合分析该气藏地层流体均有近临界特征。

将 S15、Y1、Y2 井下气层、Y2 井上气层、Y5H、Y6H、S45、DL1X、DL2、DL3 井的拟组分绘于三角组成分布图中，可得到图 3－6 所示的分布规律。由图可以看出，S15、Y1、Y2 井下气层、Y2 井上气层、Y6H、Y5H、S45、DL2、DL3 井拟组分组成点均落在凝析气藏范围。

综合分析雅克拉凝析气田亚格列木组和大涝坝凝析气田苏维依组、巴什基奇克组气藏属于凝析气藏范畴。

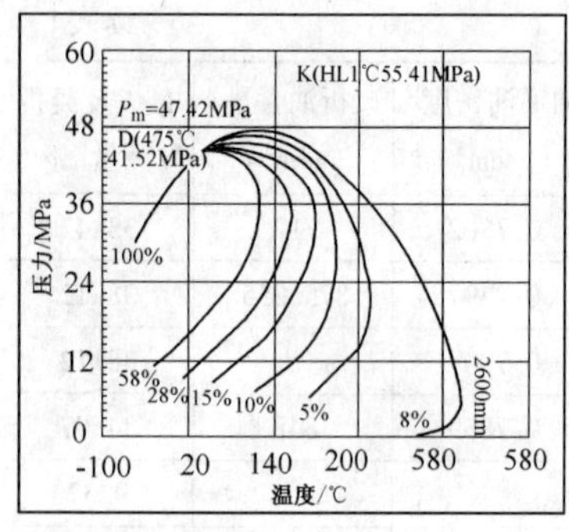

P_{fi}=55.4MPa,凝析气

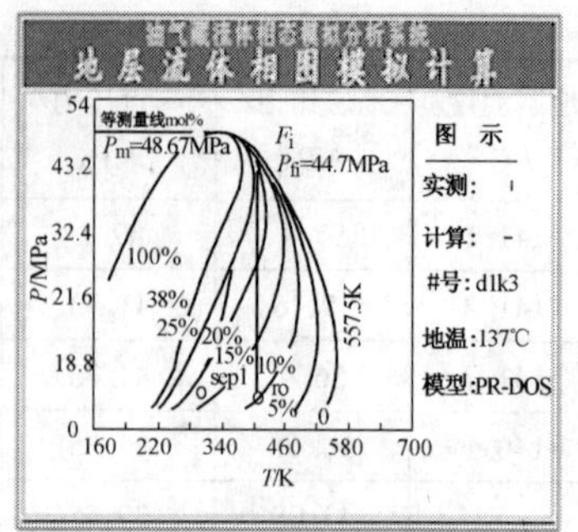

P_{fi}=44.7MPa,凝析气

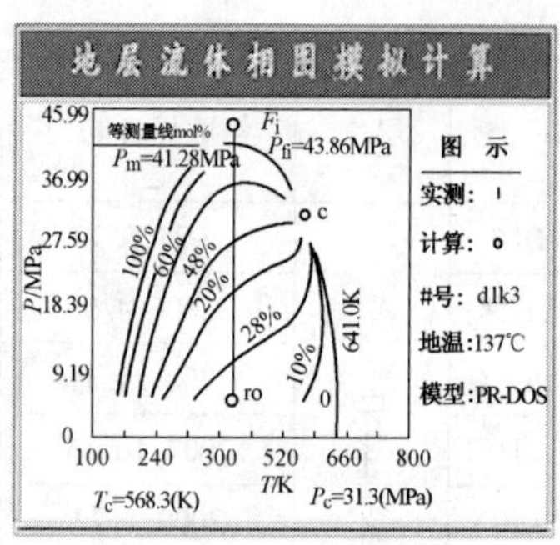

P_{fi}=43.9MPa,挥发油

图3－5　DL3井不同地层压力条件下地层流体相态图变化情况

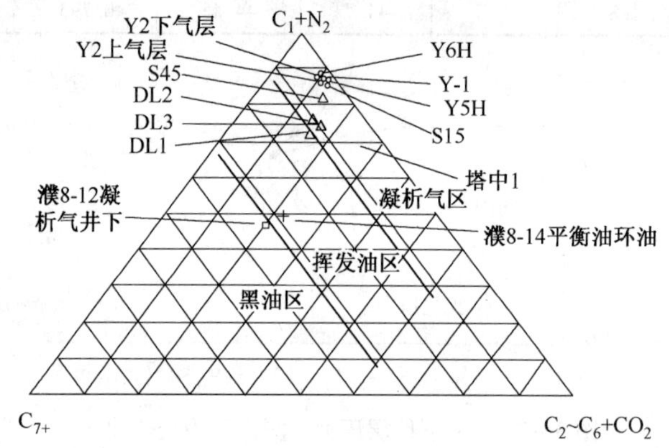

图3－6　雅克拉－大涝坝地层凝析气和油环油三元组成分类图

第二节　油－气－水三相体系相态特征

雅克拉－大涝坝凝析气藏属于深层高温、高压凝析气藏，流体相态特征测试为评价地层反凝析污染程度、注气开发机理、注气量与注气时机优选提供了所必需的地层流体相态特征热力学参数，为凝析气藏合理开发方式的数值模拟计算提供了相态拟合基础。

常规的凝析油气体系相态实验分析忽略了气态地层水的影响，为了更为准确地测试雅克拉－大涝坝凝析油气体系相态特征，开展了高温、高压富含气态地层水的凝析油气体系特殊PVT相态实验测试。

一、富含气态地层水的凝析油气体系PVT相态实验设计

（一）实验仪器及流程

针对凝析油－气－地层共存水三相共存体系相态测试的实验分析要求，对全观测无汞高温高压多功能地层流体分析仪及气相色谱仪实验设备进行了工艺流程改进，满足了对高温、高压富含气态地层水的凝析气藏地层流体PVT相态实验测试的分析要求。该流程主要由注入泵系统、PVT筒、闪蒸分离器、温控系统、油/气相色谱仪、水分析仪、电子天平和气体增压泵等组成（见图3－7）。

(6)对不同压力、温度，重复(3)～(5)步测试。

通过单次闪蒸测试可获得富含气态水的凝析气藏井流物组成，井流物中 i 组分的摩尔分数为：

$$X_{fi}=\frac{\frac{W_o}{\overline{M}_o}X_i+\frac{p_1V_1}{RZ_1T_1}Y_i}{\frac{W_o}{\overline{M}_{oi}}+\frac{p_1V_1}{RZ_1T_{1i}}+\frac{W_w}{M_w}} \tag{3-4}$$

井流物中气态水组分的摩尔组成为：

$$X_{fw}=\frac{\frac{W_w}{\overline{M}_{wi}}}{\frac{W_o}{\overline{M}_{oi}}+\frac{p_1V_1}{RZ_1T_{1i}}+\frac{W_w}{M_w}} \tag{3-5}$$

式中 X_{fi}——地层流体 i 组分的摩尔分数；

W_o——单次闪蒸油的质量分数，g；

W_w——单次闪蒸水的质量分数，g；

$\overline{M}_o$——单次闪蒸油平均相对分子质量，g/mol；

$\overline{W}_w$——单次闪蒸水平均相对分子质量，g/mol；

X_i——单次闪蒸油的摩尔分数；

Y_i——单次闪蒸气的摩尔分数；

P_1——实验时大气压力的数值，MPa；

V_1——放出气体在室温、大气压力下的体积数值，cm^3；

T_1——室温的数值，K；

Z_1——实验条件下(P_1，T_1)气体偏差因子；

R——摩尔气体常数，8.3147MPa·cm^3/(mol·K)。

5. 露点压力的测定

缓慢降低 PVT 室中的压力，通过观察窗观测与地层共存水处于饱和平衡状态的富含气态地层水凝析气的相态变化，直至观测到 PVT 室中水相形成气泡或气相中形成雾状新相生成，记录此时的压力读数。再次升高压力回到原始地层压力下进行搅拌使体系复原，然后再次降压测试，并重复该过程 2～3 次，即可得到含气态地层水凝析气的露点压力。

(1)将配制好的所需地层流体样品转入 DBR 可视 PVT 筒中，在地层压力下恒温 4h，并不断搅拌，待温度压力稳定后记录体积和压力读数。

(2)采用逐级降压逼近法确定露点压力，每级降压约 0.5～2MPa，在露点压力以上的压力范围内，每次降压后平衡约 0.5h，待稳定后记录压力和体积读数。

(3)当降压至某级压力时，可视 PVT 筒中开始出现微小雾状液滴时，表明压力已达到露点压力，记录此时压力和体积，然后升高压力直至雾状消失，记录此时压力和体积，与出现雾状时的压力和体积平均得到露点压力和体积。为了精确确定露点压力，需将样品重新恢复到地层条件下，待平衡后重复(2)、(3)步骤 2～4 次，最后取露点压力的平均值。

6. 凝析气～地层水体系 CCE 实验测试

通过富含气态地层水凝析气等组成膨胀实验测试(见图 3－9)，得到了凝析气体系在地层条件下体积的膨胀能力，即弹性膨胀能量的大小，目的是分析气态地层水对凝析油气体系 $P-V$ 关系、露点压力变化及反凝析液量等流体相态特征参数的影响。

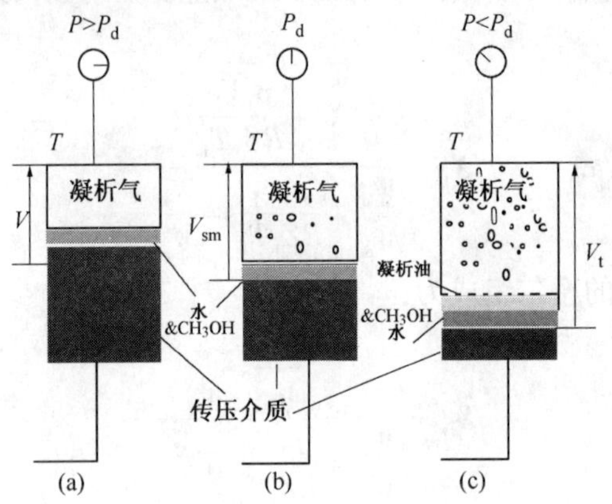

图 3-9　等组成膨胀实验示意图

具体测试步骤为：

(1)从地层压力逐级降压直至露点压力，记录每级压力条件下的体积。

(2)露点压力以下，继续退泵降压，注意在每级压力条件下充分搅拌样品 2h 以上确保体系各相达到平衡，记录压力、样品体积，测量凝析油、凝结水量。

(3)重复上述过程直至样品体积膨胀到初始体积的 3 倍左右。

(4)在不同温度条件下重复上述步骤，进行两次 $P-V$ 关系测试。

7. 凝析气～地层水体系 CVD 实验测试

将露点压力下的样品体积确定为气藏流体的孔隙定容体积(见图 3-10)，自露点压力与拟定的废弃压力之间均分为 6～8 个衰竭压力级，每级降压膨胀，然后恒压排气到露点压力下的定容体积。在这一实验过程中，流体的相态、组成和物性会不断变化，而排气后剩余流体其所占体积保持不变。

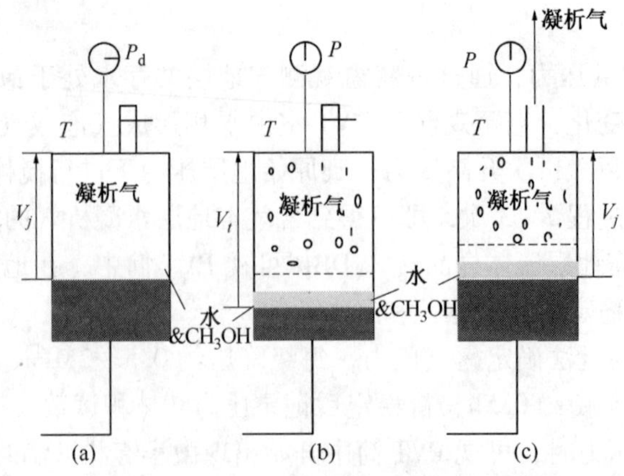

图 3-10　定容衰竭实验过程流程示意图

测试步骤如下：

(1)将需配制好的地层凝析气样转入可视 PVT 筒中，在地层压力下将流体样品搅拌均匀并保持地层温度平衡状态至少 8h。

(2)在地层压力下恒压进泵排出约1/5的气体，计量排出的气体体积和分离的气、油和凝析水量，取分离的凝析油、气样用色谱仪进行组成分析。

(3)将压力降至上露点压力，平衡2h后，记录体积读数，此时可视PVT筒中气体即为定容体积。

(4)分级降低压力，每级降压后搅拌2h并保持压力平衡半小时，记录压力和PVT筒体积读数。

(5)打开可视PVT筒顶部阀门，保持恒压慢速排气，直到定容体积读数为止。在此过程中，取分离的油、气样进行组成分析。排气结束后记录分离后气量、凝析油量和凝析水量。

(6)用标尺测出该压力下可视PVT筒中反凝析油和剩余地层水的体积。

(7)重复步骤(4)～(6)的降压排气过程，一直进行到压力为废弃压力的最后一级压力为止。

(8)从最后一级压力到大气压力的测试过程：可视PVT筒体积读数保持在定容读数处，直接放气降压至大气压，然后再进泵排出可视PVT筒中的残留气、凝析油和凝析水，并取气样分析残余气组成，对残余油和剩余地层水称重，测定其相对密度并对残余油进行组成分析。

二、富含/不含气态地层水的凝析油气体系PVT相态实验结论

雅克拉－大涝坝凝析气藏属于高温高压凝析气藏，由于地层中总是存在地层共存水、边水或底水，使得气藏气态烃中富含气态地层水，并影响凝析油气体系的相态特征。

对Y1井进行了地层流体PVT相态分析，取样生产井段5275.0～5282.0m，层位为亚格列木组，地层温度136.5℃，原始地层压力58.72MPa。

(一)单次闪蒸测试

用高温高压配样器将配制好的富含/不含气态地层水的Y1井地层流体进行单次闪蒸测试，获得富含/不含气态地层水的地层流体组成(见表3－3)。

表3－3　Y1井富含/不含气态地层水实验井流物组分分析数据表

组分	含水	不含水	组分	含水	不含水
H_2O	2.18	0.00	C_6	0.10	0.17
CO_2	2.75	4.61	C_7	0.14	0.23
N_2	4.50	2.89	C_8	0.33	0.28
C_1	81.18	82.32	C_9	0.40	0.40
C_2	4.18	4.21	C10	0.37	0.43
C_3	1.45	1.54	C_{11+}	1.48	1.49
iC_4	0.23	0.24	MC_{11+}	210.09	201.04
nC_4	0.48	0.50	γC_{11+}	0.8506	0.8441
iC_5	0.20	0.35	气油比/(m^3/m^3)	3568	3536
nC_5	0.02	0.34			

(二)露点压力测试

Y1井富含/不含气态地层水凝析气体系实测露点如表3－4所示。在相同温度下测定的露点压力，富含气态地层水的地层流体露点压力要比不含气态地层水的地层流体露点压力高2MPa左右，这主要与凝析气体系组分有关。地层水的临界温度为374.15℃，其可液化温度

范围介于 $n-C_{11}H_{24}$（临界温度365.6℃）和 $n-C_{12}H_{26}$（临界温度385.15℃），因此气态地层水的存在会引起凝析气体系中 C_{11} 以上的重质烃类组分提前析出，从而引起露点压力升高。

表3-4　富含/不含气态地层水体系露点压力测试数据

温度/℃	富含水/MPa	不含水/MPa
126.5	57.24	55.17
136.5（地层温度）	56.14	54.17
146.5	55.52	53.31

（三）等组成膨胀测试

Y1井富含/不含气态地层水凝析气体系等组成膨胀实验结果见表3-5。

表3-5　等组成膨胀相关数据统计表

富含水				不含水			
压力/MPa	相对体积	反凝析液饱和度 So/%	偏差因子 Z	压力/MPa	相对体积	反凝析液饱和度 So/%	偏差因子 Z
56.14	1.0000	0.0000	1.2006	54.17	1.0000	0.0000	1.1929
54	1.0204	0.1183	1.1985	53	1.0143	0.2559	1.1779
52	1.0407	1.4803	1.1724	50	1.0484	0.7304	1.1460
47	1.0964	2.4623	1.1493	47	1.0873	1.1070	1.1153
42	1.1738	4.0676	1.0966	42	1.1660	1.5654	1.0668
37	1.2770	4.8795	1.0498	37	1.2691	1.8849	1.0220
32	1.4209	5.1987	1.0088	32	1.4103	2.1729	0.9821
27	1.6395	5.1817	0.9738	27	1.6153	2.5691	0.9499
22	1.9830	4.8946	0.9462	22	1.9342	2.9697	0.9292
17	2.5600	4.3488	0.9276	17	2.4703	2.9005	0.9217
13.8	3.2117	3.5491	0.9201	13	3.2005	2.4512	0.9250

气态地层水的存在对流体体系PV关系影响较小，这表明气态地层水对凝析气的弹性膨胀能力影响不大（见图3-11）。

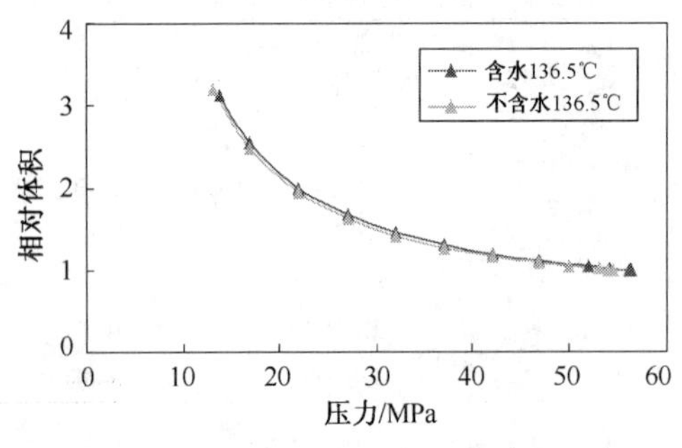

图3-11　地层流体PV关系

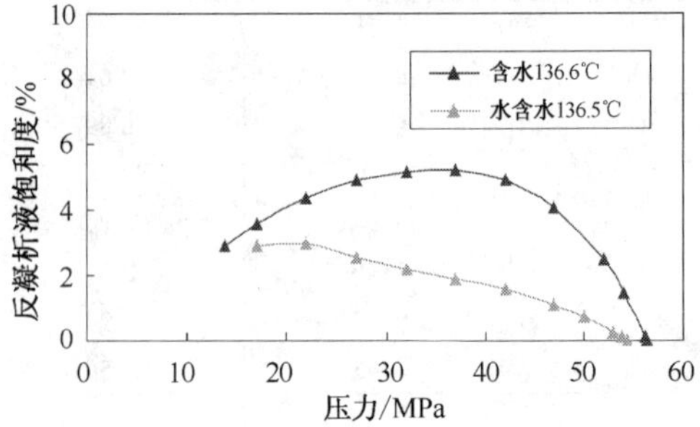

图3-12　等组成膨胀实验反凝析液量对比曲线

在地层温度、压力的条件下，凝析气中气态地层水的存在加剧了以气态形式存在的重烃组分的反凝析，使得最大反凝析压力升高（见图3-12）。不含气态地层水的最大反凝析压力约22MPa，而富含气态地层水的最大反凝析压力约37MPa，增加了近15MPa。在最大反凝析压力之前，富含气态地层水的反凝析液饱和度增加幅度高于不含气态地层水的反凝析液饱和度的增加幅度，含量也高于不含气态地层水的反凝析液饱和度。这表明气态地层水的存在，会使凝析气中的重质组分更容易提前在高压阶段就凝析出来。

富含气态地层水体系的气体偏差因子略低于不含气态地层水体系(见图3－13)。

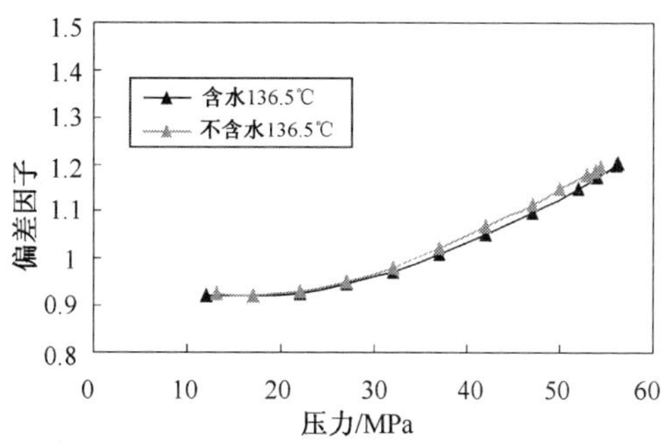

图3－13　等组成膨胀实验偏差因子对比曲线

(四)定容衰竭实验

Y1井富含/不含气态地层水凝析气体系定容衰竭实验结果见表3－6、表3－7。

表3－6　定容衰竭相关数据统计表

富含水		不含水	
压力/MPa	反凝析液饱和度 So/%	压力/MPa	反凝析液饱和度 So/%
56.3	0.00	54.17	0.00
50	3.17	50	0.77
44	4.95	45	1.43
38	6.09	39	2.07
32	6.83	33	2.70
26	7.28	27	3.66
20	7.47	21	4.80
14	7.41	15	5.42
7	7.05	7	5.38

表3－7　定容衰竭凝析油及天然气模拟采出程度表

含水			不含水		
压力/MPa	凝析油采出程度/%	天然气采出程度/%	压力/MPa	凝析油采出程度/%	天然气采出程度/%
56.31	0.00	0.00	54.17	0.00	0
50	5.41	6.70	50	4.36	4.633
44	10.19	13.95	45	9.51	10.481
38	14.57	22.22	39	16.03	18.424
32	18.55	31.66	33	22.94	27.602
26	22.00	42.42	27	29.80	38.317
20	24.74	54.47	21	35.54	50.662
14	26.71	67.54	15	39.68	64.187

在衰竭开采过程中，随地层压力的降低，井流物中气态水含量逐渐上升，并且上升速度越来越快。在10MPa时雅克拉区块井流物中气态水含量上升至665$m^3/10^4m^3$，气中水含量十分高(见图3－14)。

定容衰竭过程中，随着压力的降低，地层凝析气中气态水含量不断增加，使得凝析气中重质组分更多的反凝析出来，加剧了地层凝析油的损失，因此富含气态地层水的凝析气样的反凝析液含量大于不含气态地层水的凝析气样(见图3－15)。

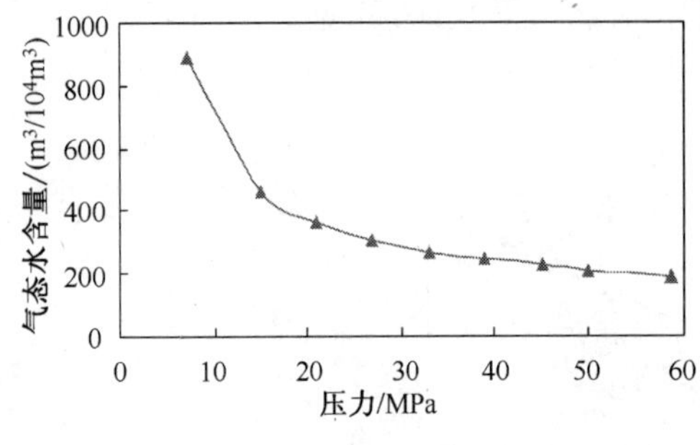

图3－14　富含气态地层水体系定容衰竭气态水含量曲线

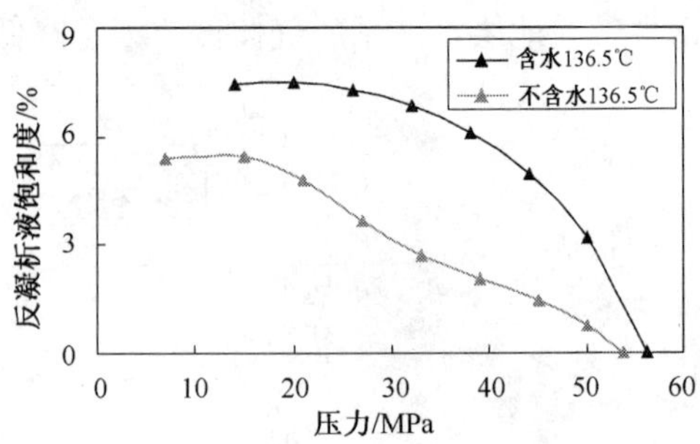

图3－15　定容衰竭实验反凝析液饱和度对比曲线

富含气态地层水的凝析气中凝析油采出程度低于不含气态地层水的情况(见图3－16)；天然气的采出程度相差不大(见图3－17)。

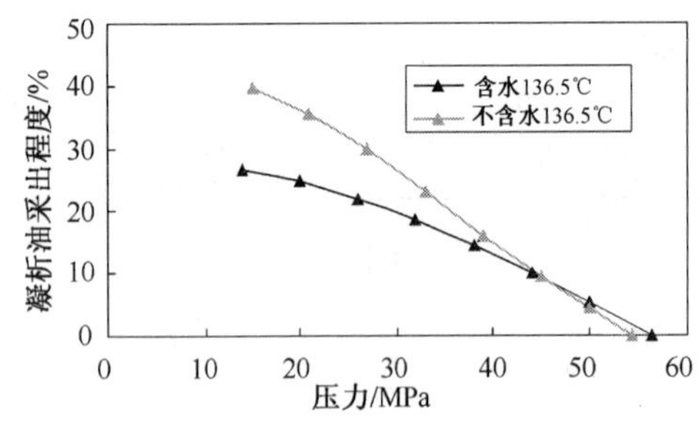

图3－16　定容衰竭凝析油采出程度对比曲线

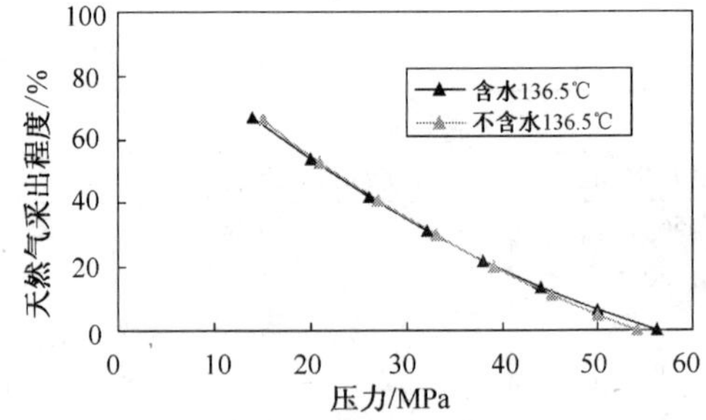

图3－17　定容衰竭天然气采出程度对比曲线

(五)相图变化特征

富含气态地层水凝析气体系的相图更高更宽(见图3－18、图3－19)，富含气态地层水体系临界凝析温度为368℃，不含水体系临界凝析温度为361℃；富含气态地层水体系临界凝析压力为58.8MPa，不含气态地层水体系临界凝析压力为56.3MPa。地层温度下，富含气态地层水体系在40MPa时反凝析液量就达到4%，比不含气态地层水体系(27MPa)提前13MPa。

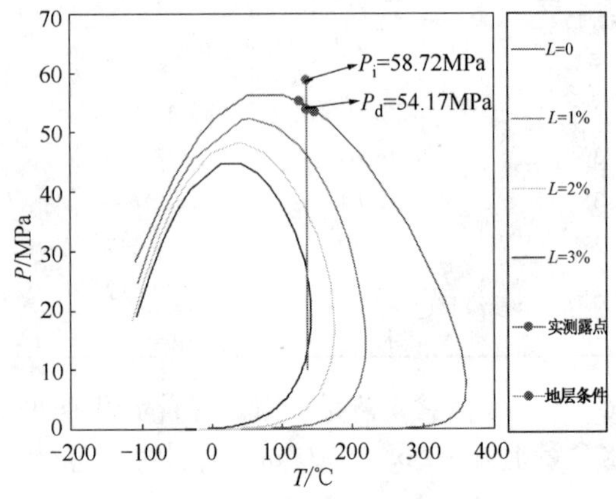

图3－18　Y1井不含气态地层水相图

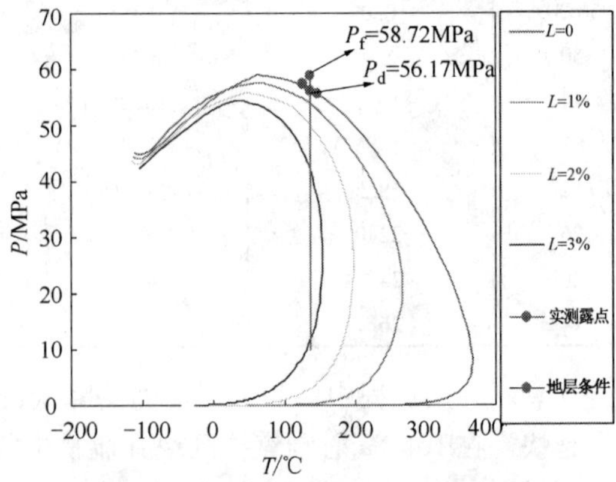

图3－19　Y1井富含气态地层水相图

第三节　雅克拉－大涝坝凝析气田多孔介质中凝析油气相态特征

目前凝析气藏开发中通用的相态测试技术及计算模型均基于这样一个假设：凝析油气在PVT筒中和在储层这种多孔介质中的相态行为一致，不考虑多孔介质中毛细凝聚、毛细管力、润湿、吸附等界面现象对相平衡的影响。但是地下多孔介质因具有较大的比面积而对凝析油气流体具有较强的吸附能力，多孔介质对凝析气藏中流体的相态具有不可忽略的影响。

凝析气藏在开发过程中，随着地层压力的下降，多孔介质表面吸附随之发生变化，吸附态流体、自由态流体组成也随之变化，同时多孔介质表面气体吸附往往伴随着毛细凝聚现象的发生，从而影响相图、PVT物性参数、初凝压力、地层反凝析油损失量等。因此，考虑多孔介质界面现象对凝析油气体系相平衡规律的影响，能更真实地反映凝析油气体系在储层多孔介质中的相态特征，从而更为准确地认识凝析气藏的开发动态规律，以便合理高效地开发凝析气藏。

一、多孔介质中凝析油气体系真实露点分析

多孔介质对凝析气藏露点压力的影响主要是基于以下几个因素：① 气体吸附。凝析气藏流体处于地下多孔介质中，多孔介质由于巨大的比面积而具有较强的吸附能力，不可避免地会发生吸附现象。在原始地层条件下，凝析气藏流体处于单一的气相状态，由于多孔介质表面对凝析气混合物的吸附具有选择性，某些组分会优先吸附，因而吸附态气体组成不同于自由态气体。同时，在凝析气藏开发过程中，随地层压力下降，原先吸附在储层多孔介质表面的流体会发生解吸，同样由于存在竞争吸附，即重组分优先吸附，解吸出来的流体中重烃组分相对较多，因此开发过程中吸附态气体组成和自由态气体组成均随地层压力的下降而不断发生变化。由于凝析气藏开发过程中，解吸出来的流体中重烃组分相对较多，使得参与相平衡的重组分含量增多，影响凝析气藏露点，使得凝析气藏的露点可能高于未考虑吸附作用的露点。而且体系中原始重烃含量越高，吸附作用的影响就越强，露点值升高的幅度也就越大，也就是说，富含凝析油的凝析气藏受吸附作用的影响更强，露点值升高的幅度更大。同时，原始地层压力与露点压力的差值越大，即地露压差越大，在从原始地层压力点到露点的衰竭过程中，脱附的气体量就越多，吸附作用的影响也就越强，露点压力升高的幅度越大。相反，若地露压差为零，则吸附作用不影响露点。由于吸附量随温度增加而减小，故对相同凝析气流体而言，储层原始温度越高，由吸附引起的露点变化越小。同时对于低渗气藏，吸附态气体在总气量中所占的比重相对较大，吸附产生的影响相应也会增强。② 毛细凝聚。就凝析气藏而言，由于凝析气藏流体处于地下的多孔介质中，毛细凝聚不可避免地会对其反凝析过程产生影响，从而影响其露点，凝析液首先在最细的毛孔中产生，然后较粗的毛孔中也相继出现凝析液。凝析气藏储层温度、孔隙半径、气藏流体的性质以及储层岩石的润湿性均会影响多孔介质毛细凝聚现象的强弱。由于多孔介质微毛细管的毛细凝聚作用使得凝析油气体系会提前发生反凝析现象，从而使得多孔介质中露点可能比无多孔介质作用时高，特别是对于低渗透凝析气藏。

为计算多孔介质中凝析油气体系真实露点，建立了多孔介质中凝析油气体系真实露点预

测的相平衡计算数学模型。该模型包含 $n+3$ 个方程，其中含有 n 个各组分气液相平衡逸度相等方程，其余三个方程分别为组成归一化方程、毛细凝聚露点压力方程、凝析气吸附—脱附平衡方程。

基本假设条件：

（1）开采过程中，凝析气藏温度恒定不变；

（2）忽略开采过程中岩石弹性对孔隙空间的影响；

（3）流体同时满足吸附平衡和相平衡，状态改变，吸附平衡也同时改变；

（4）流体以吸附态和自由态两种状态存在，仅自由态流体参与相平衡，吸附态流体解吸为自由态后才参与相平衡。

凝析油气体系真实露点预测的相平衡计算数学模型：

$$\begin{cases} f_{1\mathrm{L}} - f_{1\mathrm{V}} = 0 \\ f_{2\mathrm{L}} - f_{2\mathrm{V}} = 0 \\ \cdots\cdots \quad \cdots\cdots \\ f_{i\mathrm{L}} - f_{i\mathrm{V}} = 0 \\ \cdots\cdots \quad \cdots\cdots \\ f_{n\mathrm{L}} - f_{n\mathrm{V}} = 0 \\ 1 - \sum_{i=1}^{n} \dfrac{Z_i}{K_i} = 0 \\ \ln\left(\dfrac{p_\mathrm{d}}{p_\mathrm{ds}}\right) - \dfrac{2\sigma V_\mathrm{LM}\cos\theta}{RT_\mathrm{r}} = 0 \\ y_i\phi_i p - \gamma_i^{(s)} x_i \dfrac{n_m^{(s)} n_i^{(s),\infty}}{n_m^{(s),\infty} b_i}\left[\dfrac{\exp\alpha_i v}{1+\alpha_i v}\right]\exp\left[\left(\dfrac{n_i^{(s),\infty} - n_m^{(s),\infty}}{n_m^{(s)}} - 1\right)\ln\gamma_V^{(s)} x_V^{(s)}\right] = 0 \end{cases} \tag{3-6}$$

式中 $f_{i\mathrm{V}}$，$f_{i\mathrm{L}}$——组分 i 在气、液相中的逸度；

K_i——i 组分的平衡常数；

x_i——液相中 i 组分的分数；

y_i——气相中 i 组分的分数；

p_d——多孔介质中凝析气真实露点压力；

p_ds——常规 PVT 测试的露点压力；

V_LM——液相的摩尔体积；

θ——润湿角。

吸附影响组成的物料平衡关系：

A_j 处气体的解吸量 ΔN_{gi} 为：

$$\Delta N_{gi} = N_{g(j-1)} - N_{gi} \tag{3-7}$$

从而气体摩尔组成改变量 Δn_{ji} 为：

$$\Delta_{ji} = n_{A(j-1)i} N_{g(j-1)} - n_{Aji} N_{gi} \tag{3-8}$$

因此 A_j 处气体的摩尔组成 n_{ji} 就为：

$$n_{ji} = \frac{n_{(j-1)i} + \Delta n_{ji}}{1 + \Delta N_{gj}} \tag{3-9}$$

式中 N_{gi}——A_j 处气体吸附量；

n_{ji}——A_j 处吸附气相中 i 组分分数。

式(3－6)～式(3－9)一起构成了完整的考虑多孔介质影响的露点数学模型。

由混合气体吸附模型求出的吸附量是指单位质量吸附剂所吸附气体的摩尔数 N_t，其单位为 mol/kg，因此应将其转化为 1mol 烃类体系所对应的吸附量 N(mol/mol)：

$$N = N_t \frac{ZRT_f \rho_s (1-\phi)}{p\phi} \tag{3-10}$$

式中 ρ_s——孔隙介质的密度；

ϕ——孔隙介质的孔隙度。

这样，考虑多孔介质影响的露点的求解步骤：

(1)首先求取单组分凝析气的吸附等温线；

(2)根据凝析气混合物的吸附模型计算 A_{j-1}，A_j 处混合气吸附量 $N_{g(j-1)}$；N_{gj}以及吸附相组成 $n_{A(j-1)}$，n_{Aji}；

(3)计算 A_j 处气体组成 n_{ji}；

(4)求取露点 p_d，判断 p_d 是否大于 A_j 处压力 p_{Aj}，若是，则 p_d 为所求露点，若不是，再在下一点 A_{j+1}处重复上述步骤，直到满足条件。

二、多孔介质中凝析油气体系定容衰竭反凝析相态分析

定容衰竭过程测试是凝析气藏开发过程动态预测的重要手段之一。对于凝析气藏衰竭开采过程，假设地下储烃空间保持不变，按反凝析相变组成过程进行相平衡计算，从而可以早期预测凝析气藏实际开采过程中不同开采阶段的各级压力下地层反凝析油损失规律、采出井流物组成变化、偏差因子以及地层流体采出程度等生产动态参数的变化；预测采出气中重质组分含量变化对凝析油产量和采收率的影响；为井筒相变和压力分布的动态计算提供流体数据；为气井试井方法等分析提供井流物组成变化数据；为气藏数值模拟提供准确参数；在开发早期为地面轻烃回收工艺设计提供采出天然气中凝析油和轻烃组分的变化范围。

运用多孔介质相平衡理论建立了定容衰竭开采过程相平衡预测模型。该模型包括等温闪蒸相平衡逸度相等关系、衰竭过程的物质平衡关系、毛管压力平衡关系以及吸附—脱附组成平衡关系，共由 $n+3$ 个方程组成。

基本假设同露点压力预测模型相同。

$$\begin{cases} f_{1L} - f_{1V} = 0 \\ f_{2L} - f_{2V} = 0 \\ \cdots\cdots \quad \cdots\cdots \\ f_{iL} - f_{iV} = 0 \\ \cdots\cdots \quad \cdots\cdots \\ f_{nL} - f_{nV} = 0 \\ \sum_{i=1}^{N} \frac{n_i(K_i - 1)}{1 + (K_i - 1)V} = 0 \\ p_V - p_L - \frac{2\sigma\cos\theta}{r} = 0 \\ y_i\phi_i p - \gamma_i^{(s)} x_i \frac{n_m^{(s)}}{n_m^{(s),\infty}} \frac{n_i^{(s),\infty}}{b_i} \left[\frac{\exp\alpha_i v}{1+\alpha_i v}\right] \exp\left[\left(\frac{n_i^{(s),\infty} - n_m^{(s),\infty}}{n_m^{(s)}} - 1\right) \ln\gamma_V^{(s)} x_V^{(s)}\right] = 0 \end{cases} \tag{3-11}$$

式中 V——气相摩尔分量；

p_V——气相压力；

p_L——凝析油相压力。

1)定容衰竭物质平衡关系

露点压力下单位摩尔质量的油气体系所占的孔隙体积：

$$V_d = \frac{Z_d RT_f}{p_d} \tag{3-12}$$

第 k 次压降段采出井流物的摩尔质量：

$$\Delta N_{pk} = \left\{(Z_{gk}V_k + Z_{lk}L_k)(1 - N_{pk-1})\frac{RT_f}{p_k} - V_d\right\}\frac{p_k}{Z_{gk}RT_f} \tag{3-13}$$

衰竭开采至第 k 级压力时，井流物的摩尔质量累积采收率：

$$N_{pk} = \sum_{j=2}^{k}\Delta N_{pj} \tag{3-14}$$

衰竭开采至第 k 级压力时，地层反凝析油损失占孔隙体积饱和度：

$$S_{lk} = \frac{Z_{lk}L_k(1 - N_{pk-1})RT_f}{V_d p_k} \times 100\% \tag{3-15}$$

衰竭开采至第 k 级压力时，地层剩余流体的摩尔组成：

$$n_{ik} = \frac{n_i - \sum_{j=2}^{k}(\Delta N_{pk} y_{ij})}{1 - N_{pk}} \tag{3-16}$$

第 k 次衰竭压力时，采出井流物组成：

$$y_{ij} = \frac{n_{ik}k_{ik}}{1 + (k_{ik} - 1)V_k} \tag{3-17}$$

式中 V_d——露点压力下单位摩尔质量的油气体系所占的孔隙体积；

Z_d——储层温度和露点压力下地层流体的压缩因子；

Z_{gk}——第 k 次压降时地层中平衡气相的压缩因子；

Z_{lk}——第 k 次压降时地层中平衡液相的压缩因子；

V_k——第 k 次压降时地层中平衡气相的摩尔分量；

L_k——第 k 次压降时地层中平衡液相的摩尔分量；

ΔN_{pk}——第 k 次压降采出井流物的摩尔质量；

$N_{p(k-1)}$——第 k 次压降时井流物累积采出程度；

S_{lk}——第 k 次压降时地层反凝析损失饱和度；

i——组分数，$i=1, 2, 3, \cdots, N$；

j——衰竭压降次数，$j=1, 2, 3, \cdots, k$；

2)吸附影响组成的关系

在每一压力衰竭步长 $p_j - p_{j+1}$ 内，每一分析单元对应的因压降引起的气体脱附量：

$$\Delta N_{gj} = N_{gj} - N_{gj+1} \tag{3-18}$$

地层流体摩尔组成的改变量：

$$\Delta n_{ji} = y_{pji}N_{gj} - y_{p(j+1)i}N_{gi+1} \tag{3-19}$$

从而地层流体新的摩尔组成为：

$$n_{(j+1)i} = \frac{n_{ji} + \Delta n_{ji}}{1 + \Delta n_{gj}} \tag{3-20}$$

气、液相的摩尔数分别为：

$$V_{p(j+1)} = V_j + \sum_{i=1}^{N} \frac{\Delta n_{ji} k_i}{k_i + 1} \tag{3-21}$$

$$L_{p(j+1)} = L_j + \sum_{i=1}^{N} \frac{\Delta n_{ji}}{k_i + 1} \tag{3-22}$$

气、液相的摩尔分数为：

$$V_{j+1} = \frac{V_{p(j+1)}}{L_{p(j+1)} + V_{p(j+1)}} \tag{3-23}$$

$$L_{j+1} = \frac{L_{p(j+1)}}{L_{p(j+1)} + V_{p(j+1)}} \tag{3-24}$$

因此考虑吸附后，在压力点 p_{j+1} 处组分 i 在气、液相中的摩尔组成就为：

$$y_{(j+1)i} = \frac{n_{ji} k_i}{1 + (k_i - 1) V_{j+1}} \tag{3-25}$$

$$x_{(j+1)i} = \frac{n_{ji}}{1 + (k_i - 1) V_{j+1}} \tag{3-26}$$

式(3－11)～式(3－26)一起构成了完整的考虑多孔介质影响的定容衰竭相平衡计算数学模型。

三、雅－大凝析气藏多孔介质中凝析油气相态特征

在凝析气藏开发过程中，随地层压力下降，原始状态下吸附在地层孔隙介质表面的气体组分会逐渐脱附，从而影响凝析气组成的变化；同时孔隙介质中微毛管的毛细凝聚作用，又使得凝析气发生凝聚即反凝析提前。因此，多孔介质中凝析相态特征不同于常规 PVT 测试结果。

应用上两节给出的考虑多孔介质影响的开采过程中凝析气藏相态特征计算模型，以大涝坝苏维依组 DL6 井为例，对地层流体在多孔介质中凝析油气体系真实露点、反凝析油饱和度随地层压力变化的相态进行预测。

（一）露点压力

用该方程对 DL6 井凝析油气体系露点进行了预测，储层孔隙介质中露点压力计算结果见表 3－8、图 3－20。由计算结果可直观地看出，考虑毛细凝聚和吸附等界面现象的作用，所得到地层流体的露点值有所变化，即露点压力略有升高。

表 3－8　DL6 井露点计算结果表

井号	有介质露点 P_d/MPa	无介质露点 P_{do}/MPa	$\frac{P_d - P_{do}}{P_{do}} \times 100\%$
DL6	50.1	49.9	0.40

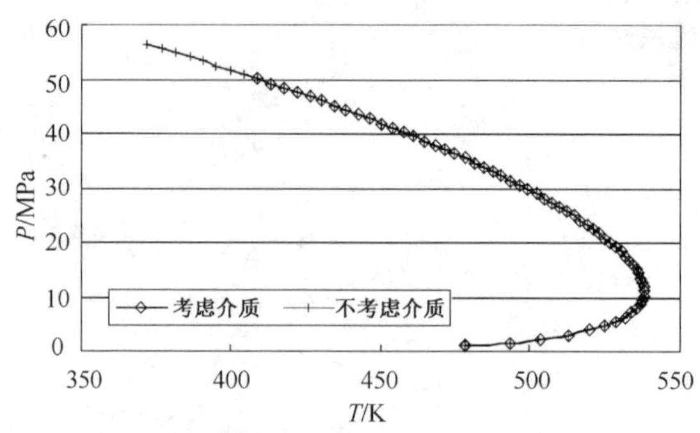

图 3-20　DL6 井地层流体的露点线

通常多孔介质孔隙表面会优先吸附烃类气体中的重烃组分，那么在从原始地层压力到露点压力的压降过程中，由于吸附的气相中重烃组分浓度高，因而脱附气使得气相中重烃浓度升高，并参与新的气液相平衡，同时毛细凝聚使得液滴加速从气相中析出，从而使地层流体的露点压力升高。并且原始体系中重烃含量越大，吸附作用的影响就越强，露点升高的幅度也就越大。同时，地露压差越大，则 $P_i \rightarrow P_d$ 的衰竭过程中脱附的气体量越多，吸附作用的影响也就越强。一般由于吸附量随温度增加而减小，故相同体系储层温度越高，由吸附引起的露点变化越小。

DL6 井 E_3s 层露点的变化受多孔介质影响相对较小，主要原因是由于其地露压差小(< 10MPa)、地层温度高(>130℃)、储层为中-高孔渗型孔隙半径 r 相对较大，因而吸附作用相对较弱，对气相的露点压力影响小。

(二)PVT 物性参数

1. 组成的变化

对大涝坝凝析气藏定容衰竭的相态特征的进行了计算，结果表明 DL6 井 E_3s 层凝析气的定容衰竭相平衡在考虑和不考虑多孔介质影响时，其凝析油气体系中各组分浓度表现出较明显的变化。

图 3-21 ~ 图 3-22 是 DL6 井 C_1 组分的变化曲线。由曲线看出，考虑与不考虑多孔介质的两种情况下，气相中 C_1 摩尔组成变化有较明显的差异，而 C_1 在液相中摩尔组成变化相差甚微。考虑多孔介质影响时 C_1 气相摩尔组成较不考虑介质影响时要高，说明脱附出的 C_1 主要是进入了气相。从 C_1 总组成曲线看，随压力的降低，考虑多孔介质时 C_1 组成比不考虑时越来越低，即影响程度越来越大。

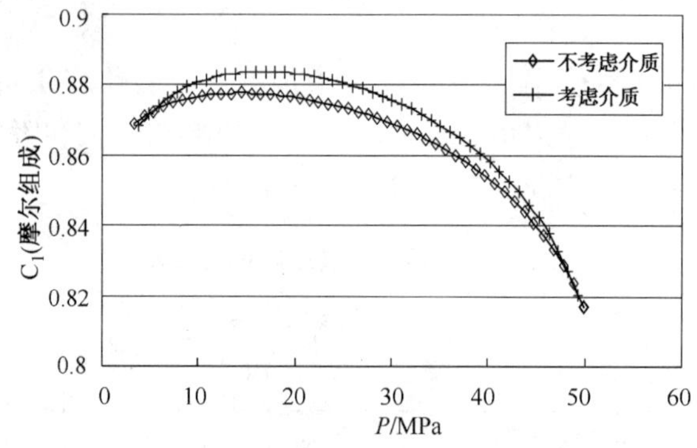

图 3-21　DL6 井定容衰竭过程中气相 C_1 组分变化

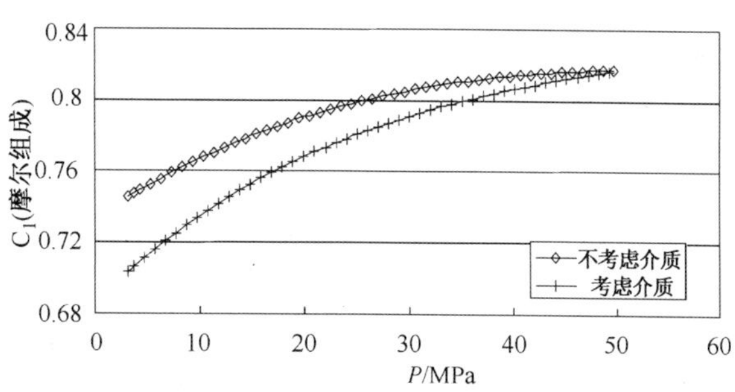

图 3－22　DL6 井定容衰竭过程中 C_1 总组分变化

由图 3－23～图 3－25 中大涝坝 DL6 井 C_3 组分变化曲线可以看出，考虑和不考虑多孔介质影响的两种情况下，C_3 组分在气、液相和总的摩尔组成变化均有明显差别，即考虑介质作用时的值均低于不考虑介质作用时的值，说明脱附出的 C_3 同时进入了气、液两相。

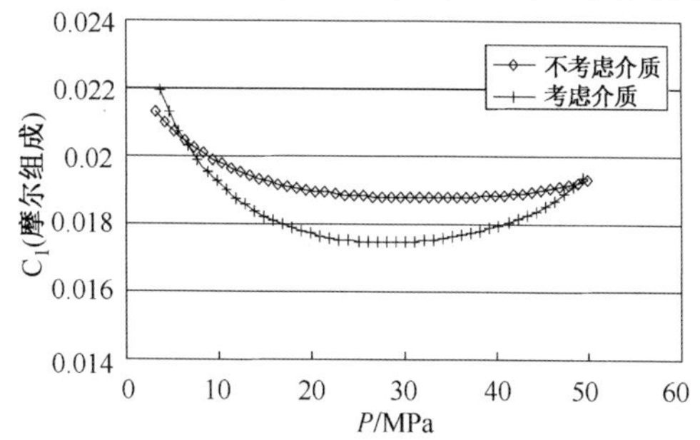

图 3－23　DL6 井定容衰竭过程中气相 C_3 组分变化

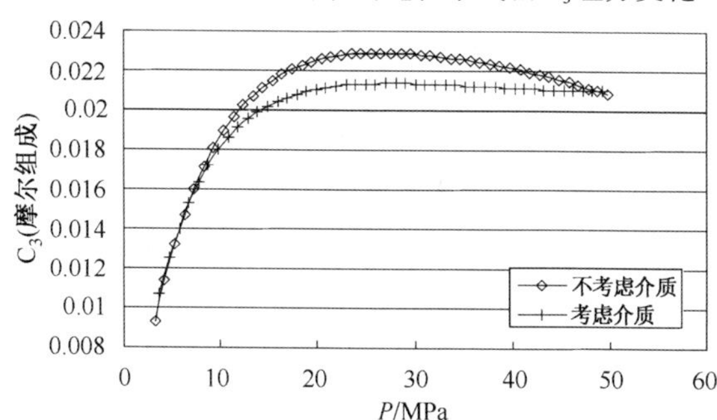

图 3－24　DL6 井定容衰竭过程中液相 C_3 组分变化

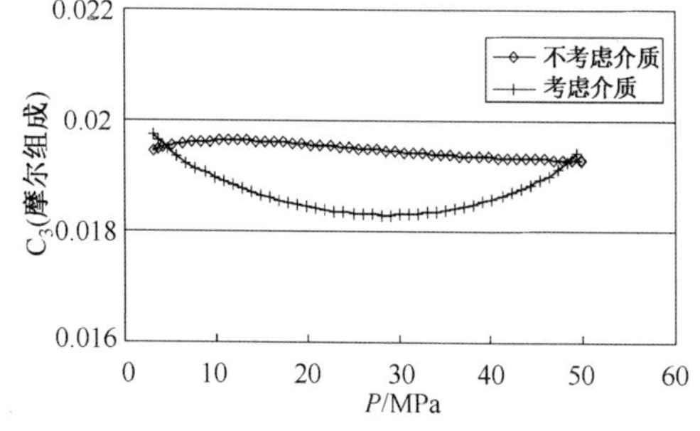

图 3－25　DL6 井定容衰竭过程中 C_3 总组分变化

由图3－26～图3－27中DL6井定容衰竭中气相及总组成中的C_{7+}组分变化曲线可以看出，对于C_{7+}组分，气相中C_{7+}摩尔组成受多孔介质影响较小，而总组成C_{7+}组分明显高于无多孔介质时，说明脱附出的C_{7+}组分主要进入了液相中。

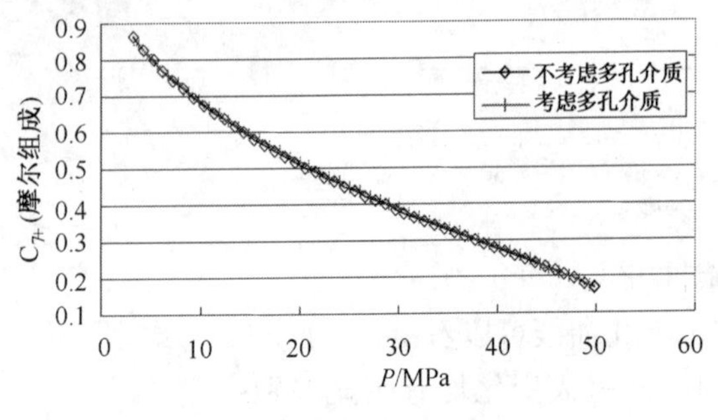

图3－26　DL6井定容衰竭过程中气相C_{7+}组分变化

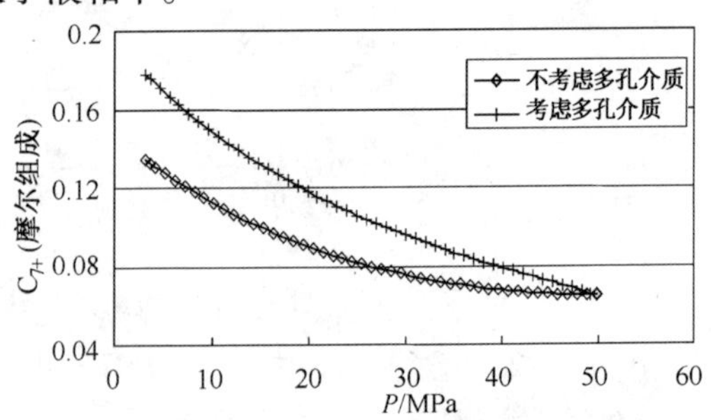

图3－27　DL6井定容衰竭过程中C_{7+}总组分变化

可见，由于多孔介质的影响使C_1的总组成明显下降，C_{7+}的总组成则明显增加，C_3的总组成变化处于二者之间。由于混合气体在多孔介质表面吸附作用的影响，各组分总组成受影响的程度在低压下均明显高于高压下。等容衰竭过程中随压力的下降，被吸附气体不断脱附，且脱附气体中重质组分含量高于轻质组分，并且在低压下比高压脱附出的气量要多，这些因素的综合作用使得重组分在总组成中所占比重相应增加，轻组分则减少。

定容衰竭中凝析气各组分受多孔介质影响的明显变化，会进一步对大涝坝凝析气藏地层反凝析产生影响，因此在大涝坝凝析气藏衰竭开发动态分析中应引起重视。

2. 反凝析液饱和度的变化

定容衰竭过程中，地层流体组成（各组分浓度）的变化必然引起流体的其他物性参数的变化。应用该模型预测了DL6井凝析油气体系在多孔介质中定容衰竭反凝析饱和度变化特征（见表3－9、图3－28）。

表3－9　DL6井渗流条件下最大反凝析油饱和度变化

井号	无介质/%	有介质/%	差值/%	误差/%
DL6	27.97	33.11	5.14	18.4

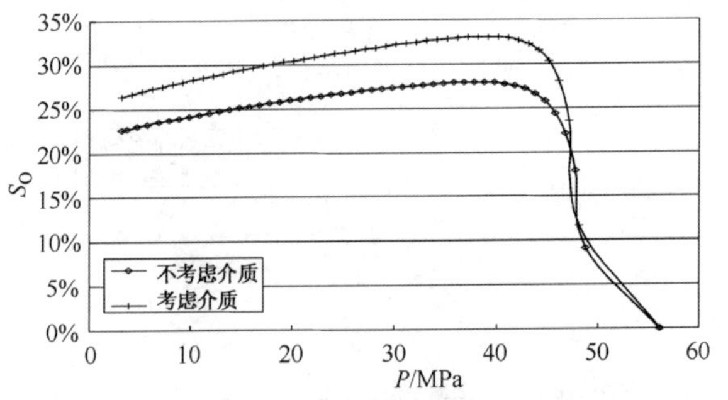

图3－28　DL6井渗流过程凝析油饱和度曲线

根据预测结果表明：在考虑与不考虑多孔介质界面现象影响的两种情形下，凝析油气体系在地下渗流过程中地层反凝析油饱和度的变化规律差异较大：即考虑介质界面现象的影响时，反凝析液饱和度明显高于不考虑介质影响的情形。多孔介质对渗流条件下地下反凝析油饱和度影响显著，其主要原因是由于脱附的气体中重烃组分含量相对较高所致。

由图3－28可以看出，当地层压力下降至露点压力后，在考虑和不考虑介质的两种情况下，凝析油饱和度均有一个快速增长的压力区间，而后渐渐变平缓。原因是高压区凝析油绝对饱和度小，收缩效应也就不大，则单位压降析出的凝析液量较大。收缩效应随压力降低而增强，同时由气相析出的凝析液量则逐渐减小，当凝析油析出与收缩等值时，凝析油饱和度达到最大值，其后直到最大凝析压力，收缩效应又增强。

综上所述，多孔介质对反凝析油饱和度的变化影响也说明在真实储层中，衰竭式开采凝析气藏中，损失的凝析油比预想的要大的多。

3. 气、液相压缩因子的变化

由定容衰竭过程中气、液相压缩因子的变化曲线来看（见图3－29～图3－30），由于多孔介质的作用，DL6井气相和液相的压缩因子均稍有增大，但变化幅度非常有限，在现场应用中可忽略。

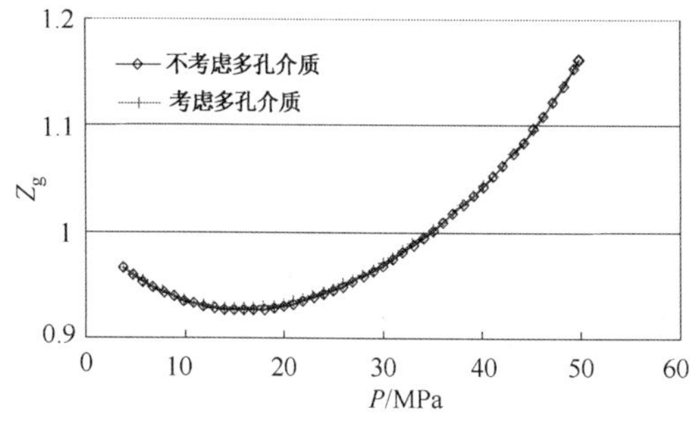

图3－29　DL6井气相压缩因子变化曲线

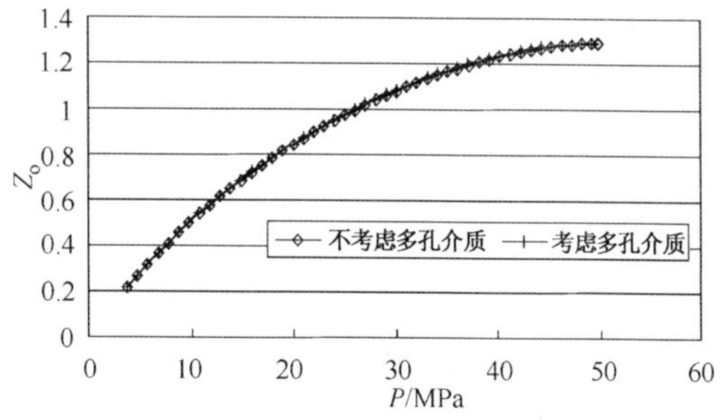

图3－30　DL6井液相压缩因子变化曲线

4. 流体黏度的变化

图3－31、图3－32分别为DL6井在考虑和不考虑介质影响时的凝析气相和油相黏度随压力的变化规律，从图上看考虑与不考虑多孔介质对流体黏度的影响较小，只是考虑多孔介质影响时的气相黏度略低于不考虑多孔介质时情形，而凝析油黏度略高于不考虑多孔介质时的情形。这也充分说明了压降过程中脱附气体分别进入了气相和液相，使气、液相的组成发生变化而导致流体黏度的变化。

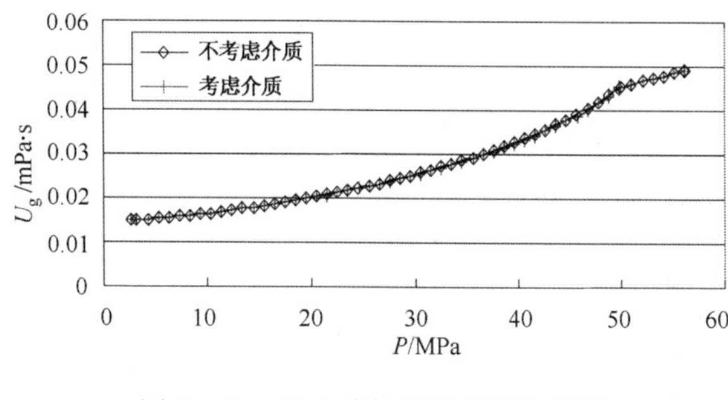

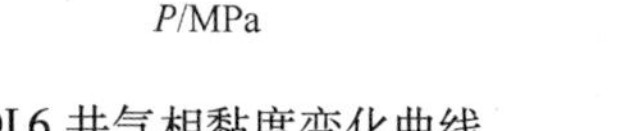

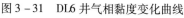

图3－31　DL6井气相黏度变化曲线

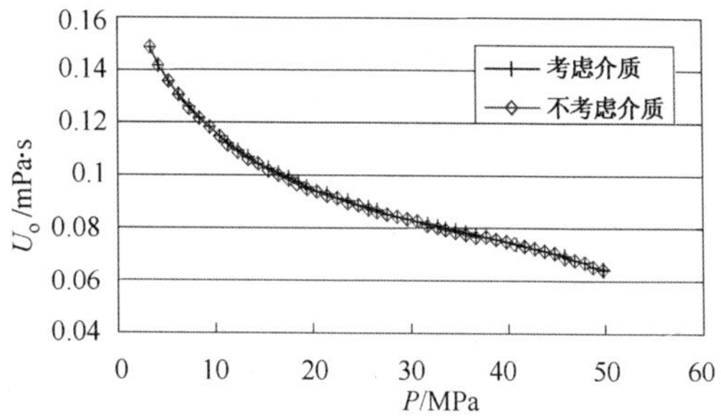

图3－32　DL6井凝析油黏度变化曲线

5. 凝析油的体积系数和溶解气油比的变化

考虑介质界面现象影响时的凝析油的体积系数（见图3－33）、溶解气油比（见图3－34）

均比不考虑时稍微偏低，而凝析油密度则较不考虑时要高。出现这种现象的原因是地层压力下降过程中的脱附气体的重烃组分含量相对较多。同时在开发早中期，随着压力的下降，凝析油体积系数的下降幅度明显较大，多孔介质的影响也相对明显；凝析油的溶解气油比的变化特征也十分相似。

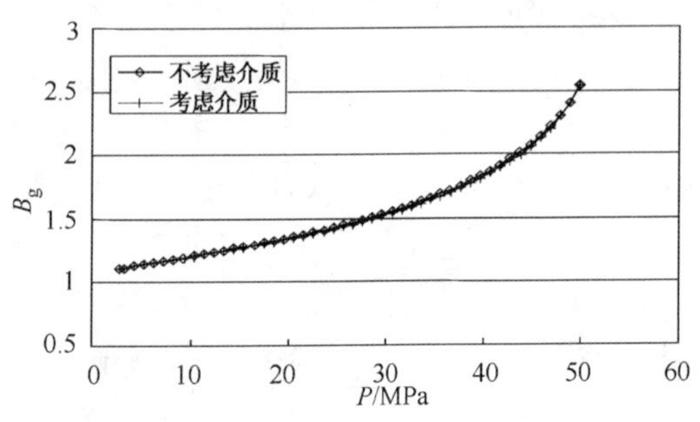

图 3－33　DL6 井凝析油体积系数变化曲线

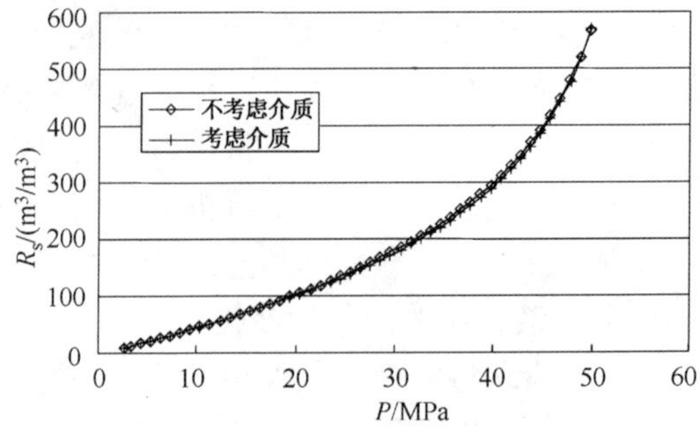

图 3－34　DL6 井凝析油溶解气油比变化曲线

以上计算结果说明，多孔介质对雅克拉－大涝坝凝析气田凝析油气体系的流体物性参数存在一定的影响，这些参数也是凝析油气在储层中渗流的敏感参数，考虑多孔介质影响对在雅克拉－大涝坝凝析气藏开发中取准参数有一定的意义。

第四节　大涝坝凝析气藏注气驱相态特征

相态变化对于注气混相驱替过程相当重要，当存在多相流体流动时，油气体系间会生产相间传质和传热，当有气体注入时，流体的物理化学性质(如黏度、密度、体积系数、界面张力、气液相组分和组成等)均会发生变化。因此，准确评价注入气与地层流体之间抽提－溶解传质过程中的相态变化特征，是确定凝析气藏注气开采机理和注气适应性的基础。

一、注气中的相变机理

在注入气体驱替凝析气的过程中，在流动方向上，两种气体会被混合带所隔开，混合带中的气体是这两种气体的混合物，在流动方向上的这种混合称作“纵向分散”；在层间存在渗透率差异时，注入气体不仅在流动方向上与凝析气混合，它还与低渗透小层的凝析气发生横向混合，这种垂直于流动方向的横向混合称作“横向分散”，如图 3－35 所示。

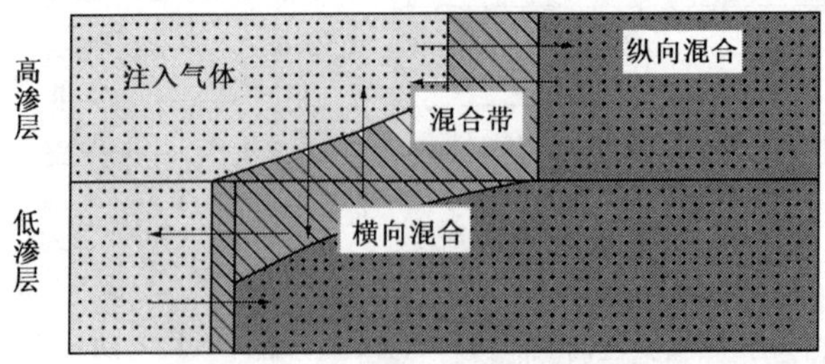

图 3－35　注入气体与凝析气之间的纵向和横向分散混合机理

由于注气过程中存在这种双重混合作用，增加了凝析气体系相态变化的复杂性，在混合带处的相态变化特征与凝析气区及干气覆盖区差别较大。

二、注气引起的凝析油饱和度分布变化特征

注气过程中，注入气体与凝析气体系之间并非理想情况下的活塞式均匀推进，由于储层中层内及层间非均质的作用，使得注入气体与凝析气发生分散混合，形成混合带；由于混合带中组分的变化，其相态特征与干气区域及凝析气区域不同，因此会形成一种与凝析气藏衰竭式开发不同的凝析油饱和度分布特征。

混合带的相态特征与凝析气藏原始流体相态特征的差别，在开发过程中体现在气藏中凝析油饱和度分布规律的变化，由于混合带中气体露点压力升高，使得混合带处的凝析油饱和度发生局部增加现象。注入气体性质不同，引起凝析气露点压力升高的幅度不同，研究表明，对于凝析气藏，注入氮气引起的露点压力升高值要比甲烷大。以下以注入氮气为例，阐述凝析气藏在循环注气过程中饱和度分布的变化规律，以 P_r、P_{wh}、P_{rw}、P_w 分别代表气藏压力、混合带露点压力、近井地带气藏压力、露点压力。

在高于露点压力下注入氮气，储层中凝析油饱和度分布规律如图 3－36 所示，当近井地带地层压力低于露点压力时，在井筒附近将有凝析油析出，并聚集在井筒附近，而气藏其他区域(包括混合带处)压力高于露点压力，因此，在这些区域不会出现凝析油析出及聚集现象，如图 3－36(a)所示。当地层中某处压力低于露点压力时，此处开始析出凝析油，凝析油析出及聚集的半径增大，如图 3－36(b)所示。随着注气时间延长，混合带不断向前推进，当地层压力低于混合带的露点压力时，在混合带内便有液体析出，并发生聚集，而此时在混合带之后的区域内，由于地层压力仍高于露点压力，因此并没有液体析出，如图 3－36(c)所示。当地层压力进一步降低时，气藏内所有区域的压力都低于露点压力时，则整个气藏内都有凝析油析出，但其凝析油分布规律会出现“驼峰”现象，如图 3－36(d)所示，这是由于注入气体与凝析气体的混合，使得混合体系露点压力局部升高所引起的。当注气时地层压力已经低于露点压力时，其凝析油饱和度分布规律与图 3－36(d)所描述的规律相似。

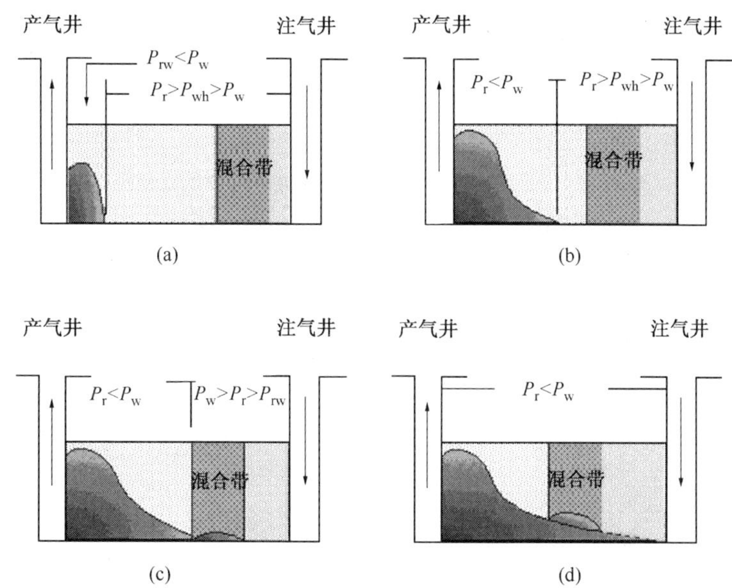

图 3－36　循环注气过程中凝析油饱和度分布的变化规律

三、凝析油在地下反蒸发实验

（一）实验原理、装置和准备

通过注入干气，将凝析气藏衰竭生产时反凝析出的油重新蒸发出来。在注气过程中，通过定时收集不同注气体积时采出的油气，来确定凝析油的蒸发程度。

仪器组成：驱替系统、恒温箱、岩心夹持器系统、观察窗、回压控制器和量油测气装置。最高工作压力70MPa，工作温度150℃，传压介质为蒸馏水，采用无活塞式增压方式，给实验流体加压，工作流程见图3－37。

将所取大涝坝凝析气田某井E层的高压分离器油气样，按现场气油比配制成地层流体。其物性数据和相态特征见表3－10、表3－11。

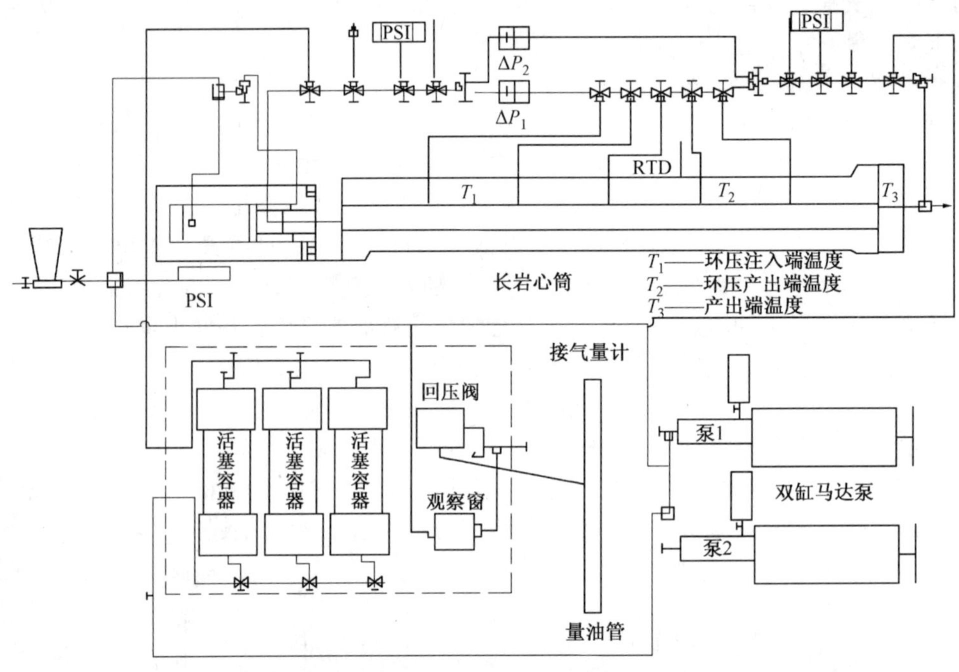

图3－37 长岩心驱替装置流程图

表3－10 大涝坝凝析气田某井E层井流物组成数据

组成	分离器油摩尔分数/%	分离器油气体摩尔分数/%	井流物摩尔分数/%
CO_2	0.14	1.02	0.95
N_2	0.18	2.67	2.43
C_1	12.19	82.88	76.23
C_2	4.50	8.74	8.33
C_3	4.54	2.89	3.01
iC_4	1.73	0.55	0.63
nC_4	3.08	0.65	0.89
iC_5	1.81	0.14	0.28
nC_5	2.05	0.13	0.33
C_6	4.17	0.12	0.48
C_{7+}	65.61	0.21	6.44

表 3－11　DL6 井岩心常规物性数据

岩心号	空气渗透率/$10^{-3}\mu m^2$	孔隙度/%	密度/(g/cm^3)	长度/cm
1	133	21.7	2.10	6.917
2	115	21.0	2.08	7.123
3	102	20.5	2.10	6.908
4	79.1	20.4	2.10	6.582
5	63.1	21.7	2.08	6.972
6	34	21.4	2.08	6.973
7	32.8	19.6	2.12	7.049
8	27.8	21.1	2.10	6.937
9	26.8	18.9	2.16	5.807
10	22.2	20.2	2.12	6.845
11	20.6	20.0	2.13	6.828
12	14.6	18.1	2.21	7.045
13	13.6	18.6	2.17	7.237
14	11.4	18.9	2.16	7.139
15	11	17.2	2.19	6.937
平均	47.1	19.9		

注入气经轻烃回收后的干气：N_2+C_1为92%，C_2为5%，C_3为3%。

选取 DL6 的岩心，共 15 块。在实验室，将岩心进行水平钻取，并切割加工成直径 3.8cm、长 7cm 的岩心柱，经洗油后做气体渗透率、孔隙度和密度的测定，岩心常规物性数据见表 3－11。将 15 块岩心柱组成长 103cm 的岩心组，岩心之间用滤纸隔开，岩心排列方式为高注低采，从进口端到出口端，渗透率由高到低排列。

将岩心组用溶剂清洗干净，再用干燥压缩空气将溶剂吹干后，抽真空达 10^{-3}MPa。在实验压力、温度下，将岩心组饱和地层水，所饱和的地层水体积即岩心组的有效孔隙体积 238.47cm^3。

在地层温度下，先用氮气将长岩心模型增压至地层压力，再用大涝坝凝析气田某井 E 层气藏流体样品驱替岩心中的氮气，驱替约 3 倍孔隙体积时，在岩心出口处取油气样进行色谱分析，分析结果与进口的组成、气油比一致时，说明岩心已被原始地层流体所饱和。

（二）注气实验

1. PVT 筒衰竭注气

将地层条件（138℃，56MPa）下的地层流体，定容衰竭生产到 35MPa 后，保持该压力条件，向 PVT 筒内注干气。每加入一定体积的干气时，让干气与原流体充分混合平衡，测凝析油减少量。然后保持 35MPa 压力排气，用冷凝器收集排出气中的油，对气体进行计量，并取油气样进行气相色谱分析。依此步骤，到加入 3 倍干气体积时为止。

由于降压方式不同，定容衰竭比常规分析衰竭生产时的液量线略高，衰竭生产到 35MPa 时，反凝析液占孔隙体积 19.22%，而常规 PVT 为 19.22%～18.05%（见图 3－38）。

加入干气后，反凝析液量减少程度，随注气量的增加近似呈直线上升，说明反蒸发现象明显。注气体积分别为 1、2、3 倍孔隙体积时，反凝析液量分别减少 31.2%、48.6%、66.1%（见图 3－39）。

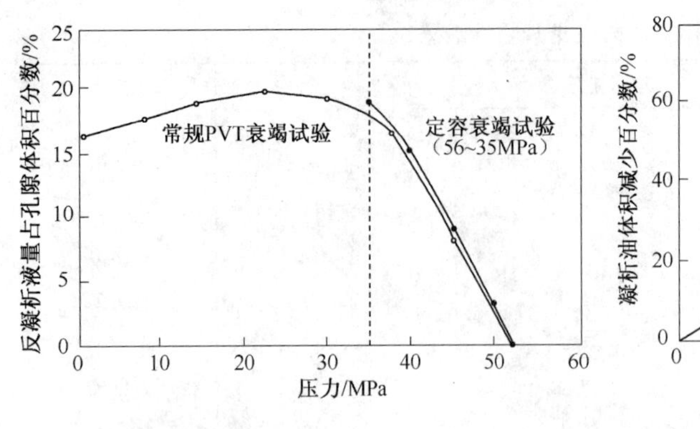

图3-38　衰竭过程中反凝析液量与压力关系曲线

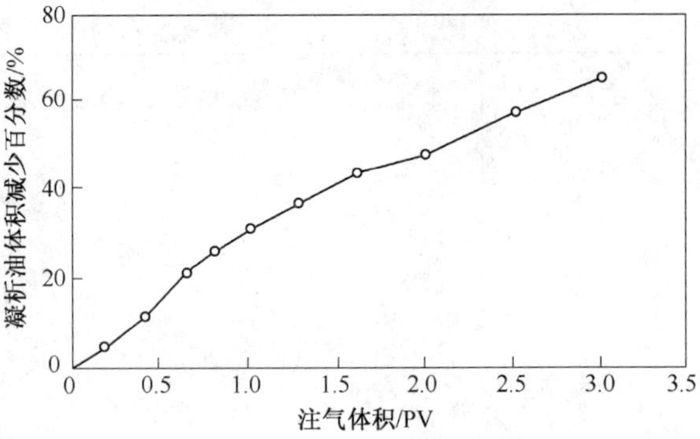

图3-39　PVT筒反凝析液量随注气体积变化关系曲线(35MPa)

随注入气体积的增加，除甲烷外，气各组分含量基本都呈下降趋势(见图3-40)。油C_5~C_{10}组分的含量呈下降趋势，C_{11}~C_{19}以及C_{20+}组分含量呈现上升趋势(见图3-41)。从图3-42也可以看出，产出油的密度是随注气量增加而升高的。

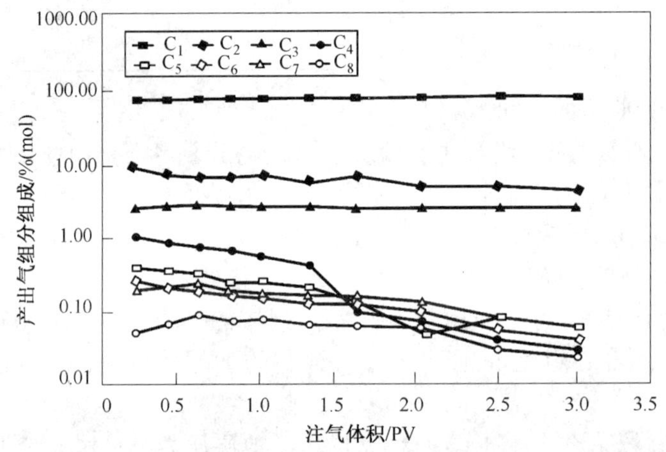

图3-40　PVT产出气组成随注气体积变化关系曲线(C_5~C_{10}，35MPa)

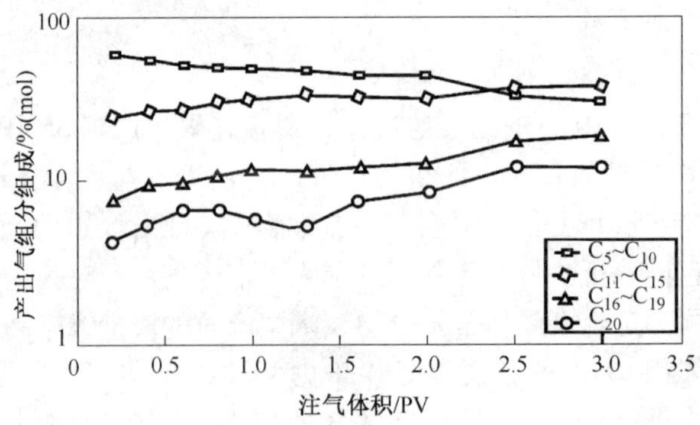

图3-41　PVT筒产出油组成随注气体积变化关系曲线(C_5~C_{19}以及C_{20+}，35MPa)

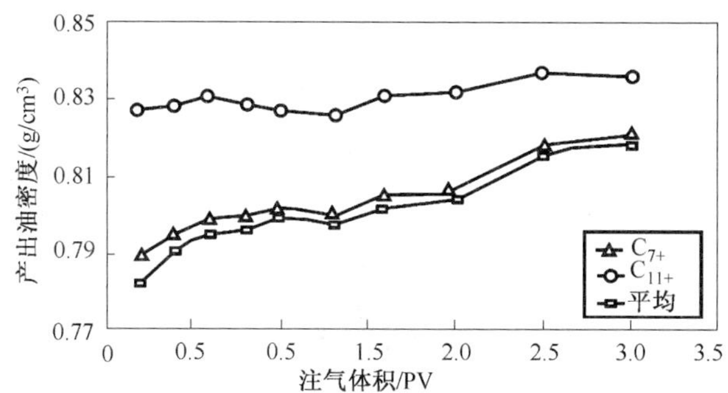

图3－42 PVT筒产出油密度随注气体积变化关系曲线(35MPa)

实验结果表明，凝析油的中间组分、C_{20+}的重组分均能被蒸发。地层压力从56MPa衰竭生产到35MPa时，凝析油的采收率为18.4%，气为21.1%；注干气2倍孔隙体积时，油采收率为35.3%，气总采收率为53.7%；注气3倍孔隙体积时，油总采收率为64.8%。

2. 保持长岩心地层压力注气

在地层压力下，用地层流体饱和长岩心后，以$2m^3/d$的速度注入干气，用回压阀控制生产压差，并达到注采平衡。在岩心的出口端接一冷凝扑集器和气量计，定时计量产出油气的产量，定时取油气样进行色谱分析，利用在出口端的观察窗，随时了解注气过程中的相态变化情况。待注气体积达到2倍孔隙体积时停止实验。

气油比：注气体积小于0.7倍孔隙体积时，气油比随注气量增加基本保持不变，表现活塞式驱替过程。注气体积为0.7～1.2倍孔隙体积时，气油比略有升高，这是由于注气前沿与原始流全进行组分交换过程中，存在露点升高的现象，导致部分凝析气的反凝析；继续注气，后续的干气在进行组分交换时变富，又将反凝析出的油重新蒸发出。这一阶段为驱替和蒸发并存的过程。当注气量大于1.2倍孔隙体积时，气油比便迅速增加。注气约在0.7倍孔隙体积后突破。

凝析油采收率：当注气小于0.8倍孔隙体积时，凝析油采收率几乎呈直线增加。注气大于1倍孔隙体积后，采收率随注气体积的增加趋于平缓，最后趋于定值不再增加。注气1倍、2倍孔隙体积时，凝析油采收率为68.28%、86.22%(见图3－43)。

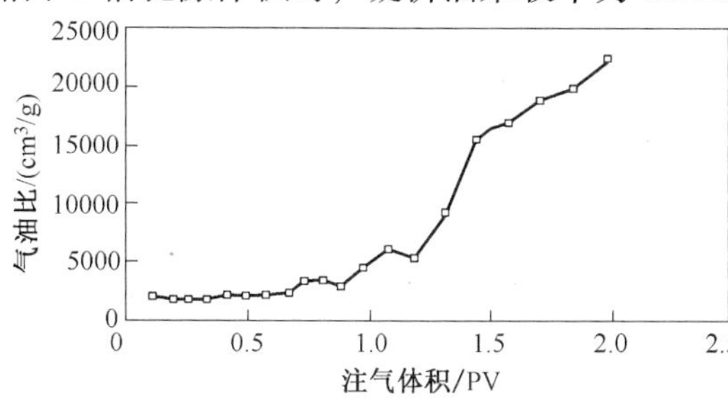

(a)气油比随注气体积变化关系曲线(56MPa)

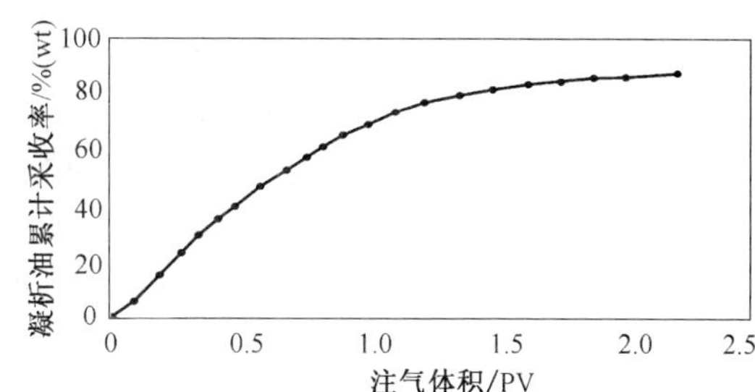

(b)累计采收率随注气体积变化关系曲线(56MPa)

图3－43 气油池和累计采收率随注气体积变化关系曲线

产出油密度：注气小于0.6倍孔隙体积时，产出油密度基本保持不变，注气为0.6～0.8倍孔隙体积时，产出油密度值略有下降。注气大于0.8倍孔隙体积之后，产出油密度随注气体积增加迅速上升(见图3－44)。

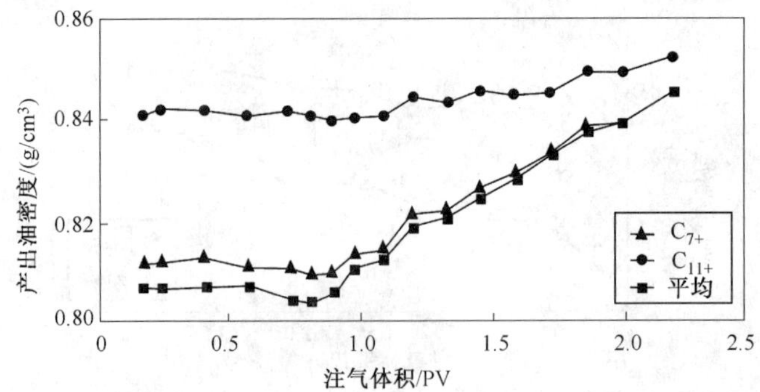

图3-44 产出油密度随注气体积变化关系曲线(56MPa)

产出气组成：注气量小于0.6倍孔隙体积时，产出气组成随注气体积的增加基本保持不变，大于0.6倍孔隙体积，除甲烷外，产出气各组成随气体注入量的增加而减少；气体突破后，$C_5 \sim C_{10}$明显下降，而$C_{11} \sim C_{15}$、$C_{16} \sim C_{19}$和C_{20+}则上升。说明保持压力注气开采，前期采出油主要是轻、中质油，后期则主要是中、重质油(见图3-45、图3-46)。

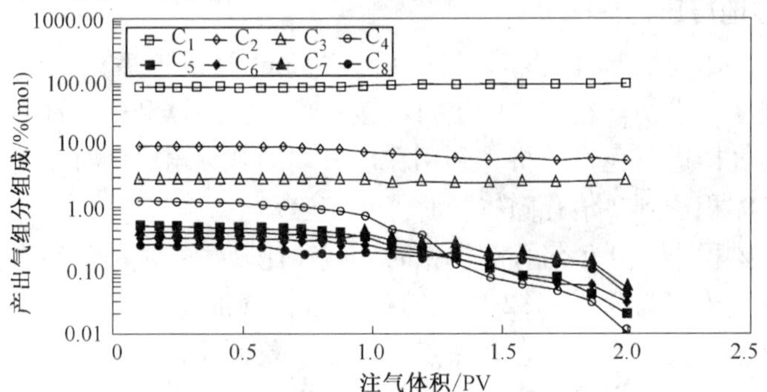

图3-45 产出气组成随注气体积变化关系曲线(56MPa)

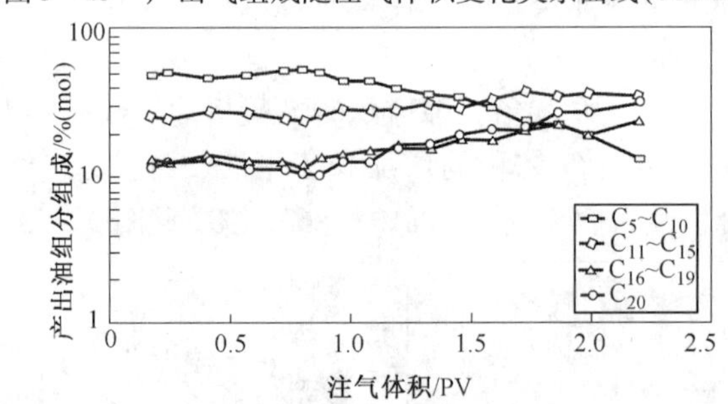

图3-46 产出油组成随注气体积变化关系曲线(56MPa)

从实验结果分析，当注气量为2倍孔隙体积时，凝析油的采收率为86.22%，比预期的值要低，这可能是由于干气注入后，造成凝析气藏流体露点压力升高，有反凝析现象发生的原因所致。

3. 长岩心衰竭后再注气

该组实验方法和手段与保持压力注气时基本相同，不同点在于，先衰竭生产到35MPa后，保持该压力注气，当注气量为2倍孔隙体积时停止。

衰竭开采到35MPa时，凝析油的采收率为12.07%，天然气采收率为21.53%。

气油比：注气量小于0.8倍孔隙体积时，随注气量的增加，气油比基本保持不变，为活塞式驱替过程；当注气量为0.8～1.1倍孔隙体积时，曲线出现一平台，即气油比随注气量的增加，出现一相对平衡的阶段，说明凝析油的蒸发现象十分明显；随着注气量的继续增加，由于蒸发出的凝析油与注入气相比较少，气油比呈现出明显的上升趋势。气突破时，注气量约为0.8倍孔隙体积(见图3－47)。

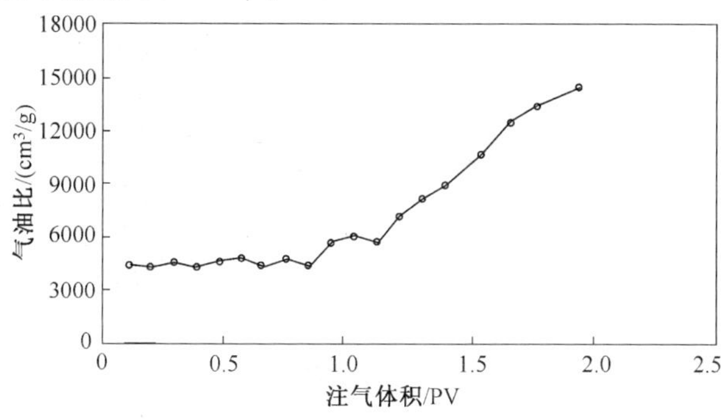

图3－47　气油比随注气体积变化关系曲线(35MPa)

凝析油采收率：注气量介于0～1.1倍孔隙体积时，凝析油累积采收率呈直线上升趋势，注气量大于1.1倍后，累积采收率曲线趋于平缓，说明凝析油产量减少。气体突破时(0.8倍孔隙体积)的采收率为39.60%(见图3－48)。

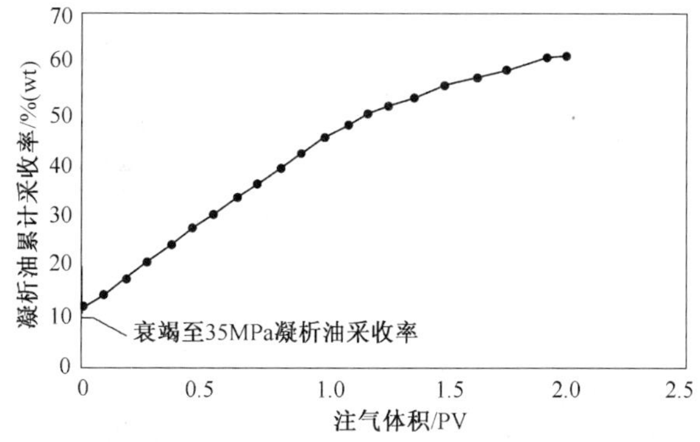

图3－48　凝析油采收率随注气体积变化曲线(35MPa)

产出气组成：注入气为2倍孔隙体积时凝析油总采收率为61.49%。注气突破后，除甲烷外产出气各组分组成随注气增加而下降(见图3－49)。

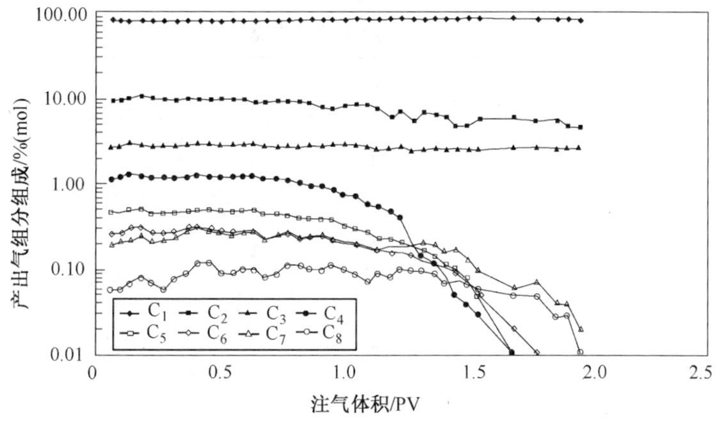

图3－49　产出气组成随注气体积变化关系曲线(35MPa)

产出油组成：注入气在0.8倍孔隙体积突破后，$C_5 \sim C_{10}$随注气增加也呈现下降的趋势，而$C_{11} \sim C_{15}$、$C_{16} \sim C_{19}$和C_{20+}却呈现上升趋势(见图3-50)。

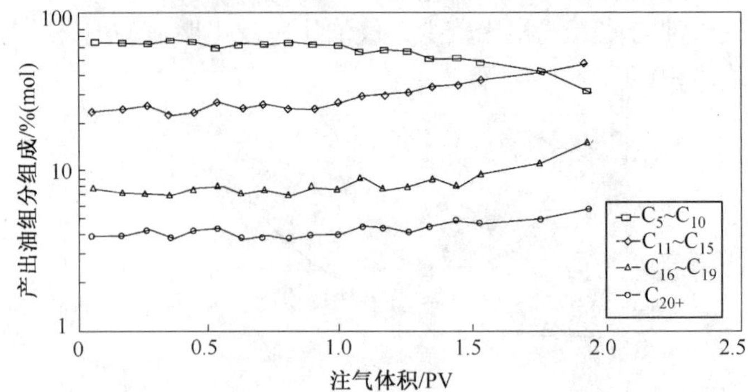

图3-50 产出油组成随注气体积变化关系曲线(35MPa)

产出油密度：气突破之前，油密度基本保持不变；气突破后，C_{7+}和平均密度随注气增加而增高，而C_{11+}密度则变化不是很明显(见图3-51)。

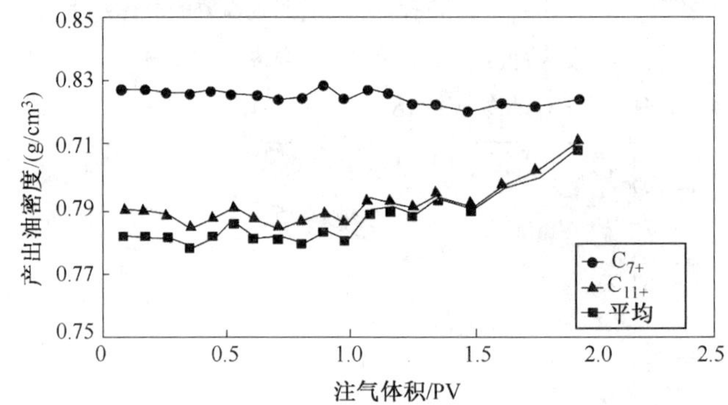

图3-51 产出油密度随注气体积变化关系曲线

以上实验结果说明，衰竭后注气开采过程中，前期采出的主要是轻、中质凝析油，后期采出的油中重质含量虽有所增加，但仍以中、轻质组分为主。凝析油的蒸发现象显著。

4. PVT 筒衰竭注气保持地层压力注气与衰竭后注气实验的对比

注气量为1倍、2倍孔隙体积时，产出气组分(见表3-12)差别不大。

表3-12 产出气组分表

组分组成	注入1倍孔隙体积干气		注入2倍孔隙体积干气	
	保持压力注气	衰竭后注气	保持压力注气	衰竭后注气
CO_2/%(mol)	0.28	0.45	0.11	0.09
C_1/%(mol)	87.44	86.50	91.98	92.59
C_2/%(mol)	7.56	8.69	5.19	4.67
C_3/%(mol)	2.82	2.70	2.57	2.62
iC_4/%(mol)	0.30	0.32	0.00	0.00
nC_4/%(mol)	0.45	0.44	0.01	0.00
iC_5/%(mol)	0.16	0.16	0.01	0.00
nC_5/%(mol)	0.17	0.17	0.01	0.00

续表

组分组成	注入1倍孔隙体积干气		注入2倍孔隙体积干气	
	保持压力注气	衰竭后注气	保持压力注气	衰竭后注气
C_6/%(mol)	0.26	0.22	0.03	0.00
C_7/%(mol)	0.36	0.25	0.05	0.02
C_8/%(mol)	0.20	0.10	0.04	0.01
相对密度	0.6781	0.6773	0.63	0.62

产出油组分见表3－13，保压注气开采的凝析油明显较重。注气量为1倍孔隙体积时，两组实验产出油都是轻、中质组分居多；注气量为2倍孔隙体积时，保压注气产出油以中、重质组分居多，而衰竭后注气产出油则以中、轻质组分为主，重质组分增加不明显。

表3－13　产出油组分表

组分组成	注入1倍孔隙体积干气		注入2倍孔隙体积干气	
	保持压力注气	衰竭后注气	保持压力注气	衰竭后注气
$C_5 \sim C_{10}$/%(mol)	45.02	64.32	18.26	31.83
$C_{11} \sim C_{15}$/%(mol)	28.28	24.78	35.95	47.41
$C_{16} \sim C_{19}$/%(mol)	13.98	6.94	19.41	15.08
C_{20+}/%(mol)	12.72	3.96	26.38	5.68
C_{7+}密度/(g/cm^3)	0.8134	0.7865	0.84	0.8095
C_{11+}密度/(g/cm^3)	0.8394	0.8251	0.85	0.8245
平均密度/(g/cm^3)	0.8104	0.7814	0.84	0.8089
凝析油总采收率/%(wt)	68.28	45.10	86.22	61.49

凝析油采收率，保持注气的采收率较高。注气量为1倍孔隙体积时，采收率为68.28%，注气量为2倍孔隙体积时，采收率高达86.22%。

综合所述，凝析油能通过注气反蒸发。随注气增加，凝析油中的中间组分、C_{20+}以上的重组分均能被蒸发。注气量为2倍孔隙体积时，保持压力注气与衰竭后注气比较，凝析油采收率提高24.73%。

四、注气相态特征数值模拟

对地层流体和注入相态行为研究主要有三个方面内容：①是基于流体膨胀(一次接触混相)和饱和压力升高的膨胀试验；②是描述气和油接触的试验，又称多次接触试验；③是基于物性测试的PVT测试。运用相平衡和数值模拟原理，对大涝坝凝析气藏地层流体和注入气相态特征进行模拟。

(一)流体相态拟合

为了检验流体相态实验结果的协调性并获得数值模拟计算所需流体热力学参数场，对区块的流体高压物性PVT实验数据进行拟合计算，主要包括地层流体重馏分的特征化、组分归并、露点压力计算、单次闪蒸实验拟合、等组成膨胀实验拟合、定容衰竭实验拟合等。最后得到能反应地层流体实际的性质变化和流体PVT参数场。

1. 流体组成

反凝析油是指大涝坝凝析气田地层流体在目前地层压力(约43MPa)、温度(141.7℃)条件下与地层凝析气平衡共存的凝析油，其组成见表3－14。

表 3－14 目前地层压力（43MPa）下平衡油相的组成

组　分	平衡液相组成/%（mol）	组　分	平衡液相组成/%（mol）
CO_2	0.57	$iC_4 \sim nC_4$	4.17
N_2	2.11	$iC_5 \sim C_6$	8.60
C_1	52.52	$C_7 \sim C_{14}$	19.63
$C_2 \sim C_3$	11.92	$C_{16} \sim C_{21}$	0.48

大涝坝凝析气藏循环注气气源来自大涝坝凝析气藏轻烃回收装置的外输干气，其组成分析见表 3－15。

表 3－15 注入气组成

组　分	组成/%（mol）	组　分	组成/%（mol）
CO_2	2.718	iC_4	0
N_2	3.295	nC_4	0.007
C_1	88.946	iC_5	0.004
C_2	4.904	nC_5	0.006
C_3	0.1	C_{6+}	0.02
Σ			100

2. 原始井流物拟组分划分

地层流体组分复杂，含有几十甚至上百种组分，每一组分都有不同的性质。由于受计算机内存，速度，时间等条件的限制，在数值模拟中不可能将所有组分进行单独处理，必须合并，即重新进行拟组分的划分处理，用尽可能少的组分来反映油藏流体的相态特征。为了使计算值和实测值之间有很好的一致性，结果能反映油藏油气流体的性质和原始组分之间的相态变化特征，按组分性质相近的原则并考虑到注气相态机理评价数值模拟要求，对 DL1X 井地层流体的 15 个组分进行了延伸、并分化为 8 个拟组分，即：H_2O、N_2、Cl、C_2+CO_2、$C_{3-n}C_4$、$iC_5 \sim C_6$、$C_7 \sim C_{10}$、C_{11+}，如表 3－16 所示。

表 3－16 DL1X 井地层流体拟组分划分

拟　组　分	摩尔组成/%（mol）	拟　组　分	摩尔组成/%（mol）
H_2O	0.349	$C_3 \sim nC_4$	8.191
N_2	2.99	$iC_4 \sim C_6$	6.498
C_1	64.014	$C_7 \sim C_{10}$	8.281
C_2+CO_2	8.74	C_{11+}	0.937

3. 流体露点压力拟合结果

在优化组分模型中状态方程参数，改善状态方程对地层流体性质预测精度中，首先拟合对象为饱和压力。拟合结果如表 3－17 所示，地层温度及其他温度下的饱和压力拟合均较好。

表 3－17 不同温度露点压力拟合对比表

测试温度/℃	实验值/MPa	计算值/MPa	误差/%
141.7（地层温度）	44.76	44.78105	0.047029
126.7	45.46	45.46303	0.0066607
111.7	46.28	46.25415	0.055628

4. 流体单次闪蒸实验拟合结果

表3－18为DL1X井地层流体地面油密度以及生产气油比拟合结果。拟合结果能很好代表实际生产过程地面油的性质。

表3－18　DL1X井单次闪蒸实验拟合对比表

拟　合　项	实验值/MPa	计算值/MPa	误差/%
地面油密度/(kg/m^3)	780.7	754.3766	3.3718
闪蒸气油比/(sm^3/sm^3)	663	673.2909	1.5522

5. 流体等组成膨胀实验拟合结果

地层流体CCE(等组成膨胀)实验是模拟地层流体在降压开采过程中流体性质变化的方法之一。其主要反映地层流体的膨胀能力指标，图3－52为DL1X井地层流体在地层温度141.7℃下等组成膨胀实验 $P-V$ 关系拟合结果图，图3－53为反凝析液饱和度拟合结果。由两图的拟合结果可以看出，实验值与状态方程计算值之间误差很小，能够满足后续数值模拟的需要。

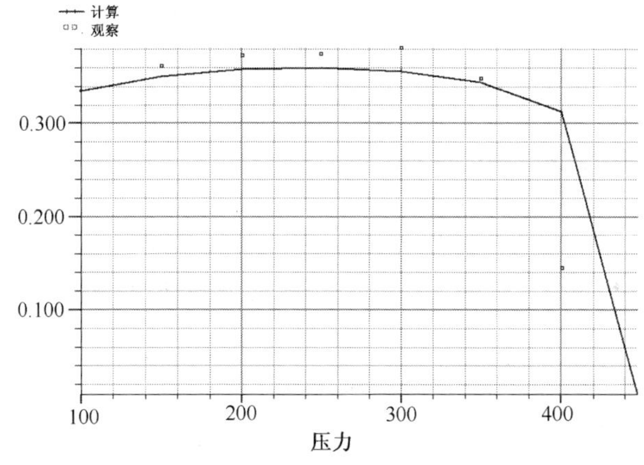

图3－52　DL1X井等组成膨胀实验 $P-V$ 关系拟合结果

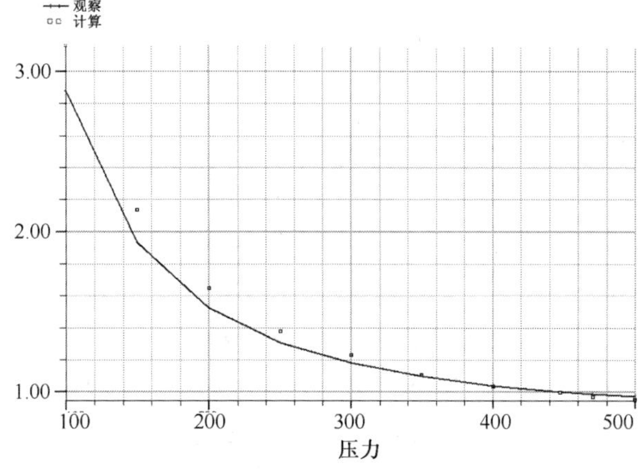

图3－53　DL1X井等组成膨胀实验反凝析液饱和度拟合结果

6. 流体露点压力拟合结果流体定容衰竭实验拟合结果

定容衰竭实验的目的主要是模拟凝析气藏开采时，随着地层压力的下降，地层流体反凝析液量及天然气的采出程度的变化。定容衰竭实验过程反凝析液量及天然气采出程度的拟合是凝析气藏数值模拟相态拟合的重点，反凝析液量的多少也直接影响气井的产能。DL1X 井地层凝析气定容衰竭实验拟合结果见图 3－54，由图可见，反凝析液量的拟合效果很好。

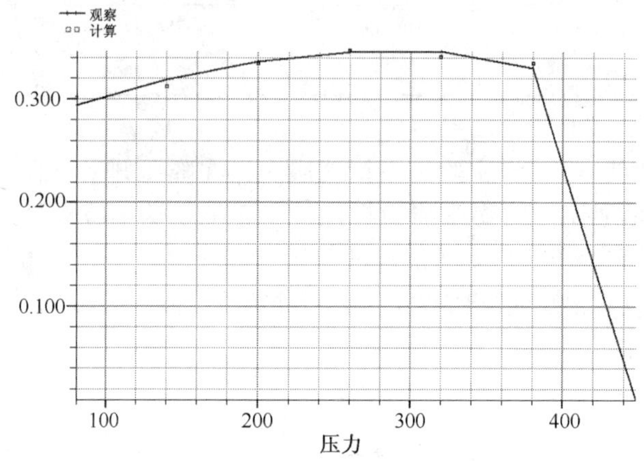

图 3－54　DL1X 井定容衰竭实验反凝析液饱和度拟合结果(141.7℃，地层温度)

7. 流体 PVT 高压物性参数场选择

通过对 DL1X 井原始地层流体的劈分和拟组分化，饱和压力、单次闪蒸实验、等组成膨胀以及定容衰竭实验数据的拟合，所得到的流体主要特征参数，如饱和压力、单次闪蒸气油比、反凝析液量等拟合效果均满足模拟精度。说明所得到的流体临界参数能反映实际地层流体性质的变化。

(二)注入气－目前地层流体反凝析相态特征模拟

通过定容衰竭实验模拟得到压力为 43MPa 下大涝坝凝析气田的采出井流物组成，如表 3－19 所示。

表 3－19　目前压力 43MPa 下采出井流物组成

拟组分	摩尔百分/%(mol)	拟组分	摩尔百分/%(mol)
H_2O	0.35	$iC_4 \sim nC_4$	4.08
CO_2	0.66	$iC_5 \sim C_6$	6.05
N_2	3.17	$C_7 \sim C_{14}$	7.05
C_1	66.34	$C_{16} \sim C_{21}$	0.09
$C_2 \sim C_3$	12.21		

通过注入不同比例的外输干气，研究注入气与采出井流物之间的相态特征。模拟计算向目前井流物中注入一定比例的外输干气后反凝析特征如图 3－55 所示。由图可见，注气后露点压力略有降低，反凝析液量明显降低；注入气比例越大，反凝析液饱和度越低。说明注入外输气能有效降低凝析气藏反凝析油的析出，抑制反凝析，改善开发效果，提高采收率。

(三)注气膨胀实验模拟

通过模拟计算，得到地层温度(141.7℃)条件下注入外输气量的增加对平衡油饱和压力

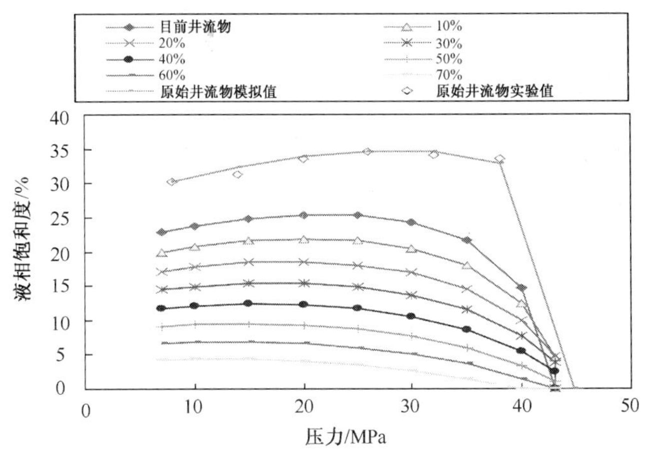

图 3－55　目前井流物注入外输气后的反凝析特征

和膨胀系数的变化的影响，结果如图 3－56 和图 3－57 所示。

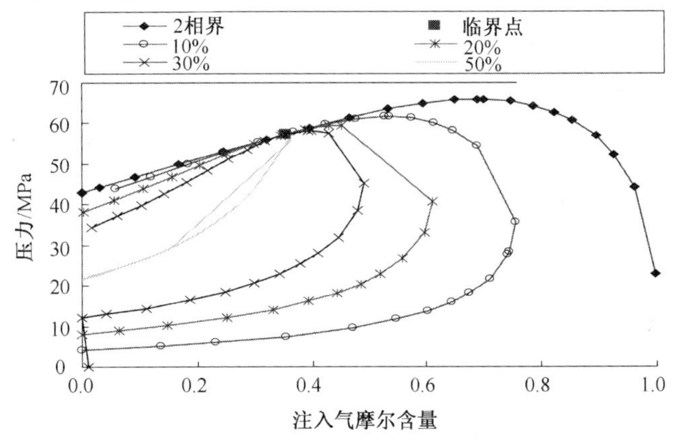

图 3－56　注外输气增溶凝析油 $P-X$ 相图

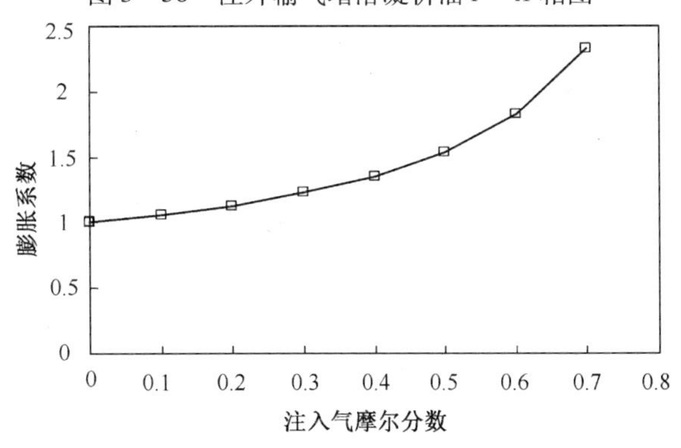

图 3－57　注外输气增溶凝析油膨胀系数的关系

1. *P*－*X* 相图

根据模拟注气膨胀 $P-X$ 相图（见图 3－56）表明：随着膨胀过程注入气摩尔含量的增加，注入气完全溶于地层反凝析油的饱和压力会较显著增加，表明注入气溶于油中时所需增溶压力较高，不利于注气混相。

$P-X$ 相图是划分混相机理和确定一次接触混相极限的最有效方法。从图可以看出，当注入气摩尔比达到70%以上时，才能与地层反凝析油实现一次接触混相，相应的一次接触理论混相压力约为65MPa，混相压力偏高；其临界点在临界凝析压力的左边，混相机理为蒸发式。

2. 膨胀系数变化特征

从图3－57所给出的膨胀因子变化程度则可看出，当注入气摩尔比超过40%时，反凝析油体积膨胀较为明显，有利于注气驱替反凝析油。

（四）多级接触相平衡模拟

由于注入气与凝析油一次混相压力高，实现一次接触混相较困难，但在适当的压力下，可与凝析油多次接触达到动态混相，使界面张力降低接近于0，从而提高凝析油采收率。

1. 多级接触拟三元相图

拟三元相图可以很好的表示多次接触的动态相平衡现象。通过注入气－地层反凝析油多次接触相平衡模拟，得到地层温度(141.7℃)条件下拟三元相图。图3－58、图3－59分别表示目前地层压力43MPa、最小混相压力46.1MPa下注入气与地层凝析油多级接触气、液两相相平衡变化过程。

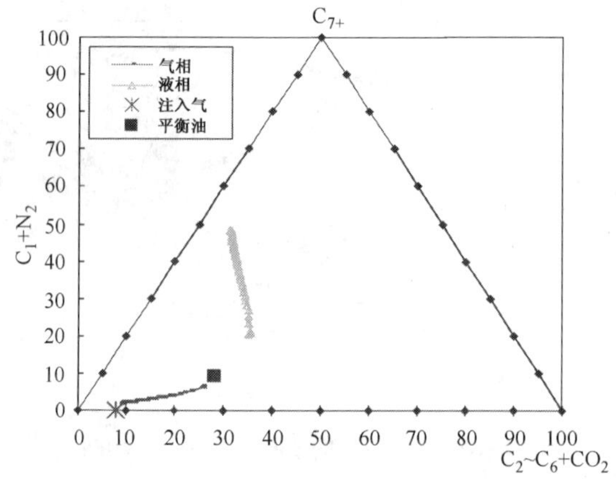

图3－58　43MPa时多级接触拟三元相图

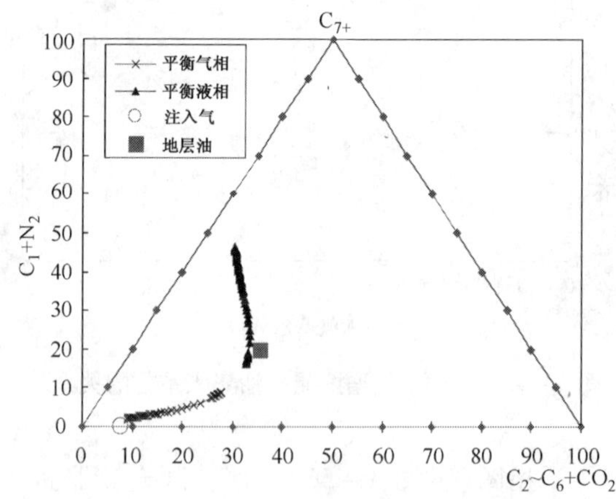

图3－59　多级接触最小混相压力下(46.1MPa)拟三元相图

由图3－58可知在43MPa条件下气、液两相不能达到混相，组成轨迹显示注入气被加富，反凝析油被重质化。由图3－59可知气、液两相在46.1MPa时可达到混相状态。

根据三元相图分析，在注气过程中，注入气与反凝析油发生溶解－抽提作用，一方面注入气溶解在凝析油中，改变凝析油的组成，改善凝析油物性；另一方面抽提作用使中间烃从凝析油中汽化进入注入气，在多次接触过程中，气相和液相组成逐渐接近；增加压力，注入气可与反凝析油形成混相。

2. 向前、向后多级接触过程相态参数变化特征

在多级接触混相中，常分为向前接触和向后接触。通过相态模拟得到目前压力 43MPa 和地层温度 141.7℃下，注入外输干气与地层反凝析油向前接触、向后接触过程相态特征变化规律，包括平衡气、液两相各组分摩尔含量、密度、黏度、界面张力的变化规律。

1）注入气－反凝析油向前多级接触混相过程中的相态参数变化特征

A. 液相和气相组分含量的变化

由模拟结果（见图 3－60、图 3－61）可知：向前多级接触随着接触次数增加，气相中 C_1 和 CO_2 等轻质组分降低，$C_2 \sim C_6$ 以及 C_{7+} 等中间烃和重质组分含量增加，显示出注入气在前缘不断被加富的过程，而液相中 C_1 以及 $C_2 \sim C_6$ 含量增加，C_{7+} 等重质组分含量降低。整个过程显示出气液两相组成逐渐接近的过程，说明液相溶解气相，气相抽提出液相中的中间烃和重质组分，气、液两相进行组分交换。液相中 C_{7+} 等重质组分含量降低，说明注入气有利于重质组分的蒸发。

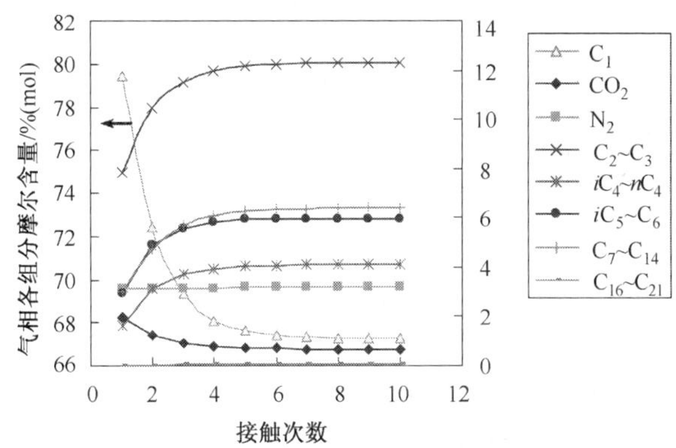

图 3－60　向前接触注气量与气相中各组分含量的关系曲线

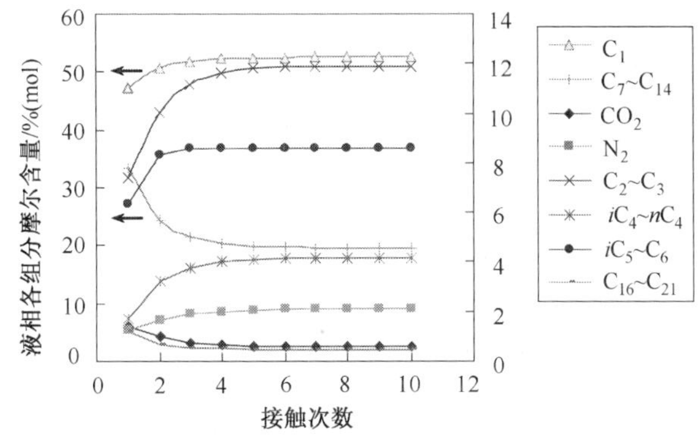

图 3－61　向前接触注气量与液相中各组分含量的关系曲线

B. 液相、气相密度和黏度的变化

由模拟结果（见图 3－62、图 3－63）可知：向前多级接触溶解引起液相密度、黏度下降；注入气抽提油中中间烃和重质组分引起气相密度、黏度略有增加。由于液相密度、黏度下降，可以提高凝析油的流动性。

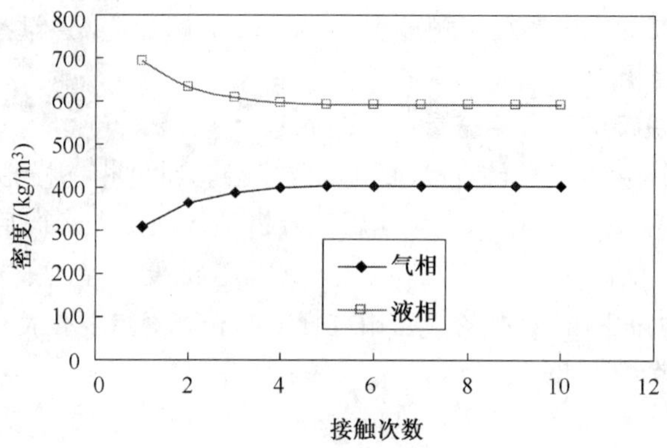

图 3-62　图向前多级接触气液相密度变化

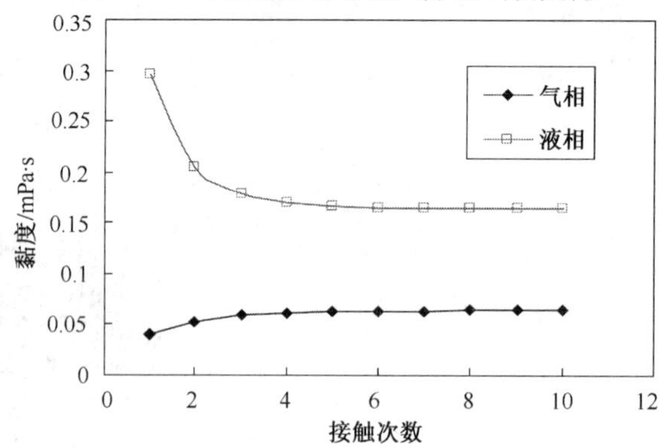

图 3-63　向前多级接触气液相黏度变化

C. 界面张力的变化

由模拟结果(见图 3-64)可知：向前多级接触过程中界面张力明显降低，可提高波及系数并减小残余油饱和度，大幅提高凝析油采收率。

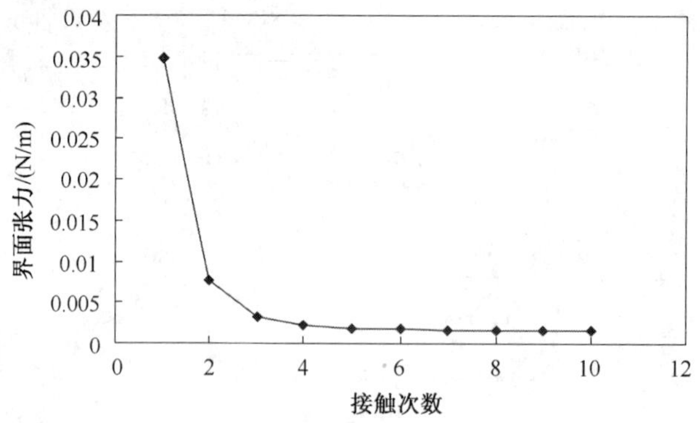

图 3-64　向前多级接触气液相界面张力变化

2)注入气-反凝析油向后多级接触混相过程中的相态参数变化特征

向后多级接触过程模拟表明(见图 3-65～图 3-69)：注入外输气向后多级接触过程抽提引起气相轻质组分含量增加(如 C_1 等)，中间烃和重烃含量降低(如 C_2～C_6，以及 C_{7+}

等)；液相密度、黏度、界面张力增加；气相密度、黏度略有降低；注气使得油气性质差异更大，不利于注气对油气性质的改变。这主要由于蒸发混相发生在驱替前缘；在气驱的后缘，即注入井和驱替前缘之间的区域，凝析油将不断被后续注入新鲜气体所抽提，溶解的气量不再增加，导致凝析油逐渐失去轻烃和中间烃而不断加重，油、气性质向差异更大的方向发展，不利于油气混相。

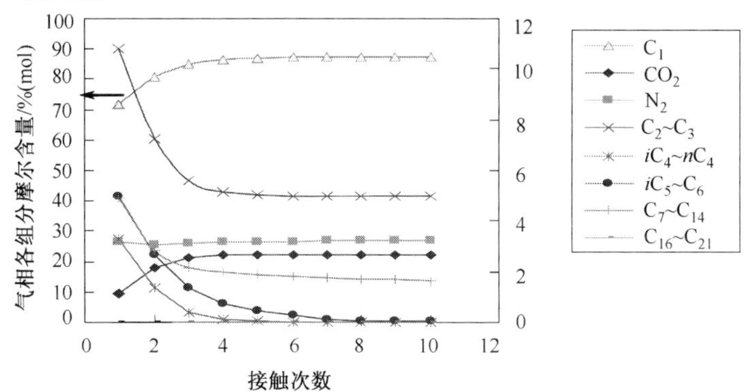

图 3－65　向后接触注气量与气相中各组分含量的关系曲线

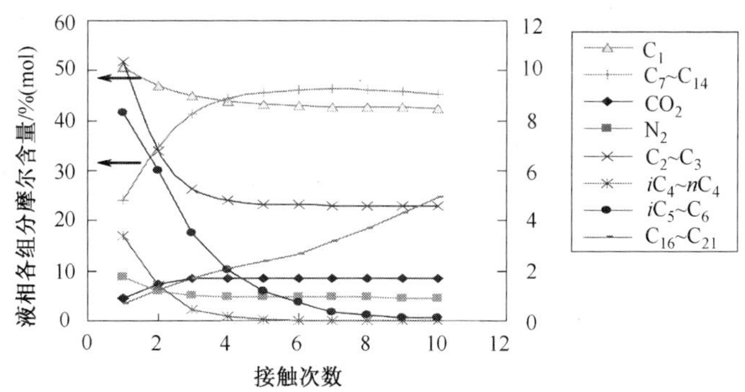

图 3－66　向后接触注气量与液相中各组分含量的关系曲线

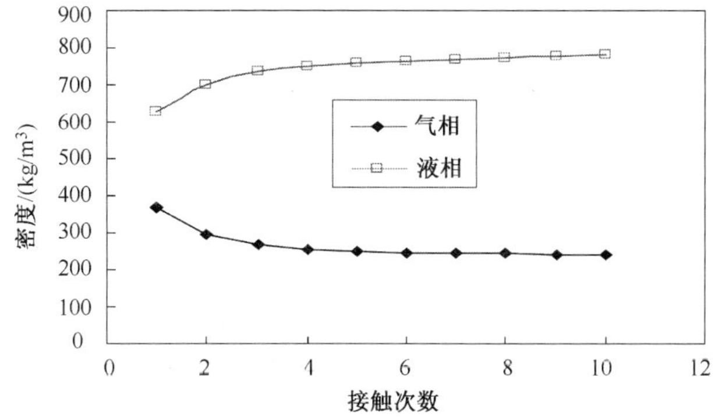

图 3－67　向后多级接触气液相密度变化

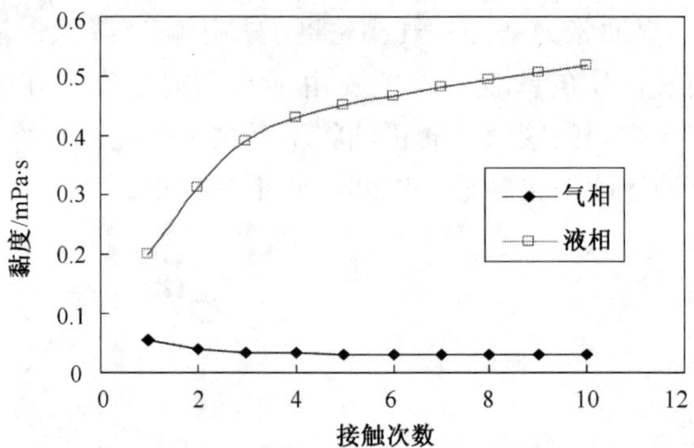

图 3－68　向后多级接触气液相黏度变化

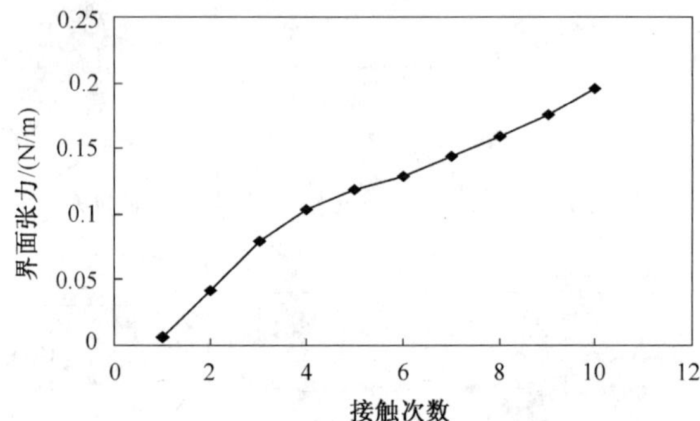

图 3－69　向后多级接触气液相界面张力变化

第四章　雅克拉－大涝坝凝析气田多相流体渗流机理

第一节　多孔介质中油气水微观分布特征

地下储层属于多孔介质，具有颗粒细、孔隙小、比表面积大的特征，储层流体与储层介质间存在极大的多种界面，储层流体受界面张力、润湿性、毛管压力等因素的作用，呈现多种分布特征。

凝析气藏，在开发过程中，随着压力的降低，会发生复杂的相态变化，当地层压力低于露点压力时凝析气会发生反凝析，凝析出凝析油，出现油气两相。因而油气水也呈现不同的分布特征。

一、束缚水在多孔介质中的分布

在凝析气藏成藏过程中，当油气从生油层运移到储层时，由于油、水、气对岩石的润湿性差异和毛细管力的作用，运移的油气不可能把岩石孔隙中的水完全驱替出去，会有一定量的束缚水残存在岩石孔隙中。束缚水几乎不参与流动。雅克拉凝析气田白垩系气藏束缚水饱和度平均为22.95%，大涝坝凝析气田束缚水饱和度35%～37%，研究与生产实践都证明凝析气藏开发特征与束缚水密切相关。

（一）束缚水分布形态

束缚水在储层中的的分布形式主要有3种，如图4－1所示：

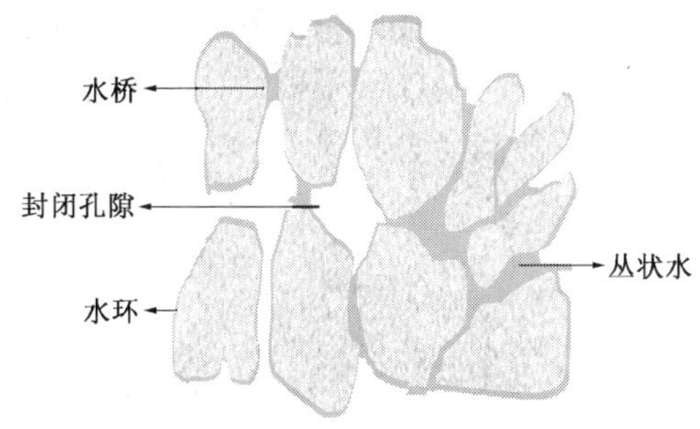

图4－1　束缚水在多孔介质中的分布

（1）束缚水以水膜形式包在岩石颗粒周围，形成孤立的水环；

（2）束缚水以小的透镜体状、不可动水的形式，占据闭合孔隙、角隅和细小的吼道等处，形成水桥，有可能造成假的不连通孔隙；

（3）由于实际储层岩石的局部非均质性（吼道细小密集），以丛状水的形式滞留在孔隙中，被邻近的致密的孔隙和吼道所环绕。

束缚水在储层多孔介质中的三种形式对凝析油的分布和流动具有不同的影响。

（二）束缚水对凝析油的影响

当储层中含有束缚水的时候，束缚水首先堵塞曲率半径较小的角隅和小孔道处，此种分布降低了残余凝析油饱和度，有利于提高凝析油的采收率。当束缚水含量较高时，由于实际储层岩石的局部非均质性（吼道细小密集），大部分的小孔道都被束缚水以水桥的形式占据，此时可能会造成孔道被封闭，产生圈闭气。

凝析出现在水表面，只要油气表面张力小于等于临界表面张力 $\rho_{og} \leqslant \rho_c$，凝析油就在水的表面充填全部孔隙。在这种情况下，凝析油将在水的表面延伸，其延伸速度高于固体表面很多，更易形成油膜，油膜的临界流动饱和度为0。当压力不断降低，多孔介质中有更多的凝析油析出后，水膜表面再析出的凝析油由于分子间力的作用较低，更容易在气体剪切力的作用下发生流动。因此，在束缚水饱和度较高的情况下，凝析气藏的临界流动饱和度较小。而束缚水含量低的凝析气藏，由于多孔介质对凝析油吸附作用更强，凝析油不易流动，因此残余凝析油饱和度较大。

二、凝析油气在多孔介质中的分布流动特征

凝析油气在多孔介质中的分布流动特征受多种因素影响，地露压差、流体相态、界面张力、储层物性等都会影响凝析油气的分布流动特征。

（一）地层压力高于露点压力时凝析油气在多孔介质中的分布

当地层压力高于露点压力时，储层中为单相气体。如果井底压力低于露点压力，在近井地带将会出现反凝析。

（二）地层压力低于露点压力时凝析油气在多孔介质中的分布

当地层压力等于露点压力时，油气混相，其表面张力为零，容易流动。当地层压力低于露点压力时，地层中出现凝析油。由于储层孔隙介质中有束缚水，因此，凝析油分布在束缚水上。油气表面张力也很低，其具体数值与油气组分、温度、压力等参数有关。此时凝析油或者呈液膜形式铺展在水膜上，或者以非常小的液滴分布在水面上。对于油气表面张力较低情况，这种情况凝析油膜可以与水膜一起被束缚，也可以部分流出。

凝析油可以在固体表面形成，或者是珠状凝析油，或者是膜状凝析油。当压力刚低于露点压力时，反凝析液量析出，凝析液滴受力如图4-2所示：

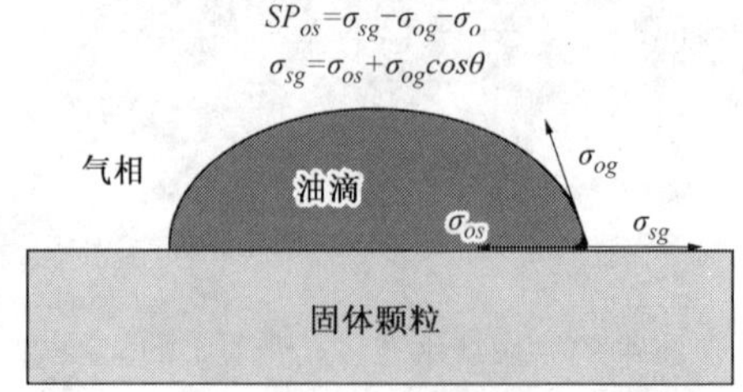

图4-2　液滴受力图

考虑到液滴在气体中的固体表面形成如上图所示。在没有其他力出现的情况下，考虑油-水接触面的变化，赫姆霍兹自由能总量变化 A_{os} 速度可表示为：

$$\frac{\partial F}{\partial A_{os}} = \sigma_{og}\cos\theta + \sigma_{os} - \sigma_{og} \tag{4-1}$$

延伸系数 Sp_{os} 定义为：

$$Sp_{os} = \sigma_{sg} - \sigma_{og} - \sigma_{os} \tag{4-2}$$

方程可以写成：

$$\frac{\partial F}{\partial A_{os}} = -\left[Sp_{os} + \sigma_{og}(1-\cos\theta)\right] \tag{4-3}$$

对于完全润湿的液体（即 $\theta=0$），上面方程重新写成：

$$\frac{\partial F}{\partial A_{os}} = -Sp_{os} \tag{4-4}$$

因此，如果延伸系数是正数，自由能随着 A_{os} 的增加而减少，这对液体的自然延伸是必要的。但是，如果液体不延伸，在固体表面有接触角（$\theta\neq0$），那么：

$$\frac{\partial F}{\partial A_{os}} = 0 \tag{4-5}$$

平衡界面张力为：

$$\sigma_{sg} = \sigma_{og}\cos\theta + \sigma_{os} \tag{4-6}$$

$$Sp_{os} = -\sigma_{og}(1-\cos\theta) \tag{4-7}$$

这就意味着 Sp_{os} 一定是负数。因此延伸系数表征了液体润湿和延伸成为薄膜的趋势。若 Sp_{os} 是正值，意味着液体可以润湿并且可以以薄膜状自然延伸（$\theta=0$），Sp_{ow} 是负值，意味着液体部分润湿固体，并且有平衡接触角（$\theta\neq0$）。

当 $\theta>90$，液体不润湿表面，滴状凝析油；

当 $\theta<90$，液体部分润湿表面，滴状凝析油；

当 $\theta=0$，液体完全润湿表面，膜状凝析油；

$\theta=0$ 对应的表面张力在 0 和临界表面张力之间（$0\leqslant\sigma_{og}\leqslant\sigma_c$）。

临界表面张力 σ_c 是固体表面化学的特征，不取决于接触固体表面的流体。然而，一些混合物可以改变临界表面张力 σ_c 的大小。对于非极性固体，$\sigma_c=\sigma_{sg}$，临界表面张力的确定同样表征了固体的界面张力。单位固体表面积上表面过剩的自由能可用固体界面张力表征，因此固体表面可依界面张力划分为三类：第一类，有高能表面，界面张力大于 500mN/m；第二类，低能表面，界面张力的范围为 15～40mN/m；第三类，非常低的界面张力（小于 10mN/m）。在临界区域，接触凝析油气的储层岩石属于第三类。

对于非极性液体，θ 和 σ_{sg} 的关系为：

$$\cos\theta = \begin{cases} 2\left(\dfrac{\sigma_c}{\sigma_{sg}}\right)^{1/2} - 1 & 当\ \sigma_{sg}\leqslant\sigma_c \\ 1 & 当\ \sigma_{sg}>\sigma_c \end{cases} \tag{4-8}$$

总的 θ 和 σ_{sg} 的关系为：

$$\cos\theta = \begin{cases} \gamma\left(\dfrac{\sigma_c}{\sigma_{sg}}\right)^{\lambda} - 1 & 当\ \sigma_{sg}>\sigma_c \\ 1 & 当\ \sigma_{sg}\leqslant\sigma_c \end{cases} \tag{4-9}$$

当σ_{sg}接近σ_c时，cosθ随着σ_c成线性变化，当$\sigma_{sg}>\sigma_c$的情况下，通过线性外推决定临界表面张力变为可能，如图4－3所示。

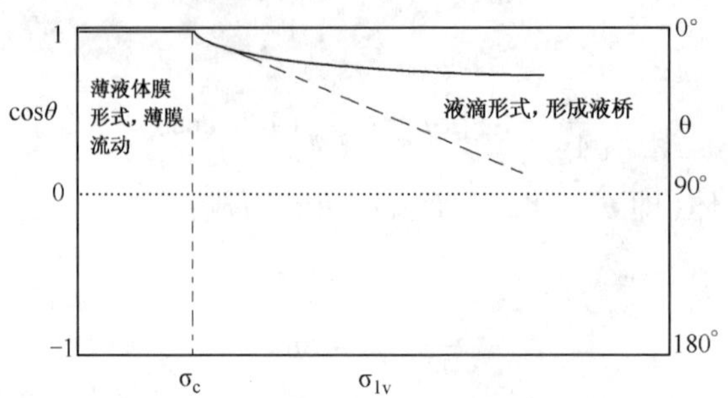

图4－3　接触角随界面张力的变化

对于近临界的凝析气藏，当压力下降至露点压力之下时，反凝析液就会出现。接近露点压力，油气界面张力很低，$\sigma_{og}\ll\sigma_c$（即$Sp_{os}>0$），很高的延伸趋势）。随着储层压力的进一步降低，表面张力σ_{og}将增加并到达σ_c（即$Sp_{os}=0$；低延伸趋势）。在相变的过程中，凝析油以薄液体膜形式形成，易于在全部或者部分固体表面吸附。此外，凝析油极有可能从大的孔隙移动至小的孔隙、孔隙堵塞端、或者存在水界面的区域（只要$\sigma_{og}\leqslant\sigma_c$）。在这个变化过程中，凝析油是可以移动的。在开井生产的情况下，这种凝析油随着凝析气朝向井筒移动，一方面，如果在气井流速较大的情况下，这部分凝析油可以顺利地从地层中带出，近井地带渗流能力受凝析油影响较小；另一方面，如果流动的气相无法将这部分流动的凝析油带出，就会在近井地带聚集，堵塞地层孔隙，导致气体产量的大幅下降。在极端的情况下，气体将可能停产。

随着压力进一步降低，表面张力σ_{og}将升高并超过σ_c。在这个相变过程中，凝析油以小滴的形式形成，凝析过程是滴状的。在这种情况下，液体将在中小孔隙的反向表面形成桥，在没有达到高凝析液饱和度时不能够流动。大孔隙中由于没有发生堵塞作用，凝析油仍可以流动。

随着地层压力低于露点压力越多，油气表面张力较大，凝析油滴尺度加大，将容易堵塞孔隙。

（三）凝析油气渗流分析

对于近临界的凝析气藏，当压力下降至露点压力之下时，反凝析液就会出现。接近饱和度线，表面张力是很低的，油气界面张力远远小于临界界面张力（也就是说延伸系数>0，凝析液有很高的延伸趋势）。凝析液最先出现在曲率半径大的束缚水表面或是以液滴的形式存在于地层孔隙中。

在露点压力附近时，由于岩石表面束缚水的存在，其对油滴的吸附作用远比岩石本身的吸附作用弱。如果束缚水较高时，水即充填吼道和孔隙体的“角隅”，又充填部分细小的吼道。在相变的过程中，凝析油以薄液体膜形式形成，不易在束缚水表面吸附。开井生产的情况下，凝析油液膜及液滴由于气体的携带作用，在介质中、大孔道中向井筒移动。此时凝析油临界流动饱和度是很小的，随着气相流速的增加，新析出的凝析油很难在岩石表面聚集。当地层流体中重组分含量较低时，地层压力低于露点压力时，析出的凝析油量较少，孔隙不易发生堵塞，此时，凝析油在地层中大部分都能发生流动，在气油比上表现为气油比下降趋势。此时，扩大生产压差，增大气体流速，对提高凝析油的采收率是有好处的。

随着地层压力的继续下降($P_v < P_v^c$)，表面张力 σ_{og}将升高并超过临界表面张力 σ_c。在这个相变过程中，凝析油以小滴的形式形成，凝析过程是滴状的。在这种情况下，一部分中小孔隙由于凝析液量的增加形成桥或段塞，随着凝析油的析出，当凝析液量达到临界流动饱和度的时候发生流动，但这种情况需要较大的生产压差才能使之发生流动，这些孔隙中的凝析油临界流动饱和度很高；对于一些较大的孔隙，凝析油以液滴和液膜的形式继续发生流动，这些孔隙中凝析油临界流动饱和度与刚低于露点压力时的临界流动饱和度一样都比较小。

由此可见，凝析气藏开采中地层压力低于露点压力后，凝析油就会以雾状流发生流动。地层压力降低，部分中小孔隙被液塞堵塞，该部分孔隙中凝析油临界流动饱和度较高。因此，凝析油临界流动饱和度在开采过程中不是一个定值，它跟流体的组成及地层的非均质性相关。

（四）孔隙结构对凝析油状态的影响

多孔介质的孔隙结构异常复杂，其中的储存空间主要由各种不同大小、弯曲的细小孔隙喉道组成。王志伟、李相方等人的实验结果表明，当岩心渗透率为0.011μm^{2}或低于该值时，多孔介质对凝析气的相态影响较大；当岩心渗透率为0.377μm^{2}或高于该值时，凝析气在多孔介质和PVT筒的相态曲线在实验误差范围内吻合得相当好。也就是说，多孔介质的孔隙结构将在一定程度上影响凝析气的相变特征，对于相同组分的凝析气体系，孔隙结构的差异使凝析气相变特征有所不同，从而使多孔介质中凝析油的存在状态发生变化。根据实验结果可知，凝析油首先在孔隙半径较小的孔隙中先发生反凝析。

1. 低渗多孔介质

对低渗多孔介质，当压力接近或低于露点压力时，气相中的轻烃分子携带的重烃组分在分子运动过程中，容易被孔隙介质壁面捕获。由于低渗多孔介质的吼道半径小，重烃组分分子被捕获的几率较大，从而聚集在孔隙介质吼道处，容易堵塞孔隙通道，当凝析油含量过高的时候，如果生产压差过大，造成凝析油大量析出，地层渗透率降低，生产压差增大，凝析油气采收率均较低。

以巴什基奇克组(非均质性严重，高凝析油含量)为例，如图4－4所示。

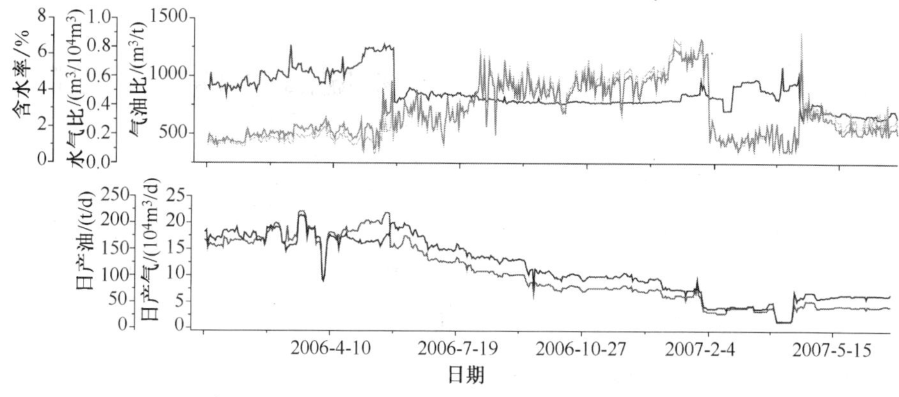

图4－4　大涝坝2号构造巴什基奇克组凝析气藏衰竭式开采典型曲线

大涝坝2号巴什基奇克组凝析气藏的绝对渗透率属于中等偏好，但由于层间非均质性较强，在一定程度上降低了其原始渗透率的大小，因此，巴什基奇克组凝析气藏的实际渗透率属于中等偏下的范围。

该气藏凝析油含量较高($700 \sim 900g/m^3$)，在该层全面投入开发不到1年的时间内，产量就开始大幅度降低。一方面是由于凝析油含量高，但更为重要的是，由于投产初期生产井过多，储层生产压差较大，加之本身为中低渗透率，因此低渗透使储层变得极为敏感，产量下降程度大。2009年6月，生产压差已经接近20MPa，单井日产气量低于$1.5 \times 10^4 m^3$，远低于该气藏投产初期的$8.0 \times 10^4 m^3$左右。表明该气藏储层中凝析油堵塞严重。

2. 高渗多孔介质

高渗多孔介质的特点是孔隙吼道较大，孔隙的连通性较好。当压力接近或低于露点压力时，重烃组分在分子运动过程中也会被孔隙介质壁面捕获。由于高渗多孔介质的吼道半径大，其饱和压力与无多孔介质时的差别相对较小，因此多孔介质对凝析气相态的影响较小，从而降低了重烃组分分子被捕获的几率，凝析油堵塞只在那些吼道半径小的吼道中形成。

因此，对于高渗多孔介质，大部分孔道中凝析油可以发生流动。同样流体下，地层压降漏斗较低渗储层小。同样产气量下，高渗储层凝析油含量较低渗储层低，反凝析影响不严重。

对于实际气藏来讲，小孔道更易被堵塞，其临界流动饱和度也大于大孔道的临界流动饱和度。凝析油析出时，凝析油滴很容易堵塞小孔道，雾状流主要发生在大孔道和中孔道中，如果地层非均质性明显，即是大孔道中存在雾状流，当凝析液滴发生流动时，遇到小孔道的机会比较多，此时会减少凝析油的流通通道，影响凝析油的流动。

雅克拉白垩系凝析气藏渗透率在$1 \times 10^{-3} \sim 629.43 \times 10^{-3} \mu m^2$，均值为$70.25 \times 10^{-3} \mu m^2$,天然气地质储量为$248.75 \times 10^8 m^3$，凝析油地质储量$486.3 \times 10^4 t$，属于超深层、中－高渗、中产、中丰度的中型气田。该气藏凝析油含量在$157.85 \sim 250.99g/m^3$，属于中、高凝析油含量的气藏。气藏开发2年后，已有部分井的井底压力低于露点压力，近井地带的储层即有凝析油的析出。因为该凝析气藏的绝对渗透率较高，产气量较大，析出的凝析油一部分被气体带出，所以凝析油污染并未对渗透率产生大的影响，即使在有反凝析污染的情况下，油气产量仍保持高产、稳产。

第二节　雅克拉－大涝坝凝析气藏储层岩心储渗物性分析

选取了雅克拉－大涝坝储层岩心样品，首先对所取岩心进行了孔隙度、渗透率等基础储渗特性实验测试；然后选取有代表性的岩心样品进一步开展可动水饱和度、以及反渗吸水锁启动压力、应力敏感等渗流物理特性实验测试。为雅克拉－大涝坝凝析气藏多相流体渗流特征分析、试井解释、产能评价、气井产水规律分析等气藏工程计算提供依据。

一、基础孔隙度、渗透率

根据实验数据显示雅－大凝析气藏岩心渗透率与孔隙度具有很好的相关性，如图4－5、

图 4-6 所示。

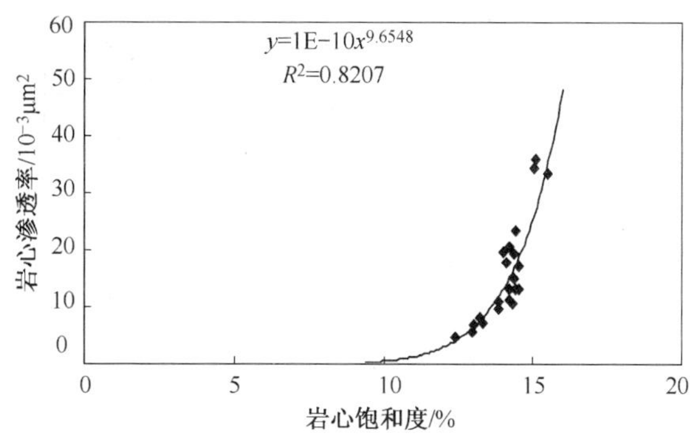

图 4-5　大涝坝渗透率与孔隙度相关关系

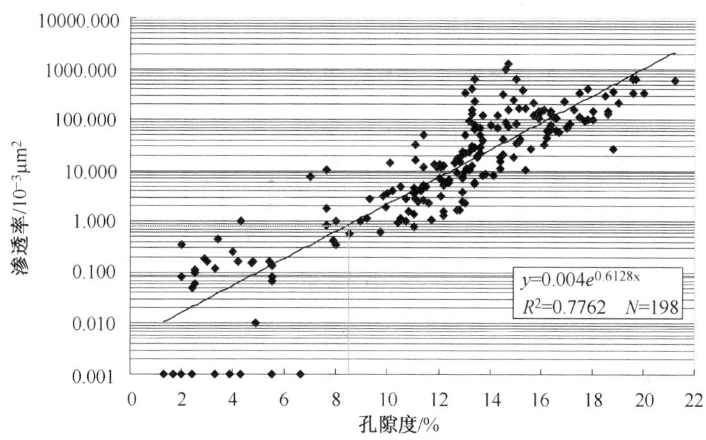

图 4-6　雅克拉孔隙度与渗透率相关交会图

二、气驱水过程相对渗透率

该项实验的目的是确定气驱水过程(非润湿相驱替润湿相)气水两相渗流特征，评价大涝坝凝析气藏地层凝析气-地层可动水两相渗流时的相对渗流能力。实验采用非稳态法测定。其原理是以一维两相渗流理论和气体状态方程为依据，利用非稳态恒压法进行岩样气驱水实验，记录气驱水实验过程中岩样出口端各个时刻的产水量、产气量和两端压差等数据，用 J. B. N 方法计算岩样的水、气相对渗透率和对应的含水饱和度，并绘制水、气相对渗透率曲线，了解其渗流特征。

(一)雅克拉凝析气藏气水相渗曲线及归一化处理

1. 雅克拉凝析气藏气水相渗曲线

雅克拉凝析气田气驱水过程的气水相渗实验测试方法是：现先将 Y1 井四块岩样饱和水，然后用气驱水，同时采用非稳态法测定气驱水过程的气水相对渗透率，所得实验数据及气水相对渗透率曲线如图 4-7 所示。

由图 4-7 可见，水对气流动将产生较大的影响。得到的特征是：

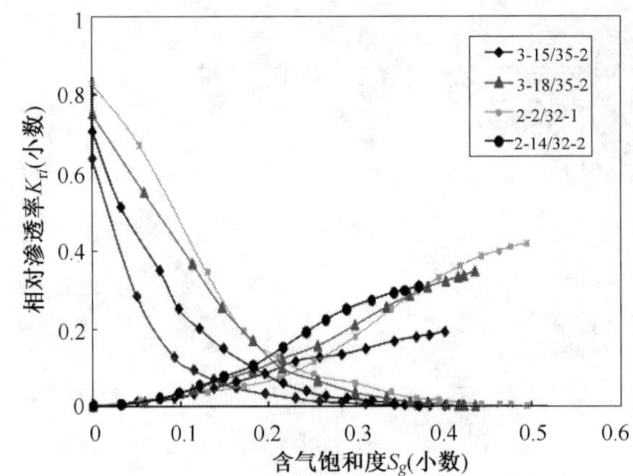

图4－7　雅克拉气水相对渗透率实验曲线

(1)残余水饱和度 $S_{gr}>50.52\%$；

(2)残余水饱和度下的气相相对渗透率 $K_{rg}(S_{wr})$ 为0.1915～0.4179，平均气驱水效率为42.33，驱替效率相对较低；

(3)随含气饱和度的增加，水相相对渗透率急剧下降，气窜较为严重，表明气体渗流时带水能力较差。因此，一旦气井被地层水突破，气体很难有效排液。

测试结果显示，由于岩样的非均质性较强，孔隙度偏小；空气渗透率中偏低，其值小于 $50.53\times10^{-3}\mu m^2$，所测得的气水相渗曲线特征不同，两相渗流饱和度区平均为42.33%，等渗点对应的含气饱和度 S_{wd} 大于15.23%～23.17%，束缚气饱和度下水相相对渗透率仅0.707～0.8298，残余水饱和度下的气相相对渗透率0.1915～0.4179，也反映了该气藏为亲水气藏特征。因此，气井水侵后会对气体渗流产生很强的渗流阻力。

2. 气水两相平均相对渗透率曲线

采用Y1井四块样品的气水相渗实验数据并进行了归一化处理，得到该井的平均曲线，见图4－8。

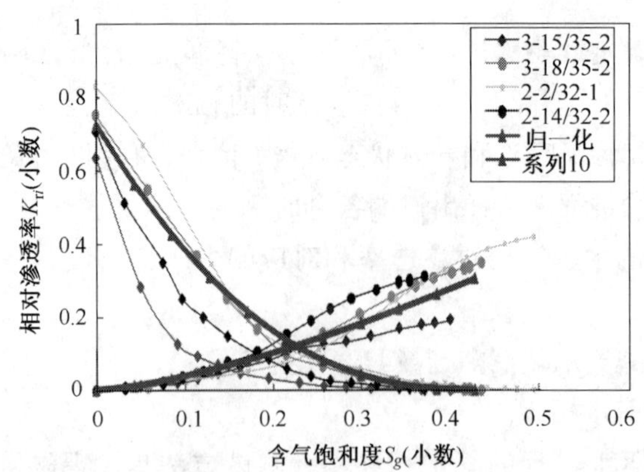

图4－8　Y1井气水相渗实验数据归一化处理结果图

Y1井平均束缚气饱和度为0%，残余水饱和度为57.24%，此时气相相对渗透率0.3042，两相共渗区42.33%，等渗点含气饱和度23.35%，可以推断该气层亲水。

(二)大涝坝凝析气藏气水相渗曲线及归一化处理

1. 大涝坝凝析气藏气水相渗曲线

从图4-9中可以看出，所测得的气水相渗曲线特征表现为：束缚水饱和度较高，气驱水的效率低，束缚水饱和度下气相相对渗透率 $K_{rg}(S_{wi})$ 低，小于0.4732，纯气相渗流范围宽，等渗点含气饱和度 S_{gd} 的范围是26%～35.75%，平均值是31.82%，等渗点气、水相对渗透率值小于0.25；同时岩心残余气饱和度为0，而束缚水饱和度为45%左右，岩石为亲水岩石。

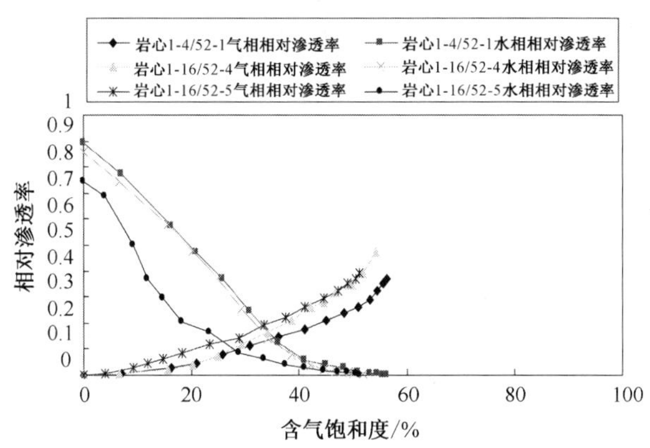

图4-9 气驱水过程的气水相渗曲线

2. 大涝坝凝析气藏气水相渗曲线归一化处理

根据大涝坝凝析气田特征，依据不同岩样渗透率和孔隙度选择若干条有代表性的相对渗透率曲线，在此基础上进行归一化处理，可得到气藏的平均相对渗透率曲线(见图4-10)。

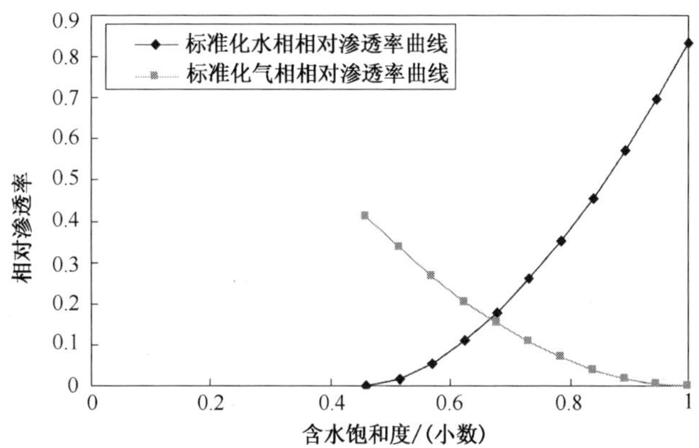

图4-10 气驱水过程的归一化相对渗透率曲线

由图4-10中可以看出，气驱水过程残余气饱和度为0，束缚水饱和度为0.5176，交点含水饱和度为0.698，交点相对渗透率等渗值为0.18。

三、水驱气过程相对渗透率曲线

该项实验的目的是确定水驱气过程(润湿相驱替非润湿相)气水两相渗流特征，可用于评价大涝坝凝析气藏地层可动水—地层凝析气两相渗流时的相对渗流能力。实验采用非稳态法测定。其原理是以一维两相渗流理论为依据，利用非稳态恒压法进行岩样水驱气实验，记录水驱气实验过程中岩样出口端各个时刻的产气量、产水量和两端压差等数据，用J. B. N方法计算岩样的水、气相对渗透率和对应的含水饱和度，并绘制水、气相对渗透率曲线，了解其渗流特征。

(一)雅克拉凝析气藏水气相渗曲线及归一化处理

水驱气过程相对渗透率实验：

水驱气过程的气水相渗曲线测试方法是：先将Y储层5块岩样100%饱和水，气驱水建立束缚水饱和度和含气饱和度，然后水驱气，至残余气饱和度，从而测得水驱气过程的气水相对渗透率实验数据及气水相对渗透率曲线，并归一化处理(见图4-11)。

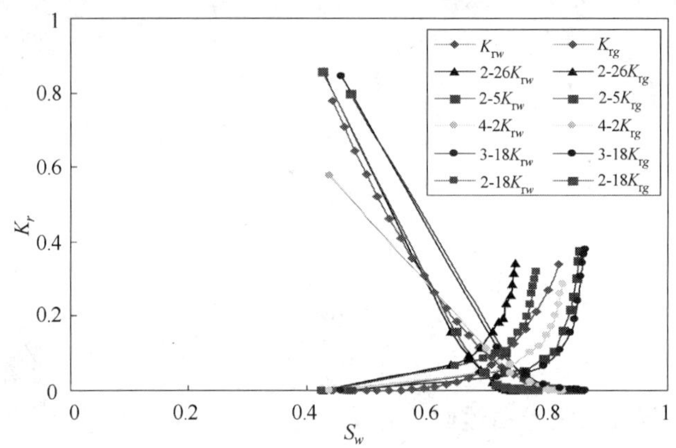

图4-11　雅克拉水驱气的相渗数据归一化处理的平均气水相渗曲线

由图4-11可见：

(1)束缚水饱和度偏高，$S_{wi}>42.33\%$，其范围42.33%~47.07%，平均束缚水饱和度为44.21%；

(2)曲线交点对应的束缚水饱和度$S_{wd}>66.87\%$，其范围66.87%~76.20%，平均等渗点束缚水饱和度为72.34%，表明气藏亲水；

(3)残余气饱和度中等，其范围13.64%~25.44%，平均残余气饱和度18.16%

(4)残余气饱和度下的水相相对渗透率$K_{rw}(S_{gr})$为0.2866~0.3803，平均水相相对渗透率为0.34；

(5)两相共渗区范围为32.00%~40.62%，两相共渗区平均值为36.96%；

(6)平均水驱气效率66.33%，水驱气效率较高。

图4-11给出的测试结果还显示，Y储层岩样空气渗透率较高、变化范围较大($21.74\times10^{-3}\sim331.75\times10^{-3}\mu m^2$)，孔隙度范围为14.26%~21.27%。除了岩心编号为2-18/32-1外，其他几个岩心的渗透率与孔隙度有明显的对应关系，表明储层岩心的均质性比较好，孔隙连通性好。其中束缚水饱和度较高(42.33%~47.07%)，残余气饱和度较小(13.64%~25.44%)，两相渗流范围较宽(32.00%~40.62%)，等渗点对应的束缚水饱和度大于66.87%且小于76.2%，气藏亲水。

(二)大涝坝凝析气藏水气相渗曲线及归一化处理

1. 水驱气过程相对渗透率实验

与前面气驱水的处理方法一样根据3块岩心的测试数据，得到水驱气相对渗透率曲线图(见图4－12)。

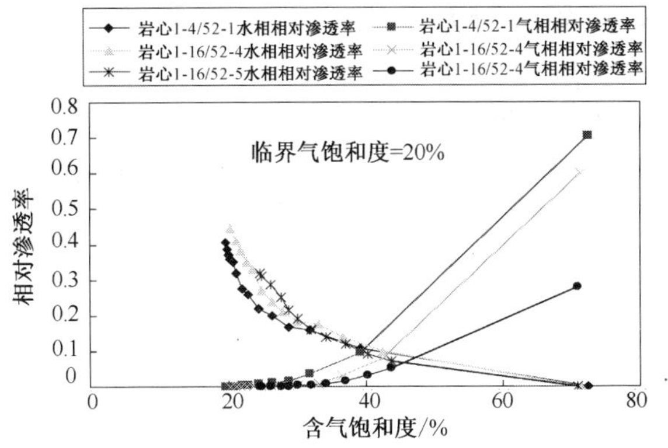

图4－12　水驱气过程的气水相渗曲线

对上图表进行分析，可以得到以下结论：

岩样空气渗透率越大，孔隙度越大，岩样中的束缚水饱和度越低，两相渗流区间越大，气水相渗等渗点含气饱和度越大，水驱气效率越好。如1－4/52－1岩样，空气渗透率为$34.28\times10^{-3}\mu m^2$，孔隙度为15.03%，两相渗流区间的含气饱和度为19.6%～72.41%；束缚水饱和度为27.59%；气水相渗等渗点含气饱和度为3.21%；水驱气最终驱替效率为72.93%，最大值。反之，如1－16/52－5岩样，空气渗透率小为$5.77\times10^{-3}\mu m^2$，孔隙度为12.97%，两相渗流区间的含气饱和度为24.62%～70.86%；束缚水饱和度为29.14%；水气相渗等渗点含气饱和度为43.57%；水驱气最终驱替效率为65.23%，最小值。

2. 透率曲线归一化处理

同气驱水过程一样，对水驱气过程的实验数据进行归一化处理，可得到气藏的平均相对渗透率曲线(见图4－13)。

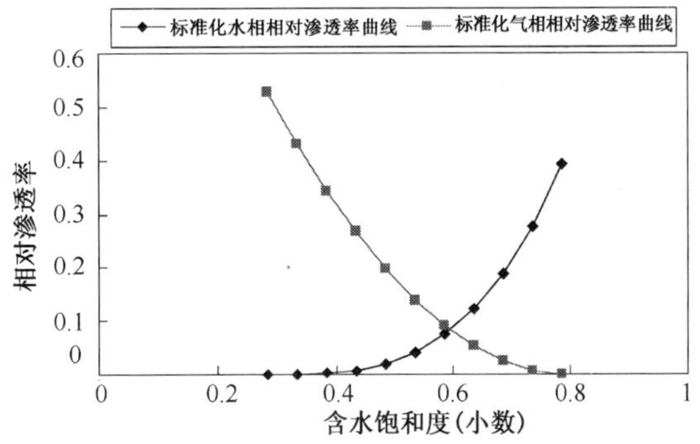

图4－13　水驱气过程的归一化相对渗透率曲线

由图可以看出，残余气饱和度为0.2150，束缚水饱和度为0.2845，交点含水饱和度为0.6。

综合上述分析，可以看出驱替顺序不同，气水相渗曲线形态不同，水驱气相渗具有较强的滞后现象。因此，气井生产过程产量的配置，应避免严重超过边低水侵入的临界产量，防止边底水过早侵入气井近井地层引起气井产量过早下降，以维持气井的合理稳产年限。

四、气驱油过程相对渗透率曲线

（一）雅克拉凝析气藏气油相渗曲线及归一化处理

气驱油过程的油气相渗曲线测试方法是：先将雅克拉的3块岩样和串联岩样先100%饱和水，气驱水建立束缚水饱和度，再饱和油，然后气驱油，至残余油饱和度，从而测得气驱油过程的油气相对渗透率实验数据及油气相对渗透率曲线，并归一化处理，如图4－14所示。

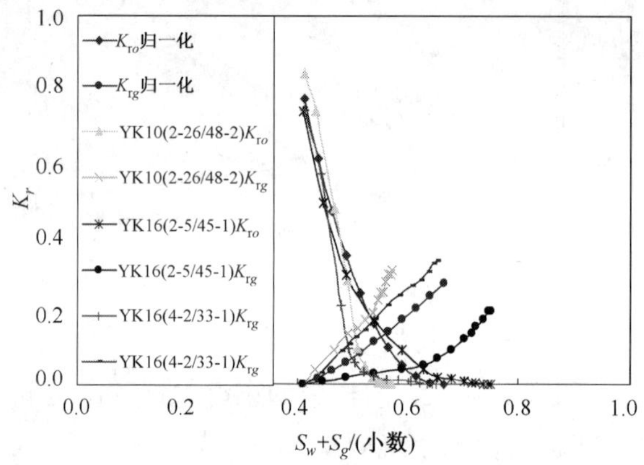

图4－14　雅克拉气驱油的相渗实验数据归一化处理的平均油气相渗曲线

其特征如下：

（1）束缚水＋含气饱和度偏高，S_{wi+g}＞40.96%，其范围40.96%～41.21%，平均束缚水饱和度为41.08%；

（2）曲线交点对应的束缚水加含气饱和度S_{wd}＞49.11%，其范围49.11%～62.78%，平均等渗点束缚水加含气饱和度为50.90%；

（3）残余油饱和度偏大，其范围24.90%～42.93%，平均残余油饱和度33.42%；

（4）残余油饱和度下的气相相对渗透率$K_{rw}(S_{or})$为0.20～0.3343，平均气相相对渗透率$K_{rg}(S_{or})$为0.2741；

（5）两相共渗区范围为16.00%～34.14%，两相共渗区平均值为23.54%；

（6）平均气驱油效率39.95%。

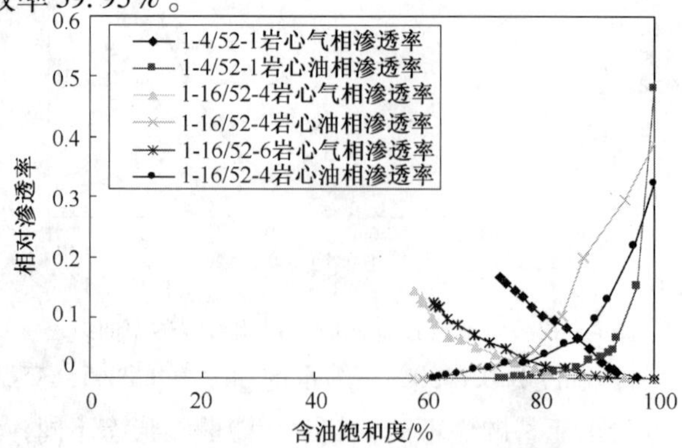

图4－15　大涝坝气驱油过程的油气相渗曲线

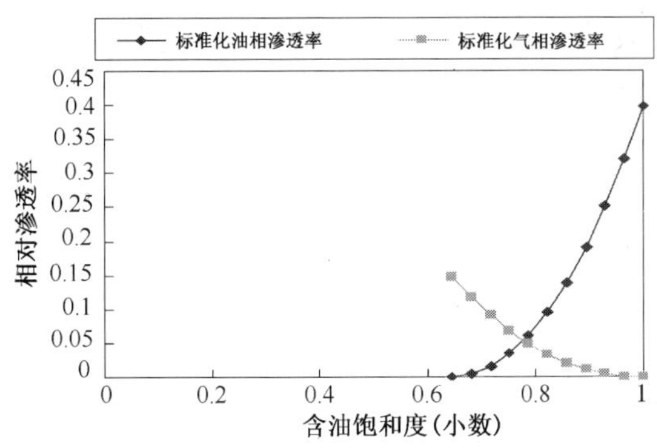

图 4－16　大涝坝气驱油过程的归一化相对渗透率曲线

(二)大涝坝凝析气藏气油相渗曲线及归一化处理

同气驱水过程一样，对气驱油过程的实验数据进行归一化处理，可得到气藏的平均相对渗透率曲线。

由图 4－15、图 4－16 中可以看出，残余气饱和度为 0，残余油饱和度为 0.6434%(HPV)，交点含水饱和度为 0.776%(HPV)。

从上述气驱油过程相对渗透率曲线以及归一化处理结果可以看出，对于大涝坝储层岩心，以烃孔隙体积(预先饱和有束缚水)为基础的气驱油过程相渗曲线显示，气驱油过程的驱替效率不是很理想，测试最终驱替效率介于为 27.05% ~41.1%(HPV)。这意味着，大涝坝凝析气藏以衰竭方式开采，地层反凝析油临界流动饱和度会大于 10%(HPV)，地层中会产生较大的反凝析油滞留损失，引起凝析油最终采收率降低。

五、水驱油过程相对渗透率曲线

(一)雅克拉凝析气藏水油相渗曲线及归一化处理

水驱油过程的油水相渗曲线测试方法是：先将岩样和串联岩样先 100% 饱和水，油驱水建立束缚水饱和度和含油饱和度，然后水驱油，至残余油饱和度，从而测得水驱油过程的油水相对渗透率实验数据及油水相对渗透率曲线，并归一化处理，如图 4－17 所示。

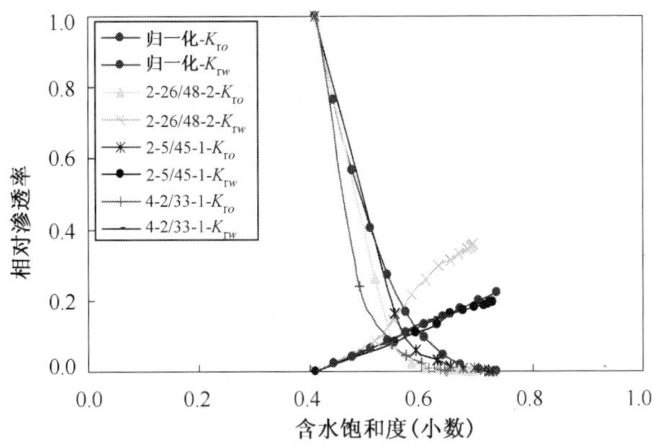

图 4－17　水驱油的相渗实验数据归一化处理的平均油水相渗曲线

相渗曲线特征为：

(1)束缚水和度较高，S_{wi} >40.96%，其范围 40.96% ~41.21%，平均束缚水饱和度为 41.08%；

(2)曲线交点对应的束缚水饱和度 $S_{wd}>44.95\%$，其范围 44.95% ~58.9%，平均等渗点束缚水饱和度为 52.48%；

(3)残余油饱和度偏大，其范围 27.57% ~35.40%，平均残余油饱和度 31.10%；

(4)残余油饱和度下的水相相对渗透率$\overline{K}(S_{or})$为 0.1553 ~0.3555，平均水相相对渗透率$\overline{K}(S_{or})$为 0.2211；

(5)两相共渗区范围为 23.29% ~31.67%，两相共渗区平均值为 27.51%；

(6)平均水驱油效率 46.51%。

(二)大涝坝凝析气藏水油相渗曲线及归一化处理

从图 4-18 中可以看出，所测得的油水相渗曲线特征表现为：束缚水饱和度中等，水驱油的效率中等偏好；两相渗流范围宽，同时束缚水饱和度为 30% 左右，岩心残余油饱和度为 26% 左右。

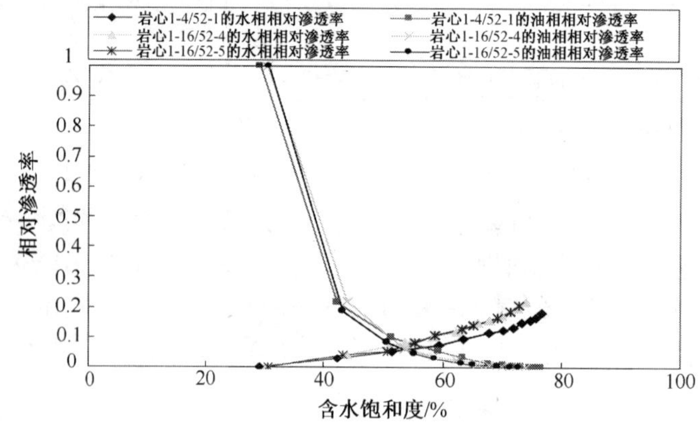

图 4-18　水驱油过程的油水相渗曲线

另外对比前面的气驱油实验，可以看出水驱油效率大于气驱油效率，水驱油后的残余油饱和度小于气驱油后的残余油饱和度。因此，在开发中后期可以考虑注水提高凝析油和油环油采收率的可行性论证。即在能有效注入的前提下，大涝坝凝析气藏可以考虑注水开发的可行性。

同理，对水驱油过程的实验数据进行归一化处理，可得到气藏的平均相对渗透率曲线(见图 4-19)。

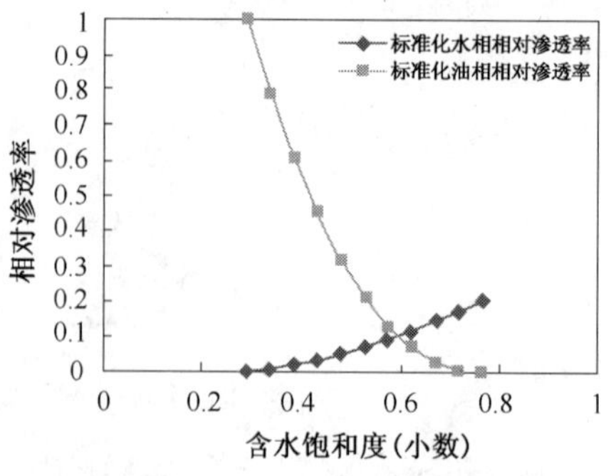

图 4-19　水驱油过程的归一化相对渗透率曲线

由图中可以看出，残余油饱和度为 0.256，束缚水饱和度为 0.30，交点含水饱和度为 0.58。

六、大涝坝凝析气藏储层岩心压敏实验

大涝坝凝析气藏储层岩心压敏实验是在西南石油大学油气藏地质及开发工程国家重点实验室岩心流动实验装置上完成的。该岩心流动实验装置不仅能测试围压增加过程和降低过程岩心储渗特性的应力敏感性实验，而且还能测试加回压变压差过程的升、降压应力敏感性实验。

大涝坝凝析气藏岩心储渗特性应力敏感性实验主要开展以下测试：①基础岩心和人工裂缝岩心孔隙度、压缩系数随岩石应力和孔隙压力变化的敏感性实验分析；②基础岩心和人工裂缝岩心渗透率随岩石应力和孔隙压力变化的敏感性以及渗透率随岩石应力和孔隙压力变化的敏感界限实验分析。目的是为雅克拉－大涝坝凝析气藏气井合理配产及改善难动用储量有效动用技术对策提供应力敏感实验基础。测试结果显示：

1）净有效覆盖压力对孔隙体积及孔隙度的影响

孔隙体积的缩小表明，在净有效覆盖压力增加的过程中，岩石发生了变形，而这种变形有可能是弹性的，但更多应该是弹塑性的。孔隙体积的缩小量与净有效覆盖压力的增加量并不是成正比关系，而是在净围压增加的初始阶段，孔隙体积下降幅度比较大，而在净围压增加的中后期，孔隙体积下降的幅度逐渐减小。

对于大涝坝凝析气藏，孔隙度应力敏感的静围压范围小于 10MPa，这表明，在开发过程中，当井底流压降低到比原始油藏压力低 10MPa 时，近井地层孔隙度受到的应力敏感伤害达到最大（见图 4－20、图 4－21）。

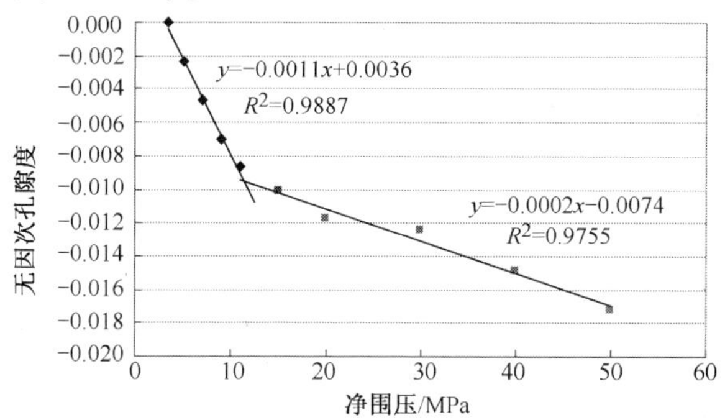

图 4－20　岩心无因次孔隙度随净有效

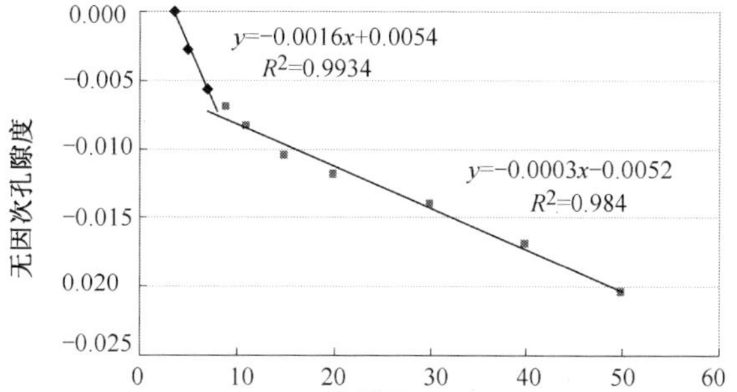

图 4－21　岩心无因次孔隙度随净有效覆盖压力变化半对数图分段拟合

2）净有效覆盖压力对岩石压缩系数的影响

各岩样的岩石压缩系数都不是一个常数，如图 4－22 所示，而是随着净有效覆盖压力的

增大而逐渐降低，即在地层中岩石压缩系数是随着地层压力的降低而降低的，并且降低的幅度和程度也非常明显，特别是净有效覆盖压力增加的初始阶段(即地层压力下降初期)，岩石压缩系数下降非常明显，当压力降低到正常水平时，岩石压缩系数也趋于某一个定值。当净围压从3.5MPa上升到50MPa，岩石压缩系数值下降值最大降幅为5.1倍，降幅最小的为3.2倍。

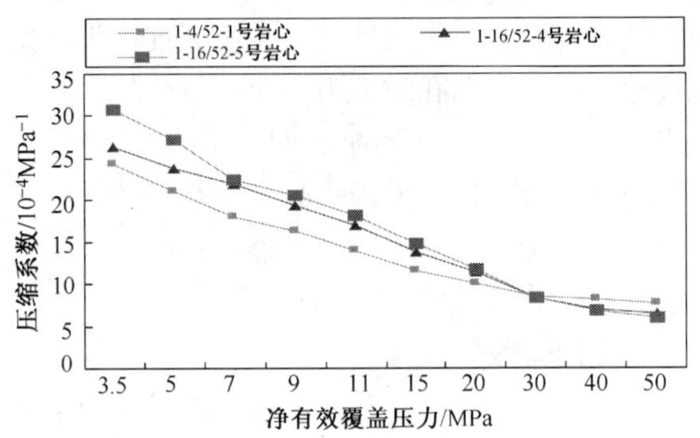

图4－22　各岩样压缩系数随净有效覆盖压力变化规律

3)变围压下的渗透率变化分析

由上述渗透率与有效应力敏感性关系可以看出，渗透率随着有效应力的增大而减小，在有效应力增加初期，渗透率与有效应力的关系曲线的斜率相当大，表明初期渗透率的下降幅度很大，岩石更容易被压缩变形；而到后期，关系曲线的斜率变小，渗透率的下降幅度变小，则表明岩石可压缩性减小。这是因为有效应力增大的初期，最先受到压缩而变形(甚至闭合)的是占总孔道百分比较大的孔道，因而渗透率损失较大；在有效应力增大的后期，孔道受压缩可能变形很小(甚至不变形)，此时渗透率损失幅度明显减小。而从地层压力恢复时即降围压过程来看，渗透率不能恢复到储层初始应力状态下的渗透率值。这表明储层岩石在有效应力作用下，发生的变形不只是弹性变形，同时还产生弹塑性变形，导致渗透率的永久性损失。

同样看出，在静围压小于15MPa的范围内，大涝坝储层岩心的渗透率与静围压的关系更为敏感。这意味着对于大涝坝凝析气藏，当衰竭开采过程井底流压的降低，比原始油藏压力低12～15MPa时，近井地层渗透率的应力敏感损失达到最大，这对气井的产能产生一定的影响，如图4－23、图4－24所示。

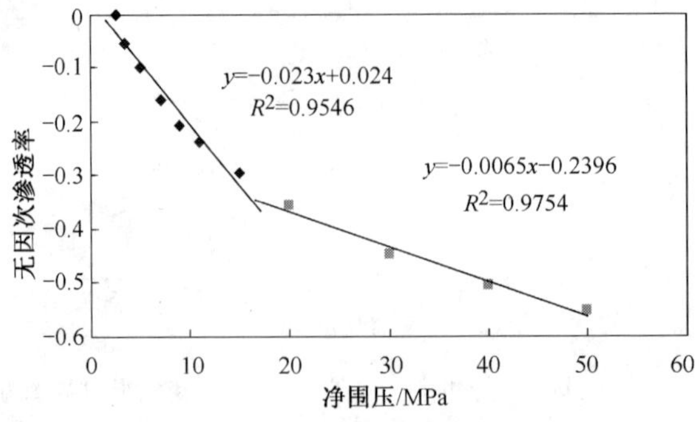

图4－23　岩心无因次渗透率随净围压变化半对数图分段拟合

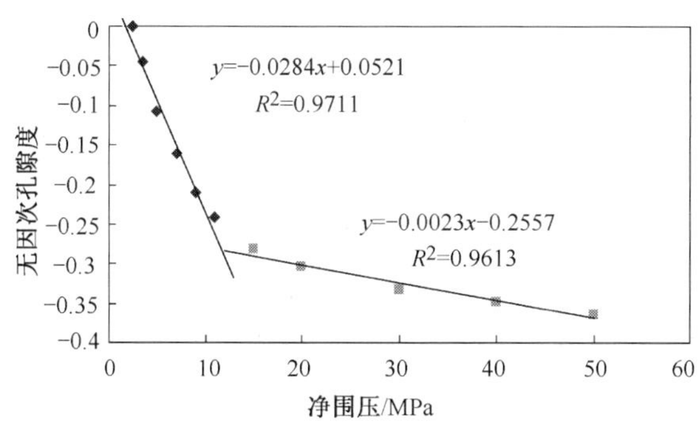

图4－24　岩心无因次渗透率随净围压变化半对数图分段拟合

第三节　凝析气藏衰竭生产相变渗流长岩心实验

国内外确定凝析油临界流动饱和度一般采用两种方法：一是利用长岩心驱替实验测定凝析油临界流动饱和度，该方法认为在观察窗中观测到第一滴油流出时的凝析油饱和度为临界流动饱和度，由于凝析油不是均匀分布于岩心中，不能准确确定凝析油开始流动的时间，因此所测定的临界流动饱和度存在误差，凝析油在突破前聚积可能会导致高估临界流动饱和度；另一种是反射波技术测定凝析油临界流动饱和度，但油气的界面现象对该技术干扰较大，导致所测得的凝析油临界流动饱和度误差较大。

实验目的：①研究露点压力附近凝析油气的流动特征；②利用色谱仪测定采出物的组分变化规律，以此确定不同束缚水饱和度条件下的凝析油临界流动饱和度；③变换不同的生产压差，考虑生产压差对凝析油气流动的影响，研究毛管数效应对凝析油流动的影响。

一、实验原理

根据凝析气藏的开发特点，采用凝析气藏物理模拟实验技术，利用一定组成的模拟凝析油气体系（$C_1 \sim nC_5$），控制岩心出口端的压力，逐级降压；然后利用气相色谱仪测量岩心上下游的流体组分，并通过组分的变化来监测岩心中的相态变化。

当压力接近露点压力（多孔介质）时，若再降低一个 ΔP，至压力低于露点，流经多孔介质的凝析气组分必然发生变化，重组分首先在多孔介质中凝析，这样岩心出口端，重组分减少，轻质组分所占比例增加。随着出口端压力的降低，凝析油析出量增多，当凝析液饱和度达到临界流动饱和度时，凝析液会发生流动，此时重组分含量开始增加，轻组分含量降低。当重组分含量开始增加时可认为是临界流动饱和度点，根据闪蒸计算可以求出此时凝析油的饱和度，以此来指导中高凝析气藏的开发。

在衰竭开采的过程中，随着压力的变化，储层中的烃类体系的物质的组成不断变化，物质平衡关系由以下方程给出：

露点压力下单位摩尔质量的油气体系所占孔隙体积：

$$V_d = Z_d R T_f / P_d \tag{4-10}$$

第 k 次压降段采出井流物的摩尔质量：

$$\Delta N_{pk} = \{(Z_{gk}V_k + Z_{1k}L_k)(1 - N_{pk-1})\frac{RT}{P_k} - V_d\}\frac{P_k}{Z_{gk}RT} \tag{4-11}$$

衰竭开采至第 k 级压力时，井流物的摩尔质量累积采收率：

$$N_{pk} = \sum_{j=2}^{k} \Delta N_{pj} \tag{4-12}$$

衰竭开采至第 k 级压力时，地层反凝析油损失占孔隙体积饱和度：

根据每级压力下采出物的组分，利用闪蒸方程计算出在岩心温度压力条件下的气相和油相的摩尔分量，再代入物质平衡关系计算该温度、压力下岩心中凝析油的饱和度。根据实验，当重组分含量不再减小时的压力，即为凝析油流动饱和度时的压力，此时可根据上述方法计算出该压力下的凝析油饱和度，即为凝析油临界流动饱和度。

二、实验数据处理

1. 实验条件对比

1）束缚水饱和度不同

第一组实验采用高凝析油含量的流体建立束缚水饱和度42%的条件；

第二组实验采用高凝析油含量的流体建立束缚水饱和度25%的条件；

第三组实验采用略低凝析油含量的流体建立束缚水饱和度25%的条件。

2）衰竭压差不同

第一组实验每级衰竭压差保持基本不变，平均1MPa；

第二组实验变化衰竭速度来研究流速对组分的影响；

第三组实验以低凝析油含量的流体进行衰竭开采。

2. 实验结果对比

衰竭过程可以划分为五个阶段（见图4－25～图4－27）：

第Ⅰ阶段：岩心平均压力高于露点压力，岩心中仅有单一气相存在，衰竭开采过程中，C_1和C_5的组分含量保持不变。

第Ⅱ阶段：岩心平均压力达到露点压力后，C_5开始析出，采出物中C_1的组分数增加，C_5组分数减少。但是采出物分析结果表明，组分变化很快趋于稳定。

该阶段随着岩心中压力的降低，出现反凝析。在露点压力附近，界面张力较小，此时油气界面张力远远小于临界界面张力，凝析油铺展。随着压力继续降低，界面张力增加，在这个过程中，凝析油以膜状形式吸附在岩石表面，油气发生雾状流，此时凝析油的临界流动饱和度很低。

第Ⅲ阶段：随着压力的降低，C_1组分含量有所增加，C_5组分含量降低。

随着压力的继续降低，油气界面张力开始逐渐增大，直至大于临界界面张力，此时凝析液是以液滴形式存在。在这种情况下，凝析液聚集占据中小孔道，凝析油在大孔隙中发生液滴流，此时的临界流动饱和度也较高。

第Ⅳ阶段：地层压力继续降低，低于最大反凝析压力后，进入反蒸发阶段。实验中此阶段C_1及C_5含量较稳定。

理论上讲，凝析油会蒸发为气相，从而被采出，但实际上这种情况并不易发生。因为，当气藏压力降低到上露点压力以下时，C_5凝析于岩心中，C_1产出，岩心中组分与原始条件已发生变化，剩在岩心中的C_5组分增大，使得岩心中混合物的相包络线向下、向右移动，从而阻止了再蒸发的进行。因此，此阶段 C_1 及 C_5 含量较稳定。

第Ⅴ阶段：压力继续下降，低于下露点压力后，岩心中大量的 C_5 由液相变为气相，采出物中 C_1 含量下降，C_5 含量上升。

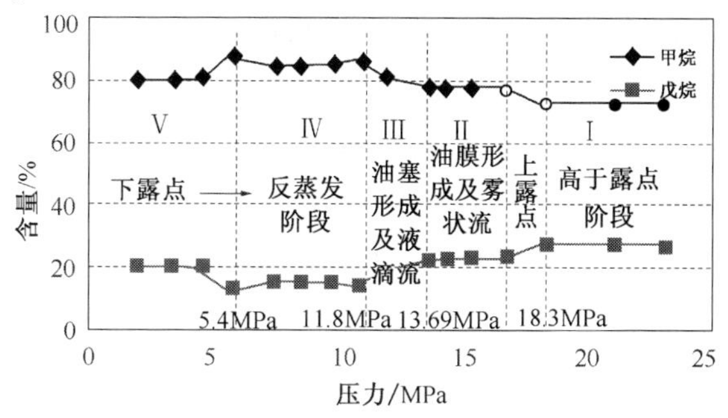

图 4－25　第一组实验结果分析图

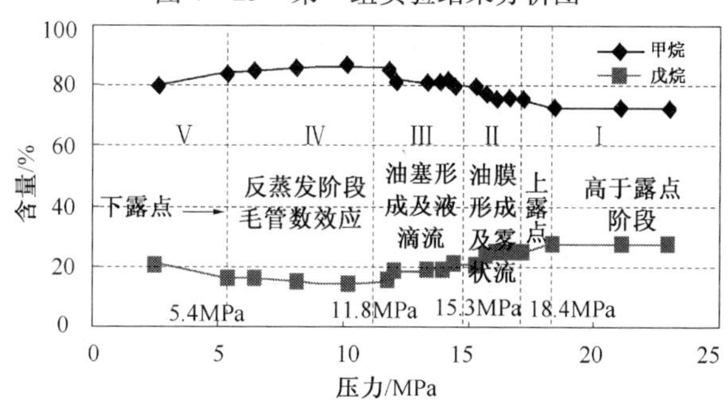

图 4－26　第二组实验结果分析图

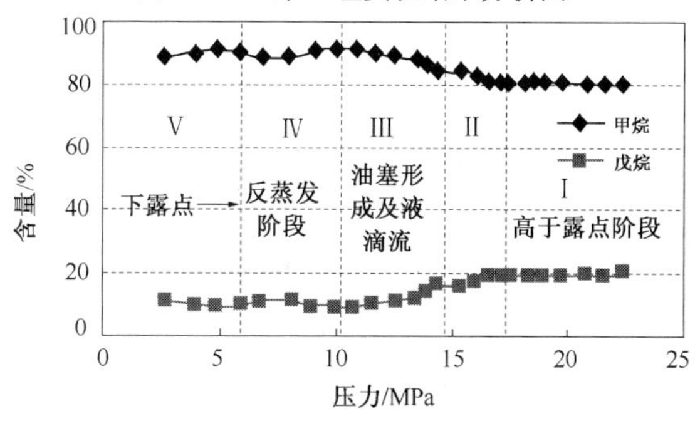

图 4－27　第三组实验结果分析图

1）多孔介质对凝析气藏露点压力影响较大。

多孔介质会导致流体的露点压力升高，其结果见表 4－1。

表 4－1　实验结果对比表

实验结果	束缚水饱和度/%	多孔介质中露点压力/MPa	PVT 筒中露点压力/MPa	最大反凝析压力/MPa	临界流动饱和度范围/%
第一组	42	17.7	15.9	11.86	>3.04
第二组	25	17.9	15.9	11.80	>4.66
第三组	33	17.3	16.2	10.84	>2.18

2)凝析气藏临界流动饱和度较低

根据每次取样的组分得出凝析油饱和度变化曲线(见图4-28)。第一组实验当压力降至16.7MPa时凝析油开始流动，此时的凝析油饱和度为3.04%。因此，本组实验的凝析油临界流动饱和度为3.04%。同理第二组凝析油临界流动饱和度为4.66%。其中，第一组实验束缚水较高，其临界流动饱和度较低，因此，束缚水有利于凝析油的流动。

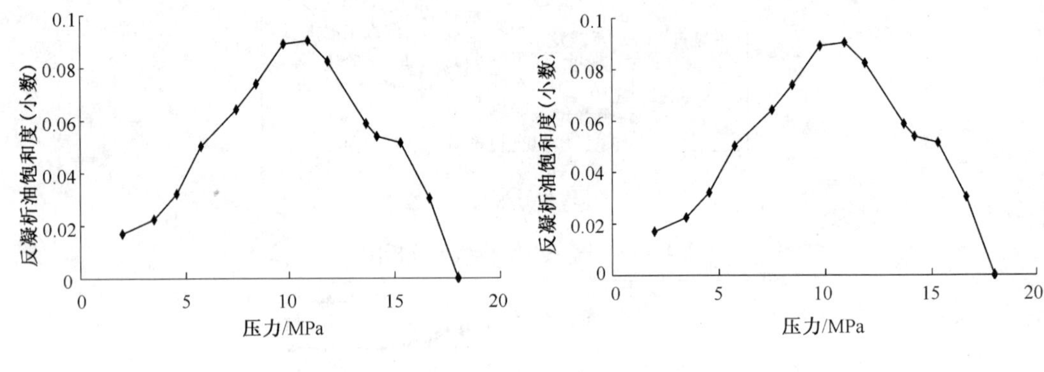

(a)第一组实验凝析油饱和度图　(b)第二组实验凝析油饱和度图

图4-28　凝析油饱和度变化曲线

3)影响凝析油流动效率的主要因素

从图4-29和图4-30可以看出，当压力在12.06~15.3MPa时，第二组实验C_1的含量高于第一组实验C_1的含量，C_5的含量低于第一组实验C_5的含量，所计算的凝析油临界流动饱和度分别为3.04%和4.66%，这表明在此阶段第一组实验的凝析油更易流动，而第一组实验的束缚水饱和度42%高于第二组实验的束缚水饱和度25%。因此，较高的束缚水饱和度有利于凝析油的流动。

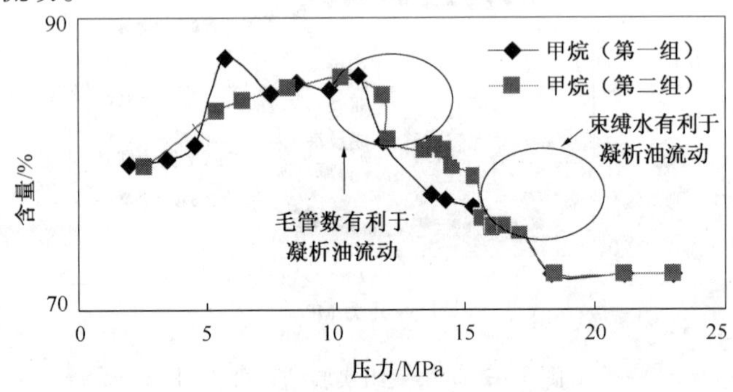

图4-29　两组实验结果对比图一

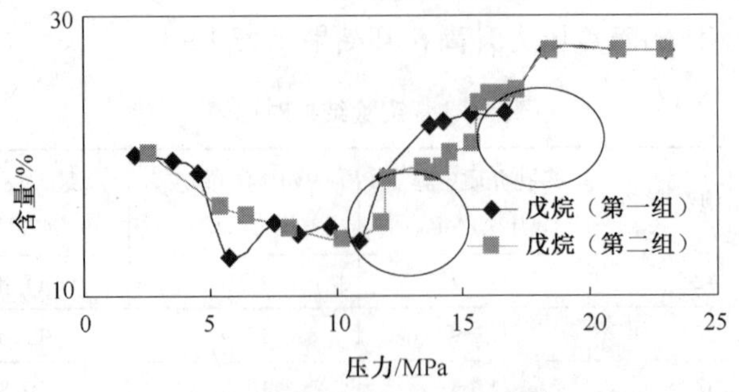

图4-30　两组实验结果对比图二

当压力6.44～10.9MPa时，该阶段处于反蒸发阶段。第一组实验保持较小的衰竭压差生产，凝析油很难蒸发为气相，C_1和C_5的含量基本不变；而第二组实验在此阶段加大衰竭压差，其C_1的含量减小，C_5的含量增大，表明大压差有利于凝析油的流动，即较大的毛管数效应有利于凝析油的流动。

三、实验认识

(1)多孔介质存在吸附和毛管力等作用，会使流体露点压力升高。本实验条件下多孔介质中凝析气露点压力高于PVT筒实验结果。

(2)当压力刚低于露点压力时，凝析油析出并有产出，表明临界流动饱和度较低，但可以流动的凝析油饱和度分布范围很广，其具体量化数值与孔隙结构、束缚水分布、流体组分及采气速度等因素有关。

(3)进入反蒸发压力后，实验条件下反蒸发不明显。

(4)束缚水饱和度较高情况有凝析油流出较多。

(5)采气速度较大时，凝析油流出较多。

(6)根据实验所得相渗曲线确定凝析油临界流动饱和度与凝析气藏降压开采过程中凝析油临界流动饱和度有较大差异，后者凝析油临界流动饱和度要低。

第四节　雅克拉凝析气藏长岩心驱替实验

通过设计雅克拉上气层、下气层和上下气层组合三组长岩心驱替实验，测试雅克拉长三组不同岩心注干气、注水改善开发效果、提高凝析油采收率效果，为雅克拉凝析气藏改善开发效果提供技术支撑。

一、实验设备及流程

长岩心驱替实验整个流程大致分四部分：岩心部分、饱和岩心部分、注气部分和采出部分。其他还有相应的实验配套仪器设备，如图4－31所示。

1)岩心部分

这一部分是长岩心驱替实验装置的心脏，它由多块直径为25mm、长度为30～70mm左右的天然岩心柱拼接成长为1m左右的长岩心。

长岩心驱替实验的温度由恒温箱中三组单独的加热器来完成，长岩心的上覆压力由一台环压计量泵通过岩心夹持器的环压来完成。该夹持器系统的工作压力、温度分别为70MPa、200℃，控温精度为0.1℃。

2)饱和岩心部分

(1)注入泵，注入泵是美国RUSKA公司生产的，泵容量为1000mL，最大工作压力为70MPa，泵流量由变速箱控制系统控制，体积分辨率为0.01mL。在长岩心驱替实验过程中，地层原油的注入由该泵来执行。

(2)配样器，配样器容积为2500mL，工作压力和温度分别为70MPa和200℃，它用于配制地层原油，压力和温度的分辨率分别为0.01MPa和0.1℃。

3)注气部分

(1)注入泵，注入泵是美国RUSKA公司生产的，泵容量为1000mL，最大工作压力为70MPa，泵流量由变速箱控制系统控制，体积分辨率为0.01mL。在长岩心驱替实验过程中，溶剂的注入由该泵来执行。

(2)配样器，配样器容积为700mL，工作压力和温度分别为70MPa和200℃，它用于注入溶剂的配制与储存，压力和温度的分辨率分别为0.01MPa和0.1℃。

在岩心的注入端安装由高压计量泵、高压中间容器和气控回压调节器组成的压力控制系统，以严格控制注入溶剂的流量。

利用温控空气浴把注气部分保持在特定温度下。

4)采出部分

采出系统的回压控制器用来控制系统的出口压力，油气分离器可使采出流体分离为油气两相。

长岩心驱替实验过程中的流出物在油、气分离器中分离，并由油、气分离器采集流出物，流出物的液相部分的重量由电子天平称得，密度由数值式密度仪测定；流出物中的气体由气体计量计计量，气量计由RUSKA公司生产，累计气体收集量为3000mL，计量精度为1mL。

在岩心出口端安装由高压计量泵、高压氮气容器和气控回压调节器组成的压力控制系统，以严格控制岩心出口端的压力。

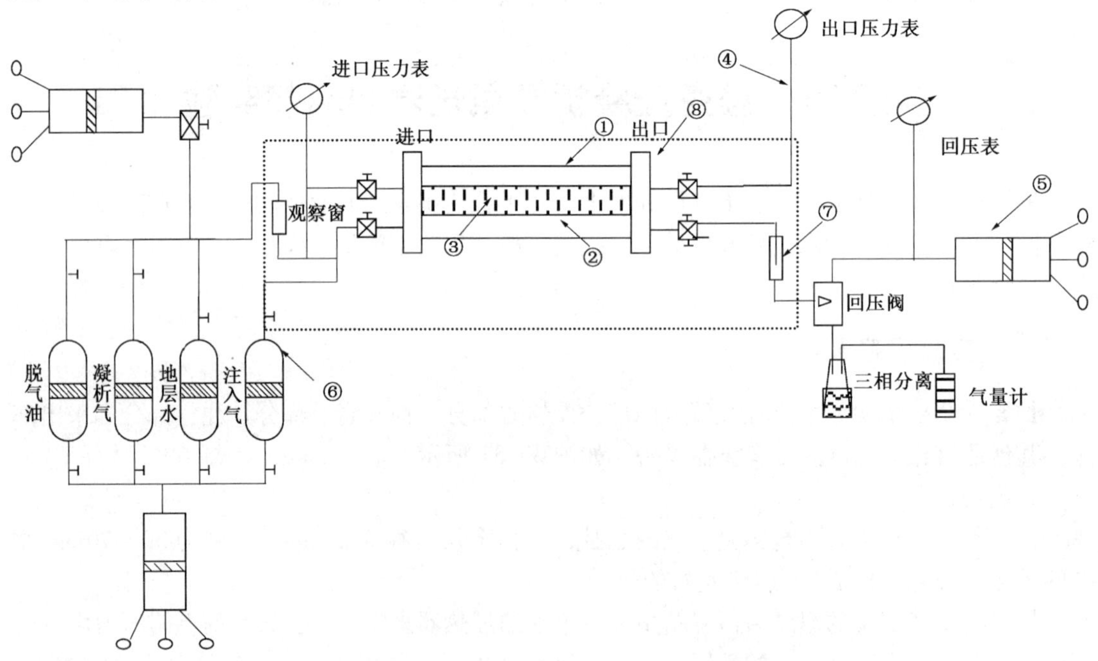

图4-31 长岩心驱替实验流程图

①—岩心夹持器；②—钢套；③—充填岩心胶皮筒；④—压力表；⑤—RUSKA驱动泵；⑥—中间容器；⑦—带毛细管的观察窗；⑧—恒温箱

二、雅克拉上下气层岩心组合长岩心驱替实验

1. 岩心准备和排序

筛选所取岩心，经打磨、清洗、烘干后对两组岩心的基本物性参数进行测试，两组岩心具体测试结果见表4-2。

表 4－2　Y1 井长岩心驱替实验岩心排序结果表

岩心编号	岩心长度/cm	孔隙体积/cm^3	孔隙度/%	渗透率/$10^{-3}\mu m^2$	排序出口到入口
2－26/48－1	6.09	4.85	16.02	36.70	↑
2－4/32－2	5.49	3.84	13.82	25.88	
2－7/32－1	5.97	4.29	14.16	25.30	
2－2/32－3	5.71	4.53	15.63	52.10	
2－1/32－1	5.24	3.61	13.62	23.87	
3－13/35	7.40	5.17	13.78	21.91	
3－18/35－2	6.25	4.52	14.26	21.74	
2－2/32－1	5.78	4.99	17.05	81.00	
2－6/32	5.72	4.20	14.49	21.69	
2－11/32	5.77	4.89	16.71	92.48	
2－1/32－2	5.55	5.07	18.01	106.05	
4－2/33－2	5.94	3.96	13.32	21.15	
3－6/35	6.75	6.32	19.07	193.08	
2－18/32－1	5.58	4.18	14.80	132.68	
2－18/32－2	5.51	5.08	18.19	194.19	
Σ	88.75	69.48	232.93	36.91	

对于长岩心驱替，如果要采用 1m 左右的天然岩心作驱替实验，从取心技术来讲是不可行的，因此，国内外普遍采用常规短岩心按一定的排列方式拼成长岩心。为了消除岩石的末端效应，每块短岩心之间用滤纸连接。经加拿大 Hycal 公司的 Tomas 等人论证，当岩心足够长(1m 左右)，通过在每块小岩心之间加滤纸可将末端效应降低到一定程度。每块岩心的排列顺序按下列调和平均方式排列。由下式调和平均法算出$\overline{K}$值，然后将$\overline{K}$值与所有岩心的渗透率作比较，取渗透率与$\overline{K}$最接近的那块岩心放在出口端第一位；然后将剩余岩心的$\overline{K}$求出，将新求出的值与所有剩下的($n-1$)岩心作比较，取渗透率与新的$\overline{K}$值最接近的那块岩心放在出口端第二位；依次类推便可得出岩心排列顺序。

$$\frac{L}{\overline{K}}=\frac{L_1}{K_1}+\frac{L_2}{K_2}+\cdots+\frac{L_i}{K_i}+\cdots+\frac{L_n}{K_n}=\sum_{i=1}^{n}\frac{L_i}{K_i}$$

式中　L——岩心的总长度，cm；

$\overline{K}$——岩心的调和平均渗透率，$10^{-3}\mu m^2$；

L_i——第 i 块岩心的长度，cm；

K_i——第 i 块岩心的渗透率，$10^{-3}\mu m^2$。

利用上面岩心排序计算方法，得到所选岩心从出口端到入口端的排序结果如表 4－2 所示。按表中的岩心顺序将各岩心装入长岩心夹持器中待用。

2. 长岩心驱替实验设计

进行了以下 2 种方式的长岩心实验测试：①注干气驱；②注水驱。

1）驱替流体准备

A. 地层凝析气样品准备

驱替凝析气样由现场取回的 Y1 井的地面分离器油气样复配得到。根据国家行业标准“SY/T 5543—2002 凝析气藏流体物性分析方法”进行配样，配样方式按原始地层条件配样，如表 4－3 所示。

表 4－3 油藏物性数据表

井号	地层温度/℃	地层压力/MPa	溶解气油比/(m^3/m^3)
Y1 井	136.47	58.72	3320

B. 地层水样品准备

实验所用地层水为 Y10 井所取地层水样品。

C. 注入气样品准备

注入气为 Y1 井外输气，组成见表 4－4。

表 4－4 Y1 井天然气组成分析表

CO_2	N_2	CH_4	C_2H_6	C_3H_8	C_4H_{10}	C_5H_{12}	C_{6+0}
3.16	4.49	85.15	4.50	1.54	0.70	0.29	0.17

2）实验程序

实验温度均为地层温度 136.50℃，原始地层压力为 58.72MPa，目前地层压力为 48.94MPa。各组实验程序如下：

（1）清洗岩心；

（2）用 N_2 吹干，抽真空；

（3）饱和配制的地层水；

（4）用干气驱替，建立地层压力条件下束缚水饱和度；

（5）用凝析气驱替，建立地层凝析气饱和度；

（6）衰竭至 48.94MPa，在该压力下气驱替直至不出油；

（7）重新建立原始地层条件，衰竭至 48.94MPa，在该压力下水驱替直至不出油。

3. 实验数据及结果分析

首先建立束缚水饱和度，将地层水注入岩心充分饱和，再用脱气油驱替岩心中的地层水，在岩心中注入分离器油，再用凝析气驱替分离器油建立凝析油流动饱和度，计算岩心中最终的束缚水及凝析油流动饱和度。具体结果如表 4－5 所示：

表 4－5 Y1 井长岩心基础数据表

孔隙体积/mL	烃类孔隙体积/mL	束缚水体积/mL	束缚水饱和度/%	凝析油临界流动饱和度/%	
				PV	HPV
69.48	29.71	39.77	57.24	3.11	7.28

1）注干气驱实验

建立起凝析气和束缚水饱和度后，先将岩心由 58.72MPa 衰竭至目前地层压力 48.94MPa，在 48.94MPa 压力条件下注 Y1 井分离器气驱替，直至不出油；由原始地层压力衰竭至 48.94MPa 时，凝析油采出程度为 5.83%，注气驱采出程度为 38.44%，累计采出程度为44.28%（见表4－6）。

表4－6　注干气驱替实验数据

实验过程	压力/MPa	注入量/HPV	油累采(OOIP)/%	GOR/%	含水率/%
衰竭	58.72				
	48.94		5.83	4628.96	0
注气	48.94	0	5.83		0
		0.1	12.18	3619.06	0
		0.2	16.75	3935.25	0
		0.3	20.84	4746.03	0
		0.4	24.57	4721.27	0
		0.5	28.32	5451.83	0
		0.6	31.19	6093.10	0
		0.7	34.01	6325.72	0
		0.8	36.26	7660.47	0
		0.9	38.28	8672.28	0
		1	40.12	9344.95	0
		1.1	41.98	9777.25	0
		1.2	43.26	13967.55	0

2)注水驱替实验

建立起凝析气和束缚水饱和度后，先将岩心由58.72MPa衰竭至目前地层压力48.94MPa，在48.94MPa压力条件下注水驱替，直至不出油；由原始地层压力衰竭至48.94MPa时，凝析油采出程度为5.42%，注水驱采出程度为26.02%，累计采出程度为31.45%（见表4－7）。

表4－7　水驱替实验数据

实验过程	压力/MPa	注入量/HPV	油累采(OOIP)/%	GOR/%	含水率/%	压力/MPa
衰竭	58.72					
	48.94		5.42	10.31	4576.20	0.00
注水	48.94	0	5.42	10.31		0.00
		0.1	9.68	17.50	3639.66	0.00
		0.2	15.81	25.65	2866.10	0.00
		0.3	19.29	32.69	4360.47	0.00
		0.4	23.64	40.03	3633.86	75.93
		0.5	31.45	41.13	305.43	79.42
		0.6	31.45	41.39		100.00
		0.7	31.45	41.39		100.00

三、实验认识

对比各组长岩心实验采出程度，驱替效果差别比较明显，如表4－8所示。从结果可以看出：

(1)雅克拉凝析气藏长岩心驱替实验中衰竭到目前地层压力采出程度高低不一，其中上下气层组合岩心及下气层采出程度较高，上气层采出程度低。后续气驱凝析油采出程度较高，水驱凝析油采出程度较低，水驱过程中，天然气的采出程度差异不大。

(2)注气驱效果好于水驱，因此该气藏首选应考虑注干气开发；注水驱在凝析气藏中容易造成油、气、水三相流动，增加渗流阻力，降低油气的有效渗透能力，而且会出现“水封气”的现象，导致采出程度不高。

表4-8　雅克拉长岩心驱替实验对比

层位	项目	衰竭/%		注水驱/%		累计/%	
		油累采	气累采	油累采	气累采	油	气
上下气层	气驱	5.83	10.96	37.43		43.26	
	水驱	5.42	10.31	26.03	31.08	31.45	41.39
上气层	干气驱	2.21	4.76	38.62		40.83	
	水驱	1.86	3.56	19.82	36.79	21.68	40.35
下气层	干气驱	4.07	4.76	33.22		37.29	
	水驱	5.70	1.45	19.44	41.44	25.14	42.89

第五节　凝析油气体系渗流特征理论及应用

一、凝析气藏近井地带渗流特征

凝析气井生产时井底压力逐渐下降，当井筒压力降至露点压力以下时，液体在井底附近和井筒开始析出。当凝析油饱和度低于临界凝析液饱和度时，析出液为不可流动流体；当井筒附近凝析油饱和度超过临界液体饱和度时，液相开始流动，而且随生产的继续进行，压力等于露点压力处的半径沿径向扩展，随着生产时间的延长形成两相流区，地层中析出的液体将大大影响开发过程中的流动特性。

对于气藏埋藏深(>4000m)、压力高、地饱压差小的凝析气藏，开采初期压力下降较快，因而在短时间内地层中就存在凝析油析出并滞留在地层中的现象。由于初期凝析液体不流动，阻塞地层，减小了气相渗透率，表现为产量的不断降低，当凝析液饱和度达到一定值(或地层压力降到一定值)以后，地层流体开始流动，油气产量上升，这种过程在生产中是不断重复发生的，表现为生产上的产量波动。

凝析气在地层中的渗流状态紧密依赖于生产状况。一般来讲，地层原始压力大于露点压力。对于有充足能量供应的凝析气藏，外边界处的压力始终会保持不变；而对于封闭凝析气藏，即便是初始压力高于露点压力，随着地层流体的采出，外边界压力会逐步降低，这样整个地层压力都会低于露点压力。

根据地层内外边界的压力情况，地层流动可以分为以下几种：

(1)外边界压力>内边界压力(流动压力)>露点压力，则整个地层中的流动为气相单相流。

(2)外边界压力>露点压力>内边界压力(流动压力)，则地层中的流动可以分为三个区(见图4－32、图4－33)。

第一区，$R_w < R < R_m$，为两相流动区，其中，凝析气和凝析液均参与流动。

第二区，$R_m < R < R_i$，为两相区，但只有凝析气流动，由于凝析液饱和度太低，未达到临界饱和度，R_i 处的压力等于露点压力。该区域形成凝析油段塞，降低了气体流动性，也称为凝析油段塞区。

第三区，$R_i < R < R_e$，为单相区，只存在凝析气相。

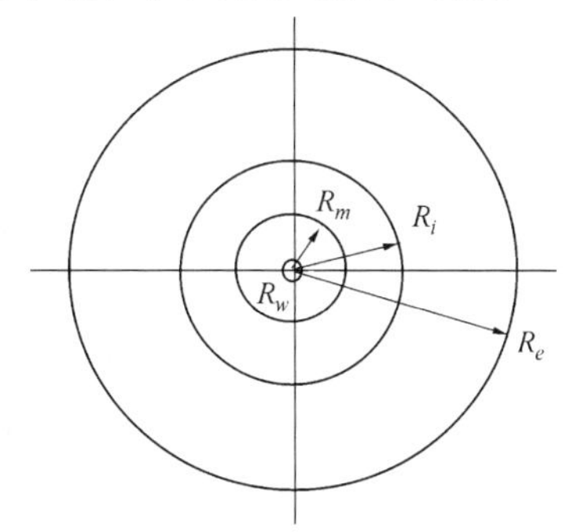

图4－32　凝析气藏中的流动区域划分

(由内到外分别是 R_w, R_m, R_i, R_e)

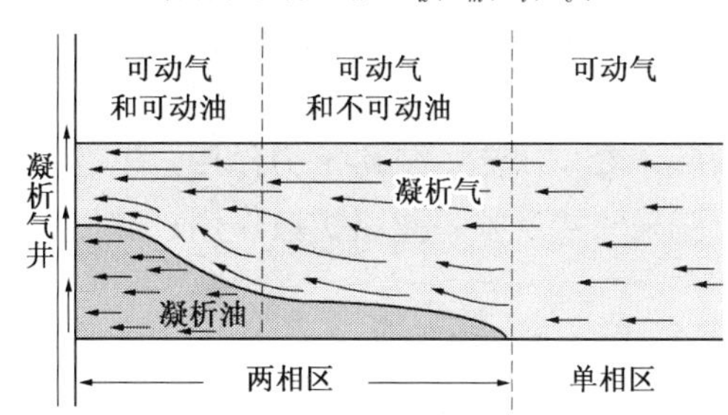

图4－33　凝析气藏三区流动状态

(3)露点压力>外边界压力>内边界压力(流动压力)，则地层可以分为两个区。第一区，$R_w < R < R_m$，为两相流动区；第二区，$R_m < R < R_i$，为单相流动两相区。$p(R_i) < p_{dew}$，R_i 处的压力小于露点压力。

其中：R_w 为井筒半径；R_m 为两相流动半径；R_i 为两相共存最大半径；p_{dew} 为露点压力；R_e 为气藏外半径。

实际情况下，第一、第二类凝析气藏居多，且第二类凝析气藏的 R_i 很小，即气藏的大部分区域的流动还是单相流动。

根据凝析气藏渗流特征分析可知，凝析气井生产时井底流压低于露点压力时，井筒周围地层中即会出现反凝析或反凝析带，试井分析中将此简化为不同物性的多区模型。

二、考虑复杂相变的凝析气藏渗流理论

(一)多孔介质吸附影响下的凝析油气渗流理论

与常规油气藏渗流过程相比较，凝析油气体系在多孔介质中的渗流是一个相当复杂

的过程，有许多特殊的因素影响其渗流机理，这是因为凝析油气体系相态变化和渗流过程发生在地下多孔介质中，孔隙介质壁面几乎紧挨着流体分子，流体与储层介质间必然会发生相互作用。一方面，就储层岩石某一局部的孔隙表面而言，由于储层岩石颗粒细、孔隙小，使储层多孔介质具有较大的比面积而对凝析油气流体具有较强的吸附能力，而分子的自由运动又会导致流体的解吸作用，在温度压力一定的条件下，这种流体吸附与解吸作用处于平衡状态。但由于储层多孔介质对凝析油气体系的吸附具有选择性，因而吸附态流体与自由态流体在组成上是不相同的，且在开发过程中，流体吸附与解吸作用及其平衡状态随着地层压力的改变而变化，吸附态流体与自由态流体的组成也随着变化。另一方面，就储层整个储集空间而言，由于流体与储层介质间、流体与流体间存在显著的界面现象(如吸附、毛细凝聚效应、毛管力、界面张力、润湿性等)以及整个储集空间孔道的不均匀性，会对凝析油—气流体体系在储层孔隙系统中的分布特征、凝析油—气流体体系在储层中的有效流动空间大小及其分布特征产生很大影响，从而影响凝析油气体系的渗流机理和渗流规律。

因此把凝析油气体系和储层多孔介质视为一个相互作用的完整系统，考虑多孔介质吸附现象对凝析油气体系相态变化和渗流规律的影响，才能真实地反映凝析油气在储层多孔介质中的渗流机理与渗流特征。

(二)凝析油气体渗流微分方程的建立

1. 考虑多孔介质界面效应多相渗流模型

为了研究凝析气藏中流体渗流规律，采用微元体法，即假设：有一径向储层水平、均质，温度恒定；地层中存在吸附平衡和相平衡；仅自由态流体(油、气两相)参与渗流，吸附态流体解吸脱附为自由态后才参与渗流；忽略重力作用；毛管压力影响通过相平衡和相对渗透率曲线由物性参数的改变来间接反映；忽略扩散作用；储层内凝析油气两相流动均服从达西定律。

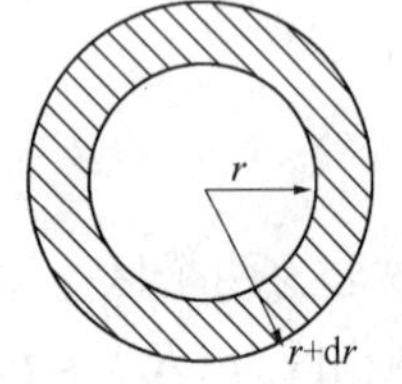

图 4-34　流动微元模型示意图

1)连续性方程

在地层中任取一单元体，如图 4-34 所示，其孔隙体积为：$2\pi rh\phi dr$。

A. 不可凝析的气体的物质平衡式

单元体内的气体总质量包括自由气、溶解气和吸附气量，根据物质守恒原理，流入-流出=质量变化：

Δt 时间内流入单元体的气量=自由气体量+溶解气量

Δt 时间内流出单元体的气量=自由气体量+溶解气量

Δt 时间内单元体的气量变化=$(t+\Delta t)$时刻总气体量$-t$时刻总气体量

即：

$$\begin{aligned}&\frac{1}{r}[\rho_{og}R_s v_o+(1-y_c)\rho_g v_g]+\frac{\partial}{\partial r}[\rho_{og}R_s v_o+(1-y_c)\rho_g v_g]\\&=\phi\frac{\partial}{\partial t}[\rho_{og}R_s S_o+(1-y_c)\rho_g S_g+y_a\rho_a S_a]\end{aligned}\tag{4-13}$$

式中

$x_c = \dfrac{\rho_o S_o}{\rho_o S_o + \rho_g S_g + \rho_a S_a}$——液相摩尔含量；

$S_o + S_g + S_a = 1$——单位体积岩石孔隙中的含自由油、气相饱和度和吸附相饱和度；

$\rho_o, \rho_g, \rho_{og}, \rho_a$——凝析油、凝析气、凝析油中所溶解的凝析气的密度和吸附相流体密度；

$\Delta q_o, \Delta q_g$——分别为凝析油、凝析气的质量流量（流入或流出）；

R_s——溶解气油比；

$y_c = \dfrac{x_{cmax} - x_c}{1 - x_c}$——在任意压力及温度下，自由气相中所含有的可凝析液相的摩尔含量；

x_{cmax}——油藏条件下，液相的最大析出量；

y_a——总吸附相中被吸附的凝析气相的摩尔分数；

v_o, v_g——凝析油、气的渗流速度。

注意：在上述物质平衡方程式中，实际上已经包含了吸附凝析油气相因解吸（脱附）出来的气体量，因为吸附流体脱附后将成为自由相而参与渗流。

B. 凝析油－液相组分的物质平衡式

单元体内的液体总质量包括可流动的凝析油、被吸附的凝析油、气相中可凝析的“凝析油”，根据物质守恒原理，流入 － 流出 ＝ 质量变化：

Δt 时间内流入单元体的液量 ＝ 液相凝析油 ＋ 气相可凝析的“凝析油”

Δt 时间内流出单元体的气量 ＝ 液相凝析油 ＋ 气相可凝析的“凝析油”

Δt 时间内单元体的液量变化 ＝ $(t+\Delta t)$时刻总液体量 － t 时刻总液体量

即：

仍然类似于气体连续性方程的推导过程，有：

$$\begin{aligned}&\frac{1}{r}(\rho_o v_o + \rho_g v_g y_c) + \frac{\partial(\rho_o v_o + \rho_g v_g y_c)}{\partial r} \\ &= \phi \frac{\partial}{\partial t}[\rho_o S_o + \rho_g S_g y_c + (1 - y_a)\rho_a S_a]\end{aligned} \tag{4-14}$$

2）流体渗流偏微分方程

将运动方程即达西定律代入并经一定化简，对油气混合物中的每一组分 i，有其渗流微分方程式：

$$\begin{aligned}&\nabla \cdot \left\{k\left[\frac{k_{ro}}{\mu_o}(\rho_o + R_s\rho_{og})x_i + \frac{k_{rg}}{\mu_g}\rho_g y_i\right]\nabla p\right\} \\ &= \phi \frac{\partial}{\partial t}\left[(\rho_o + R_s\rho_{og})x_i S_o + \rho_g y_i S_g + \rho_a x_{ai} S_a\right]\end{aligned} \tag{4-15}$$

式中　x_i, y_i——组分 i 在液相和气相中的摩尔分数；

从上面的渗流微分方程可以看出，它们与常见的渗流微分方程主要区别在于微分方程的右边时间项中多了一与时间和压力直接相关的吸附项，这主要是因为吸附相流体的存在将影响物质平衡，但其不参与流动的缘故。

2. 考虑应力敏感的多相渗流模型

1)基本假设

(1)地层中流体等温渗流。

(2)地层中流体的流动是两相、两组分(气相和凝析油)烃类流体的流动;但不能忽略共生水的影响。

(3)储层水平、等厚,忽略重力影响;毛管压力影响通过相平衡和相对渗透率曲线由物性参数的改变来间接反映;忽略扩散作用。

(4)考虑储层渗透率的应力敏感性。

(5)气井以恒定产量生产。

(6)多孔介质中每个点均处于热力平衡状态,即相平衡都是瞬时完成的。

2)数学模型

考虑共生水影响的凝析气藏渗流微分方程:

$$\begin{aligned}&\frac{1}{r}\frac{\partial}{\partial r}\left\{rK\left[\frac{K_{ro}}{\mu_o}(\rho_o+R_s\rho_{og})+\frac{K_{rg}}{\mu_g}\rho_g\right]\frac{\partial p}{\partial r}\right\}\\&=\phi_{bc}\frac{\partial}{\partial t}[(\rho_o+R_s\rho_{og})S_o+\rho_g S_g]\end{aligned}\tag{4-16}$$

式中,$\phi_{bc}=\phi(1-S_{wic})$。

根据渗流基本理论并引入拟压力函数方法可以建立应力敏感凝析气藏不稳定渗流数学模型:

$$\frac{1}{r}\frac{\partial}{\partial r}\left\{r\frac{1}{\gamma}\frac{\partial k}{\partial p}\left[(\rho_o+R_s\rho_{og})\frac{K_{ro}}{\mu_o}+\rho_g\frac{K_{rg}}{\mu_g}\right]\frac{\partial p}{\partial r}\right\}=\phi_{bc}\frac{\partial}{\partial t}[(\rho_o+R_s\rho_{og})S_o+\rho_g S_g]\tag{4-17}$$

假定径向均质模型以定产量生产,则模型的内边界条件为

$$\left[r\left(\rho_o\frac{K_{ro}}{\mu_o}+\rho_g\frac{K_{rg}}{\mu_g}\right)\frac{\partial p}{\partial r}\right]_{r=r_w}=\frac{q_t}{2\pi kh}\tag{4-18}$$

初始条件为

$$p(r,0)=p_e\tag{4-19}$$

对于封闭边界的情况下,有边界条件

$$\left.\frac{\partial p}{\partial r}\right|_{r=r_e}=0\tag{4-20}$$

式中 r_w 、r_e ——井径和径向均质模型的外边界尺寸,m。

以上公式构成了凝析气藏气、液两相考虑应力敏感的不稳定渗流数学模型的定解条件,其中的气、液两相的黏度、密度是体系温度、压力和组分组成的函数,分别通过 PR-3 参数状况方程和 L-B-C 黏度关联式求解;相对渗透率是油相饱和度的函数。

3. 考虑气态凝析水多相渗流模型

1) 基本假设

(1) 地层中流体等温渗流;

(2) 油气水三相流动,油水服从达西定律,气相服从非达西定律;

(3) 储层水平、均质、等厚,忽略重力影响和毛管力影响,径向流动。

2）渗流模型

在凝析气井生产过程中，当井底压力低于露点压力时，井底附近有凝析液析出，地层中流体将发生相态变化。由于地层中气的流量较大，黏度较小，渗流速度比较大，气的流动会呈现出非达西渗流状态；地层中油的流量较小，黏度较大，渗流速度比较小，油的流动视为达西渗流；而对于凝析水相，由于其流量较小，视其符合达西渗流。因此根据稳态理论，达西定律及非达西定律。

油相：
$$\frac{\mathrm{d}p_{\mathrm{o}}}{\mathrm{d}r}=\frac{1000\mu_{\mathrm{o}}}{kk_{\mathrm{ro}}}\frac{q_{\mathrm{o}}}{2\pi rh\rho_{\mathrm{o}}} \tag{4-21}$$

气相：
$$\frac{\mathrm{d}p_{\mathrm{g}}}{\mathrm{d}r}=\frac{1000\mu_{\mathrm{g}}}{kk_{\mathrm{rg}}}\frac{q_{\mathrm{g}}}{2\pi rh\rho_{\mathrm{g}}}=\beta_{\mathrm{g}}\rho_{\mathrm{g}}\left(\frac{q_{\mathrm{g}}}{2\pi rh\rho_{\mathrm{g}}}\right)^{2} \tag{4-22}$$

$$\beta_{\mathrm{g}}=\frac{0.03168}{(kk_{\mathrm{rg}})^{1.25\phi^{0.75}}} \tag{4-23}$$

水相：
$$\frac{\mathrm{d}p_{\mathrm{w}}}{\mathrm{d}r}=\frac{1000\mu_{\mathrm{w}}}{kk_{\mathrm{rw}}}\frac{q_{\mathrm{w}}}{2\pi rh\rho_{\mathrm{w}}} \tag{4-24}$$

（三）渗流微分方程的线性化

上述渗流微分方程中物性参数 $\mu_m, k_{rm}, \rho_m, \rho_{og}, \rho_a, R_s(m=o,g)$ 等均是压力或组成的函数，因此微分方程是高度非线性化的，迄今，人们还没有寻求到这类非线性方程的有效的解析求解方法，只能采用某种变换或一些假设条件来寻求该类方程的线性化，简化后求解。H. G. O'Dell 和 R. N. Miller 曾经提出过一种两相拟压力函数。但是该两相拟压力计算公式，完全是基于两相稳态理论，认为地层中不存在不流动的凝析液相，压力和饱和度的关系则通过闪蒸计算由相对渗透率比决定，所以使得在不稳定流动阶段过高地估计了凝析油饱和度值，导致了试井解释和开采动态预测的偏差。为了线性化前面得出的渗流微分方程，定义一种新的两相拟压力函数。

$$\psi(p)=\int_{P_0}^{P}\left[\frac{k_{\mathrm{ro}}(\rho_{\mathrm{o}}+R_{\mathrm{s}}\rho_{\mathrm{og}})}{\mu_{\mathrm{o}}}+\frac{k_{\mathrm{rg}}\rho_{\mathrm{g}}}{\mu_{\mathrm{g}}}\right]\mathrm{d}p \tag{4-25}$$

这样，即可很容易地将凝析油气渗流微分方程化为与单相液体渗流微分方程在形式上极为相似的方程式：

$$\frac{1}{r}\frac{\partial}{\partial r}\left(r\frac{\partial\psi}{\partial r}\right)=\frac{1}{D_{\mathrm{h}}}\frac{\partial\psi}{\partial t}=\frac{\phi}{k}\frac{\partial\psi}{D_{\mathrm{h}}{'}\partial t} \tag{4-26}$$

式中

$$D_{\mathrm{h}}=\frac{k}{\phi}\frac{\dfrac{k_{\mathrm{ro}}(\rho_{\mathrm{o}}+R_{\mathrm{s}}\rho_{\mathrm{og}})}{\mu_{\mathrm{o}}}+\dfrac{k_{\mathrm{rg}}\rho_{\mathrm{g}}}{\mu_{\mathrm{g}}}}{[(\rho_{\mathrm{o}}+R_{\mathrm{s}}\rho_{\mathrm{og}})S_{\mathrm{o}}]'+(\rho_{\mathrm{g}}S_{\mathrm{g}})'+(\rho_{\mathrm{a}}S_{\mathrm{a}})'} \tag{4-27}$$

式中　′—— 对压力 P 的导数。

$$D_h{'}=\frac{\phi}{k}D_{\mathrm{h}} \tag{4-28}$$

D_{h} 或 D_{h} 的表达式中含有吸附相流体的密度 ρ_{a}，它与地层压力、温度、流体组成等多因素相关，可采用平均法计算：

$$\rho_{\mathrm{a}}=\rho_{\mathrm{g}}y_{\mathrm{a}}+\rho_{\mathrm{o}}(1-y_{\mathrm{a}}) \tag{4-29}$$

式中　$\rho_{\mathrm{o}}, \rho_{\mathrm{g}}$ ——凝析油、气的密度。

上述所导出和线性化后的凝析气井渗流微分方程，其最大用途即在于它可用于求解凝析气井渗流过程中地层反凝析油饱和度与压力的关系。

（四）反凝析油饱和度与压力关系

根据渗流方程(4－25)、(4－26)式左侧各项的物理意义，借用阿巴索夫等人对凝析气井渗流的处理方法，引入凝析气油比这一概念，它等于通过任一垂直于流动方向的断面的凝析气和凝析油的流量之比。即：

$$R=\frac{\frac{k_{ro}\rho_{og}R_s}{\mu_o B_o}+\frac{k_{rg}\rho_g(1-y_c)}{\mu_g B_g}}{\frac{k_{ro}\rho_o}{\mu_o B_o}+\frac{k_{rg}\rho_g y_c}{\mu_g B_g}}=\frac{\frac{k_{ro}\rho_{og}R_s}{\mu_o B_o}+\frac{PT_{sc}}{P_{sc}TZ_g}\frac{k_{rg}\rho_g(1-y_c)}{\mu_g}}{\frac{k_{ro}\rho_o}{\mu_o B_o}+\frac{PT_{sc}}{P_{sc}TZ_g}\frac{k_{rg}\rho_g y_c}{\mu_g}} \tag{4-30}$$

得出地层中反凝析油饱和度与压力的关系式：

$$\frac{dS_o}{dp}=\frac{A+B-R(C+D)}{E} \tag{4-31}$$

式中

$$A=S_o\left[\frac{\rho_{og}R_s}{B_o}\right]'+(1-S_o-S_a)\left[\frac{\rho_g(1-y_c)}{B_g}\right]'+S_a\left[\frac{\rho_g}{B_g}y_a{}^2+\frac{\rho_o}{B_o}y_a(1-y_a)\right]'$$

$$B=-\frac{\rho_g}{B_g}(1-y_c)S_a{}'+y_a\left[\frac{\rho_g}{B_g}y_a+\frac{\rho_o}{B_o}(1-y_a)\right]S_a{}'$$

$$C=S_o\left(\frac{\rho_o}{B_o}\right)'+(1-S_o-S_a)\left(\frac{\rho_g}{B_g}y_c\right)'+S_a\left[\frac{\rho_g}{B_g}y_a(1-y_a)+\frac{\rho_o}{B_o}(1-y_a)^2\right]$$

$$D=-S_a{}'\frac{\rho_g}{B_g}y_c+S_a{}'\left[\frac{\rho_g}{B_g}y_a(1-y_a)+\frac{\rho_o}{B_o}(1-y_a)^2\right]$$

$$E=R\left(\frac{\rho_o}{B_o}-\frac{\rho_g y_c}{B_g}\right)+\frac{\rho_g(1-y_c)}{B_g}-\frac{\rho_{og}R_s}{B_o} \tag{4-32}$$

上述方程中直接考虑了吸附影响，即凝析气油比(生产气油比)中包含有解吸的吸附流体，它的求解较为繁琐，需利用龙格－库塔(Runge－Kutta)法数值求解，其中 S_a 的计算确定须结合吸附模型计算。

如果在上述方程中不考虑吸附影响项，则简化为下述形式：

$$\frac{dS_o}{dp}=\frac{A_1-R\cdot C_1}{E_1} \tag{4-33}$$

式中

$$A_1=S_o\left[\frac{\rho_{og}R_s}{B_o}\right]'+(1-S_o)\left[\frac{\rho_g(1-y_c)}{B_g}\right]'$$

$$C_1=S_o\left(\frac{\rho_o}{B_o}\right)'+(1-S_o)\left(\frac{\rho_g}{B_g}y_c\right)'$$

$$E_1 = R\left(\frac{\rho_o}{B_o} - \frac{\rho_g y_c}{B_g}\right) + \frac{\rho_g(1 - y_c)}{B_g} - \frac{\rho_{og}R_s}{B_o}$$

（五）两相流动区半径的确定

凝析气藏中两相流动区的确定是一个具有一定难度的难题，它既与气藏地质条件相关，也与地层中流体特性及开发状况有关联，它直接地与气藏中地层压力、露点和时间相联系。在不稳定流动状态下研究它更困难，因此，在这里以 A. K. Chopra 的稳态理论为基础来探讨两相流动区半径的确定，它对凝析气田的合理开发有一定的参考价值。

在稳定状态下，在地层中泻油半径内任意位置处的流体总摩尔速率（表示在标准状况下）相同，所以，据此可以有下式成立：

$$\frac{\Psi(p_e) - \Psi(P_{wf})}{\ln\left(\frac{r_e}{r'_w}\right)} = \frac{\Psi(p) - \Psi(P_{wf})}{\ln\left(\frac{r}{r'_w}\right)} \tag{4-34}$$

式中，r'_w 为有效井筒半径，$r'_w = r_w e^{-s}$；p_e 为地层外边界压力，可用地层平均压力代替。因此，可得稳定状态下拟压力剖面的计算式：

$$r = r'_w\left(\frac{r_e}{r'_w}\right)^{\left[\frac{\Psi(p)-\Psi(p_{wf})}{\Psi(p_e)-\Psi(p_{wf})}\right]} \tag{4-35}$$

或：

$$\Psi(p) = \frac{\lg r - \lg r'_w}{\lg r_e - \lg r'_w}[\Psi(P_e) - \Psi(P_{wf})] + \Psi(P_{wf}) \tag{4-36}$$

类似地，从上式可得出两相流动区半径计算式：

$$r_{2ph} = r'_w\left(\frac{r_e}{r'_w}\right)^{\left[\frac{\Psi(p_d)-\Psi(p_{wf})}{\Psi(p_e)-\Psi(p_{wf})}\right]} \tag{4-37}$$

式中　r_{2ph}——两相流动区半径；

p_d——地层露点压力。

（六）反凝析液饱和度分布剖面

某时间 t 所对应的凝析油饱和度分布（饱和度剖面）$S_o \sim r$，可由饱和度与压力关系式（4－36）式结合压力分布情况计算确定。

1998 年，W. Jatmiko 和 T. S. Daltaban 在研究凝析气井试井分析时指出：凝析油饱和度 s_o 在两相流动区以内，与距离 r 的对数成二次多项式关系，即：

$$s_o = a\lg(r)^2 + b\lg(r) + c \quad r_w < r < r_{2ph}$$

$$s_o = 1 - s_{wc} \quad r \geqslant r_{2ph}$$

式中　r——地层中径向距离；

r_{2ph}——最大两相流动区半径，由压力分布情况估计；

a，b，c——常数，由下式确定：

$$\begin{bmatrix} \lg(r_w)^2 & \lg(r_w) & 1 \\ \lg(r_{2ph})^2 & \lg(r_{2ph}) & 1 \\ \lg(r_m)^2 & \lg(r_m) & 1 \end{bmatrix} \bullet \begin{bmatrix} a \\ b \\ c \end{bmatrix} = \begin{bmatrix} s_{o1} \\ s_{o2} \\ s_{o3} \end{bmatrix} \tag{4-38}$$

式中　s_{o1}——井筒内凝析油饱和度；

s_{o2}——初始饱和度，$s_{o2} = 1 - s_{wc}$；

s_{o3} ——两相区内任意位置处凝析油饱和度，$s_{o3} = s_m$；

r_m ——两相区内径向距离；

s_m ——对应的饱和度。

三、实例计算

（一）反凝析液饱和度计算

依据上述凝析油气渗流理论，编制程序，计算了地层压力和温度下降过程中凝析油饱和度随压力的变化，以及凝析油饱和度的分布，并对雅－大凝析油饱和度和两相区半径进行了预测和计算（见表4－9和图4－35）。

表4－9　雅克拉－大涝坝凝析油饱和度数据

参数 \ 井号	Y1	Y5H	Y6H	DL1X	DL2	DL3	S45
地层压力/MPa	56.46	55.68	56.33	55.46	53.62	55.41	46.67
地层温度/℃	133.7	130.06	125.4	141.2	135.1	141.1	137.3
露点压力/MPa	54.02	53.66	56.18	47.22	47.95	47.62	46.10
流压/MPa	51.6	50.85	52.42	37.21	44.16	25.91	37.36
生产压差/MPa	4.86	4.83	3.91	15.25	9.46	26.5	9.31
凝析油饱和度/%	1.47	0.32	1.02	34.58	32.62	31.18	13.13
反凝析带半径/m	15	7	11	21	12	34	19

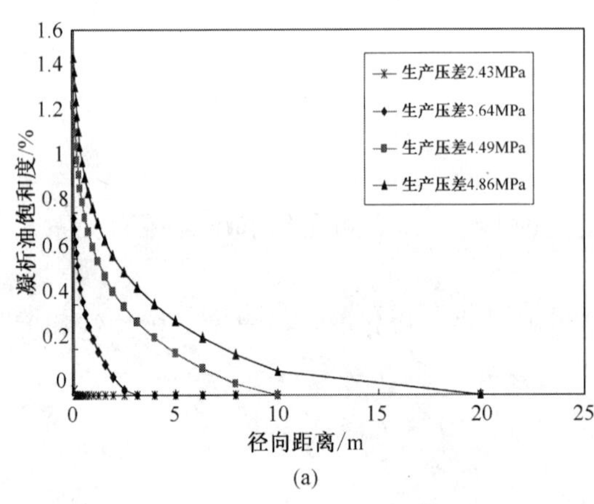

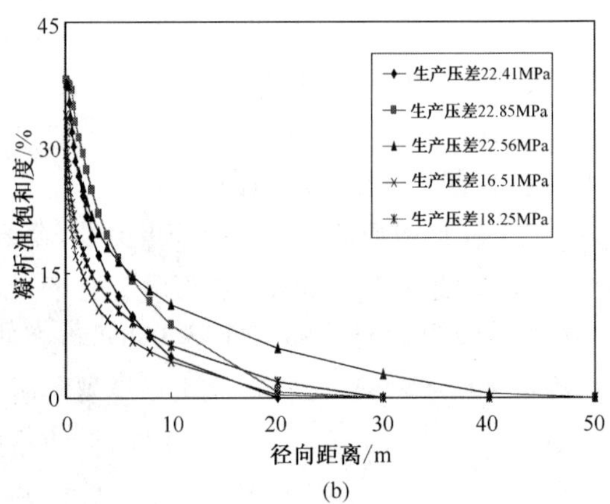

图4－35　Y1凝析油饱和度分布(a)及DL1X井凝析油饱和度分布(b)

对于雅克拉气藏、由测压资料可以知道，Y1井在2006年4月12日流压为54.03MPa，低于露点压力54.07MPa，到2008年8月，凝析油饱和度最高达到1.5%，内区半径为15m。Y2由于是上下气层合采，而且实验测出来上气层和下气层的PVT数据，上气层露点压力为49.75 MPa，下气层露点压力为54.76 MPa，而上、下合采时，上气层和下气层的产量不同，也导致其流压不同，而实际生产中不能够很好地确定上下气层的流压，所以做饱和度分布有一定的困难。

对于大涝坝凝析气田，其凝析油饱和度较大，露点压力在41.73MPa～47.95MPa，最大凝析液量都在30%以上。S45井的凝析油饱和度为13.13%，其他井为31.18%～34.58%。内区半径DL1X和DL2较小，分别为0.7m和1.8m；DL3为34m；S45为19m。

（二）地层反凝析、反渗吸及地层水蒸发对产量的影响

雅克拉和大涝坝区块都是属于$CaCl_2$水型，雅克拉的总矿化度为12×10^4mg/L，大涝坝的地层水总矿化度为25×10^4mg/L。

实际上，由于反凝析、反渗析以及地层水蒸发效应引起的“盐析”都会对地层造成一定的影响，会使井底附近气层的渗透率变差；反之，通过其他措施或工艺，有可能使井底附近气层的渗透性变好。如果以井底附近渗透率没有任何改变时的压力分布曲线做基线，那么井底受污染相当于一个正的附加压降。

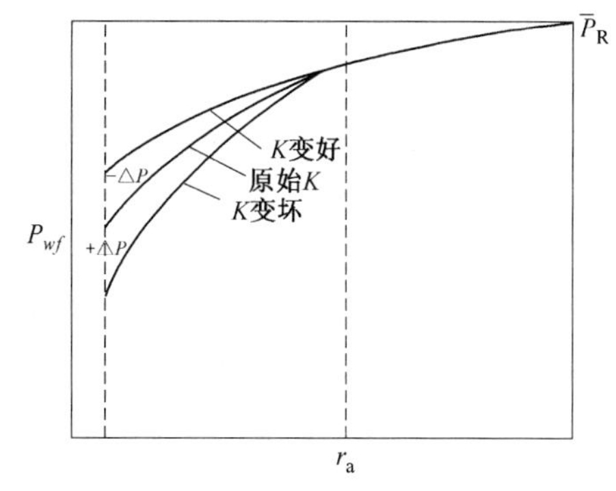

图4－36　井筒附近压降分布

从图4－36可以看出，无论各种污染对井底附近岩层渗透性造成的伤害，或是其他方法或工艺对它的改善，都限于井壁附近很小的范围。形象地描述这种影响，称之为表皮效应，并用表皮系数S度量其值。

Hawhins将表皮系数表示为：

$$S=\left(\frac{k}{k_a}-1\right)\ln\frac{r_a}{r_w} \tag{4-39}$$

式中　k——原气层渗透率；

k_a——变化了的渗透率；

r_a——污染带半径。

当$k=k_a$时，$S=0$；当$k>k_a$时，S为正值；当$k<k_a$时，S为负值。

由以上公式可见，当气量一定时，正的S可使生产压差增大，负的可使其减少；当压差一定时，正的S可使气量减少，负的可使其增大。

表4－10　反凝析对表皮的影响（雅克拉）

井　号	Y1	Y2	Y5H	Y6H	Y9X	Y10
地层压力/MPa	56.46	56.48	55.68	56.33	56.5	56.23
地层温度/℃	133.7	139.4	130.06	125.4	129.34	135.64
流压/MPa	51.6	50.76	50.85	52.42	51.06	51.07
k/k_a	1.85	1.98	1.85	1.58	1.81	1.74
r_a/m	14	17	7	5.1	15	11
r_w/m	0.108	0.108	0.108	0.108	0.108	0.108
$\ln(r_e/r_w)$	4.86	5.12	4.17	3.85	4.93	4.62
$S\Delta$	4.13	5.01	3.55	2.24	4.00	3.41
总表皮S	6.04	7.21	5.4	3.2	6.11	5.03
$S\Delta/S$/%	65.39	69.54	65.74	69.51	65.47	67.79
无表皮产量$Q_0/10^4m^3$	45.83	44.57	87.09	80.52	23.39	32.17
考虑$S\Delta$时产量$Q\Delta/10^4m^3$	31.64	25.84	63.34	64.83	16.30	23.25
考虑总S产量$Q/10^4m^3$	27.67	24.97	55.46	59.84	14.05	20.54
$Q\Delta/Q_0$/%	69.05	64.70	72.73	80.51	69.69	72.27

注：内区半径由试井和产能解释得来；$S\Delta$为考虑反凝析、反渗吸和地层水蒸发引起的表皮。

从表4－10的计算结果来看，雅克拉凝析气田由地层反凝析、反渗吸和地层水蒸发所引起的表皮占总表皮的65.47%～69.54%，平均67.74%。说明地层反凝析、反渗吸和地层水蒸发对地层动态表皮的影响很大；考虑反凝析、反渗吸和地层水蒸发影响情况下的产量为没有考虑表皮污染时产量的64.70%～80.51%，平均为71.49%，表皮引起产量减少平均25.51%，说明反凝析、反渗吸和地层水蒸发等对凝析气藏的产量影响非常大。

从计算结果(见表4－11)可以看出，大涝坝凝析气田由地层反凝析、反渗吸和地层水蒸发所引起的表皮占总表皮的72.17%～79.28%，平均76.48%，高于雅克拉的67.74%；考虑反凝析、反渗吸和地层水蒸发影响情况下的产量为没有考虑表皮污染时产量的46.43%～65.96%，平均为56.37%，说明反凝析、反渗吸和地层水蒸发等对凝析气藏的产量影响非常大。

表4－11　反凝析对表皮的影响(大涝坝)

井　　号	DL3	DL5	DL6	DL7	DL8	S45
地层压力/MPa	55.41	55.45	55.177	55.53	56.59	55.63
地层温度/℃	141.09	135	135.1	137	143	137.3
流压05.6/MPa	25.91	29.56	42.80	22.05	33.31	34.36
k/k_a	2.77	2.24	2.01	2.7	2.5	1.97
r_a/m	31	15.7	7.1	16	18	20
r_w/m	0.108	0.108	0.108	0.108	0.108	0.108
$\ln(r_e/r_w)$	5.66	4.98	4.18	4.99	5.11	5.22
$S\Delta$	6.80	6.17	4.24	5.50	7.67	5.07
总表皮 S	5.58	7.87	5.55	11.19	10	7.04
$S\Delta/S$/%	79.28	75.40	76.39	75.96	76.7	72.17
无表皮产量 $Q_0/10^4m^3$	4.92	6.97	10.51	6.65	3.26	12.32
考虑 $S\Delta$ 时产量 $Q\Delta/10^4m^3$	2.33	3.58	6.93	3.09	1.63	7.99
考虑总 S 产量 $Q/10^4m^3$	2.08	3.19	6.27	2.64	1.41	7.03
$Q\Delta/Q_0$/%	54.36	56.82	65.96	46.43	49.76	64.82

注：内区半径由试井和产能解释得来；SΔ为考虑反凝析、反渗吸和地层水蒸发引起的表皮。

第五章　雅克拉－大涝坝凝析气藏开发优化技术

第一节　凝析气井试井技术

自20世纪60年代以来国内外的许多学者对凝析气渗流、试井问题进行了研究，但这方面的研究工作极为有限，它们或是在单相气井分析基础上的经验性修正，或是利用拟压力函数进行拟合。

目前已有的凝析气井试井分析理论与方法通常是通过两相拟压力、拟时间变换，将凝析气渗流方程线性化，从而获得半对数试井分析方法。结合渗流与闪蒸计算，在求得压力与凝析油饱和度关系的基础上，通过半对数分析可求取地层渗透率K和视表皮因子S′。

在第四章第四节渗流微分方程及线性化的基础上，进行凝析气井理论推导及解释。

一、凝析气试井理论模型及解释方法

（一）均质气藏试井理论模型

1. 考虑井筒储存及表皮效应的试井理论模型

设质量流量 $m_t = q_o\rho_o + q_g\rho_g$，引入以下拟压力表达式为

$$\varphi(p) = \int_{p_r}^{p}\left(\frac{K_{rg}}{\mu_g}\rho_g + \frac{K_{ro}}{\mu_o}\right)\mathrm{d}p \tag{5-1}$$

及以下无量纲式为

$$\varphi_D = \frac{2\pi Kh\rho_{gi}[\varphi(p_i) - \varphi(p_w)]}{m_t\mu_{gi}} \tag{5-2}$$

$$C_D = \frac{C\mu_{gi}D'_n}{2\pi\phi hr_w^2},\ t_D = \frac{D'_nKt}{\phi r_{we}^2},\ t_D = \frac{r}{r_{we}} \tag{5-3}$$

可得无量纲形式的均质凝析气藏的试井理论模型为

$$\begin{cases}\dfrac{1}{r_D}\dfrac{\partial}{\partial r_D}\left(r_D\cdot\dfrac{\partial\varphi_D}{\partial r_D}\right) = \dfrac{\partial\varphi_D(p)}{\partial t_D(t)}\\ \varphi_D(r_D, 0) = 0\\ \varphi_D[\infty, t_D] = 0\\ r_D\cdot\dfrac{\partial\varphi_D(p)}{\partial r_D}\bigg|_{r_D=1} = -1 + C_D\dfrac{\partial\varphi_D(p)}{\partial t_D(t)}\end{cases} \tag{5-4}$$

从该模型的形式可以看出，凝析气井试井理论模型与一般天然气试井理论模型的无量纲形式是一样的，其试井理论曲线也是完全相同的，而凝析气的相态变化特征要比一般天然气复杂得多，因而在凝析气井试井分析中引入拟压力表达式，这种拟压力表达式的形式与一般

天然气拟压力表达式的形式是完全不同的，所有与凝析气井相态、物性、相对渗透率有关的资料都隐含在凝析气拟压力表达式中。

求解问题(5-4)式可得无量纲井底拟压力的拉氏空间解为

$$\overline{\varphi_{\mathrm{WD}}} = \frac{K_0(r_{\mathrm{D}}\sqrt{Z})}{Z[\sqrt{Z}K_1(\sqrt{Z}) + C_{\mathrm{D}}\sqrt{Z}K_0(\sqrt{Z})]} \tag{5-5}$$

式中 $\overline{\varphi_{\mathrm{WD}}}$——井筒拟压力 φ_{WD} 的拉氏空间解；

Z——对应 t_D 的拉氏空间变量。

根据上式并利用 *Stehfest* 的拉普拉斯数值反演方法可绘制均质地层下的凝析气井试井理论图版(见图5-1)。

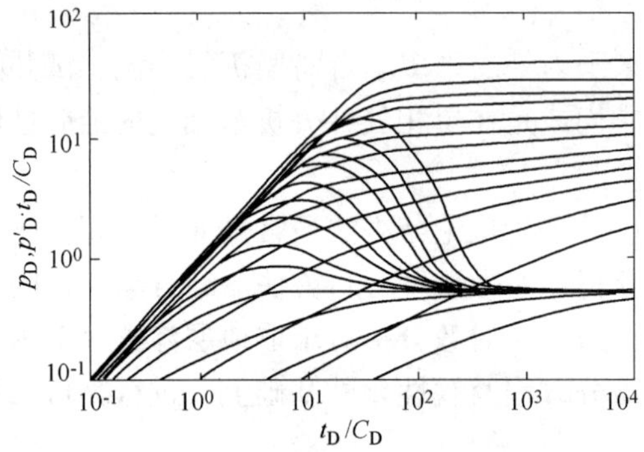

图5-1 均质凝析气藏试井理论图版

应用均质凝析气藏试井理论模型可解释出地层渗透率、井筒表皮系数、井筒储集系数等有关地层参数。

2. 具有井筒相分布的试井理论模型

引入下列拟压力及拟时间表达式为

$$\varphi(p) = \int_{p_r}^{p}\left(\frac{K_{rg}}{\mu_g}\rho_g + \frac{K_{ro}}{\mu_o}\rho_o\right)\mathrm{d}p\ ,\ \varphi(t) = \int_0^t \frac{\dfrac{K_{rg}}{\mu_g}\rho_g + \dfrac{K_{ro}}{\mu_o}\rho_o}{\dfrac{\partial}{\partial p}(\rho_o S_o + \rho_g S_g)}\mathrm{d}t \tag{5-6}$$

可得如下考虑井筒相分布的凝析气井试井理论模型为

$$\begin{cases} \dfrac{1}{r_{\mathrm{D}}}\dfrac{\partial}{\partial r_{\mathrm{D}}}\left(r_{\mathrm{D}}\cdot\dfrac{\partial\varphi_{\mathrm{D}}}{\partial r_{\mathrm{D}}}\right) = \dfrac{\partial\varphi_{\mathrm{D}}(p)}{\partial t_{\mathrm{D}}(t)} \\ \varphi_{\mathrm{D}}(r_{\mathrm{D}}, 0) = 0 \\ \varphi_{\mathrm{D}}[\infty, \varphi_{\mathrm{D}}(t)] = 0 \\ r_{\mathrm{D}}\cdot\dfrac{\partial\varphi_{\mathrm{D}}}{\partial r_{\mathrm{D}}}\bigg|_{r_{\mathrm{D}}=1} = -1 + C_{\mathrm{D}}\dfrac{\partial(\varphi_{w\mathrm{D}} - \varphi_{\phi\mathrm{D}})}{\partial t_{\mathrm{D}}} \end{cases} \tag{5-7}$$

求解上述具有井筒相分布的试井理论模型，可得无量纲井底拟压力的拉氏空间解：

$$\overline{\varphi_{\mathrm{WD}}} = \frac{K_0(r_{\mathrm{D}}\sqrt{Z})[1/Z + C_{\mathrm{D}}Z\overline{\varphi_{\phi\mathrm{D}}}]}{\sqrt{Z}K_1(\sqrt{Z}) + C_{\mathrm{D}}\sqrt{Z}K_0(\sqrt{Z})} \tag{5-8}$$

根据上式并利用 *Stehfest* 的拉普拉斯数值反演方法可绘制均质地层下的凝析气井试井理论图版(见图5-2)。

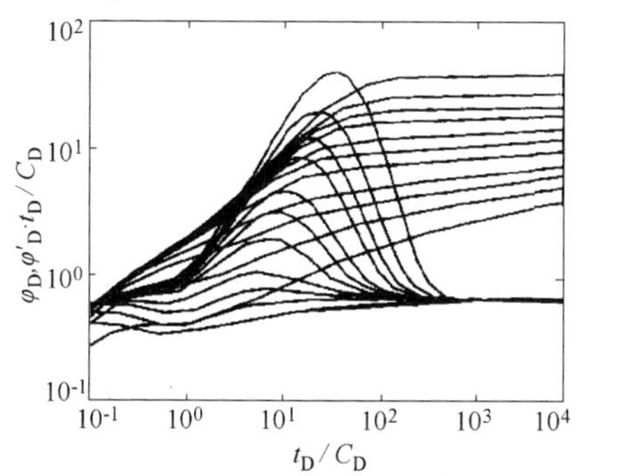

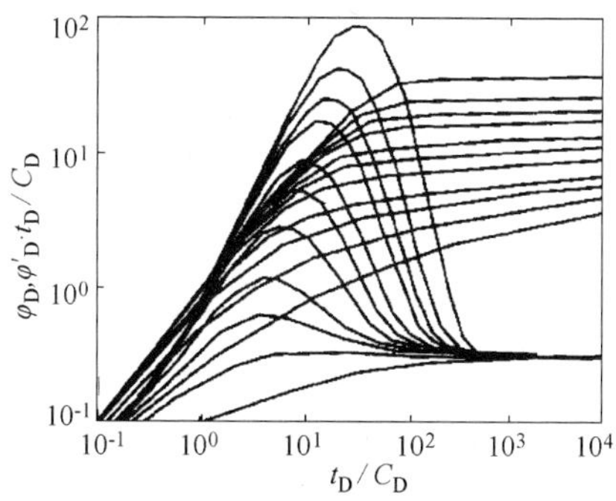

图 5－2　具有井筒相分布的试井理论图版

（二）复合气藏试井理论模型

由于地质或流体的原因，形成了流动系数不同的两个区域，即由两个同心圆构成的复合气藏模式，在试井分析中可用复合气藏的试井理论模型及其试井理论曲线来解释其测试资料。

如果用 φ_{1D}、φ_{2D} 分别表示内区和外区的无量纲拟压力，且设 $\lambda = \lambda_2/\lambda_1$，$\lambda_1 = (K/\mu)_1$，$\lambda_2 = (K/\mu)_2$，$a = (r_1/r_{1W})e^S$ 可得如下无量纲拟压力形式的复合凝析气藏试井理论模型为：

$$\begin{cases} \dfrac{1}{r_D}\dfrac{\partial}{\partial r_D}\left(r_D \cdot \dfrac{\partial \varphi_{1D}}{\partial r_D}\right) = \dfrac{\partial \varphi_{1D}}{\partial t_D} \\ \dfrac{1}{r_D}\dfrac{\partial}{\partial r_D}\left(r_D \cdot \dfrac{\partial \varphi_{2D}}{\partial r_D}\right) = \dfrac{\partial \varphi_{2D}}{\partial t_D} \\ \varphi_{1D}(a, t_D) = \varphi_{2D}(a, t_D) \\ \dfrac{\partial \varphi_{1D}}{\partial r_D} = \lambda \dfrac{\partial \varphi_{2D}}{\partial r_D} \\ \varphi_{1D}(r_D, 0) = \varphi_{2D}(r_D, 0) = 0 \\ r_D \cdot \dfrac{\partial \varphi_{1D}}{\partial r_D}\Big|_{r_D=1} = -1 + D_D\dfrac{\partial \varphi_{WD}}{\partial t_D} \\ \varphi_{2D}(\infty, t_D) = 0 \end{cases} \tag{5-9}$$

用拉氏变换法求解上式可得无量纲井底拟压力的拉氏空间解：

$$\overline{\varphi_{WD}} = \frac{AI_0(Z) + BK(\sqrt{Z})}{D} \tag{5-10}$$

其中：

$$D = \begin{vmatrix} a_1 & b_1 & 0 \\ a_3 & b_3 & d_3 \\ a_4 & b_4 & d_4 \end{vmatrix} = a_1(b_3d_4 - d_3b_4) - b_1(a_3d_4 - d_3a_4)$$

$$A = \begin{vmatrix} -\dfrac{1}{Z} & b_1 & 0 \\ 0 & b_3 & d_3 \\ 0 & b_4 & d_4 \end{vmatrix} = \frac{1}{Z}(d_3b_4 - d_4b_3)$$

$$B = \begin{vmatrix} a_1 & b_1 & -\dfrac{1}{Z} \\ a_3 & b_3 & 0 \\ a_4 & b_4 & 0 \end{vmatrix} = \frac{1}{Z}(a_3 d_4 - a_4 d_3)$$

$$a_1 = C_D Z I_0(Z) - \sqrt{Z} I_1(Z) \qquad b_1 = -[C_D Z K_0(\sqrt{Z}) + \sqrt{Z} K_1(\sqrt{Z})]$$

$$a_3 = I_0(\sqrt{Z}) \qquad b_3 = K_0(\sqrt{Z} a)$$

$$a_4 = \sqrt{Z} I_1(\sqrt{Z} z) \qquad b_4 = -\sqrt{Z} K_1(\sqrt{Z})$$

$$d_3 = -K_0\left(\sqrt{\frac{Z}{\sigma}} a\right) \qquad d_4 = \lambda \sqrt{\frac{Z}{\sigma}} a K_1\left(\sqrt{\frac{Z}{\sigma}} a\right)$$

根据上式并利用 Stehfest 的拉普拉斯数值反演方法可绘制均质地层下的凝析气井试井理论图版(见图 5－3)。

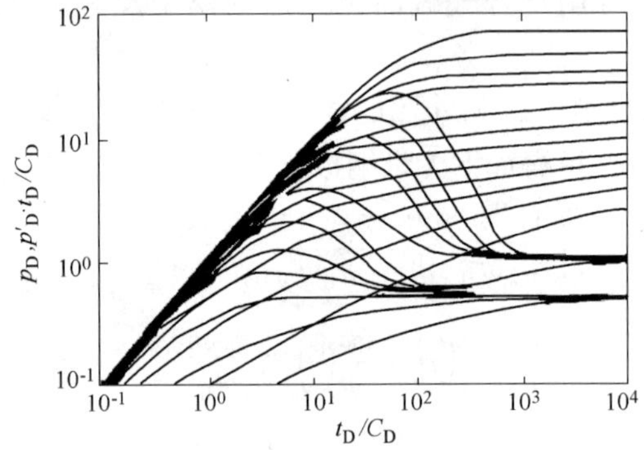

图 5－3　复合气藏试井理论图版

复合凝析气藏试井理论模型可解释出内外区的地层渗透率、内区半径、井筒表皮系数、井筒储集系数、储能比等有关地层参数。

(三) 带有各种边界的试井理论模型

1. 圆形定压外边界试井理论模型及其解

$$\frac{\partial^2 \varphi}{\partial r_{De}^2}\left(\frac{1}{r_{De}} \frac{\partial \varphi_D}{\partial r_{De}}\right) = \frac{\partial \varphi_D}{\partial t_{De}} \tag{5-11}$$

初始条件:

$$\varphi_D(r_{De,0}) = 0$$

内边界条件:

$$\left.\frac{\partial \varphi_D}{\partial r_{De}}\right|_{r_{De}=1} = -1 + C_{De} \frac{d\varphi_{WD}}{dt_{De}}$$

外边界条件:

$\varphi_D(R_{De}, t_{De}) = 0$，其中 $R_{De} = \dfrac{R_e}{r_{We}} = S$($R_e$ 为外边界半径)

经拉氏变换，得到井底压降在拉氏空间的解:

$$\varphi_{WD} = \frac{C_{De}}{Z(Zb + a)} \tag{5-12}$$

式中

$$a=\frac{I_0\left(\sqrt{\frac{Z}{C_{De}}}\right)K_0\left(R_{De}\sqrt{\frac{Z}{C_{De}}}\right)-K_0\left(\sqrt{\frac{Z}{C_{De}}}\right)I_0\left(\sqrt{\frac{Z}{C_{De}}}\right)}{I_0\left[\left(R_{De}\sqrt{\frac{Z}{C_{De}}}\right)K_1\left(\sqrt{\frac{Z}{C_{De}}}\right)+I_1\left(\sqrt{\frac{Z}{C_{De}}}\right)K_0\left(\sqrt{\frac{Z}{C_{De}}}\right)\right]\sqrt{\frac{Z}{C_{De}}}}$$

对 φ_{WD}作拉氏数值反演，就可以可到实空间压降解 φ_{WD}。

2. 圆形封闭外边界试井理论模型及其解

$$\frac{\partial^2}{\partial r_{De}^2}+\frac{1}{r_{De}}\frac{\partial \varphi_D}{\partial r_{De}}=\frac{\partial \varphi_D}{\partial t_{De}} \tag{5-13}$$

初始条件：

$$\varphi_D(r_{De},0)=0$$

内边界条件：

$$\left.\frac{\partial \varphi_D}{\partial r_{De}}\right|_{r_{De}=R_{De}}=-1+C_{De}\frac{d\varphi_{WD}}{dt_{De}}$$

外边界条件：

$$\left.\frac{\partial \varphi_D}{\partial r_{De}}\right|_{r_{De}=R_{De}}=0\text{，其中 }R_{De}=\frac{R_e}{r_w e^{-S}}\ (R_e\text{ 为外边界半径})$$

经拉氏变换，得到井底压降在拉氏空间的解：

$$\varphi_{WD}=\frac{bC_{De}}{Z(Zb+a)} \tag{5-14}$$

其中：

$$a=\sqrt{\frac{Z}{C_{De}}}\left[K_1\left(\sqrt{\frac{Z}{C_{De}}}\right)I_1\left(R_{De}\sqrt{\frac{Z}{C_{De}}}\right)-K_1\left(\sqrt{\frac{Z}{C_{De}}}\right)I_1\left(\sqrt{\frac{Z}{C_{De}}}\right)\right]$$

$$b=K_1\left(R_{De}\sqrt{\frac{Z}{C_{De}}}\right)I_0\left(\sqrt{\frac{Z}{C_{De}}}\right)-K_0\left(\sqrt{\frac{Z}{C_{De}}}\right)I_1\left(R_{De}\sqrt{\frac{Z}{C_{De}}}\right)$$

对$\overline{\varphi_{WD}}$作拉氏数值反演，就可以得到实空间压降$\overline{\varphi_{WD}}$。

3. 任意夹角断层试井理论模型及其解

将断层附近一口井的问题转化成无限大地层中多口井的问题并利用叠加原理(见图5－4)可以求得距夹角为 α'的断层 d 处一口井的井底压降公式为：

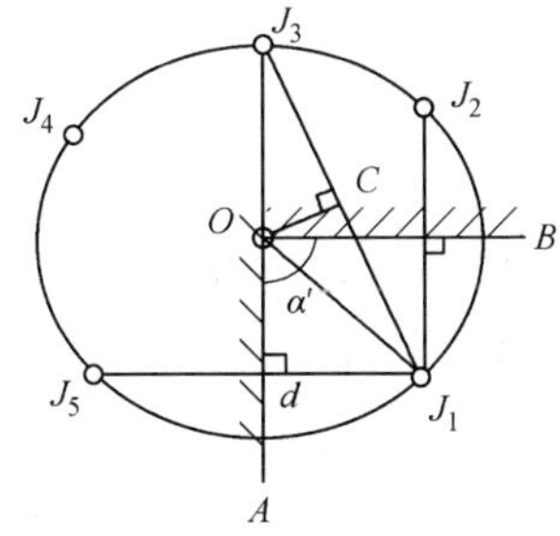

图5－4　夹角断层边界示意图

$$\varphi_{WD1}=\varphi_{WD}+\sum_{j=2}^{n}\varphi D(r_{Dej},t_{De})_j r_{ij}=\frac{2d}{\sin\left(\frac{\alpha}{2}\right)}\sin\left(\frac{j-1}{2\alpha}\right)\quad j=2,3\cdots n \tag{5-15}$$

其中，φ_{WD}为无限大均质油藏井低压降解，它可对下式作拉氏反演得到：

$$\varphi_{WD}=\frac{K_0\left(\frac{Z}{C_{De}}\right)}{Z\left[ZK_0\left(\sqrt{\frac{Z}{C_{De}}}\right)+K_1\sqrt{\frac{Z}{C_{De}}}\left(\frac{Z}{C_{De}}\right)\right]} \tag{5-16}$$

$$\overline{\varphi}_D=\frac{K_0\left(r_{De}\sqrt{\frac{Z}{C_{De}}}\right)}{Z\left[ZK_0\left(\frac{Z}{C_{De}}\right)+K_1\sqrt{\frac{Z}{C_{De}}}\left(\sqrt{\frac{Z}{C_{De}}}\right)\right]} \tag{5-17}$$

4. 直线断层试井理论模型及其解

这种理论模型是任意夹角断层模型的一个特殊情况，即夹角 $\alpha=180°$。求解方法完全相同，即直线断层附近一口井的问题转化为无限大地层中 2 口井的问题。利用叠加原理可以求得距直线断层 d 处一口井的井底压降公式为：

$$\varphi_{WD1}=\varphi_{WD}+\varphi_D(r_{De},t_{De}) \tag{5-18}$$

其中：

$$R_{De}=\frac{2d}{r_w}\cdot e^S$$

$$\overline{\varphi}_{WD}=\frac{K_0\left(\frac{Z}{C_{De}}\right)}{Z\left[K_0\left(\sqrt{\frac{Z}{C_{De}}}\right)+K_1\sqrt{\frac{Z}{C_{De}}}\left(\sqrt{\frac{Z}{C_{De}}}\right)\right]} \tag{5-19}$$

φ_{WD}，φ_D 可以通过对 $\overline{\varphi}_{WD}$、$\overline{\varphi}_D$ 的拉氏数值反演得到。

（四）视表皮系数分离真表皮系数与湍流系数的方法

对一口井底不完善的凝析气井，当气井的生产动态达到拟稳态时，产量由下式表示：

$$q_g=\frac{0.2714KhT_{sc}\left[\varphi(p)-\varphi(p_{wf})\right]}{\overline{\mu}_g\overline{Z}Tp_{sc}\left[\ln\left(\frac{r_e}{r_w}\right)-\frac{3}{4}+S'\right]} \tag{5-20}$$

该气井湍流表皮系数：

$$S_t=Dq_g$$

气井真表皮系数：

$$S'=S+Dq_g$$

则有：

$$q_g=\frac{0.2714KhT_{sc}\left[\varphi(p_R)-\varphi(p_{wf})\right]}{\overline{\mu}_g\overline{Z}Tp_{sc}\left[\ln\left(\frac{0.472r_e}{r_w}\right)+S+Dq_g\right]} \tag{5-21}$$

把上式写为如下二项式形式：

$$\varphi(p_R)-\varphi(p_{wf})=A_1q_g+B_1q_g^2 \tag{5-22}$$

式中：

$$A_1=\frac{8.48\overline{\mu}_g\overline{Z}Tp_{sc}}{KhT_{sc}}\left[\ln\left(\frac{0.472r_e}{r_w}\right)+0.434S\right]$$

$$B_1 = \frac{3.68\bar{\mu}_g\bar{Z}Tp_{sc}}{KhT_{sc}}D$$

另外，对于气井在上述生产条件时可得另一个二项式表达式：

$$\varphi(p_R) - \varphi(p_{wf}) = A_2q_g + B_2q_g^{\ 2} \tag{5-23}$$

式中：

$$A_2 = \frac{8.48\bar{\mu}_g\bar{Z}Tp_{sc}}{KhT_{sc}}\left[\ln\left(\frac{0.472r_e}{r_w}\right) + 0.434S\right]$$

$$B_2 = \frac{1.966\times10^{-16}\beta\gamma_g\bar{Z}Tp_{sc}}{h^2T_{sc}^{\ 2}r_wR}$$

由于 $A_1 = A_2$，故有 $B_1 = B_2$，因此可得：

$$D = \frac{0.534\times10^{-16}\beta\gamma_gp_{sc}K}{hr_w\bar{\mu}_gT_{sc}R} \tag{5-24}$$

由相关经验公式 $\beta = \dfrac{7.64\times10^{10}}{K^{1.2}}$ 可得：

$$D = \frac{4.08\times10^{-6}\beta\gamma_gp_{sc}}{hr_w\bar{\mu}_gT_{sc}RK^{0.2}} \tag{5-25}$$

已知 $R = 0.008315\text{MPa}\cdot\text{m}^3/(\text{kmol}\cdot\text{k})$，这样气井的湍流表皮系数为：

$$S_t = Dq_g = \frac{4.91\times10^{-4}\gamma_gp_{sc}}{hr_w\bar{\mu}_gT_{sc}K^{0.2}}q_g \tag{5-26}$$

式中　γ_g——气体相对密度；

K——渗透率，$10^{-3}\mu\text{m}^2$；

q_g——气体流量，m^3/d。

综上可得气井真表皮系数：

$$S = S' - S_t \tag{5-27}$$

（五）地层凝析油析出量计算

根据凝析气井在多孔介质中的渗流方程，凝析气井生产达到稳定状态后，凝析气藏内的平面径向流问题满足下列方程：

$$\frac{d^2\varphi}{dr^2} + \frac{1}{r}\frac{d\varphi}{dr} = 0 \tag{5-28}$$

气藏边界条件：$r = r_e$，$\varphi = \varphi_e$

井筒边界条件：$r = r_w$，$\varphi = \varphi_{wf}$

将式(5-28)改写为：

$$\frac{d}{dr_e}\left(r\frac{d\varphi}{dr}\right) = 0 \tag{5-29}$$

对上式积分可得：

$$r\frac{d\varphi}{dr} = C_1,\ d\varphi = C_1\frac{1}{r}dr,\ \varphi = C_1\ln r + C_2 \tag{5-30}$$

把气藏边界条件和井筒边界条件代入上式可确定出 C_1、C_2，最后可以得到凝析气藏达到径向流的拟压力分布公式：

$$\varphi[p(r)] = \varphi_e - \frac{\varphi_e - \varphi_{wf}}{\ln\left(\frac{r_e}{r_w}\right)} \ln\left(\frac{r_e}{r}\right) \tag{5-31}$$

实际应用时先利用上式计算出一口凝析气井泄流区内的拟压力分布，再通过插值法计算出每个拟压力对应的压力，有了压力后就可以根据凝析气衰竭过程中反凝析液量的实验资料进行插值计算，确定出一口凝析气井泄流区内的反凝析液量分布。

二、雅克拉－大涝坝凝析气井解释结果及其对气田的认识

对雅克拉－大涝坝凝析气田所有的试井资料进行了系统的分析推导，挑选出资料比较齐全、比较有代表性的资料 33 层次，应用软件对这 33 个层进行了细致的试井解释与分析。对 E_3s、K_1bs、K_1y 三个层系各个井层的试井曲线进行了综合分析，结合储层物性、孔隙结构、砂体延伸范围、砂体连通性、边界条件以及地下凝析油储量等进行定性与定量的分析；通过常规试井解释方法与现代试井解释方法相结合，计算出有关地层参数，对解释结果进行了可靠性分析，通过压力拟合与无因次霍纳检验解释出了可靠的地层参数(见表 5－1)。通过试井解释，对雅－大凝析气井及凝析气藏特性有了进一步的认识。

表 5－1　雅克拉－大涝坝凝析气井试井解释结果

井名	测试层位及深度/m	测试日期	渗透率/ $10^{-3}\mu m^2$	表皮系数	井筒储集系数/(m^3/MPa)	边界/m
Y5H	K_1y 上：5428.62～5959.55	2005.12.10～2006.3.10	59.1	22.1	1.26	873
		2006.8.31～9.6	50.0	2.6	5.37	
		2008.7.14～25	23.9	6.9	11.18	310
		2009.1.22～2.8	26.1	6.6	10.20	270
		2009.9.14～26	43.2	9.7	5.13	544
Y6H	K_1y 下：5491.06～5892.50	2008.7.15～25	49.3	2.8	4.18	380
Y14H	K_1y 下：5361.100～5892.44	2008.11.18～2009.1.2	82.2	11.9	3.08	
Y2	K_1y 上：2564.00～5278.00 K_1y 下：5290.00～5296.00、5299.00～5303.00	2008.11.12～2008.11.20	27.8	19.9	0.42	
		2010.4.1～1210.4.12	10.1	6.9	1.10	
Y13	K_1y 上：5301.50～5306.00	2010.11.29～2011.1.5	5.9	－2.9	1.03	
Y8	K_1y 上：5258.00～5265.50、5267.50～5274.50	2009.10.18～2009.10.28	2.7	15.6	0.16	
		2010.4.21～2010.5.2	14.2	15.9	0.16	
Y15	K_1y 上：5279.00～5310.00	2010.2.28～2010.3.19	21.5	3.8	0.25	
DL1X	K_1bs：5139.50～5141.50、5143.00～5146.00、5148.00～5157.00	2007.8.23～2010.3.19	0.5	1.0	0.34	
		2011.7.7～2011.7.14	0.7	－2.1	0.27	
DL2	K_1bs：5126.00～5132.00	2006.3.29～2006.4.7	0.9	4.2	4.16	72.6
	E_{3S} 下：4964.00～4972.00	2006.9.27～2006.10.14	9.8	－4.3	0.26	
		2007.10.14～2007.10.24	17.6	－1.5	1.41	
			12.0	－1.3	0.28	交叉断层：96.8/97.5

续表

井名	测试层位及深度/m	测试日期	渗透率/$10^{-3}\mu m^2$	表皮系数	井筒储集系数/(m^3/MPa)	边界/m
DL3	K_1bs：5129.00～5137.00	2005.5.13～2005.6.27	7.0	3.8	0.14	
		2006.4.23～2006.5.2	1.3	0.2	0.17	
		2008.5.30～2008.6.12	0.2	－1.0	0.17	42.6
DL4	K_1bs：5133.00～5143.00	2006.6.7～2006.6.17	0.3	－0.6	0.20	
	E_{3S}下：4970.00～4980.00	2008.5.1～2008.5.12	3.1	4.6	0.10	72.4
		2010.9.13～2010.10.3	5.2	－2.0	0.25	250
		2011.7.7～2011.7.14	4.5	－2.7	0.86	
		2010.7.14～2010.7.24	4.1	－1.7	0.44	
S45	E_{3S}上：4975.50～4981.50	2004.2.8～2004.2.24	3.7	－1.6	0.34	混合边界：989/1818
		2006.5.20～2006.6.4	6.2	103.0	0.15	
	E_{3S}上：4975.50～4981.50 E_{3s}下：4992.50～4995.00	2006.12.25～2007.1.19	8.0	13.8	0.29	
DL6	E_{3S}上：4963.50～4968.00 E_{3S}下：4995.00～4998.00、4979.00～4989.00	2007.8.24～2007.9.4	1.0	1.58	0.11	141
	E_{3S}上：4963.50～4968.00 E_{3S}下：4995.00～4998.00、4979.00～4989.00	2008.2.27～2008.3.8	2.3	0.16	0.49	
	E_{3S}上：4963.50～4968.00	2009.7.17～2009.7.36	5.9	－1.50	1.60	
		2010.4.3～2010.4.12	7.8	2.30	0.72	

（一）渗透性分析

试井解释的渗透率在(0.1～100)×$10^{-3}\mu m^2$，大部分在(1～50)×$10^{-3}\mu m^2$，属于低－中渗透率储层。纵向上白垩系亚格列木组(K_1y 上、下)渗透率较高、下第三系苏维依组(E_3s 上、下)次之、白垩系巴什基奇克组(K_1bs)较差，平面上渗透率有高有低，但压力恢复曲线表现为均质气藏特征(图5－5)。

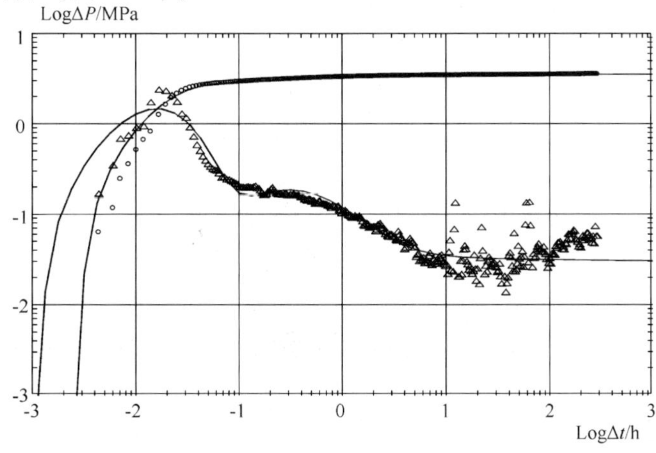

图5－5　Y2井井段双对数拟合数图

1. 白垩系亚格列木组下气层(K_1y 下)

从试井资料的解释结果可以看出，白垩系亚格列木组下气层的渗透率较好，Y6H 井试井解释渗透率为 $49.3\times10^{-3}\mu m^2$，Y14H 井试井解释渗透率达到 $82.2\times10^{-3}\mu m^2$。从整体上来说，白垩系亚格列木组下气层储层物性变化不大，储层比较均匀，有效孔隙度相差也不大，可见白垩系亚格列木组下气层是储层物性较好的一个层。

2. 白垩系亚格列木组上气层(K_1y 上)

从试井资料的解释结果可以看出，白垩系亚格列木组上气层的渗透率总体较好，横向展布上表现为 Y5H 井试井解释渗透率最高，达到 $59.1\times10^{-3}\mu m^2$，气层平均 $40.5\times10^{-3}\mu m^2$；Y5H 井东西方向的 Y8 井、Y13 井渗透率则较低，分别为 $2.7\times10^{-3}\mu m^2$、$5.9\times10^{-3}\mu m^2$。从整体上来说，白垩系亚格列木组上气层储层物性变化较亚格列木组下气层大，储层非均质性较强，但有效孔隙度相差不大，白垩系亚格列木组上气层是储层物性较好的一个层。

3. 白垩系巴什基奇克组(K_1bs)

从巴什基奇克组砂体各井测试段试井资料的解释结果可以看到：渗透率较高的是 DL3 井，渗透率最高达到 $7.0\times10^{-3}\mu m^2$；较低的是 DL2 井、DL4 井，渗透率在 $1.0\times10^{-3}\mu m^2$以下。从整体上说，巴什基奇克组砂体储层物性较差，试井解释渗透率均在 $10\times10^{-3}\mu m^2$以下，大部分都在 $1.0\times10^{-3}\mu m^2$以下，属于低渗储层。

4. 下第三系苏维依组下气层(E_3s 下)

从试井资料的解释结果可以看出，下第三系苏维依组下气层在大涝坝区块属于渗透率较好的层位。就目前现有的试井解释结果，DL2 井渗透率最高，达到 $17.6\times10^{-3}\mu m^2$；DL4 井次之，为 $3.1\times10^{-3}\mu m^2\sim5.2\times10^{-3}\mu m^2$。

5. 下第三系苏维依组上气层(E_3s 上)

从试井资料的解释结果可以看出，下第三系苏维依组上气层试井解释渗透率与苏维依组下气层比较接近，DL6 井渗透率最高，达到 $7.8\times10^{-3}\mu m^2$；S45 井次之，为 $3.7\times10^{-3}\sim6.2\times10^{-3}\mu m^2$。

(二) 边界分析

雅克拉—大涝坝凝析气田各个层系均有不同程度的边界反应：

(1) Y5H 井在白垩系亚格列木组上气层(K_1y 上)的 5428.62~5959.55m 井段存在一定压边界(见表 5-1)，推断定压边界为边水造成。随着生产，造成边水不断推进，定压边界距离不断缩短。从雅克拉上气层构造上看，Y5H 井外围存在边水，与解释结果一致。

(2) Y6H 井在白垩系亚格列木组下气层(K_1y 下)的 5491.06~5892.50m 井段的导数曲线在测试末期探测至 380m 处出现下翘，初步分析认为该定压边界为油水边界。

(3) S45 井在下第三系苏维依组上气层(E_3s 上)4975.50~4981.50m 井段存在两个定压边界，分别距井 988.8m 和 1817.52m。从构造图上看，该井附近有两个断层存在，和解释结果基本吻合。

(三) 污染程度分析

雅克拉—大涝坝凝析气田地层受到的损害和污染比较严重。在 33 个井层的测试资料解

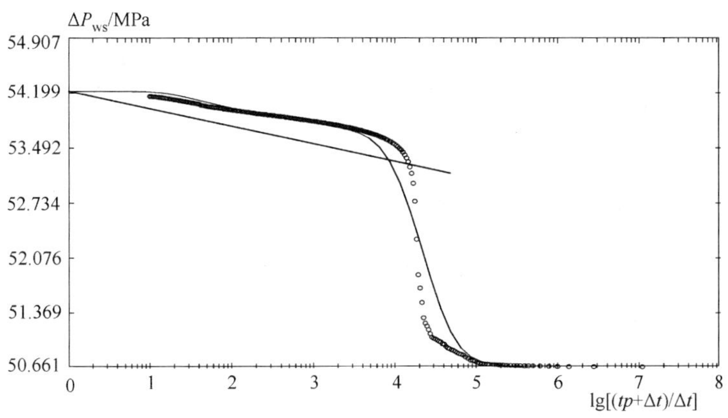

图 5－6　Y5H 井 5456.60～5959.55m 井段半对数拟合数图

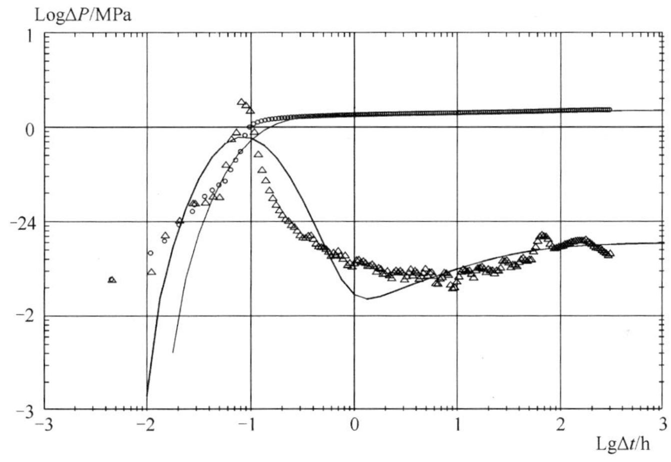

图 5－7　Y5H 井 5456.60～5959.55m 井段双对数拟合数图

释中井筒表皮系数超过 10 的有 7 个井层，占 21%，中度损害和污染的井层有 4 个，占 12%，轻度损害和污染的井层有 9 个，占 27%。造成损害和污染的原因主要有：

（1）打开程度不完善。如 Y2 井在 5264.00～5278.00m、5290.00～5296.00m、5299.00～5303.00m 井段的井筒表皮系数为 19.9，其主要原因是白垩系亚格列木组下气层（K_1y 下）5299.00～5303.00m 井段打开程度不完善，射孔程度只有 1/4。

（2）地下反凝析现象。地下反凝析现象会造成井底污染，如 S45 井 2006 年 5 月份试井解释表皮系数达到 103，分析认为井底流压一直在低于露点压力生产，测试前该井生产压差已达 20MPa。分析此种现象的产生是由于反凝析现象、边水突进、井底出砂共同作用的结果。由于反凝析现象相对严重，使井筒周围较大范围内存在死油区，气相相对渗透率降低后气产量降低，造成携液能力降低，使地层水不能及时排出井筒造成积液；同时由于反凝析造成的附加压降增大，使生产压差由正常的 5～6MPa 升至 20MPa，加速了井底出砂的可能性。对于这些地下反凝析现象严重的井层，在开采时要尽量避免凝析油在地下析出，即要尽量保持地层压力高于露点压力。

此外钻完井、修井作业过程中对储层污染也要引起重视。

第二节　雅克拉－大涝坝凝析气井单井产能评价

气井的绝对无阻流量是评价气井潜在产能的重要指标。无论是新发现的产气探井，还是投产的产气井都需要不失时机地了解绝对无阻流量的大小，以便选用合理的气井生产水平，实现气井长期高产、稳产。因此，准确无误地确定气井的绝对无阻流量十分重要。

一、影响凝析气井产能的因素

（一）反凝析

对于凝析气井，反凝析对渗透率的影响巨大，其敏感程度远较其他因素高。相渗曲线很清晰地表明，较低的凝析油饱和度也会导致气相相对渗透率急剧降低，降低幅度可高达80%。因此，分析反凝析对渗透率以及由此造成流入动态的变化就显得意义重大。

反凝析对渗透率的影响主要通过凝析油饱和度来体现，从图5－8可以看出，凝析油饱和度在近井地带变化较为剧烈，而随着距井筒的径向距离的扩大，凝析油饱和度逐渐减小，并趋于平缓。由于凝析油饱和度变化，储层渗透率也会因此而变化，但同样只在近井区降低幅度较大，在远井区变化不大。所以，在开采中，径向渗透率并非一定值，而是随着距井筒的径向距离变化存在变化梯度。

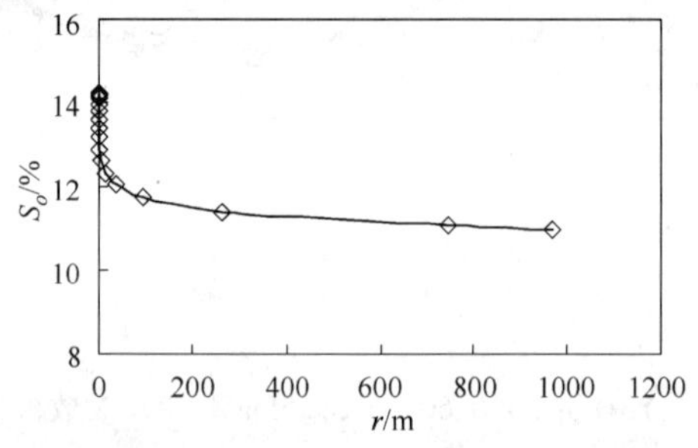

图5－8　凝析油饱和度－距井筒的径向距离关系曲线

上述分析表明，凝析气井的气流入井应通过两个不同的区域：内区，凝析油饱和度较高，渗透率低；外区，凝析油饱和度低，渗透率高。在不同的生产时期，内外区的边界是动态变化的。

首先，分别建立内外区的流入动态：

内区：

$$P_t^2 - P_{wf}^2 = A_1 q_{sc} + B_1 q_{sc}^2$$

其中

$$A_1 = \frac{1.291 \times 10^{-3} T \bar{\mu} \bar{z}}{\pi k_1 h}\left(\ln \frac{r_t}{r_w} - \frac{3}{4} + S\right)$$

$$B_1 = \frac{2.828 \times 10^{-21} \beta_1 \gamma_g T \bar{z}}{r_w h^2}$$

外区：

$$P_r^2 - P_t^2 = A_t q_{sc} + B_t q_{sc}^2$$

其中

$$A_{\mathrm{t}}=\frac{1.291\times10^{-3}T\bar{\mu}\bar{z}}{\pi k_{\mathrm{t}}h}\left(\ln\frac{r_{\mathrm{e}}}{r_{\mathrm{t}}}-\frac{3}{4}+S\right)$$

$$B_{\mathrm{t}}=\frac{2.828\times10^{-21}\beta_{\mathrm{t}}\gamma_{g}T\bar{z}}{r_{\mathrm{t}}h^{2}}$$

得到考虑渗透率变化的流入动态关系式：

$$P_{\mathrm{r}}^{2}-P_{\mathrm{wf}}^{2}=A'q_{\mathrm{sc}}+B'q_{\mathrm{sc}}^{2}$$

其中，$A'=A_{1}+A_{\mathrm{t}}=A_{1}\left(1+\frac{k_{1}}{k_{\mathrm{t}}}\frac{\ln\frac{r_{\mathrm{e}}}{r_{\mathrm{t}}}-\frac{3}{4}+S}{\ln\frac{r_{\mathrm{t}}}{r_{\mathrm{w}}}-\frac{3}{4}+S}\right)$

$$B'=B_{1}+B_{\mathrm{t}}=B_{1}\left(1+\frac{\beta_{\mathrm{t}}r_{\mathrm{w}}}{\beta_{1}r_{\mathrm{t}}}\right)=B_{1}\left[1+\left(\frac{k_{1}}{k_{\mathrm{t}}}\right)^{1.5}\frac{r_{\mathrm{w}}}{r_{\mathrm{t}}}\right]$$

由上式可知，产能方程系数 A、B 不再是常数，而是随着内外区渗透率比以及边界半径变化而变化。

利用某凝析气井生产数据，取不同的渗透率比，作出方程系数 A'、B'、$Q_{\max}$与内区渗透率的关系曲线，如图 5－9～图 5－11 所示。

由图 5－10 可知，随着内区渗透率不断减小，系数 A、B 逐渐增加，但 B 增加的幅度很小，基本上可以看作常数。而无阻流量随着内区渗透率的减小则很快降低，这表明近井地带渗透率的变化对产量的影响非常显著。

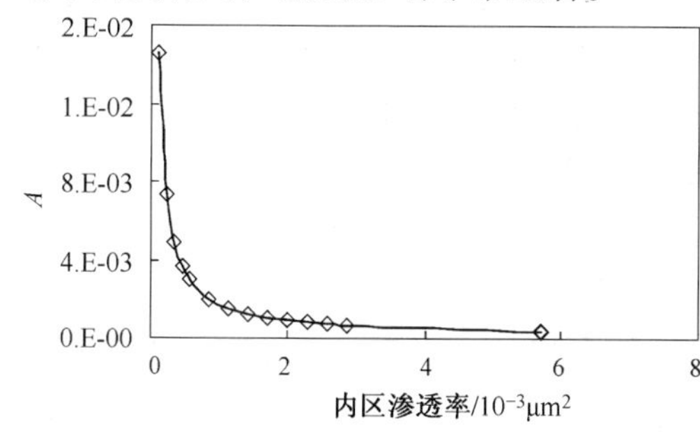

图 5－9　系数 A～内区渗透率关系曲线

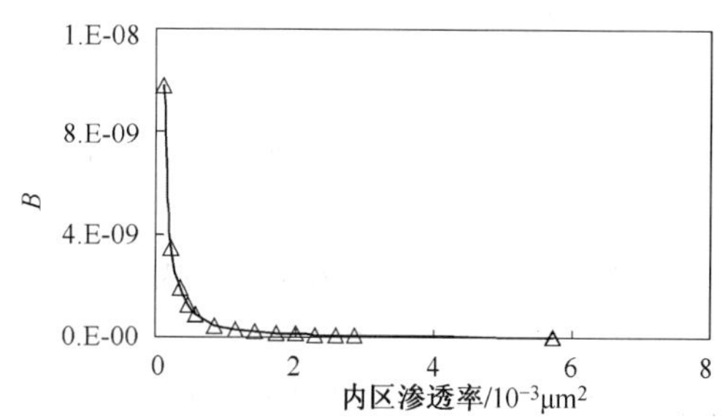

图 5－10　系数 B～内区渗透率关系曲线

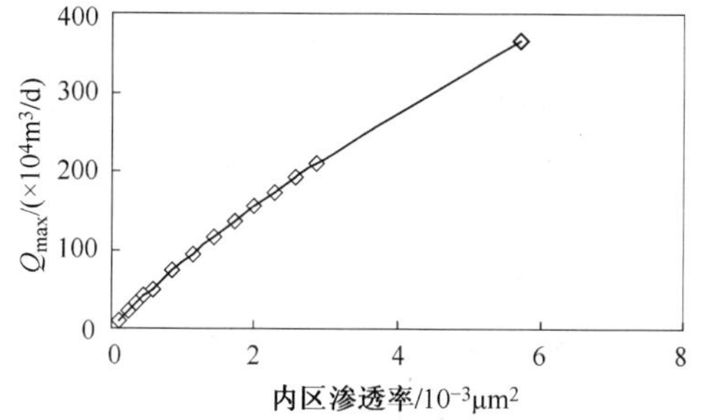

图 5－11　无阻流量－内区渗透率关系曲线

然后又作出不同边界半径下的 A 和无阻流量关系曲线，如图 5－12、图 5－13 所示。由图 5－12 可以看出，在近井区，系数 A 的变化较为剧烈，其主要原因在于近井区高凝析油饱和度所致。图5－13同样展示了近井区对产能的影响程度，而且随着边界半径的扩大，无阻流量也不断减小。其原因在于内区的较低渗透率在整个径向区占的比重不断加大，因而导致储层渗流能力降低，产能下降。

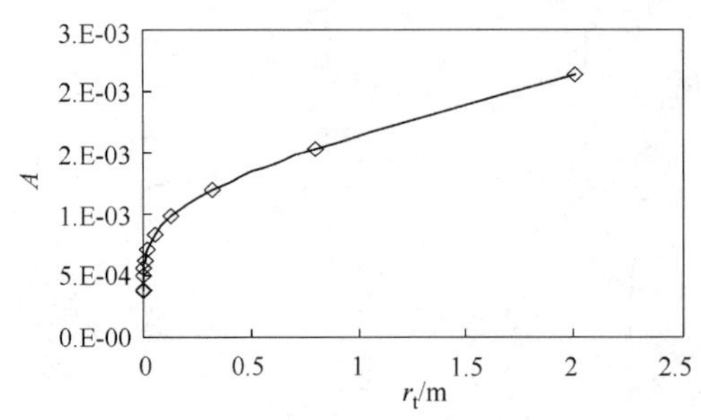

图5－12　系数A～边界半径关系曲线

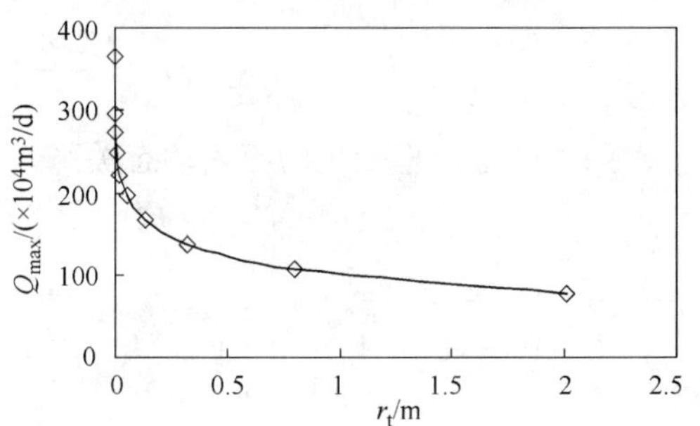

图5－13　无阻流量～边界半径关系曲

（二）地层压力

如果地层压力降到露点压力以下，则整个储层均会析出凝析液，导致储层平均渗透率急剧下降。地层压力下降越快，凝析油饱和度越高，当压力降到一定程度时，饱和度会达到最大值，并逐渐降低。

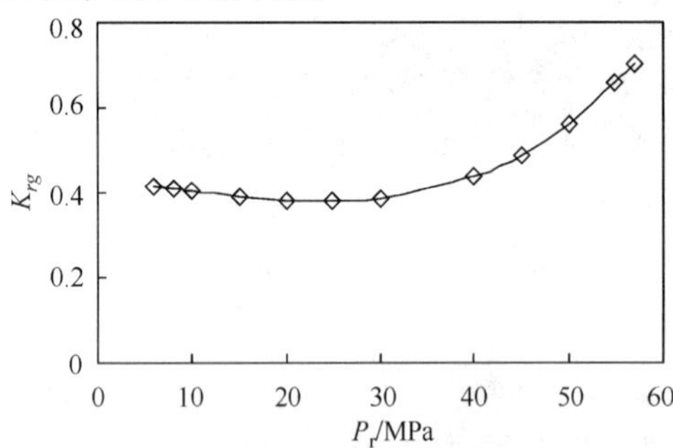

图5－14　气相相对渗透率－地层压力关系曲线

储层压力与凝析油饱和度关系可通过实验得到，然后利用相渗曲线，就可以获得地层压力与气相相对渗透率的关系曲线，如图5－14所示。

由图5－14可以看出，一旦地层压力低于露点压力，气相相对渗透率下降很快，但某个压力点，渗透率降到最低。随后地层压力若进一步下降，气相相对渗透率会略有增加，但增加幅度不大。

（三）水

对于存在边底水的气藏，怎样防止气井过早见水、避免水侵入造成储层不可逆的伤害是含水气藏开发非常重要的工作。当外来液体（主要是湿相）进入孔隙后，附着在介质上，由于润湿相和非润湿间的毛管力的作用，产生液锁，将介质间的孔隙堵死，即使加大压差，打通孔隙，由于岩石的亲液性，一般也不会完全解除水锁，部分外来液体仍附着在介质表面，使其孔道变小，地层含水饱和度上升，渗透率降低，产气量下降。

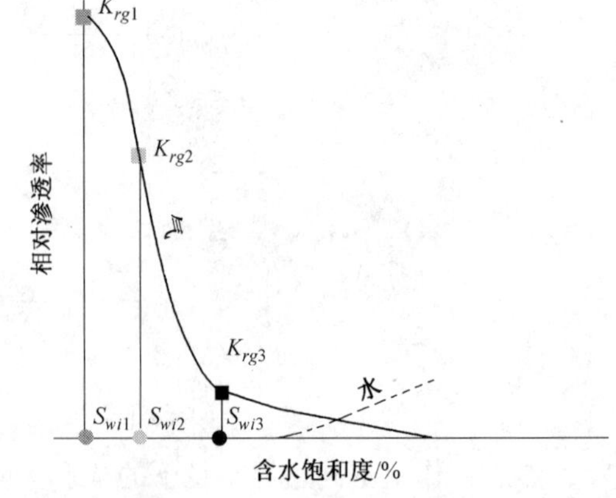

图5－15　相对渗透率曲线

水侵对渗透率的影响主要通过含水饱和度来反映。图5－15给出了气体相对渗透率与含水饱和度的关系曲线。由于低渗透气藏原始含水饱和度一般要低于或远远低于束缚水饱和度 $Sw3$），所以其相对渗透率一般较高（$K_{rg}>K_{rg3}$）。但一旦有外来液体侵入，地层含水饱和度迅速上升，即使采取措施排液，地层最低含水也只能降为束缚水饱和度，其相对渗透率下降很多，会使$K_{rg} < K_{rg3}$。

对于裂缝性气藏，外来水进入裂缝后，产生水锁，将部分细小的裂缝堵死，但其主要的较大的裂缝仍是畅通的，但随含水增加，相对渗透率仍下降较大，另外随着地层压力的降低，地层中部分裂缝会产生闭合，将油气的部分通道堵死，也会引起地层渗透率的降低。

（四）高速效应

准确理解相对渗透率在渗流中的变化对于精确评估凝析油阻塞影响十分重要。对于生产井动态，近井相对渗透率是最主要的控制因素。大量实验发现，近井区凝析油并非像常规认识的那样高度聚集，相反处于较低的饱和度状态，气相相对渗透率因而大幅度提高。这种现象和近井区的高流速密切相关。凝析油气流体在多孔介质中的高速流动，会使气相渗透率表现出两种相反的趋势：①气相相对渗透率随速度增加，大量的实验已证实了这种现象；②高流速造成渗流出现非达西流动特征，气相相对渗透率因而降低。目前的凝析气藏产能分析大多只考虑了高流速带来的负面效应，却忽视了高流速对凝析气流动的正效应，因而可能会低估气井产能，这与只采用单相气方法高估产能一样不利于储层渗流动态和产能的正确预测。

二、凝析气井产能的计算方法

（一）系统试井求产能方程

1. 二项式产能方程

根据试井理论，二项式产能方程为：

$$P_e^2 - P_{wf}^2 = Aq_g + Bq_g^2 \tag{5-32}$$

进一步整理为：

$$\frac{P_e^2 - P_{wf}^2}{q_g} = A + Bq_g \tag{5-33}$$

由式(5－32)可知：$\frac{P_e^2 - P_{wf}^2}{q_g} \sim q_g$之间满足线性关系，其直线的斜率为系数$B$，直线的截距为$A$。因此，将实测数据按$\frac{P_e^2 - P_{wf}^2}{q_g} \sim q_g$整理，在直角坐标中作成直线，利用最小二乘法求出直线的斜率及截距即可求得系数B和A。

求得系数B和A后，利用式(5－33)可导得计算气井无阻流量的公式为：

$$q_{AOF} = \frac{\sqrt{A^2 + 4B(P_e^2 - 0.101^2)} - A}{2B}$$

2. 指数式产能方程

根据试井理论，指数式产能方程为：

$$q_g = C(P_e^2 - P_{wf}^2)^n \tag{5-34}$$

对式(5－34)两边取对数：

$$\lg q_g = \lg C + n\lg(P_e^2 - P_{wf}^2) \tag{5-35}$$

由式(5－35)可知，$\lg q_g \sim \lg(P_e^2 - P_{wf}^2)$之间存在直线关系，直线的截距为$\lg C$，直线的斜率为指数$n$。

对于实际测得的资料，按 $\lg q_g \sim \lg(P_e^2 - P_{wf}^2)$ 整理，应得到一条直线。根据直线的截距和斜率求得方程系数 C 和 n 之值。

由此计算气井的绝对无阻流量为：

$$q_{AOF} = C(P_e^2 - 0.101^2)^n$$

3. 拟压力产能方程

产能方程为：

$$\psi(P_e) - \psi(P_{wf}) = Aq_g + Bq_g^2$$

式中 A——层流系数；

B——紊流系数。

A、B 值可通过最小二乘法求得。

另外，如果依据一点法求出了无阻流量 q_{AOF}，亦可代入公式(5-36)、(5-37)求出 A 和 B，其方法为：

$$A = \frac{\psi(P_e)}{q_{AOF}} + \frac{\psi(P_e)(q_{AOF} - q_g) - \psi(P_{wf})q_{AOF}}{q_g(q_{AOF} - q_g)} \tag{5-36}$$

$$B = \frac{\psi(P_e)q_g - [\psi(P_e) - \psi(P_{wf})]q_{AOF}}{q_g q_{AOF}(q_{AOF} - q_g)} \tag{5-37}$$

式中 q_g——地层气产量 m^3/d，对于凝析油应通过当量换算为凝析气；

P_e——地层压力；MPa；

P_{wf}——井底流动压力，MPa；

$\psi(P)$——拟压力，$MPa^2/mPa \cdot s$；

A——二项式产能方程层流项系数，$(MPa^2/mPa \cdot s)/(10^4 m^3/d)$；

B——二项式产能方程湍流项系数，$(MPa^2/mPa \cdot s)/(10^4 m^3/d)$；

q_{AOF}——无阻流量；$10^4 m^3/d$。

（二）一点法求产能方程

系统试井需要的时间长，要求严格，不但要保证测得稳定的产量、稳定的流压，而且不同工作制度之间要有足够的压差梯度。为解决系统测试工作中遇到的困难，陈元千教授提出了一点法求取绝对无阻流量的方法。

1. 二项式产能方程

根据试井理论，二项式产能方程为：

$$P_e^2 - P_{wf}^2 = Aq_g + Bq_g^2 \tag{5-38}$$

式中：A 为层流系数，B 为紊流系数。

当 $P_{wf} = 0.101$MPa 时，所对应的产量就是气井的无阻流量，此时有：

$$P_e^2 - 0.101^2 = Aq_{AOF} + Bq_{AOF}^2 \tag{5-39}$$

式中：q_{AOF}为气井的无阻流量。

将式(5-38)除以式(5-39)，进行简化整理，并取 $P_e^2 - 0.101^2 \approx P_e^2$ 后得：

$$\frac{P_e^2 - P_{wf}^2}{P_e^2} = \alpha \frac{q_g}{q_{AOF}} + (1 - \alpha)\left(\frac{q_g}{q_{AOF}}\right)^2 \tag{5-40}$$

令

$$\alpha = \frac{A}{A + Bq_{AOF}}, P_D = \frac{P_e^2 - P_{wf}^2}{P_e^2}, q_D = \frac{q_g}{q_{AOF}}$$

则式(5－40)变为

$$P_D = \alpha q_D + (1-\alpha) q_D^2 \tag{5-41}$$

α 取不同值时，就可以得到形式相同，但系数不同的方程。常见的一点法试井资料分析公式有以下三个：

方法一：$q_D = P_D^{0.5698711}$

$$则\ q_{AOF} = \frac{q_g}{[(P_e^2 - P_{wf}^2)/P_e^2]^{0.5698711}} \tag{5-42}$$

方法二：$q_D = 1.0434 P_D^{0.6594}$

$$则\ q_{AOF} = \frac{q_g}{1.0434[(P_e^2 - P_{wf}^2)/P_e^2]^{0.6594}} \tag{5-43}$$

方法三：$q_D = \frac{\sqrt{1+48P_D}-1}{6}$

$$则\ q_{AOF} = \frac{6q_g}{\sqrt{1+48(P_e^2 - P_{wf}^2)/P_e^2}-1} \tag{5-44}$$

求得气井无阻流量后，将无阻流量值代入式(5－38)、(5－39)联合求解，得：

$$B = \frac{P_e^2 - 0.101^2 - q_{AOF}(P_e^2 - P_{wf}^2)/q_g}{q_{AOF}^2 - q_g q_{AOF}} \tag{5-45}$$

$$A = \frac{P_e^2 - P_{wf}^2}{q_g} - Bq_g \tag{5-46}$$

在进行产能评价时，用三种方法所求无阻流量的平均值作为一点法无阻流量值。

2. 指数式产能方程

根据试井理论，指数式产能方程为：

$$q_g = C(P_e^2 - P_{wf}^2)^n \tag{5-47}$$

当 $P_{wf}=0.101$ 时，

$$q_{AOF} = C(P_e^2 - 0.101^2)^n \approx CP_e^{2n} \tag{5-48}$$

求得气井无阻流量后，将无阻流量值代入式(5－47)、(5－48)联合求解，得：

$$n = \frac{\lg(q_g/q_{AOF})}{\lg[1-(P_{wf}/P_e)^2]} \tag{5-49}$$

$$C = \frac{q_{AOF}}{(P_e^2 - 0.101^2)^n} \tag{5-50}$$

（三）考虑相态影响的凝析气井产能计算方法

前面所讲的气井无阻流量的一点法和系统试井两种求解方法，都是在有地层压力资料及在该地层压力下有稳定的测试资料的情况下进行计算的。雅克拉—大涝坝凝析气田只有原始状态的系统测试和 DST 测试资料。但是随着气田的开采，地层中的天然气不断的被开采出来，地层压力也不断下降。此时，用原始地层压力所求得的气井产能方程已不能代表目前地层压力下的产能特征，这就要求建立目前地层压力下的气井产能方程。

渗流理论表明，不管地层压力如何变化，产能方程的形式都不会改变，而只是产能方程中的 A、B、C 值发生变化，A、B、C 值主要受气体粘度和偏差因子的影响。所以知道了压

力变化前后的 μ 和 Z 值，就可以求得目前压力下的产能方程。

描述气井产量与井底压力的关系方程，称为气井的产能方程，气井的产能方程有两种形式，即指数式和二项式。天然气在地层中流动有三种方式：稳定状态流动、拟稳定状态流动和不稳定状态流动。不同流动状态有不同的产能方程和不同的 A、B 值。

1. 稳定状态流动的气井产能方程

$$P_e^2 - P_{wf}^2 = Aq_g \qquad \text{（达西流）}$$

式中 $A = \dfrac{1.291 \times 10^{-3} T\mu Z}{Kh} \ln \dfrac{r_e}{r_w}$

$$P_e^2 - P_{wf}^2 = Aq_g + Bq_g^2 \qquad \text{（非达西流）}$$

式中 $A = \dfrac{1.291 \times 10^{-3} T\mu Z}{Kh}\left(\ln \dfrac{r_e}{r_w} + S\right)$；$B = \dfrac{1.291 \times 10^{-3} DT\mu Z}{Kh}$。

2. 拟稳定状态流动的气井产能方程

$$P_e^2 - P_{wf}^2 = Aq_g + Bq_g^2$$

式中 $A = \dfrac{1.291 \times 10^{-3} T\mu Z}{Kh}\left(\ln \dfrac{0.472 r_e}{r_w} + S\right)$；

$B = \dfrac{2.8282 \times 10^{-21} \beta \gamma_g TZ}{r_w h^2}$。

3. 不稳定状态流动的气井产能方程

$$P_e^2 - P_{wf}^2 = Aq_g + Bq_g^2$$

式中 $A = 2mq_g\left(\lg \dfrac{0.472 r_e}{r_w} + 0.433S\right)$；$B = 0.887 \times 10^{-3}\,\mu\text{m}^2$；$m = \dfrac{42.42\mu Z P_{sc} q_g}{KhT_{sc}}$。

4. 指数式渗流方程

$$P_g = C(P_e^2 - P_{wf}^2)^n$$

式中，$C = \dfrac{3343Kh}{T\mu Z \lg(r_e/r_w)}$

由以上各式看到，气井产能方程中的系数 A、B、C 等与 μ 和 Z 有关，A、B 是与其乘积成正比，C 值是与其乘积成反比。根据这一关系，求得目前地层压力下的系数 A、B、C 值，就可以求得新的产能方程和无阻流量。

（四）油气水三相产能方程

气藏不同程度存在反凝析，气井产能高，凝析油气流体在多孔介质中的高速流动，特别是在井筒附近，流体运动速度更高，一方面会形成毛管数效应，另一方面又会造成气体形成紊流，表现为非达西效应，此外，随着气井产水，地层中会出现复杂的油气水三相流动。

现有的凝析气藏产能评价方法多采用单相气井的产能分析方法，即二项式和指数式产能方程，或者在此基础上发展起来的经验修正分析，没有考虑相变及高速流效应及多相流对凝析气井产能的影响。这种近似对于地层总凝析液量较少时是可行的，但对于地层总凝析液量较多时会产生较大的误差，这种误差往往体现为确定的产能偏大。这是由于多相流动增加了气相的流动阻力，降低了其相对渗透率；同时由于液体析出聚集在近井地带，造成“液锁”，严重影响气相流动。

此外，凝析油析出造成的渗透率变化对产能的影响巨大。这种不同区域的渗透率变化实际上可以通过相对渗透率来表征，特别是当储层中出现两相流动时。而两相流动则主要出现在近井区，因此准确反映近井区的流动特征对凝析气井流入动态分析就显得至关重要。分析凝析气藏的多相渗流动态时，考虑高速流动效应与不考虑高速效应存在较大差别。

油气水三相产能评价方法有助于更好的认识凝析气藏稳态或拟稳态生产条件下的储层动态，准确预测气井产量。

1. 基于三区模型的多相流动产能方程建立

大量的文献对凝析气在储层中的三区流动现象(见图5－16)进行了详尽的描述，三区渗流模型目前已成为凝析油气流动研究的基础。压力衰竭过程中，凝析油饱和度从0增加，并且可能在Ⅱ、Ⅲ区的孔隙中存在，因此流入动态分析必须考虑不同区域的流动特征。

模型假设条件为：①均质凝析气藏，中心一口井，定产生产；②生产处于稳定流动状态；③随着流动压力变化，储层会出现不同的油气分布状态。

在凝析气藏稳态理论基础上，假设地层中气为非达西流动，油为达西流动，分别写出油气水三相的渗流方程为：

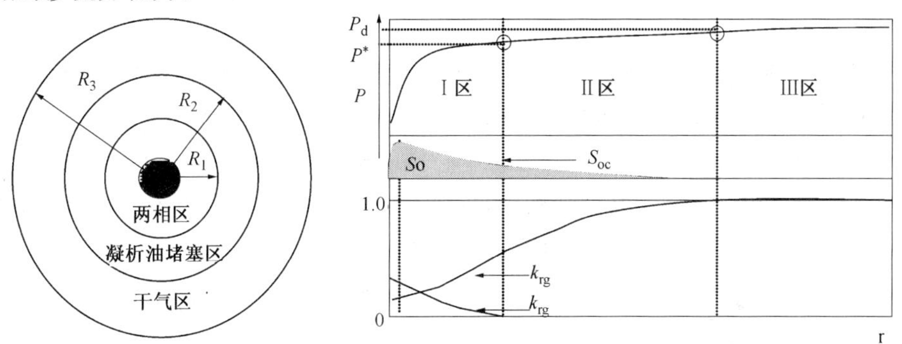

图5－16　凝析气井三区分布及三区流动中储层动态变化

油相：$$\frac{\mathrm{d}P}{\mathrm{d}r}=C_1\frac{\mu_o}{KK_{ro}}\frac{Q_o}{2\pi rh\rho_o}$$

水相：$$\frac{\mathrm{d}P}{\mathrm{d}r}=C_1\frac{\mu_w}{KK_{rw}}\frac{Q_w}{2\pi rh\rho_w}$$

气相：$$\frac{\mathrm{d}P}{\mathrm{d}r}=C_1\frac{\mu_g}{KK_{rg}}\frac{Q_g}{2\pi rh\rho_g}+C_2\beta_g\rho_g\left(\frac{Q_g}{2\pi rh\rho_g}\right)^2$$

式中　C_1、C_2——系数，$C_1=\frac{24\times3600}{10^6}$，$C_2=\frac{(24\times3600)^2}{10^6}$。

定义地层中气的质量流量与总的质量流量之比 $L_g=\frac{Q_o}{Q_o+Q_g+Q_w}$。可以推导出，凝析气、液多相渗流的产能方程：

$$\psi(P_e)-\psi(P_{wf})=C_1\frac{\rho_{sc}}{2\pi Kh}\left(\ln\frac{r_e}{r_w}+S\right)Q_{sc}+C_2\left(\frac{\rho_{sc}^2}{4\pi^2h^2}\int_{r_w}^{r_e}\frac{\beta_gK_{rg}L_g^2}{r^2\mu_g}\mathrm{d}r\right)Q_{sc}^2$$

上面方程右端是关于气井质量流量 m_t 的线性函数，可以简化为：

$$\frac{\psi(P_e)-\psi(P_{wf})}{Q_{sc}}=A+BQ_{sc}$$

式中：

$$A = C_1 \frac{\rho_{sc}}{2\pi Kh} \ln\left(\frac{R_e}{R_w} + S\right)$$

$$B = C_2 \frac{\left(\rho_{sc}^2 \int_{R_w}^{R_e} \frac{\beta_g K_{rg} L_g^2}{r^2 \mu_g} dr\right)}{4\pi^2 h^2}$$

$$\psi(p) = \int_{p_r}^{p} \left(\frac{K_{ro}\rho_o}{\mu_o} + \frac{K_{rg}\rho_g}{\mu_g} + \frac{K_{rw}\rho_w}{\mu_w}\right) dp$$

2. 参数计算

1）相对渗透率修正

大量研究表明，渗流速度对相对渗透率影响较大。这种影响可以通过考虑毛管数的相关式来模拟。毛管数有多种定义形式，本文主要采用常规的定义：

$$N_c = \frac{\mu_g v_g}{\sigma}$$

目前有两类描述毛管数对相对渗透率影响的相关式，一类是 Corey 相对渗透率函数，另一类是综合考虑非混相和混相相对渗透率的插值函数。Corey 关系式由于直接反映了低界面张力和高流速影响，常常用来进行相对渗透率特性的敏感性分析。但是由于 Corey 函数是由大量数据拟合而成，其适用性受到限制，而且很难反映高毛管数下的相对渗透率曲线特征。因此，多数学者倾向于采用插值函数来修正相对渗透率。

Fevang and Whitson 研究认为凝析油阻塞效应可通过 $K_{rx} = f(K_{rg}/K_{ro})$ 关系来间接描述。在给定 K_{rg}/K_{ro} 下，K_{rx} 随毛管数 N_c 的变化关系可用下式描述：

$$K_{rx} = f_i \cdot K_{rxi} + (1 - f_i) \cdot K_{rxm}$$

$$f_i = \frac{1}{(\alpha \cdot N_c)^n + 1} \quad (n \text{ 一般为 } 0.65)$$

在高速流动条件下，非达西流动效应也不可忽视。非达西流动效应可通过惯性因子来模拟，即表示。

$$F_{ND} = \frac{1}{1 + \frac{\beta \cdot k\rho v}{\mu}}$$

因此，综合考虑毛管数和非达西效应影响的相对渗透率为：

$$K_{rx}^* = F_{ND} \cdot K_{rx}(K_{rg}/K_{ro}, N_c)$$

2）拟压力求解

基于三区的流动机理，拟压力可表示为：

$$\psi(P) = \frac{\mu_{gi}}{\rho_{gi}} \int_{P_b}^{P_{cr}} \left(\frac{\rho_o k_{ro}}{\mu_o} + \frac{\rho_g k_{rg}}{\mu_g} + \frac{\rho_w k_{rw}}{\mu_w}\right) dP + \frac{\mu_{gi}}{\rho_{gi}} \int_{P_{cr}}^{P_{dew}} \frac{\rho_g k_{rg}}{\mu_g} dP + \frac{\mu_{gi}}{\rho_{gi}} \int_{P_{dew}}^{P} \frac{\rho_g}{\mu_g} dP$$

式中相对渗透率计算采用考虑毛管数和非达西效应的修正值。拟压力的计算关键是确定第 1 区的边界压力 P。由 Fevang 和 Whitson 的定义，P 等于生产井流物的露点压力，其值为 $r_s = 1/R_p$ 时对应的压力。

如果气井的生产状态处于拟稳态阶段，拟压力函数计算可采用相对渗透率比公式：

$$\frac{K_{ro}}{K_{rg}} = \frac{\rho_g L \mu_o}{\rho_o V \mu_g}$$

式中 L——平衡状态下的液相摩尔分数；

V——平衡状态下的气相摩尔分数。

凝析气、液两相渗流的产能方程最早由 O′Dell－Miller(1967)提出，而后 Jones 和 Raghavan 从理论上进行了严格证明，并提出了稳态理论。如果通过实验或闪蒸计算得到气、油相的摩尔分数、压缩因子，便可借助相对渗透率曲线，确定含油饱和度 $So \sim P$ 分布，进而可以计算出拟压力。

3）积分 $\int_{R_w}^{R_e} \frac{\beta_g K_{rg} L_g^2}{r^2 \mu_g} \mathrm{d}r$ 的计算方法

A. 气藏中压力剖面分布

当生产达到稳态时，可得到不同井底压力下气藏中的压力分布

$$r = R'_w \left(\frac{R_e}{R'_w}\right)^{\left|\frac{\psi(p)-\psi(p_{wf})}{\psi(p_e)-\psi(p_{wf})}\right|}$$

式中 R'_w 为有效井筒半径 $R_w^1 = R_w e^{-s}$。

B. 不同半径下的 β_g、K_{rg}、L_g、μ_g 的计算方法

由于已计算出不同压力的气相相对渗透率及黏度，从而可以获得不同压力的 L_g。根据气藏中压力剖面分布，可求得气相相对渗透率、黏度、惯性阻力系数及 L_g 与径向半径的关系，从而可据数值积分方法获得积分值。

4）热力学平衡方程

根据热力学第一、第二定律，处于热力学平衡的物系中，每一种物质在气液两相中的化学位或逸度相等，有：

$$f_i^L = \varphi_i^L x_i P^L = f_i^V = \varphi_i^V y_i P^V \quad (i=1,\ 2,\ \cdots,\ N_c)$$

$$k_i = \frac{x_i}{y_i} = \frac{\varphi_i^L P^L}{\varphi_i^V P^V} \quad (i=1,\ 2,\ \cdots,\ N_c)$$

式中，f，φ 分别是逸度和逸度系数。如果已知体系的温度 T、各相的压力和组成时，逸度系数 φ 可由状态方程计算得到。利用相平衡热力学理论求解 φiV 和 φ_i^L 的严格积分方程为：

$$RT\ln(\varphi_i^V) = RT\ln\left(\frac{f_i^V}{y_i P^V}\right) = \int_{V_V}^{\infty}\left[\left(\frac{\partial P^V}{\partial n_i^V}\right)_{V_V,T,n_{jV(j\neq i)}} - \frac{RT}{V_L}\right]dV_L - RT\ln Z^V$$

$$RT\ln(\varphi_i^L) = RT\ln\left(\frac{f_i^L}{x_i P^L}\right) = \int_{V_L}^{\infty}\left[\left(\frac{\partial P^L}{\partial n_i^L}\right)_{V_L,T,n_{jL(j\neq i)}} - \frac{RT}{V_L}\right]dV_L - RT\ln Z^L$$

当状态方程选定以后，可由上式推导出逸度系数的具体表达式。

5）状态方程

状态方程是描述物质存在状态的基本关系，自 1873 年 Van Der Waels 首先提出描述压力、体积和温度的关系式以来，目前公开发表的状态有 100 多个，但是在石油工业最普遍使用的状态方程却很少，只有 RK、SRK、PR、PT 和 SW 等几个状态方程，利用状态方程可以计算物质的相转变和多种热力学性质，根据文献调研及现场应用情况，本文采用 PR 状态方程，该状态方程具有体积性质预测较准确的特点。

$$p = \frac{RT}{V-b} - \frac{a\alpha(T)}{V(V+b)+b(V-b)}$$

式中：a，b 为：

$$a_i = 0.45724 \times \frac{R^2 T_{ci}^2}{p_{ci}}$$

$$b_i = 0.07780 \times \frac{RT_{ci}}{p_{ci}}$$

$$\alpha_i(T) = [1 + m_i(1 - T_{ri}^{0.5})]^2$$

$$m_i = 0.37464 + 1.48503\omega_i - 0.26992\omega_i^2$$

3. 最大无阻流量求解

凝析气井无阻流量是判别凝析气井生产能力的标志，是各单井配产的一个相对依据。当凝析气井气油同产时，地层的渗流特征不同于单相气体渗流特征，不能以单相渗流理论求出的最大无阻流量来对凝析气井配产。

根据线性关系式，以 $\frac{\psi(p_e) - \psi(p_{wf})}{Q_{sc}}$ 为纵坐标，Q_{sc}为横坐标，线性回归求解得到 A 和 B。凝析气井的最大无阻流量(Q_{AOF})可以表示如下：

$$Q_{AOF} = \frac{-B + \sqrt{B^2 + 4A[\psi(p_e) - \psi(0.101)]}}{2A}$$

对于凝析气井，应该依据上式求出的最大无阻流量，来确定凝析气井的合理产量。

三、雅－大凝析气井产能计算

（一）系统试井分析计算产能

根据大涝坝和雅克拉凝析气藏勘探评价需要，为了求取地层压力、流体物性、地层参数，以及确定合理产能，从 1997 年至今进行了多次系统试井与压恢测试。这些测试数据为气藏产能的确定与分析提供了一定的基础资料与参考价值。

在实际的系统试井资料中，如果按二项式产能方程分析，采用压力平方分析处理时，应该有 $(P_R^2 - P_{wf}^2)/q_g$ 与 q_g 呈直线关系，对于指数或采用压力平方处理时，应该有 $\lg q_g \sim \lg(P_R^2 - P_{wf}^2)$ 呈正直线关系。对于大涝坝和雅克拉凝析气藏，大部分井次的测试资料在作产能方程分析曲线时，均出现了异常情况。本计算运用气藏工程分析方法首先对异常情况进行了合理校正(见图 5－17～图 5－20)。

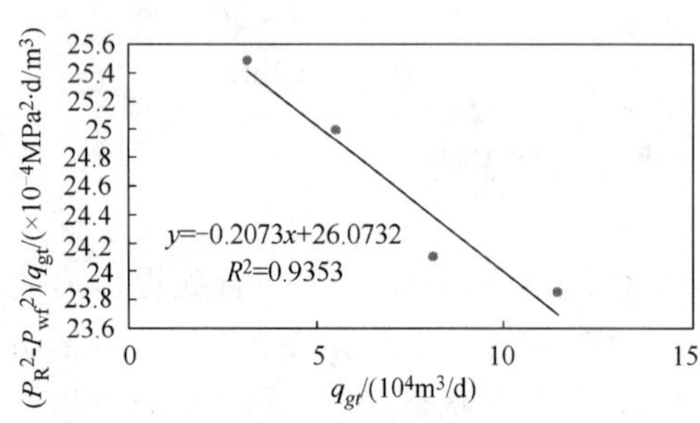

图 5－17　DL2 井二项式产能曲线(修正前)

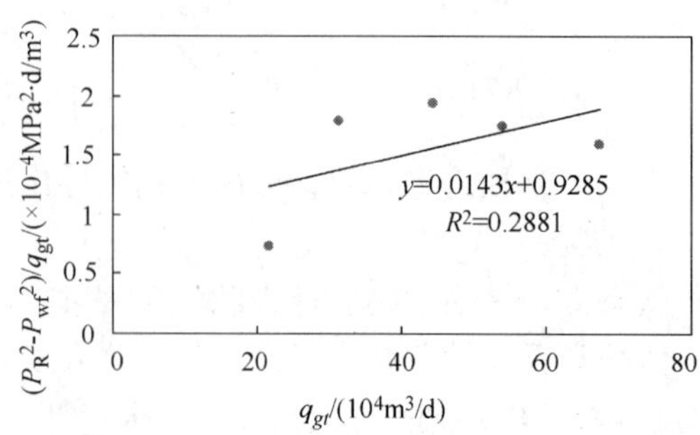

图 5－18　Y6H 井二项式产能曲线(修正前)

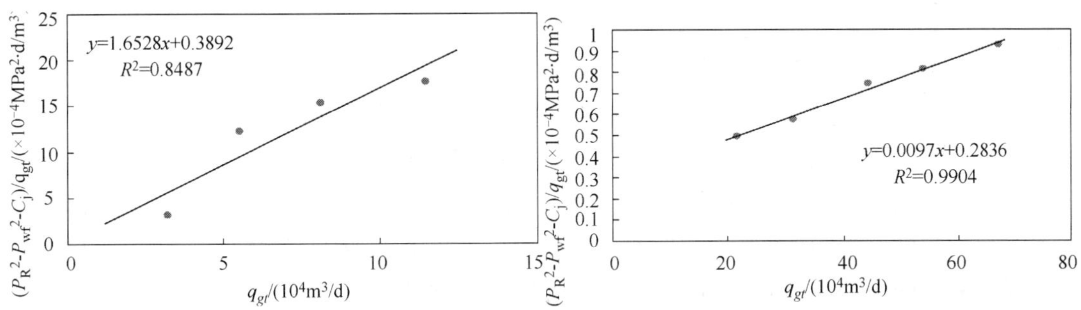

图 5－19　DL2 井二项式产能曲线（修正后）　　图 5－20　Y6H 井二项式产能曲线（修正后）

对系统试井测试资料，经产能方程回归分析得到了大涝坝气藏和雅克拉气藏系统试井产能方程与无阻流量，分别见表 5－2。雅克拉气藏气井的无阻流量高于大涝坝气藏。

图 5－2　雅－大气藏系统试井分析成果表

井号	产能方程	无阻流量/($10^4 m^3/d$)
DL2	$\overline{P}_R^2 - P_{wf}^2 = 0.3892q_{sc} + 1.6528q_{sc}^2 + 71$	41.10
DL3	$\overline{P}_R^2 - P_{wf}^2 = 0.0453q_{sc} + 7.0046q_{sc}^2 + 145.5$	20.43
S45	$\overline{P}_R^2 - P_{wf}^2 = 0.1571q_{sc} + 13.8038q_{sc}^2 + 93$	14.59
Y1	$\overline{P}_R^2 - P_{wf}^2 = 0.4807q_{sc} + 0.3642q_{sc}^2 + 630$	84.62
Y2（上气层）	$\overline{P}_R^2 - P_{wf}^2 = 0.2527q_{sc} + 0.3.1371q_{sc}^2 + 285$	30.17
Y2（下气层）	$\overline{P}_R^2 - P_{wf}^2 = 0.1640q_{sc} + 0.3926q_{sc}^2 + 90$	88.85
Y5H	$\overline{P}_R^2 - P_{wf}^2 = 0.1704q_{sc} + 0.0760q_{sc}^2 + 240$	192.90
Y6H	$\overline{P}_R^2 - P_{wf}^2 = 0.2836q_{sc} + 0.0097q_{sc}^2 + 62$	552.84

（二）一点法产能公式推算气井产能

以前面所得到的二项式或指数式产能方程为基础，对大涝坝与雅克拉凝析气藏直井与水平井的系统试井测点数据或 IPR 曲线计算点进行单点产能计算并进行一点法产能公式回归，得到适合于大涝坝气藏直井的一点法产能方程如下：

指数式：$$q_{AOF} = q/(1.0361P_D^{0.6555})$$

根　式：$$q_{AOF} = \frac{5.7429}{\sqrt{1 + 44.4672P_D} - 1}q$$

适合于雅克拉气藏直井的一点法产能方程如下：

指数式：$$q_{AOF} = q/(0.9742P_D^{0.6023})$$

根　式：$$q_{AOF} = \frac{6.9678}{\sqrt{1 + 62.4859P_D} - 1}q$$

同理，可回归得到雅克拉水平井的一点法产能方程：

指数式：$$q_{AOF} = q/(0.8272P_D^{0.6575})$$

根　式：$$q_{AOF} = \frac{4.0134}{\sqrt{1 + 24.1343P_D} - 1}q$$

由所建立的大涝坝、雅克拉凝析气藏直井与水平井的一点法产能公式也可推算气井产能。

（三） 考虑相态影响的凝析气井产能计算

当地层中凝析气藏衰竭开发降压到初始凝析压力之后和最大反凝析压力之前，会从气相中析出液态凝析油而形成反凝析区。一方面，反凝析区会随生产压降的不断加深而从气井向地层深处扩大，当凝析油饱和度低于凝析油能在地层中流动的最小饱和度值（称临界流动饱和度）时不能流动，所以地层中析出的凝析油会滞留在储层中不能采出；另一方面，凝析油的不断聚集减少了气体流动的有效孔隙空间，降低了气相的相对渗透率，对气相渗流产生堵塞效应（有时称反凝析液污染），损害了气井的生产能力，同时还会造成重组分的损失。

凝析气的反凝析特性造成凝析气藏呈现复杂多变的渗流动态，将会影响到气井的生产动态监测，给气井稳定及不稳定试井解释分析带来困难。根据渗流物理及相态特征，建立了考虑多孔介质界面现象以及相态变化的凝析气藏渗流微分方程和产能方程，分析了大涝坝凝析气藏流体相态变化特征对凝析气藏近井地层反凝析污染、渗流特征及凝析气井产能的影响。

图 5－21 给出了考虑相态影响的大涝坝 DL1X 井 IPR 曲线。在开采初期，当不考虑多孔介质界面现象与凝析水等影响时，气井 AOF $=16.45\times10^4 m^3/d$，而考虑界面现象与凝析水等影响时 AOF $=14.53\times10^4 m^3/d$，两者相对偏差 13.21%。

由此可见，对大涝坝凝析气藏，因其凝析油含量较高，多孔介质界面现象与凝析水等对气井产能影响较大。

另外从上述计算结果（见图 5－21、表 5－3）来看，地层压力降低，气井产能也降低，特别是在开发初期，产能随地层压力下降而降低较快。还可以看出，当气井压力低于露点压力之前，*IPR* 曲线变化很平缓甚至接近于直线，但一旦压力低于露点后，曲线变化即很陡，这主要是因为凝析气井地层压力低于露点压力后，将出现反凝析液损失，渗流阻力进一步加大，进而引起气井产能较快地降低，因此，凝析气井应注意保持地层压力，以及在气藏开采初期阶段，应注意生产压差不能放得太大，注意保持地层压力较平稳地降低，防止地层中析出较多凝析油后，出现反凝析液损失和降低气井产能。

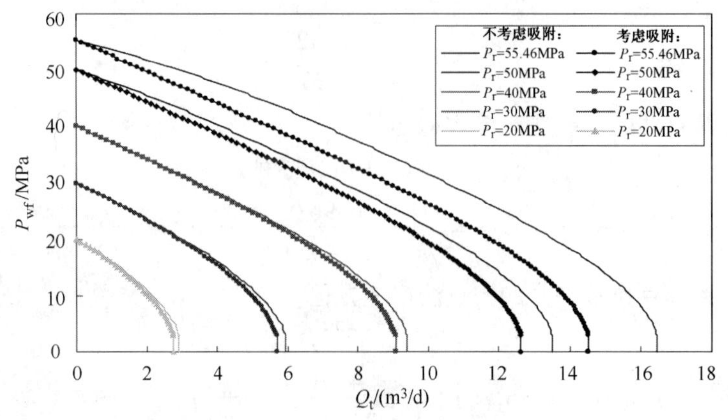

图 5－21 DL1X 井模拟计算出的 IPR 曲线

表 5－3　不同地层压力下考虑相态气井无阻流量　　(单位：$10^4m^3/d$)

井号	P_i	50MPa	40MPa	30MPa	20MPa
DL1X	16.45(55.46MPa)	13.51	9.39	5.94	2.91
DL2	21.25(53.62MPa)	19.33	14.02	8.92	4.40
DL3	18.22(55.4MPa)	15.93	11.58	7.39	3.65
S45	38.69(55.1MPa)	32.61	23.15	14.72	7.26
Y1	79.91(56.46MPa)	67.22	48.71	30.91	15.21
Y5H	184.82(55.686MPa)	157.10	113.77	72.30	35.61
Y6H	290.35(56.33MPa)	245.85	178.93	114.18	56.51

(四) 三相产能方程计算产能

以凝析气藏水平井 Y6H 为例，进行产能方程和无阻流量计算。

由于该井应用测试资料数据，用压力平方确定的二项式产能方程出现负斜率，如图 5－22所示，无法给出产能方程。

因此，通过软件计算出井底流压对应的三相拟压力来回归出该井的二项式和指数式产能方程，并根据该方程计算出无阻流量，以验证方法的合理性和可行性。

通过程序软件计算得到压力与拟压力的关系(见图 5－23)。

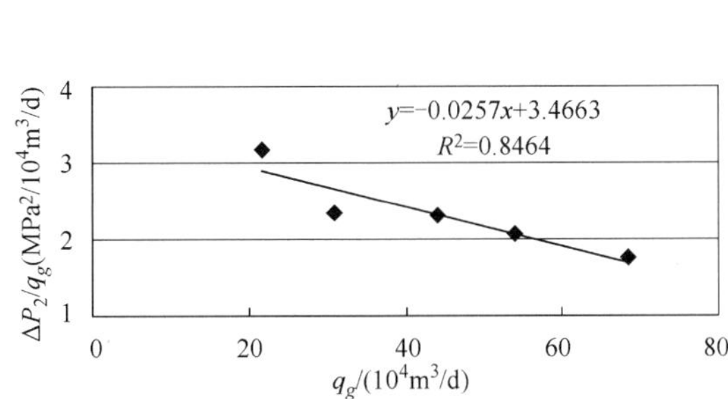

图 5－22　二项式产能方程

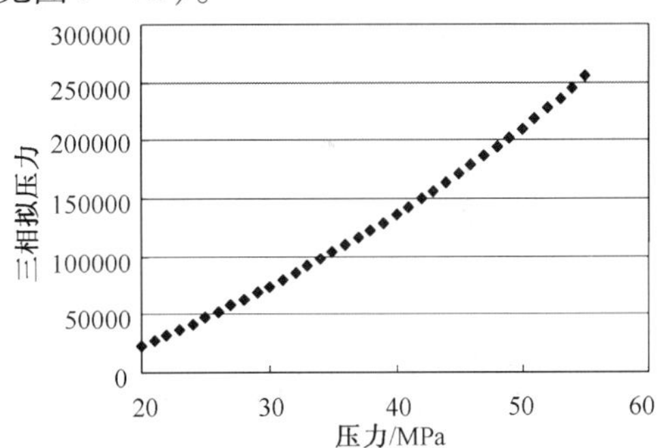

图 5－23　三相拟压力函数曲线

拟压力指数式产能方程：$Q = C[\psi(P_e) - \psi(P_w)]^n$

方程两边取对数：　　$\lg Q = n\lg[\psi(P_e) - \psi(P_w)] + \lg C$

则　　$Q_{AOF} = C[\psi(P_e)]^n$

可根据表 5－4 的值计算出 n 和 C 的值。

表 5－4　拟压力对应的产量

P_{wf}	对应拟压力 1	P_e	对应拟压力 2	拟压力差	Q	$\lg Q$	lg(拟压力差)	拟压力差/Q
55.75	263290	56.36	264283.8	993.8	21.6354	1.33516493	2.9973	45.94
55.71	262937	56.36	264283.8	1346.8	30.9266	1.49033218	3.12933	43.55
55.44	260179	56.36	264283.8	4104.8	44.2575	1.64598688	3.61329	92.75
55.35	259259	56.36	264283.8	5024.8	54.0899	1.73311618	3.70112	92.90
55.28	258544	56.36	264283.8	5739.8	68.6352	1.8365469	3.75890	83.63

以上数据进行回归可得到拟压力产能方程(见图5－24和图5－25)

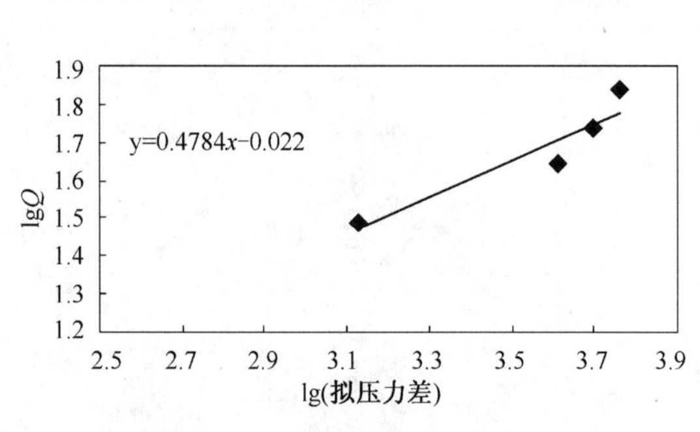

图5－24 三相拟压力指数式产能方程

图5－25 三相拟压力二项式产能方程

指数式：

得到 $n=0.4784$ $C=0.950604794$

将 n 和 C 的值代入指数式方程，得 $Q_{AOF}=308.18\times10^4m^3/d$

二项式：由图5－26(a)得，$A=1.68$ $B=2.15$ 将 A、B 值代入二项式方程，得 $Q_{AOF}=308.7\times10^4m^3/d$

为了比较单相流压力产能方程和三相流产能方程，图5－26(b)分别给出了两种方法的指数式产能方程。

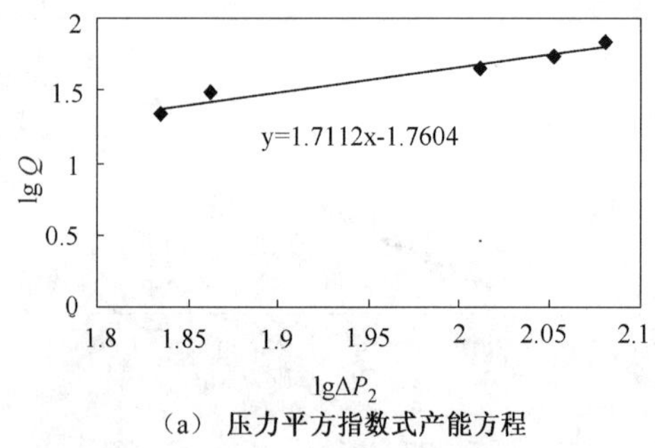

(a) 压力平方指数式产能方程

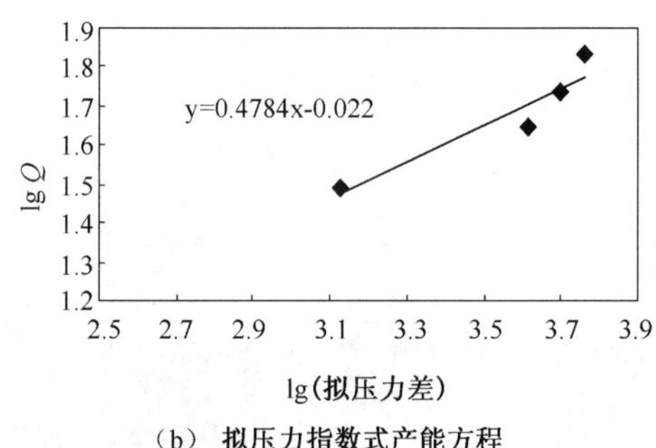

(b) 拟压力指数式产能方程

图5－26 拟压力指数式产能曲线和常规指数式产能方程曲线对比图

常规指数式产能方程，$Q=C(P_e^2-P_w^2)^n$

方程两边取对数， $\log Q=n\log(P_e^2-P_w^2)+\log C$

则 $Q_{AOF}=C(P_e^2-0.0101^2)^n$

由左图可以得到，$n=1.7112$，$C=0.017362$，$P_e=56.33MPa$。

将以上值代入得到：$Q_{AOF}=1706.566\times10^4m^3/d$，不符合实际情况。$n$ 值一般在 0～1，当 $n>1$ 时，指数式产能方程已不再适用。

由拟压力指数式方程得到的 $Q_{AOF}=308.7\times10^4m^3/d$，比较合理。

统计雅－大产能测试的8口井，根据三相产能方程计算方法，得到单井产能评价结果(见表5－5)，与单相流评价的产能方程相比，多相流产能方程评价的无阻流量明显小于单相流无阻流量，其中水平井Y5H和Y6H井两者结果偏差较大。

表 5－5　雅－大涝坝气井三相产能产能评价结果　　（单位：10^4m^3）

井号	开采层位	测试时间	三相产能公式计算无阻流量	单相流产能公式计算无阻流量
DL2	E_3s 下		39.8	45.8
DL3	K_1bs	2005.5.21～2005.8.25	20.18	24.6
DL4	K_1bs	2007.3.1～2007.3.13	51.2	59.6
Y2	K_1y 上	2004.6.11～2004.8.12	30.7	32.8
	K_1y 下		104.3	113.8
Y5H	K_1y 上	2005.11.10～2006.3.10	229.5	1250.5
Y6H	K1y 下	2005.11.10～2006.3.10	308.6	1706.5
Y9	K_1y 下	2006.2.7～2006.7.8	52.0	60.5
Y10	K_1y 上、下	2006.7.20～2007.2.28	114.9	123.5

第三节　凝析气田反凝析评价

在凝析气藏衰竭开采过程中，当井底压力降至露点压力以下时，受流体相态变化的影响会出现反凝析现象。随着压降漏斗逐渐向地层远处的扩散，从井底到气藏外边界可能出现三个区域，即所谓的三区模型：Ⅰ区为靠近井筒附近，该区域内井底流压低于露点压力，凝析油饱和度大于凝析油临界流动饱和度，能与气体同时流动，为油气两相同流区；Ⅲ区为远离井筒直到气藏外边界，该区域的压力高于露点压力，为单相气流动区；Ⅱ区介于Ⅰ区和Ⅲ区之间，压力低于露点压力，有凝析油析出，但凝析油饱和度小于凝析油临界流动饱和度，故反凝析油不能流动，为单相气流动区。

BC Craft 和 MF Hawkins 指出，根据实验室研究，在大多数储层中，如果反凝析液体饱和度不大于孔隙体积的 10%～20%，反凝析相是不流动的。由于大多数凝析气藏的反凝析液饱和度很少超过 10%，所以，当凝析油析出后就会滞留在储层中，凝析油或者吸附在多孔介质孔隙表面，或是进入微小的孔隙空间，导致气井产能降低。

一、雅－大凝析气藏反凝析特征

（一）雅克拉凝析气藏反凝析特征

1. 气油比变化

图 5－27 为雅克拉白垩系气藏压力与生产气油比曲线。从气藏压力数据点可以看出，雅克拉凝析气藏气油比变化不明显，整体上在波动中保持持平。

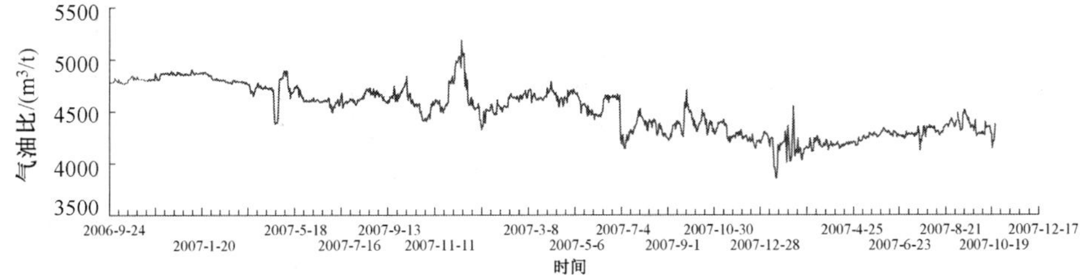

图 5－27　雅克拉白垩系气藏压力与生产气油比特征

2. 反凝析液饱和度变化

雅克拉凝析气藏各气井反凝析液量均较小，最大反凝析液量在9%左右，目前储层中的凝析油饱和度大约为0.4%～4.5%左右，凝析油饱和度较低，反凝析不严重(见图5－28)。

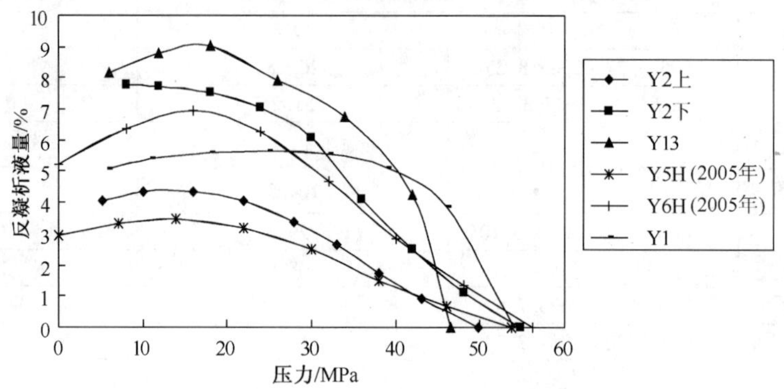

图5－28　雅克拉白垩系气井凝析油饱和度变化图

3. 拟采气指数上升

从图5－29中可以看出，随着时间的变化，拟采气指数开始有增大的趋势，2008～2009年保持良好，这说明井底周围的地层状况保持比较良好，基本未受反凝析的影响。

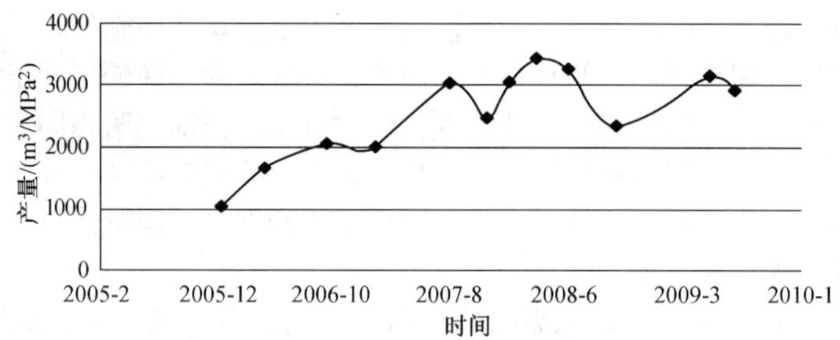

图5－29　拟采气指数变化曲线

4. 生产压差变化

雅克拉个别井投产初期生产压差较大，主要受钻完井和修井过程中不同程度的储层污染影响，后期水平井生产压差、直井生产压差较稳定，受反凝析污染小(见图5－30、图5－31)。

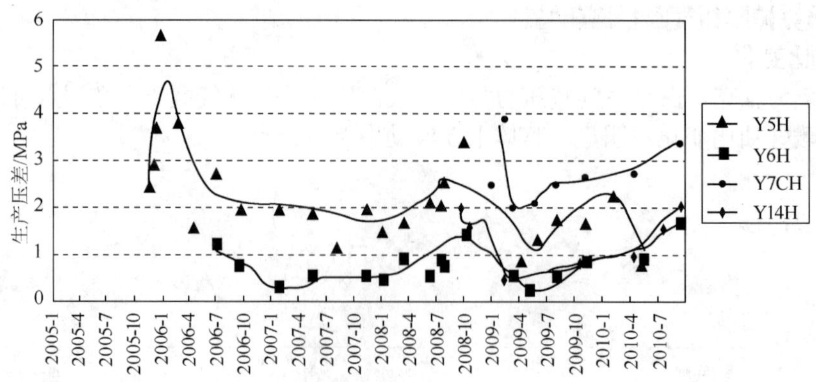

图5－30　雅克拉白垩系水平井历年生产压差统计图

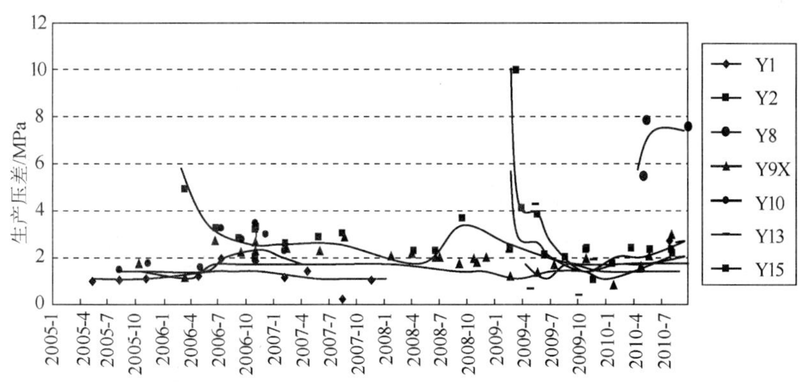

图5－31　雅克拉白垩系直井历年生产压差统计图

（二）大涝坝凝析气藏反凝析特征

1. 气油比变化

目前大涝坝2号构造各气藏地层压力均低于露点压力，地层内出现反凝析，气油比变化也呈不断上升趋势。其中苏维依组气油比上升变化尤为明显(见图5－32)。

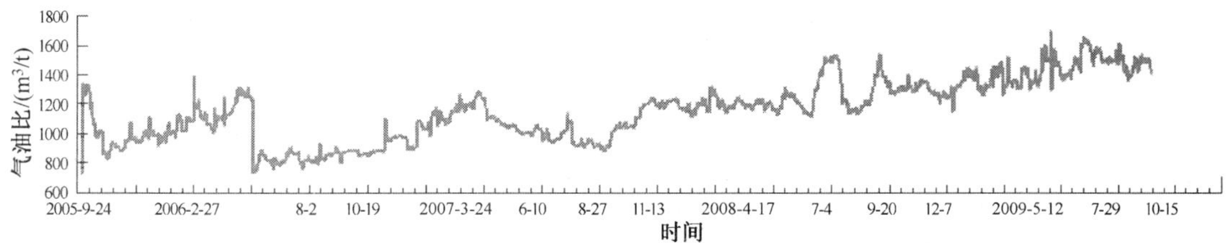

图5－32　大涝坝凝析气藏气油比变化曲线

2. 反凝析液饱和度变化

大涝坝凝析气藏凝析油饱和度较雅克拉高，目前地层中的凝析油饱和度大约为20%。最大凝析油饱和度为38%左右，所对应的压力为30MPa左右，由于临界流动饱和度15%，所以随着开发的继续，凝析油饱和度会不断增大，达到临界流动饱和度后，凝析油开始流动(见图5－33)。

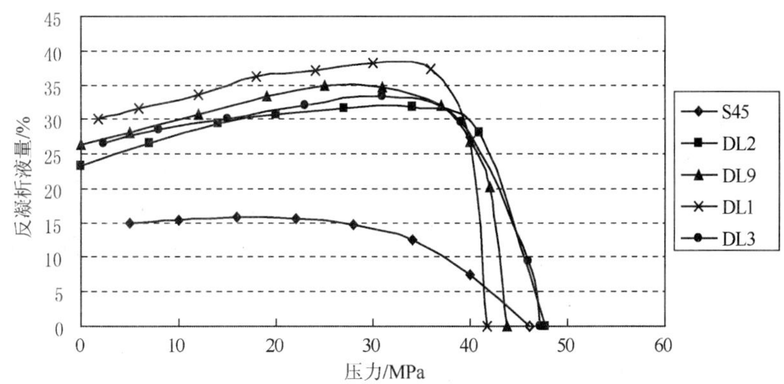

图5－33　大涝坝2号构造凝析油饱和度变化

3. 地面凝析油密度

随着反凝析程度增加，重质组分被残留在地层中，渗流到井筒的更多轻质组分，凝析油密度从0.795g/cm^3 下降至0.78g/cm^3 左右，各井油密度下降趋势一致(见图5-34)。

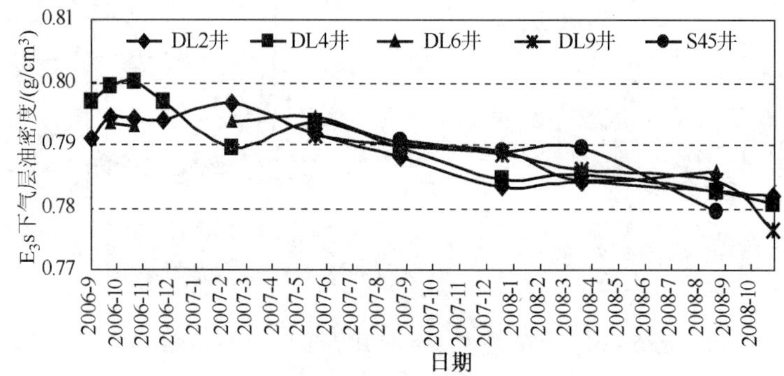

图5-34 E_3s 下气层各单井油密度曲线

4. 生产压差大

反凝析污染是指凝析气藏的反凝析油占据多孔介质孔隙表面和充填微小孔隙形成反凝析油饱和度，而使流体流动的有效孔隙空间减少，增加气液渗流阻力，降低了孔隙通道的渗透性，使凝析气井产能下降。开发调整前，巴什基奇克组反凝析现象较严重，导致生产压差大，高达15~20MPa(见表5-6)。

表5-6 大涝坝2号巴什基奇克组压力情况

井名	日期	油压/MPa	静压/MPa	流压/MPa	生产压差/MPa
DL1	2006.6.26	13.5	46.23	30.13	16.10
DL2	2006.3.29	10		24.58	21.65
DL3	2006.4.16	14		28.26	17.97
DL4	2006.6.25	10.5		26.42	19.81
DL6	2006.4.2	17	46.76	35.34	11.42

二、反凝析评价方法

要解决反凝析伤害，提高凝析气藏开发效率，首先要对反凝析伤害程度有清楚的认识。目前国内外普遍采用的方法主要有气藏工程计算法、室内长岩心衰竭实验法、试井解释法、数值模拟法及模糊分析法等。

(一) 气藏工程计算法

对于原始地层压力高于露点压力、井底流动压力、低于露点压力的凝析气井，当析出的凝析油未达到临界流动饱和度之前，它并不会流动，却会影响到气相流动，即形成了流动的附加阻力，这一近井地带的大小可用污染半径表示。在时间为t时，达到凝析油临界流动饱和度的径向半径，表达式为

$$r_b^2 = 13.102\frac{q_g^2\mu_g ZTY_t}{S_{oc}h^2\phi KP_R}$$

式中 r_b——已达临界凝析液饱和度的阻塞半径，m；

S_{oc}——临界凝析油饱和度；

h——地层厚度，m；

ϕ——孔隙度；

K——有效渗透率，$10^{-3}\mu m^2$；

P_R——原始地层压力，MPa；

q_g——湿气产量，$10^4m^3/d$；

μ_g——原始压力下的凝析气黏度，mPa·s；

Z——偏差系数；

T——地层温度，K；

Y——反凝析系数，$m^3/(m^3 \cdot MPa)$；

t——时间，d。

因凝析油析出而引起的污染表皮系数为：

$$S_b = \left(\frac{1}{K_{rgc}} - 1\right)\ln\left(\frac{r_b}{r_w}\right)$$

式中　S_b——凝析表皮系数；

K_{rgc}——在临界凝析液饱和度下的气体相对渗透率；

r_w——井底半径，m。

（二）室内长岩心衰竭实验法

在地层温度、压力条件下，首先饱和地层水，用氮气驱水，建立起系统压力。这样做，一方面可以测试长岩心渗透率；另一方面可以防止在饱和凝析气时因系统压力不平衡而过早在长岩心中析出凝析油。用配制好的凝析气，以几倍于孔隙体积的量进行驱替，置换出氮气。当出口端的气体组成与驱替气的组成、气油比等参数基本一致时，用凝析气驱替测试长岩心渗透率。停止饱和凝析气驱替过程，然后在长岩心内从露点开始按定容衰竭方式缓慢降压，使凝析油在长岩心中凝析出来，转而进行驱替凝析气测试过程，注入对应压力点的平衡凝析气进行驱替。

通过该项实验可得到岩心的气测渗透率(氮气)及不同压力衰竭条件下凝析气的有效渗透率。绘制有效渗透率与凝析油饱和度的关系曲线，即可对反凝析污染造成的伤害程度进行评价。

（三）试井解释法

由于凝析气井生产压降主要发生在井底附近，反凝析在井底附近的聚集会形成一个类似污染区的作用，所以应用不稳定试井分析方法也可有效地评价出反凝析污染带的大小。主要应用试井双对数曲线标准图形来评价，该曲线的特征为导数曲线在一定的时间后出现一个下降的“台阶”。对一口凝析气井来说，实测试井数据导数曲线出现下降的时间，取决于反凝析区的大小。反凝析区范围越大，下降台阶出现的时间越晚，下降幅度越大，说明反凝析油污染程度越严重。

（四）数值模拟评价法

由于多孔介质的比面积巨大，具有较强的吸附能力，对凝析油气将产生不可忽略的吸附作用。凝析油析出后，在近井地带会出现自由油、气相与吸附的凝析油气相3相共存和自由的油、气两相渗流。正是由于凝析气藏这种复杂的相态规律及多变的渗流动态特征，应用上述几种评价方法都不能得到较为理想的结果。因此，需要能够反映凝析气藏复杂相态变化的新的评价技术，即数值模拟技术。该技术是当前预测凝析气井乃至整个凝析气田应用最广泛、最复杂但最准确的方法。用它可以研究流体的相态、地层绝对渗透率和相对渗透率、气藏开发方式等参数对气藏开发的综合影响。

目前广泛应用的是CMG和EClipse数值模拟软件，其功能非常强大，仅组分模拟器就能够完成对凝析气井反凝析油饱和度、气井产能、反凝析污染程度做出较为准确的评价。此外，荷兰Hagoort&AssociatesBV(H&A)公司的气wild软件也是针对近井地带反凝析污染评价而开发的。在该模型中考虑了反凝析影响、毛管力及非达西流对相渗的影响。要求输入的参数有：储层参数、井参数、凝析气等组分膨胀数据、气体性质参数、相渗曲线数据和惯性阻力参数。应用该软件，可得到多个产量条件下地层中压力分布、凝析油饱和度分布、气井生产指数变化等数据和曲线。

（五）模糊分析评价法

目前反凝析评价主要采用气藏工程计算法、室内长岩心衰竭实验法、试井解释法和数值模拟评价法，此四种评价方法各有侧重点，但与现场生产参数结合不够紧密。本文根据应用模糊分析理论，提出了新的可以综合考虑各种因素，并对各种因素的影响权重做量化的综合评价方法，可以根据生产参数的变化及时进行反凝析评价。

模糊分析方法对影响凝析气藏反凝析程度的因素进行综合评价，综合评价方法共有4个步骤：

（1）对各影响因素进行归一化处理；

（2）计算评价矩阵；

（3）计算各影响因素的权重；

（4）计算评价结果，得出综合评价。

1. 问题的提出

根据PVT测试及静流压测试数据知雅克拉凝析气藏目前地层压力已低于露点压力，按此判断储层应发生反凝析现象，随着压力的降低，重组分残留地下，凝析油密度下降，气油比上升。但是应用一般反凝析判别方法并不能量化反凝析程度，而应用模糊分析方法可以综合考虑各种因素，并对各种因素的影响权重做量化，并分别根据生产中的动静态数据判别反凝析，从而合理地评价出凝析气藏地下储层中的反凝析程度，对开发生产具有一定的指导意义。

2. 影响因素归一化

根据雅克拉、大涝坝的实际生产情况确定各影响因素的区间值，见表5－7，然后按照式(5－51)、式(5－52)进行指标体系的归一化处理。

因 $B_i \in [A_i,\ C_i]$，对于指标越大越严重型，则有：

$$x_i = \left| \frac{B_i - A_i}{C_i - A_i} \right| \tag{5-51}$$

反之，则有：

$$x_i = 1 - \left| \frac{B_i - A_i}{C_i - A_i} \right| \tag{5-52}$$

式中　i——指标个数，$i=1,\ 2,\ \cdots,\ n$。

3. 计算评价矩阵

1）确定评价级别

把区间[0，1]分成5个级别，见表5－7。当然，根据实际应用的需要，可以作更细的划分。

图5－7 严重程度评价级别

级别	极轻	轻微	中度	严重	极严重
区间[Y，Z]	[0.0，0.5]	[0.51，0.6]	[0.61，0.7]	[0.71，0.8]	[0.81，1.0]

2）计算评价级别向量(V)

$$V = [v_1, v_2, v_3, \cdots v_m]^T \tag{5-53}$$

$$v_j = y_j + \frac{z_j - y_j}{2} \tag{5-54}$$

式中 j——评价级别个数，$j=1$，2，…，m。

3）计算评价矩阵(R)

$$R = \begin{bmatrix} r_{11}\cdots r_{1m} \\ \cdots\cdots\cdots \\ r_{n1}\cdots r_{nm} \end{bmatrix} \tag{5-55}$$

式中 r_{ij}——仅就指标i来评价项目，项目属于级别j的可能性，$r_{ij}=1-|X_i-V_j|$；

i——指标个数，$i=1$，2，…，n，本书$n=4$；

j——评价级别个数，$j=1$，2，…，m。

4. 权重的计算

采用"三标度法"进行权重计算。其重要特点是，对i、j两指标比较，若i比j重要，则$P_{ij}=2$；若i与j同等重要，则$P_{ij}=1$；若i没有j重要，$P_{ij}=0$。

1）构造等价矩阵

由于对比矩阵不一定满足判断一致性，为了避免多次调整判断矩阵才能满足一致性要求，利用最优传递矩阵，对矩阵进行改良，使之自然满足一致性要求，建立等价矩阵，令

$$C_{ij} = \lg P_{ij} \tag{5-56}$$

$$d_{ij} = \sum_{k=1}^{n}(C_{ik} - C_{jk})/n \tag{5-57}$$

$$P_{ij}^* = 10^{d_{ij}} \tag{5-58}$$

以$P^* = |P_{ij}^*|_{N\times N}$作为判断矩阵与$P$完全等价，具有判断一致性。

2）根据已经求得的等价矩阵用方根法求

$$\overline{W_i} = \sqrt[n]{\prod_{j=1}^{n} P_{ij}^*} \qquad i=1,\ 2,\ \cdots,\ n \tag{5-59}$$

3）将W_i规范化

$$W_i = \frac{\overline{W_i}}{\sum_{k=1}^{n}\overline{W_i}} \tag{5-60}$$

则$W = [W_1, W_2, \cdots W_n]^T$即该层各有关元素对上一层次的权重。

5. 影响因素综合评价

将权重向量 W 乘以评判矩阵 R，就可以得到评价向量 S。

$$S = WR = [s_1, s_2, s_3, \cdots s_m]^T \tag{5-61}$$

式中 s_j——评价向量，$s_j = \sum_{i=1}^{n} r_{ij} \cdot w_i$，$j = 1, 2, \cdots, m$。根据评价级别向量 $V = [v_1, v_2, v_3, \cdots v_m]^T$ 和评价向量 $S = [s_1, s_2, s_3, \cdots s_m]^T$，由下列计算公式得到综合评价结果 D。

$$D = \sum_{i=1}^{m} s_i v_i / \sum_{i=1}^{m} s_i \tag{5-62}$$

D 值所在区间就是该项目的综合评价结果。对于多个项目，根据 D 值大小，就可以排序，优选方案。

在计算过程中考虑井底流压、地层压力、气油比、重组分摩尔分数、凝析油相对密度、反凝析液量等因素来综合评价反凝析程度(见表5－8)。

表5－8 模糊分析各指标说明

序号	符号	指标名称	指 标 说 明
1	B_1	井底流压	取值范围：露点压力至最大反凝析压力，井底流压低于露点压力越多代表反凝析程度越严重
2	B_2	生产油气比	取值范围：原始生产气油比至最大反凝析压力下的气油比，生产气油比高于原始气油比越大代表反凝析程度越严重
3	B_3	重组分摩尔分数/%	取值范围：原始重组分摩尔分数至最大反凝析压力下的重组分摩尔分数，重组分摩尔分数高于原始重组分摩尔分数越多代表反凝析程度越严重
4	B_4	凝析油相对密度	取值范围：原始凝析油相对密度至最大反凝析压力下的凝析油相对密度，凝析油相对密度高于原始凝析油相对密度越大代表反凝析程度越严重
5	B_5	地层压力	取值范围：露点压力至最大反凝析压力，地层压力低于露点压力越多代表反凝析程度越严重
6	B_6	反凝析液量	取值范围：露点压力时的反凝析液量至最大反凝析压力下的反凝析液量，反凝析液量越多代表反凝析程度越严重

三、雅－大凝析气藏反凝析评价

对雅克拉－大涝坝凝析气藏反凝析污染程度，本节主要介绍气藏工程计算法、数值模拟法及模糊分析法，其他二类反凝析评价方法在本书不同章节有相关计算。

（一）气藏工程计算法评价反凝析程度

从计算结果来看(见表5－9)，雅克拉凝析气田由地层反凝析、反渗吸和地层水蒸发所引起的表皮占总表皮的65.47%～69.54%，平均67.74%。说明地层反凝析、反渗吸和地层水蒸发对地层动态表皮的影响很大，直接关系到生产的进行。从计算的表中可以得出，考虑反凝析、反渗吸和地层水蒸发影响情况下的产量为没有考虑表皮污染时产量的64.70%～80.51%，平均为71.49%，表皮引起产量减少平均25.51%，说明反凝析、反渗吸和地层水蒸发等对凝析气藏的产量影响非常大。

表5－9　反凝析对表皮的影响(雅克拉)

井　　号	Y1	Y2	Y5H	Y6H	Y9X	Y10
地层压力/MPa	56.46	56.48	55.68	56.33	56.5	56.23
地层温度/℃	133.7	139.4	130.06	125.4	129.34	135.64
流压/MPa	51.6	50.76	50.85	52.42	51.06	51.07
k/k_a	1.85	1.98	1.85	1.58	1.81	1.74
r_a/m	14	17	7	5.1	15	11
r_w/m	0.108	0.108	0.108	0.108	0.108	0.108
$\ln(r_e/r_w)$	4.86	5.12	4.17	3.85	4.93	4.62
$S\Delta$	4.13	5.01	3.55	2.24	4.00	3.41
总表皮 S	6.04	7.21	5.4	3.2	6.11	5.03
$S\Delta/S$/%	65.39	69.54	65.74	69.51	65.47	67.79
无表皮产量 $Q_0/10^4m^3$	45.83	44.57	87.09	80.52	23.39	32.17
考虑 $S\Delta$ 时产量 $Q\Delta/10^4m^3$	31.64	25.84	63.34	64.83	16.30	23.25
考虑总 S 产量 $Q/10^4m^3$	27.67	24.97	55.46	59.84	14.05	20.54
$Q\Delta/Q_0$/%	69.05	64.70	72.73	80.51	69.69	72.27

注：内区半径由试井和产能解释得来；$S\Delta$ 为考虑反凝析、反渗吸和地层水蒸发引起的表皮。

从计算结果可以看出(见表5－10)，大涝坝凝析气田由地层反凝析、反渗吸和地层水蒸发所引起的表皮占总表皮的72.17%～79.28%，平均76.48%，高于雅克拉的67.74，说明地层反凝析、反渗吸和地层水蒸发对底层动态表皮的影响更大，直接关系到生产的进行。

表5－10　反凝析对表皮的影响(大涝坝)

井　　号	DL3	DL5	DL6	DL7	DL8	S45
地层压力/MPa	55.41	55.45	55.177	55.53	56.59	55.63
地层温度/℃	141.09	135	135.1	137	143	137.3
流压05.6/MPa	25.91	29.56	42.80	22.05	33.31	34.36
k/k_a	2.77	2.24	2.01	2.7	2.5	1.97
r_a/m	31	15.7	7.1	16	18	20
r_w/m	0.108	0.108	0.108	0.108	0.108	0.108
$\ln(r_e/r_w)$	5.66	4.98	4.18	4.99	5.11	5.22
$S\Delta$	6.80	6.17	4.24	5.50	7.67	5.07
总表皮 S	5.58	7.87	5.55	11.19	10	7.04
$S\Delta/S$/%	79.28	75.40	76.39	75.96	76.7	72.17
无表皮产量 $Q_0/10^4m^3$	4.92	6.97	10.51	6.65	3.26	12.32
考虑 $S\Delta$ 时产量 $Q\Delta/10^4m^3$	2.33	3.58	6.93	3.09	1.63	7.99
考虑总 S 产量 $Q/10^4m^3$	2.08	3.19	6.27	2.64	1.41	7.03
$Q\Delta/Q_0$/%	54.36	56.82	65.96	46.43	49.76	64.82

注：内区半径由试井和产能解释得来；$S\Delta$ 为考虑反凝析、反渗吸和地层水蒸发引起的表皮。

从中可以得出，考虑反凝析、反渗吸和地层水蒸发影响情况下的产量为没有考虑表皮污染时产量的46.43%～65.96%，平均为56.37%，说明反凝析、反渗吸和地层水蒸发等对凝析气藏的产量影响非常大。

(二) 数值模拟法评价反凝析程度

利用数值模拟方法确定出2007年年底雅克拉凝析气藏上下气层的凝析油饱和度分布，从图5－35中可以看出，上下气层整体凝析油饱和度不高，反凝析污染不严重，而在井底附近由于压降漏斗的存在，凝析油饱和度稍高。

利用数值模拟方法确定出大涝坝苏维依下气层2007年10月的凝析油饱和度分布，从图5－36中可以看出，该气层整体凝析油饱和度较高，反凝析污染较为严重，而在井底附近由于压降漏斗的存在，凝析油饱和度更高。

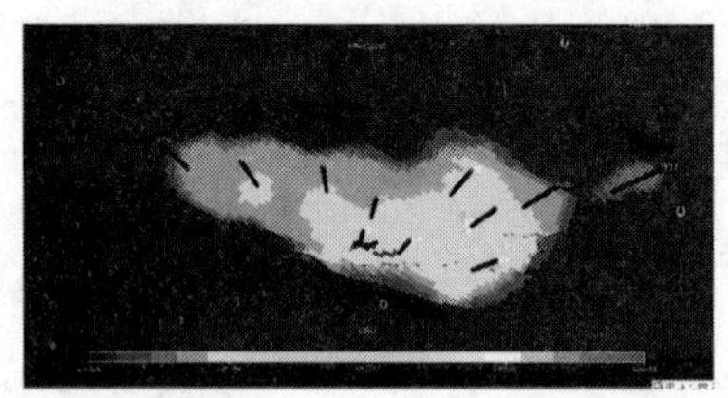

图5－35　雅克拉下气层凝析油饱和度分布图

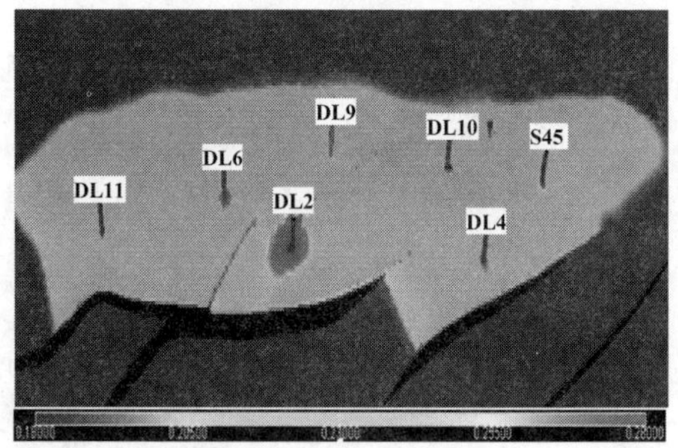

图5－36　苏维依下气层凝析油饱和度分布图

（三）模糊法评价反凝析程度（见表5－11、表5－12）

表5－11　大涝坝反凝析程度动态影响因素归一化取值范围表

序号	符号	指标名称	取值区间[A，C]
1	B_1	井底流压/MPa	[25.00，47.73]
2	B_2	地层压力/MPa	[25.00，47.73]
3	B_3	生产气油比	[1000，3000]
4	B_4	重组分摩尔分数/%	[0.0，1]
5	B_5	凝析油相对密度	[0.75，0.815]

表5－12　大涝坝反凝析程度静态影响因素归一化取值范围表

序号	符号	指标名称	取值区间[A，C]
1	B_1	井底流压/MPa	[25.00，47.73]
2	B_2	地层压力/MPa	[25.00，47.73]
3	B_3	反凝析液量/%	[0，38.12]

下面只列出DL2井的动态影响因素权重的详细计算过程。

1）反凝析影响因素归一化

对于影响反凝析程度的因素来说，数据越大越不严重的参数为：井底流压、生产油气比、重组分摩尔分数、凝析油密度，用式(5－51)、式(5－52)对DL2井进行参数归一化处理，得到X。$X=[0.2688,\ 0.2398,\ 0.3500,\ 0.78,\ 0.5538]^T$。

2）计算评价矩阵

把区间[0，1]划分成5个级别。按照式(5－53)、式(5－54)计算评价级别向量，$V=[0.25,\ 0.555,\ 0.655,\ 0.755,\ 0.905]^T$。

按式(5－53)计算评价矩阵

$$R=\begin{pmatrix} 0.9812 & 0.7138 & 0.6138 & 0.5138 & 0.3638 \\ 0.9898 & 0.6848 & 0.5848 & 0.4848 & 0.3348 \\ 0.9000 & 0.7950 & 0.6950 & 0.5950 & 0.4450 \\ 0.4700 & 0.7750 & 0.8750 & 0.9750 & 0.8750 \\ 0.6962 & 0.9988 & 0.3898 & 0.7988 & 0.6488 \end{pmatrix}$$

3）影响因素权重计算

应用层次分析原理，对各项指标进行对比打分，建立判断矩阵，见表5－13。通过式(5－56)－式(5－62)来计算各指标的权重，$W=[0.0639, 0.0333, 0.5256, 0.1886, 0.1886]^T$。

表5－13　动态影响判断矩阵

	井底流压/MPa	地层压力/MPa	生产气油比	重组分摩尔分数/%	凝析油密度/(g/cm^3)
井底流压/MPa	1	2	0	0	0
地层压力/MPa	0	1	0	0	0
生产气油比	2	2	1	2	2
重组分摩尔分数/%	2	2	0	1	1
凝析油密度/(g/cm^3)	2	2	0	1	1

4）DL2井影响因素综合评价

按式(5－51)计算DL2井评价向量S：$S=[0.7886, 0.8208, 0.7585, 0.6963, 0.5557]^T$

按式(5－52)计算DL2井评价结果D：$D=0.6$

根据严重程度评价级别表，评价结果$D=0.6$在“轻微”区间[0.51，0.6]，所以该井的评价结果为DL2井已经发生轻微反凝析。

5）大涝坝各单井影响因素综合评价

以模糊分析方法为基础，综合考虑影响大涝坝凝析气藏反凝析程度的因素，计算结果能定量地反映出各井目前的反凝析程度，从而对各井的反凝析程度有比较清晰的认识。由以上大涝坝凝析气藏单井反凝析综合评价结果(见表5－14)可以看出，大涝坝各单井动态评价严重程度均高于静态评价结果，说明实际储层发生反凝析状况要高于预期，这可能是由于多孔介质的影响，实际露点压力高于PVT测试的露点压力。该评价结果对下一步各井的生产措施实施有一定的指导意义。

表5－14　大涝坝各单井评价结果

井名	动态评价结果	严重程度	静态评价结果	严重程度
DL2	0.6017	轻微	0.5628	轻微
DL4	0.6177	中度	0.5746	轻微
DL9	0.5804	轻微	0.5652	轻微

第四节　雅克拉－大涝坝凝析气藏水侵特征

一、凝析气藏水侵识别方法

在水驱气藏的开发中，由于边底水的侵入而造成的气井出水，不仅会增加气藏的开发开采难度，而且会造成气井产能的损失，降低气藏采收率，影响气藏开发效益。水侵动态的准确判断，特别是早期水侵识别，是主动有效地开发气藏的基础。

1. 生产指示曲线法

用压力表示的封闭气藏物质平衡方程(《油藏工程原理》，李传亮)为：

$$\frac{P}{Z}\left[1-\left(\frac{C_p+S_{wc}C_w}{1-S_{wc}}\right)\Delta P\right]=\frac{P_i}{Z_i}\left(1-\frac{G_p}{G}\right)$$

式中：

定义封闭气藏 *PF* 压力为：

$$PF=\frac{P}{Z}\left(1-\left[\frac{C_p+S_{wc}C_w}{1-S_{wc}}\right)\Delta P\right]$$

则封闭气藏生产指示曲线（*PF* 与 G_p 关系曲线，后面简称 *PF* 线）呈线性关系。如果气藏存在水侵，则生产指示曲线就不是一条直线，而是一条上翘的曲线，由此可以判断气藏是否存在水侵。

根据雅克拉凝析气藏分层压力、分层修正产量数据，采用封闭气藏物质平衡方程计算上气层和下气层不同开发时间点的 PF 值，并根据计算结果绘制上气层和下气层的 *PF* 线（见图 5－37、图 5－38）。曲线明显上翘，表明上气层和下气层都是非封闭的，上气层和下气层在开发过程中均发生了明显的水侵现象，特别是下气层，水侵现象更为明显。

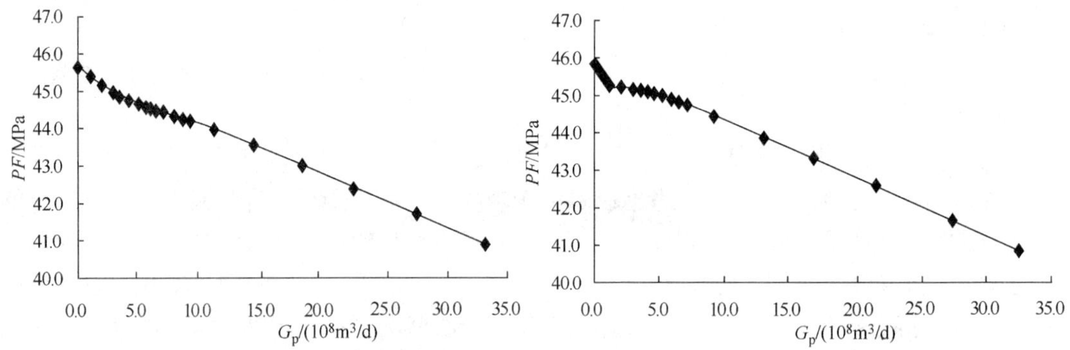

图 5－37　上气层生产指示曲线　　　　图 5－38　下气层生产指示曲线

2. 采出程度法

用压力表示的水驱气藏物质平衡方程（油藏工程原理，李传亮）为：

$$\frac{P}{Z}\left[1-\left(\frac{C_p+S_{wc}C_w}{1-S_{wc}}\right)\Delta P-\frac{W_e-W_pB_w}{GB_{gi}}\right]=\frac{P_i}{Z_i}\left(1-\frac{G_p}{G}\right)$$

定义存水体积系数 ω 为：

$$\omega=\frac{W_e-W_pB_w}{GB_{gi}}$$

则水驱气藏物质平衡方程为：

$$\frac{P}{Z}\left[1-\left(\frac{C_p+S_{wc}C_w}{1-S_{wc}}\right)\Delta P-\omega\right]=\frac{P_i}{Z_i}\left(1-\frac{G_p}{G}\right)$$

定义无因次压力 *PFD* 为：

$$PFD=\frac{P/Z}{P_i/Z_i}$$

岩石及束缚水膨胀能一般较小，通常可以忽略。则水驱气藏物质平衡方程为：

$$PFD=\frac{1-R_g}{1-\omega}$$

如果气藏为封闭气藏，则无水侵，也不会产出地层水，则存水体积系数 $\omega = 0$。此时，无因次压力 PFD 与天然气采出程度 R_g 关系曲线将沿对角线呈直线。如果 PFD 与 R_g 关系曲线在对角线上方，则气藏存在水侵，关系曲线越偏离对角线，水侵强度越大。该方法需要预先知道气藏动态地质储量，在采用该方法进行水侵识别时，可用静态地质储量代替动态地质储量。

采用该方法绘制雅克拉凝析气藏白垩系上气层和下气层的 PFD 与 R_g 关系曲线（见图5－39、图5－40）。上气层和下气层的 PFD 与 R_g 关系曲线均在对角线上方，上气层和下气层均明显存在水侵作用，特别是下气层，水侵作用更为明显，水侵强度更大。

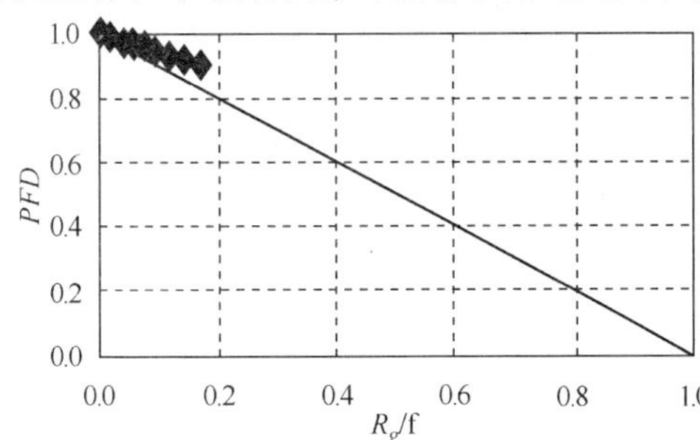

图5－39　上气层无因次压力与天然气采出程度关系曲线

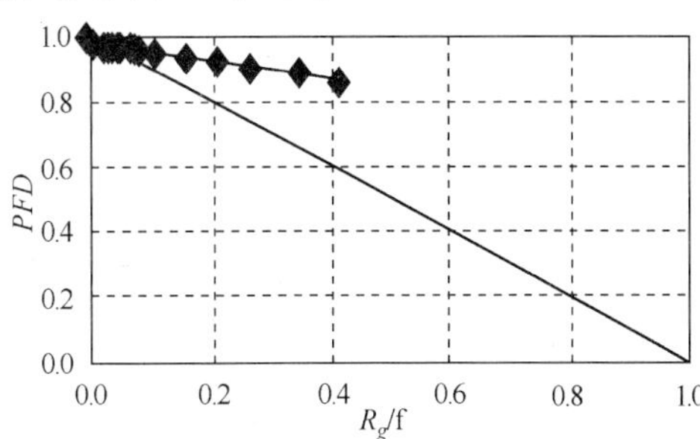

图5－40　下气层无因次压力与天然气采出程度关系曲线

3. 视地质储量法

用体积系数表示的水驱气藏物质平衡方程（《油藏工程原理》，李传亮）为：

$$\frac{B_{gi}}{B_g}\left[1-\left(\frac{C_p+S_{wc}C_w}{1-S_{wc}}\right)\Delta P-\frac{W_e-W_pB_w}{GB_{gi}}\right]=1-\frac{G_p}{G} \tag{5-63}$$

上式可变形为：

$$\frac{G_pB_g+W_pB_w}{B_g-B_{gi}\left[1-\left(\frac{C_p+S_{wc+C_w}}{1-S_{wc}}\right)\Delta P\right]}=G+\frac{W_g}{B_g-B_{gi}\left[1-\left(\frac{C_p+S_{wc+C_w}}{1-S_{wc}}\right)\Delta P\right]} \tag{5-64}$$

定义气藏的视地质储量 GP 为：

$$GP=\frac{G_pB_g+W_pB_w}{B_g-B_{gi}\left[1-\left(\frac{C_p+S_{wc}C_w}{1-S_{wc}}\right)\Delta P\right]} \tag{5-65}$$

若把气藏的视地质储量 GP 与累产气量 GP 作图，则会得到一条视地质储量的变化曲线。对于封闭气藏，由于不存在水侵作用，则 GP 恒等于 G，GP 为一条水平线。若气藏存在水侵，则气藏的视地质储量变化曲线就不是一条水平线，而是一条上翘的曲线。

根据上气层和下气层的平均地层压力、流体性质、累产气量和累产水量计算视地质储量，根据计算结果绘制气藏的视地质储量变化曲线（见图5－41、图5－42）。从图5－50、图5－51来看，上气层和下气层的视地质储量变化曲线均不是一条水平线，均是一条上翘的曲线，这说明上气层和下气层都存在水侵。

二、凝析气藏水侵动态预测

几乎每一个油气藏都存在一定的相连水体，只不过水体的大小和活跃程度不同而已。一

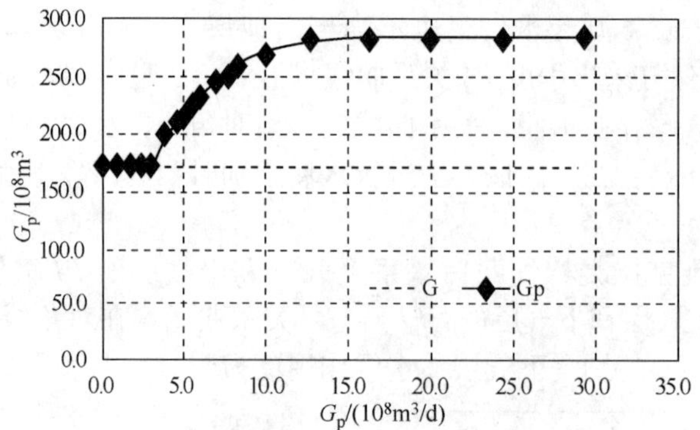

图 5-41　上气层气藏视地质储量变化曲线

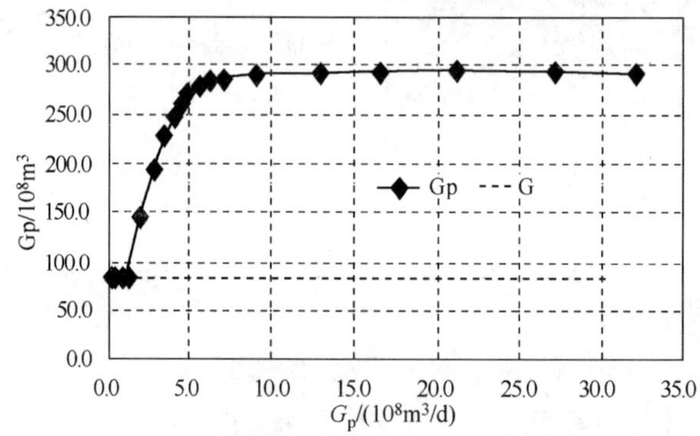

图 5-42　下气层气藏视地质储量变化曲线

些油气藏的水体较小，在开采过程中也不太活跃，水侵作用十分微弱，水侵对油气藏的开采动态所产生的影响可以忽略不计；而有些油气藏的水体则相对较大，开采过程中也十分活跃，水侵对油气藏的开采动态产生重要影响，在这种情况下，计算油气藏的水侵量就显得十分必要。

根据天然水驱不封闭凝析气藏物质平衡方程计算得到雅克拉白垩系气藏的水侵量并绘制成曲线，从图 5-43、图 5-44 来看：

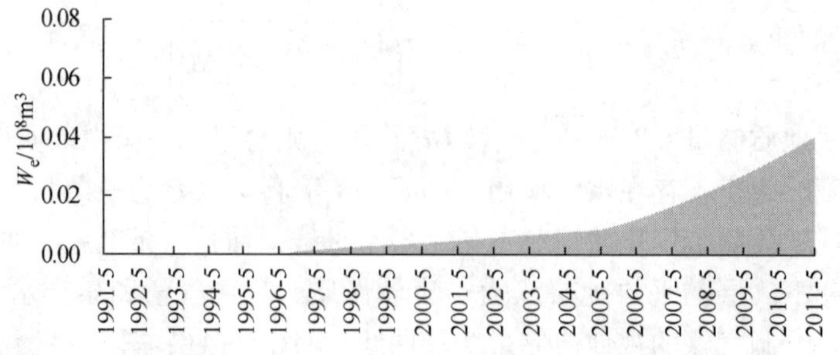

图 5-43　上气层水侵量随时间变化曲线

（1）在 1996 年 5 月以前，上气层和下气层边水水侵作用均很微弱，之后随采出程度的提高，边水水侵量逐渐增大，特别是 2005 年以后，随着气藏的全面投入开发，上气层和下气层采气速度均大幅提高，上气层和下气层水侵量均快速上升。

（2）上气层水侵强度相对较小，目前水侵量为 $0.04\times10^8m^3$，下气层水侵强度相对较

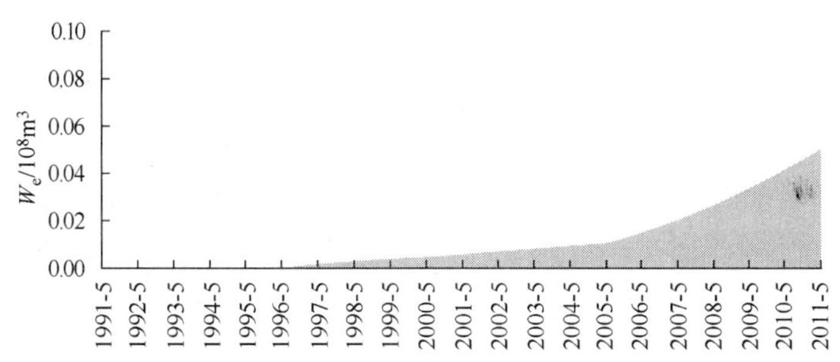

图 5－44　下气层水侵量随时间变化曲线

大，目前水侵量为 $0.0791\times10^8\mathrm{m}^3$，为上气层的 2.0 倍。

三、气藏驱动类型分析

天然气的采出是气藏能量驱动的结果。气藏的驱动能量一般包括天然气本身的（膨胀）弹性能，岩石（孔隙体积）的（压缩）弹性能，束缚水的（膨胀）弹性能和水体的（侵入）能量。其中，水体的能量为气藏的外能，其他能量均为气藏的内能。

气藏开采过程中，需搞清楚哪些能量在起作用，并计算出每一种能量对气藏开采的贡献值。只有弄清楚了气藏的驱动机制，才能做好气藏的开发工作。

用体积系数表示的水驱气藏物质平衡方程可变形为：

$$G_pB_g + W_pB_w = G(B_g - B_{gi}) + GB_{gi}\left(\frac{C_p + S_{wc}C_w}{1 - S_{wc}}\right)\Delta p + W_e \tag{5-66}$$

上式左边为采出气量（地下体积）与采出水量（地下体积）的和，称为气藏的总采出量。气藏的总采出量也就是气藏开采消耗的总能量，即总的驱动能量。上式右边第一项为天然气的膨胀量（地下体积）；第二项为气藏容积的压缩量（地下体积），气藏容积的压缩量包括了束缚水的膨胀量和气藏孔隙体积的减小量两部分；第三项为水的侵入量（地下体积）。上式表明，气藏的总采出量等于天然气的膨胀量、气藏容积的压缩量与水侵量的和。

天然气的膨胀过程实际上就是天然气弹性能量的释放过程，天然气的膨胀量就是天然气释放的弹性能。气藏容积的压缩量就是气藏容积释放的弹性能。水侵量就是气藏水体释放的能量。因此，气藏开采所消耗的总能量，等于天然气本身释放的弹性能、气藏容积释放的弹性能和气藏水体释放的能量的总和。

把气藏开采过程中某一种驱动能量占总驱动能量的百分数，定义为气藏的驱动指数。

定义天然气的驱动指数为：

$$DI_g = \frac{G(B_g - B_{gi})}{G_pB_g + W_pB_w} \tag{5-67}$$

定义气藏容积的驱动指数为：

$$DI_c = \frac{GB_{gi}\left(\frac{C_p + S_{wc}C_w}{1 - S_{wc}}\right)\Delta p}{G_pB_g + W_pB_w} \tag{5-68}$$

定义水侵能量的驱动指数为：

$$DI_e = \frac{W_e}{G_pB_g + W_pB_w} \tag{5-69}$$

若把气藏的每一种驱动指数计算出来，就能清楚地表明每一种驱动能量在气藏开采过程中所起的作用。气藏的驱动指数并不是一个常数，而是随开采过程而变化的变量。驱动指数的变化，表明了驱动能量的接替或转换。

根据雅克拉凝析气藏的开发数据、流体性质及前面的气藏水侵量计算，气藏的驱动指数变化曲线图，如图 5－45、图 5－46 所示。

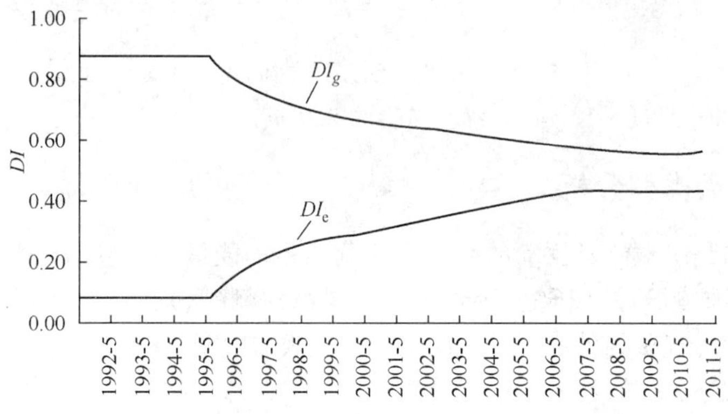

图 5－45　上气层驱动指数构成曲线图

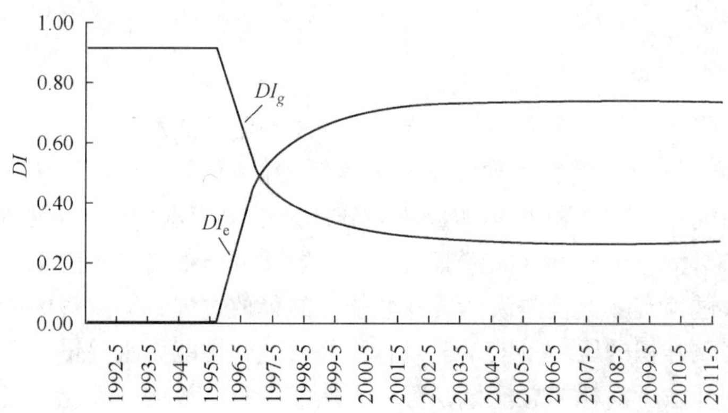

图 5－46　下气层驱动指数构成曲线图

（1）由于岩石和水的压缩系数较小，气藏容积驱动指数较小，气藏驱动能量以天然气的弹性能和边水驱动能量为主，即气藏以天然气弹性驱和边水驱动为主。

（2）1996 年 5 月以前，边水水侵作用微弱，气藏以天然气弹性驱为主，之后边水水侵作用逐渐增强，天然气弹性驱所占的比重逐渐降低，边水驱动所占比重逐渐增加。

（3）上气层水体倍数为 6.38 倍，水体活跃程度相对较低，目前天然气驱动指数仍高于水驱指数，天然气弹性驱仍占据主导地位。下气层水体倍数 24.65 倍，水体活跃，水驱指数上升快，在 1997 年水驱指数就已超过天然气驱动指数并一直占据着主导地位。

四、水体活跃程度评价

1. 水体倍数法

依据国外边底水活跃度划分标准(见表5－15)和雅－大凝析气藏水体活跃程度评价表(见表5－16)可知：雅克拉白垩系上气层水体不活跃；下气层水体较活跃。大涝坝苏维依上气层水体较活跃；苏维依下气层水体较活跃；巴什基奇克气藏的水体较活跃。

表5－15 边底水活跃度划分标准(水体倍数)

评价指标	边底水活跃程度		
	活跃	较活跃	不活跃
水体倍数	>100	100～10	<10

表5－16 雅－大凝析气藏水体活跃程度评价表(水体倍数)

区块	构造	层位	静态水体	动态水体	水体活跃程度评价
雅克拉	雅克拉	K_1y 上	9.7	6.38	不活跃
		K_1y 下	20.2	24.65	较活跃
大涝坝	二号	E_3s 上	13.8	12.6	较活跃
		E_3s 下	13.5	11.76	较活跃
		K1bs	15.6	6.82	临界状态
	一号	E_3s	13.5	9.41	较活跃

2. 水侵替换系数法

定义水侵替换系数为水侵量与天然气地下体积的比值。由于水体活跃性越强，气藏废弃条件下水侵量就越大，即侵入气藏的地层水占据的气藏孔隙体积就越大，相应地水侵替换系数就越大。因此，根据水侵替换系数可以更加直观地定量评价边底水的活跃程度。

气藏废弃时的水侵量采用下式计算：

$$W_{\mathrm{eabn}} = (C_w + C_{\mathrm{p}})W_i(P_i - P_{\mathrm{abn}})$$

被天然气占据的气藏孔隙体积，也就是天然气的地下体积采用下式计算：

$$V_{\mathrm{p}} = GB_{gi}$$

气藏废弃时的水侵替换系数为：

$$I = W_{\mathrm{eabn}}/V_{\mathrm{p}}$$

依据边底水活跃度划分标准(见表5－17)和雅－大凝析气藏水体活跃程度评价表(见表5－18)可知：雅克拉白垩系上气层水体较活跃；下气层水体活跃。大涝坝苏维依上气层水体活跃；苏维依下气层水体活跃；巴什基奇克气藏的水体较活跃。

表5－17 边底水活跃度划分标准(水侵替换系数)

评价指标	边底水活跃程度		
	活跃	较活跃	不活跃
水侵替换系数	≥0.4	0.20～0.4	≤0.20

表 5-18　雅-大凝析气藏水体活跃程度评价表(水侵替换系数)

区块	构造	层位	W_i/10^8m^3	W_{eabn}/10^8m^3	G/10^8m^3	V_p/10^8m^3	水侵替换系数	水体活跃程度评价
雅克拉	雅克拉	K_1y上	3.34	0.160	170.06	0.530	0.31	较活跃
		K_1y下	6.38	0.220	83.07	0.260	0.85	活跃
大涝坝	二号	E_3s上	0.4714	0.019	10.68	0.037	0.51	活跃
		E_3s下	0.892	0.037	21.42	0.076	0.49	活跃
		K_1bs	0.2641	0.011	11.1	0.039	0.29	较活跃
	一号	E_3s	0.4018	0.017	11.77	0.043	0.40	活跃

通过静态水体、动态法水体、目前驱动方式和水侵替换系数综合判断(见表5-19)：雅克拉白垩系上气层水体较活跃；下气层水体活跃。大涝坝苏维依上气层水体活跃；苏维依下气层水体活跃；巴什基奇克气藏的水体较活跃。

表 5-19　雅-大凝析气藏水体活跃程度评价表(综合评价)

区块	构造	层位	静态水体	动态水体	目前驱动方式	水侵替换系数	水体活跃程度评价
雅克拉	雅克拉	K_1y上	9.7	6.38	天然气弹性驱为主	0.31	较活跃
		K_1y下	20.2	24.65	水驱为主	0.85	活跃
大涝坝	二号	E_3s上	13.8	12.6	水驱为主	0.51	活跃
		E_3s下	13.5	11.76	水驱为主	0.49	活跃
		K_1bs	15.6	6.82	水驱为主	0.29	较活跃
	一号	E_3s	13.5	9.41	水驱为主	0.40	活跃

第五节　雅克拉-大涝坝凝析气田开发评价及优化

一、凝析气井单井合理配产

(一)凝析气井配产方法

气田开发实践表明，对任何类型气井都可以维持一段产量稳定的生产时期，然后进入产量递减阶段，而且稳定生产的产量越高，生产时间就越短，越早出现产量递减。所谓气井合理产量，就是对一口气井而言有相对较高的产量，在这个产量下有较长的稳定生产时间，这不是一个严格的定义，对不同气田、不同区域、不同位置、不同类型的气井，在不同的生产方式下，以及不同生产阶段，有不同生产压差与合理产量的选择。

影响气井合理生产压差与合理产量的确定的因素很多，包括气井产能、流体性质、生产系统、生产工程以及气藏的开发方式和社会经济效益等。从不同的角度出发有不同的确定方法(例如采气指示曲线法、系统分析曲线法、数值模拟法等)与不同的结论。

1. 生产系统分析法

将地层与井筒看成一个协调的系统整体考虑，分别做出流入和流出曲线，两条曲线的交点就是气井协调工作的合理产量。

流入曲线为 *IPR* 曲线，流出曲线是已知井口压力及产量，通过计算井筒压降后得到井底流压。首先以井口为计算起点，沿井深向下为 Z 的正方向，与气体流动方向相反。忽略动能压降梯度，垂直气井的压降梯度方程为：

$$\frac{\mathrm{d}p}{\mathrm{d}z} = \rho g + f\frac{\rho v^2}{2D} \tag{5-70}$$

任意流动状态(p, T)下的气体流速可表示为：

$$v = v_{sc}B_g = \frac{q_{sc}B_g}{A} = \left(\frac{q_{sc}}{86400}\right)\left(\frac{T}{293}\right)\left(\frac{0.101}{p}\right)\left(\frac{Z}{1}\right)\left(\frac{4}{\pi}\right)\left(\frac{1}{D^2}\right) \tag{5-71}$$

将气体密度公式和上式代入压降方程(7－5－1)，得

$$\frac{\mathrm{d}p}{\mathrm{d}z} = \frac{0.03418\gamma_g p}{\overline{TZ}} + 1.32\times10^{-18}\frac{f}{D}\frac{0.03418\gamma_g p}{\overline{TZ}}\left(\frac{\overline{TZ}q_{sc}}{pD^2}\right)^2 \tag{5-72}$$

分离变量积分求得井底流压为：

$$p_{wf} = \sqrt{p_{wh}^2 e^{2s} + 1.324\times10^{-18} f(q_{sc}\overline{TZ})^2(e^{2s}-1)/D^5} \tag{5-73}$$

f 为 T、p 下的摩阻系数，由下式计算：

$$\frac{1}{\sqrt{f}} = 1014 - 2\lg\left(\frac{e}{D} + \frac{21.25}{\mathrm{Re}^{0.9}}\right) \tag{5-74}$$

式中 v_{sc}——标准状态下气井流速，m/s；

v——任意位置处流动状态下的气体流速，m/s；

p_{sc}，T_{sc}——标准状况的压力、温度，p_{sc} =0.101MPa、T_{sc} =293K；

q_{sc}——标准状态下天然气体体积流量，m³/d；

p_{wf}，p_{wh}——气井井底、井口流压，MPa；

$\overline{T}$——井筒或(井段)气体的平均温度，K；

$\overline{Z}$——井筒或(井段)气体的平均偏差系数；

D——油管内径，m；

ρ——气体密度，kg/m³；

γ_g——天然气相对密度。

取井底为解节点，则从地层流入到井底即为流入，从井底流到井口即为流出，根据以上公式计算出流入与流出曲线，二者的交点即为协调生产点，协调点所对应的产量就是气井工作协调的合理产量，如图 5－47 所示。

2. 经验法

结合产能计算结果，根据产能相关式遵循一定配产原则即可对气井进行配产。直井按照无阻流量的 1/4～1/6 左右配产，水平井按照无阻流量的 1/5～1/6 左右配产。

该方法仅以气井产能为指标，靠经验配产，缺乏理论依据，对具体气井而言针对性不强。

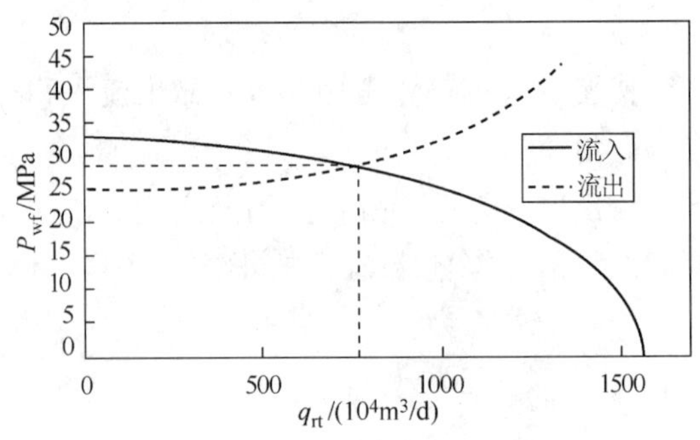

图5－47　气井生产系统分析曲线

3. *IPR* 曲线法

在二项式产能方程 $\Delta P^2 = Aq_g + Bq_g^2$ 中可以看出，气体从地层边界流向井的过程中，压力平方差由两部分组成：右端第一项用来克服气流沿流程的粘滞阻力，第二项用来克服气流沿流程的惯性阻力。当生产压差较小，气井产量较小时，地层中气体流速较低，主要是第一项起作用，表现为线性流动，气井产量与压差之间成直线关系。当气井产量增大，随着气体流速增大，第二项逐渐起主导作用，表现为非线性流动，能量的消耗并不使产量成线性增加，即气井产量和压差之间不成直线关系，而是抛物线关系。为此，可以结合做 $\overline{P_R}^2 - P_{wf}^2 \sim q_{gsc}$ 关系曲线，过原点做曲线的切线，曲线明显偏离切线的点所对应的产量即为气井合理产量。

由于能量来自地层本身，气井即使以非达西流生产，单位增加产量所需损耗的能量增大，但对气井产能没影响，故该方法配产具有局限性。

4. 临界携液产量

凝析气井在生产过程中，随着地层流体的采出，井底压力降低，将有凝析油或凝析水析出。这些凝析油或地层水都可能造成气井井底积液。如果井底积液不能及时排出，轻者影响气井的产量，重者造成气井停喷而不能生产。因此，在气井配产时，必须考虑气井携液问题。

西南石油学院李闽在研究最小携液产气量时发现：许多气井产量大大低于 Turner 模型计算出的最小携液产量时，气井并未发生积液仍能正常生产。通过研究认为：液滴在高速气流中运动时，液滴前后存在一压差，在这一压差作用下，液滴会从圆球形变成一椭球形，根据液滴形状为椭球形这一特点，经过推导，得到以下改进的计算公式：

$$v_t = 3.0878\left[\frac{10^{-3}\sigma(\rho_l - \rho_g)}{\rho_g^2}\right]^{\frac{1}{4}} \tag{5-75}$$

$$q_c = 2.5\times10^4\frac{P_{wf}Av_t}{TZ} \tag{5-76}$$

式中　v_t——临界流速（携液所需最小流速），m/s；

A——油管截面积，m^2；

q_c——临界气产量（携液所需最小产气量），$10^4m^3/d$；

P_{wf}——流压，MPa；

T——井底温度，K；

Z——P_{wf}、T 条件下的气体偏差系数；

σ——界面张力，mN/m；

ρ_l——液体 P_{wf}，T 条件下(油或水)密度，kg/m³；

ρ_g——气体 P_{wf}，T 条件下密度，kg/m³。

5. 边水气井临界产量

假设气水分界面为 AB，如图 5－48 为一个实际倾斜的边水气藏，倾角为 α，地层均质各向同性，原始气水界面为一水平面(A_0B_0)。如果在气区有 1 口生产井采气，则气水分界面向井底运动，此时气水分界面不能保持原始的水平状态，而变成一个弯曲面(A_1B_1)，从而形成复杂的空间运动，使得边水非均匀地向气藏内部推进。

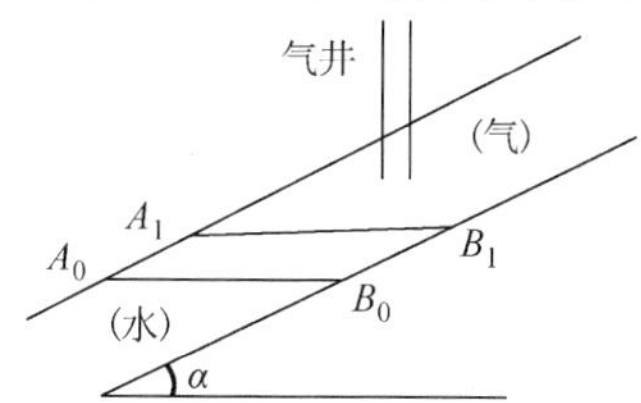

图 5－48 倾斜边水气藏中气水界面运动示意图

选择分界面 A_1B_1 作为研究对象，假设气、水流动均服从达西定律，考虑重力的影响而忽略毛细管力的影响，则气、水相的渗流速度为：

$$v_g = -\frac{K_g}{\mu_g}\left[\frac{\partial p_g}{\partial x} + \rho_g g\sin\alpha\right] \tag{5-77}$$

$$v_w = -\frac{K_w}{\mu_w}\left[\frac{\partial p_w}{\partial x} + \rho_w g\sin\alpha\right] \tag{5-78}$$

在分界面 AB 上气、水相的压力梯度相等，即

$$\left(\frac{\partial P_g}{\partial x}\right)_{AB} = \left(\frac{\partial P_w}{\partial x}\right)_{AB} \tag{5-79}$$

将(5－77)式和(5－79)式代入(5－78)式，整理可得

$$v_w = \frac{\mu_g}{\mu_w}\frac{k_g}{k_w}v_g - \frac{k_w}{\mu_w}(\rho_w - \rho_g)g\sin\alpha \tag{5-80}$$

在分界面 A_1B_1 上气、水两相渗流速度之差为

$$\Delta v = v_w - v_g = \left[\frac{\mu_g}{\mu_w}\frac{k_w}{k_g} - 1\right]v_g - \frac{k_w}{\mu_w}(\rho_w - \rho_g)g\sin\alpha \tag{5-81}$$

从上式可知，只有当 $\Delta v \leqslant 0$，即 $v_w \leqslant v_g$ 时，边水才能均匀的推进，保持气水界面的稳定。

由此，为保持分界面稳定运动，气体渗流速度必须满足：

$$v_g \leqslant \left|\frac{\dfrac{k_g}{\mu_g}(\rho_w - \rho_g)g\sin\alpha}{1 - \dfrac{\mu_w}{\mu_g}\dfrac{k_g}{k_w}}\right| \tag{5-82}$$

假设气藏的供给边界近似为一直线边界，渗流截面积为 A，气井距边水的距离为 1，在边界处，当 $X=0$，$P=P_e$，$X=L$，$P=P_{wf}$。根据达西定律，气相稳定渗流时流速为：

$$v_g = \frac{k_g(P_e - P_{wf} - \rho_g gl\sin\alpha)}{\mu_g l} \tag{5-83}$$

将(5－83)式代入(5－82)式，则可得合理生产压差为

$$p_e - p_{wf} = \left| \frac{(\rho_w - \rho_g) gl\sin\alpha}{1 - M_{gw}} \right| + \rho_g gl\sin\alpha \tag{5-84}$$

通过渗流截面积 A 的气体体积流量为：

$$q_{sc} = \frac{q}{B_g} = \frac{k_g A(p_e - p_{wf} - \rho_g gL\sin\alpha)}{\mu_g B_g L} \tag{5-85}$$

由(5－85)式可得气相稳定渗流时的渗流速度：

$$v_g = \frac{k_g(p_e - p_{wf} - \rho_g gL\sin\alpha)}{\mu_g L} \tag{5-86}$$

将(5－85)式代入(5－82)式，可得合理产量：

$$q_{sc} \leqslant \left| \frac{\frac{k_g}{\mu_g} A(\rho_w - \rho_g) g\sin\alpha}{B_g(1 - M_{gw})} \right| \tag{5-87}$$

式中 ρ_g、ρ_w——气、水的密度，g/cm^3；

μ_g、μ_w——气、水的黏度，mPa·s；

k_g——束缚水饱和度 S_{wi} 下的气相渗透率，μm^2；

k_w——残余气饱和度 S_{gr} 下的水相渗透率，μm^2；

A——渗流截面积，m^2；

L——气井距边水的距离，m；

q——地层条件下气体的体积流量，10^4m^3/d；

q_{sc}——地面条件下气体的体积流量，10^4m^3/d；

B_g——天然气的体积系数；

α——地层倾角；

M_{gw}——气水流度比；

p_e——供给边缘上的压力，MPa；

p_{wf}——气井井底压力，MPa。

从中可以看到影响边水突进的因素主要有，气水密度差，气水黏度，气水渗透率，地层倾角，井筒距边水的距离。

边水水侵是影响雅克拉凝析气藏生产的最主要因素。因此在配产时应主要考虑边水推进对气井产能的影响，对边低部气井应严格控制产量以抑制边水推进。

6. 合理生产压差法

防止井底出砂的合理生产压差 Δp 的表达式为：

$$\Delta p = (p_r - p_{wf}) \leqslant 0.5C - \mu/(1-\mu)(10^{-6}\rho gh - p_r) \tag{5-88}$$

式中 C——地层岩石的抗张强度，MPa；

μ——岩石的泊松比；

ρ——上覆岩石的平均密度，kg/m^3；

g——重力加速度，m/s^2；

h——产层深度，m；

p_r——地层压力，MPa；

p_{wf}——井底流压，MPa。

由上式可知，在实验测出岩石的抗张强度 C，岩石密度 ρ，泊松比 μ，当前生产井的地层压力 p_r，井底流压 p_{wf} 等参数的基础上，就能求得气井出砂的最大合理生产压差值。

油气井出砂的原因可归纳为两个方面：①地质因素。油气层出砂的根本原因是于含气油砂层的性质有关，也就是和岩石的颗粒组成、胶结物种类以及含量和胶结方式、岩石孔隙中的流体性质有关，同时也与成岩作用和压实作用有关。②开发因素。雅克拉、大涝坝凝析气田在生产过程中，许多因素对出砂存在较大的影响，甚至加剧出砂过程。例如，完井时的气举、试油过程中的放喷等都会造成气层岩石结构破坏，引起大量出砂。在开发中后期随采出液的含水上升也会引起出砂。

7. 动态分析法

分析思路：①利用现场的生产数据，作出气井的产量随生产时间变化曲线、压力随生产时间变化曲线以及每月的生产时间变化曲线。②找出压力曲线上的压力上升和稳定的部分，根据生产产量曲线判断造成这种结果的原因是配产产量减小或者是出于关井压力恢复状态。③找出压力曲线上的压力下降的部分，根据生产产量曲线，判断造成这种结果的原因。

如果在较短的生产时间内压力下降的幅度很大、下降得很快，那么这个配产产量应该是偏大的，现场应该对该井进行适当的调小产量：如果压力下降的很平缓，说明该井这个时候的配产是合理的，应该保持这个配产产量进行生产；如果压力变化的过于缓慢、几乎处于不变的状态，产量极小，那么判断该井的产量过于小，没有完全发挥该井的产能优势，应该适当的加大生产产量。

经过上面计算分析之后，可以确定出一口气井的合理产量的大致范围。

8. 数值模拟法

利用数值模拟技术，综合考虑产能、储层、渗流、物质平衡及经济等因素，进行最优化配产。

（二）单井合理配产

本节以大涝坝 2 号构造 S45 井单井配产为实例。S45 井位于大涝坝 2 号构造的边部，井距气水边界约 200m 左右，该井 1997 年 3 月开井，2004 年 8 月见水。

1. 生产系统分析法

取井底为解节点，则从地层流入到井底即为流入，从井底流到井口即为流出，计算出流入与流出曲线，二者的交点即为协调生产点，协调点所对应的产量就是气井工作协调的合理产量。通过生产系统分析法得到 S45 井的合理产量为 $2.1\times10^4m^3/d$ 左右，如图 5－49 所示。

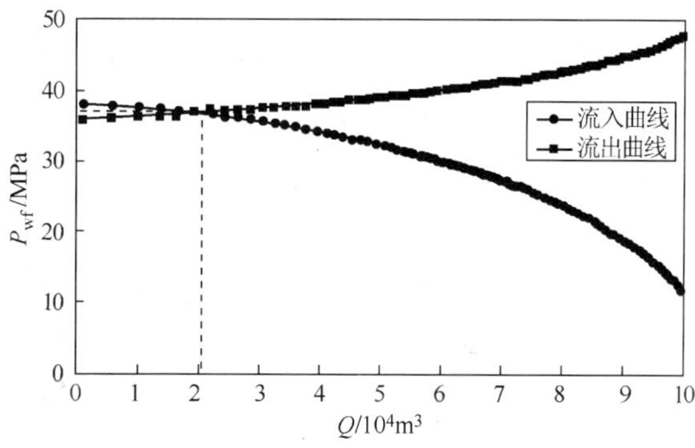

图 5－49　S45 井生产系统分析法

2. 经验法

表5－20为S45井从2005年至今的无阻流量变化表，从表中可以看出，最近两年来该井的产能迅速下降，开发至2010年的无阻流量只有$10.64\times10^4m^3/d$，该井产能迅速下降主要是由于受边水和地层压力下降的影响，边水入侵后造成产气量大幅度降低。为了延缓边水的推进速度，以无阻流量的1/6进行合理配产，合理产量为$1.8\times10^4m^3/d$左右。

表5－20　S45井产能方程及无阻流量

日期	产能方程	无阻流量/10^4m^3
2005年	$p_{r2}-p_{wf2}=33.057Q_g+2.0144Q_{g2}$	26.14
2006年	$p_{r2}-p_{wf2}=25.892Q_g+3.4165Q_{g2}$	22.10
2007年	$p_{r2}-p_{wf2}=24.508Q_g+1.845Q_{g2}$	27.62
2008年	$p_{r2}-p_{wf2}=50.339Q_g+0.4921Q_{g2}$	23.34
2009年	$p_{r2}-p_{wf2}=30.412Q_g+4.8517Q_{g2}$	15.94
2010年	$p_{r2}-p_{wf2}=30.587Q_g+9.9285Q_{g2}$	10.64

3. *IPR*曲线法

通过*IPR*曲线法得到S45井的合理产量为$2.2\times10^4m^3/d$左右，如图5－50所示。

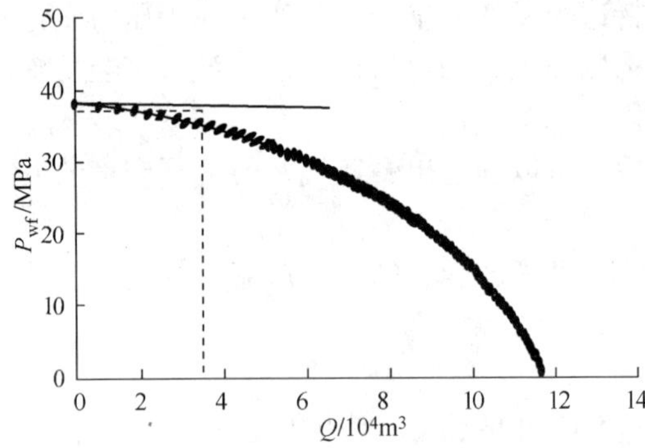

图5－50　S45井*IPR*曲线

4. 边水推进临界产量

利用边水凝析气藏合理配产方法（见第五章第五节），计算了S45井的边水均匀推进的临界生产压差和临界产量，分别为9.85MPa和$1.84\times10^4m^3/d$。

5. 临界携液流产量

目前，S45井的油压为13MPa左右，该井油管内径为2½in，通过临界携液流量的计算得出目前该井的临界携液流量为$1.35\times10^4m^3/d$，配产时产量需高于此值，避免发生井底积液。

6. 合理生产压差配产

雅—大气藏生产压差原则：①在低部位，应首先防止边水侵入配置生产压差，其次再考虑反凝析。由于雅－大孔隙度及渗透率较高，反凝析对产能影响不强，因此，对生产压差限制不太严重。②在高部位，主要存在反凝析，同理，对压差限制不太严重。③出沙控制。

选用S45井进行出砂预测分析，通过处理该井的测井数据，利用“C”公式法计算生产压差的结果如图5－51所示。得出S45井不破坏井壁岩石结构的合理生产压差与地层压力之间的关系式为：

$$p_r = 4.8824\Delta p_{dd} + 24.124 \tag{5-89}$$

式中　p_r——地层压力，MPa；

Δp_{dd}——临界生产压差，MPa。

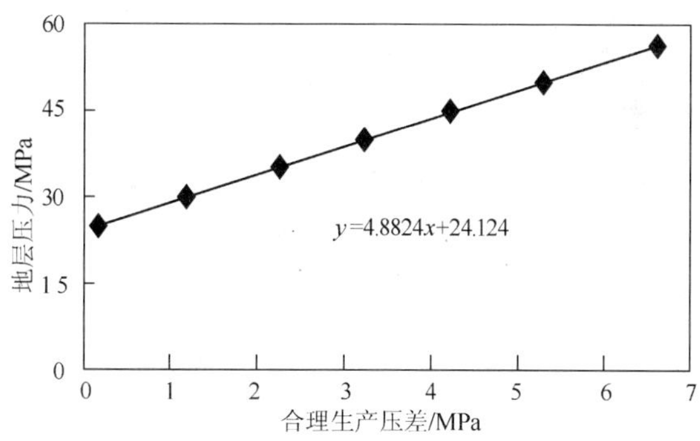

图 5－51　S45 井地层压力与合理生产压差的关系图

由图 5－51 可见，随着地层压力衰竭，为了不破坏井壁岩石结构，生产压差也应相应减小。目前大涝坝 2 号气藏的地层压力约为 45MPa，其相应的防砂合理生产压差为 4.28MPa。

根据相关室内试验，雅克拉凝析气田出砂的临界生产压差是 9MPa，大涝坝凝析气田出砂的临界生产压差是 6MPa。

单井配产要综合考虑雅大凝析气田临界出沙生产压差，根据雅克拉及大涝坝各生产井实际的开发历史及生产现状，大涝坝苏维依组、巴什基奇克组生产井实际生产压差如表 5－21 ~ 表 5－23 所示。大涝坝苏维依组生产压差在 10Mpa 左右，但是边部井如 S45 和 DL9 井则需要控制生产压差。大涝坝巴什基奇克组目前生产井压差普遍较大，均在 20MPa 左右，储层非均质性较强。

表 5－21　大涝坝凝析气田 2 号构造苏维依组压力统计表

井号	日期	油压/MPa	流压/MPa	地层压力/MPa	生产压差/MPa
DL2	2007－10－30			48.91	6.86
	2009－2－24	26.5	42.05		
DL4	2008－11－20	26.1	42.06		
	2009－2－11			42.94	
DL6	2007－9－8			51.9	11.5
	2009－2－19	25	40.44		
S45	2007－7－13			49.97	17.95
	2008－11－20	19.7	32.02		
DL9	2007－9－25			49.32	8.30

表 5－22　大涝坝凝析气田 2 号构造巴什基奇克组压力情况

井号	测试日期	流压/MPa	地层压力/MPa	生产压差/MPa
DL1X	2008－10－10	30.6	50.92	20.32
	2009－2－13	25.82		
DL3	2009－1－12		43.47	17.97
	2009－2－12	25.5		
DL1X	2009－1－12		45.827	20.64
	2009－3－26	27.04	46.14	

如果控制S45井生产压差在4.28～6MPa，则S45井可能停喷，故不将生产压差作为S45井配产考虑因素。

7. 综合配产

综合以上考虑不同因素对S45井配产的影响，认为边水对该井影响很大，建议配产为$1.7\times10^4m^3/d$。

（三）单井配产的综合确定

根据前面所采用的方法，对大涝坝凝析气藏各单井进行综合配产(见表5－23)，计算结果显示，控制生产压差法计算各井合理配产值最低。

表5－23　大涝坝凝析气藏单井综合配产表　（单位：$10^4m^3/d$）

井号	临界携液量	边水气井临界产量	数值模拟	生产系统分析法	无阻流量法	*IPR*曲线法	控制生产压差法	综合配产
S45	1.35	1.84	2	2.1	1.8	2.2		1.7
DL6	2.07		6.2	6	6	6.4	4.8	6.3
DL2	2.58		4.9	5.2	4.8	5	4.0	5.3
DL4	2.08		5.6	5.7	5.1	6	4.7	5.8
DL10	2.08	2	3.9	3.8	4	3.8	3.1	2.8
DL1X	2.09	1.92	1.9	2	2.2	3		1.8
DL3	1.2	1.42		2.1	0.9	1.1		1.0

二、凝析气藏开采速度优化

采气速度是气田开发中极为重要的开发指标，是一个气田年采气量与地质储量(或可采储量)之比值。它是衡量开发区生产速度快慢的指标，通常根据气田的地质特征、储量、目前的开采技术水平等技术指标来确定。

（一）不同类型气藏采速优选

1. 气驱气藏或边、底水不活跃的气藏

制约此类气藏采气速度的根本因素之一是气藏的储渗性能，储渗条件好气藏产能高，气井多为高、中产气井，相应可以有较高的采气速度；储渗条件差气藏产能较低，气井多为低产气井，相应只能有较低的采气速度(见图5－52)。分析采气速度对气驱气藏或边底水不活跃的凝析气藏的影响，可以发现以下规律：

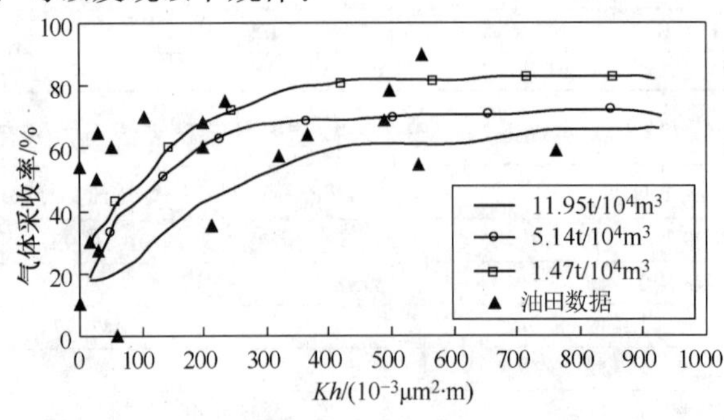

图5－52　凝析气采收率与*Kh*的关系

（1）在相同的采气速度下，若气藏的储渗性能好，则凝析气采收率高，储渗性能差，则凝析气采收率低；

（2）对于储渗性能的相同的气藏，采气速度越大，则凝析气采收率越低；

（3）对于储渗性能差的凝析气藏，采气速度的增大使凝析气采收率大幅度降低，而这种变化趋势对储渗性能好的凝析气藏影响较小。

2. 边底水活跃的气藏

气藏中的气水两相渗流的渗流阻力要比单相流阻力大得多，这就需要更高的供给压力，因而导致废弃压力比单相时高得多。通过对水侵机理的分析，可以看出边水驱气藏的一次采收率主要受气藏的废弃压力和枯竭点的水侵体积系数控制。所以在气藏水淹前尽可能多的采出气，这对提高其采收率至关重要。

活跃的边底水气藏，慎重地选取采气速度是十分重要的。采气速度过高，气藏无水采气期短，最终采收率低。对一些活跃的边底水气藏，通过选取一个适当的采气速度可降低水侵强度，使地层水缓慢而均匀地推进，从而可提高气藏的采出程度。采气速度控制在2%左右，可延长气藏的无水采气期，提高最终采收率。这在国内外都有许多成功的范例，如加拿大的卡布南礁灰岩气藏，用数值模拟方法计算了合理的生产压差，采气速度控制合理，虽为底水驱动，预测采收率达80%以上。

基于气藏边水活跃的特点，模拟不同边水规模对于气井生产动态的影响：生产井以3%的采气速度生产，同时设计不同规模(5倍、10倍、15倍、20倍、30倍、50倍)边水规模，模拟边水规模对于产气速度与类产气、产油速度与类产油、气水比与气油比及气藏压力等指标的动态变化(见图5－53)。

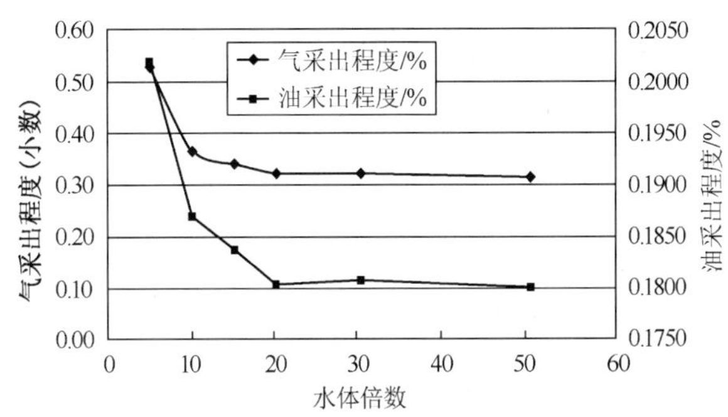

图5－53　不同边水规模对于凝析油气生产指标影响

基于以上模型，就该气藏20倍边水规模凝析藏对水能量活跃的典型的问题，对边水规模与影响、生产井配产与稳产年限、井位设计、井型优化等指标进行优化。

由图5－54可见，边水凝析气藏的开发中气井的配产对凝析油气的采收率有显著的影响，一方面，较高的产气速度会导致边边水的过早的突破到气井井边，造成气井的早期停产。而过小的制度又会延长气藏的开发周期，开发效益变差。综合考虑以上指标在模型的20倍水体情况下，采取3%凝析气的开采速度时可以获得凝析油气的联合最优。

综合来看，边水凝析气藏开发中，边水的规模与能量对于开发动态影响明显，具体表现如下：

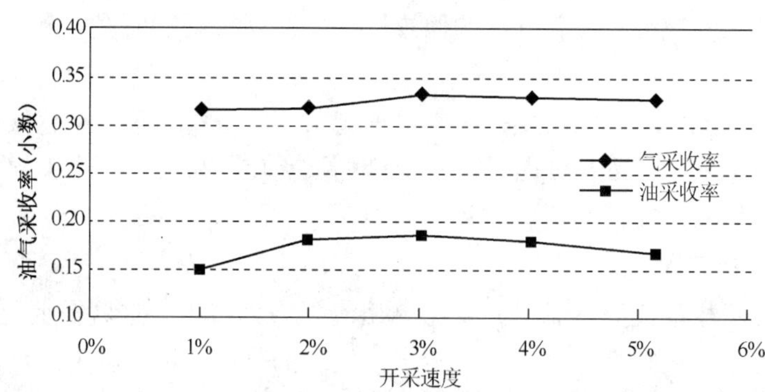

图 5－54　不同采气速度对于边水凝析气藏油气生产指标的影响

（1）边水有利于保持气藏压力，增加气井的稳产年限；

（2）同时边水如果控制不好容易早期突破到气井周围，甚至造成气井水气比急剧上升而早期停产；

（3）气井避水高度相同时，随着边水规模的增加，其向气井突进的趋势增大，气井水淹停产的时间也提前；

（4）因此必须对边水规模和分布进行仔细的分析和对其动态进行及时的监控。

3. 低渗透气藏

低渗透性气藏其低渗储层与常规物性的储层相比，具有不同渗流机理和特性。国内外的一些研究表明，气体在低渗地层中流动时，具有“启动压差”和“临界压力梯度”现象，只有当地层中的压力梯度大于临界压力梯度时，气体才能保持连续流动，这种低速非达西渗流的现象在一定的条件下还能使气井产量进一步降低。

因此，低渗透性气藏由于气井产能较低，地层能量补给缓慢，气藏采气速度必然低于常规气藏。如果采气速度定得过高，由于单井产能低，为了满足开采规模的需要，要么钻大量的开发井，井数太多，会影响气藏开发的经济效益；要么减少开发井数，就需要提高单井的配产，造成单井的稳产时间减短，不能保证方案的顺利实施。

以四川盆地低渗透性气藏为例，随着采气速度的增加，稳产期采出程度和稳产年限等指标都在下降，而对气驱气藏的最终采收率则无多大影响，因此采气速度为 2.3% 时较为合理（见图 5－55）。

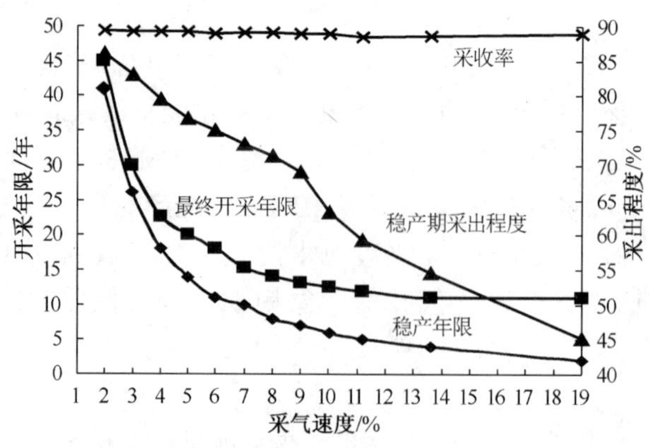

图 5－55　采气速度与其他开发指标关系图

储渗性能的优劣决定了气驱气藏或边底水不活跃的凝析气藏的开发速度和采收率，储渗性能好则凝析气采收率高，开采速度可以适当放大；储渗性能差则凝析气采收率低，开采速度要适当减小。

（二）雅克拉凝析气田采速优选

雅克拉白垩系上气层水体较活跃；下气层水体活跃。在现有井网下，对采气速度2%～5%的方案进行数值模拟计算（见表5－24）。结果表明，采气速度越小，稳产时间越长，稳产期的油气采出程度相对较高；反之，采气速度越大，稳产时间越短，稳产期的油气采出程度越小；但随着采气速度的增大，采气速度大于4.0%时，稳产期油气采出程度急剧下降（见图5－56）。因此，采气速度应控制在3%～4%左右。

表5－24　不同采气速度下的开发指标表

采气速度/%	年产气量/10^8m^3	稳产期					预测期(20年)				
		时间/年	累积采气/10^8m^3	累积采油/10^4t	气采出程度/%	油采出程度/%	累积采气/10^8m^3	累积采油/10^4t	气采出程度/%	油采出程度/%	地层压力/MPa
2	4.94	16	92.21	141.30	37.36	30.49	111.97	155.49	45.36	33.56	31.25
3	7.40	11	94.57	143.34	38.31	30.93	133.76	172.59	54.19	37.24	26.04
4	9.87	8	92.13	141.16	37.33	30.46	136.79	176.73	55.42	38.14	25.20
5	12.34	5	74.87	121.89	30.33	26.30	137.78	176.96	55.82	38.19	24.86

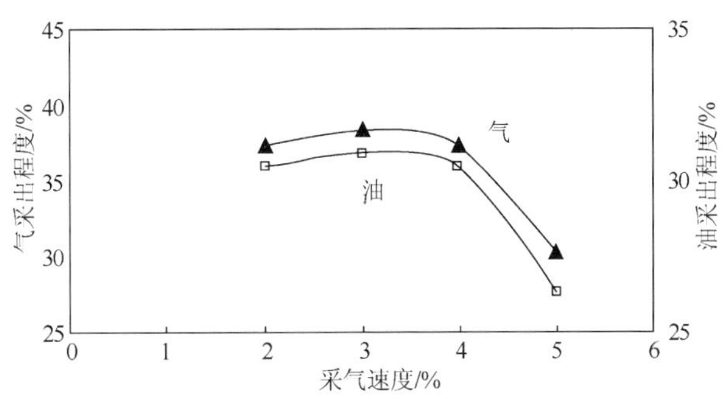

图5－56　雅克拉凝析气田采气速度与阶段采收率关系图

（三）大涝坝凝析气田采速优选

根据本章第四节的计算结果，大涝坝苏维依上气层水体活跃；苏维依下气层水体活跃；巴什基奇克气藏的水体较活跃。根据最优化理论，模拟计算做出采气速度与阶段采收率关系图，并回归其关系式（见图5－57、图5－58），可以计算出1号构造凝析油最优采气速度为2.8%，天然气最优采气速度为2.6%；2号构造凝析油最优采气速度为3.93%，天然气最优采气速度为3.78%。综合考虑各方面因素，认为1号构造最佳采气速度2.8%，2号构造最佳采气速度为3.9%。

三、雅克拉凝析气田衰竭式开发调整

雅克拉凝析气藏在开发过程中发现的主要问题是上、下气层表现出明显的开发不均衡，2009年开始进行井网调整。

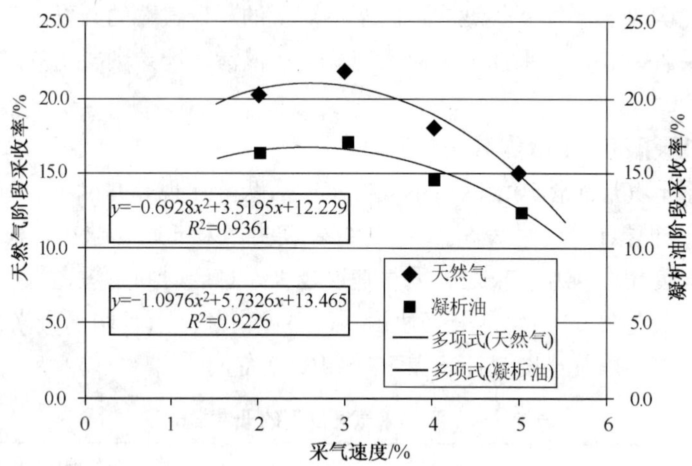

图 5－57 大涝坝 1 号构造衰竭式开发采气速度与阶段采收率关系式

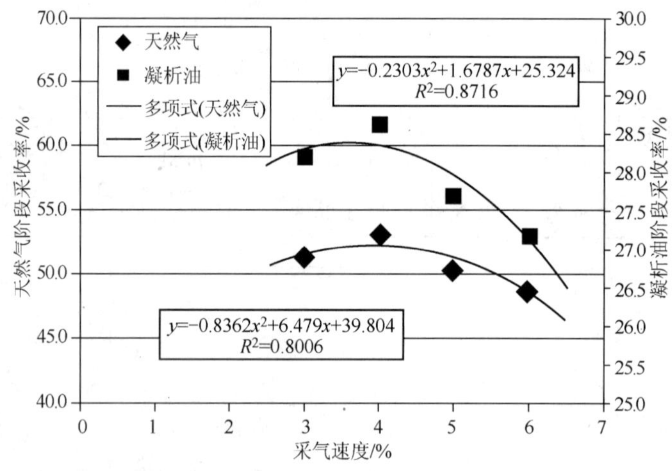

图 5－58 大涝坝 2 号构造衰竭式开发采气速度与阶段采收率关系式

（一）方案设置

随着新井区投入开发，雅克拉主构造可以适度降低产量，将主构造日产气调整到 $260m^3/d$。根据井网调整原则设计了 6 组方案，对上下气层的合理采速及上下气层各单井的合理配产进行了分析优化。

调整方案 1：调整上下气层采速，将下气层的 Y9X 调整为上气层生产，将合采井 Y10 井转上气层生产，减小 Y7CH、Y6H 井产量，调整后上气层采气速度 3.23%，下气层 3.94%。

调整方案 2：调整上下气层采速，在调整方案 1 的基础上，继续减小 Y7CH、Y6H 井产量，调整后上气层采气速度 3.66%，下气层 3.21%。

调整方案 3：调整上下气层采速，将下气层的 Y9X 井调整为上气层生产，将合采井 Y2 和 Y10 井转上气层生产，继续减小 Y7CH、Y6H 井产量，调整后上气层采气速度 3.91%，下气层 2.78%。

调整方案 4：在调整方案 2 的基础之上，增加高部位气井产量，减小边部气井产量，调整后上气层采气速度3.66%，下气层3.21%。

调整方案5：在调整方案4的基础之上，上气层增加1口新井(见图5－59)，减小边部气井产量，调整后上气层采气速度3.66%，下气层3.21%。

调整方案6：将Y9X井调整到上气层，将合采井Y10井转上气层生产，将Y15井关闭，在上气层部署两口新井(见图5－60)，调整后上气层采气速度3.66%，下气层3.21%。

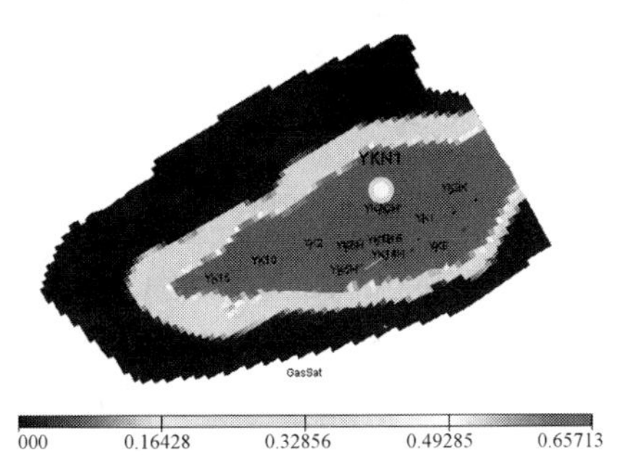

图5－59　方案5上气层新井井位

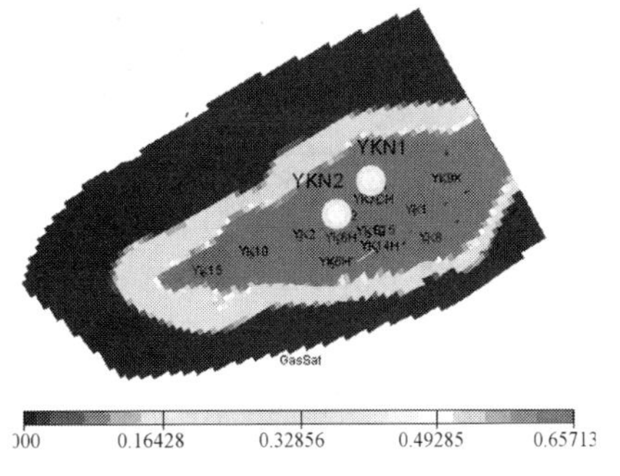

图5－60　方案6上气层新井井位

(二) 方案预测对比

(1) 调整上下气层采速，减缓下气层水侵速度，是提高气藏采出程度、充分利用水体能量的有效手段

上下气层调整后6个方案的对比结果(见表5－25、图5－61、图5－62)显示：随着下气层采速减小，整个气藏的稳产时间增加，天然气和凝析油的采出程度都有所增加。随着下气层采速的减小(主要是降低了Y6H井和Y7CH井的产量)，下气层边水的推进方向发生了变化。由于Y6H井产量很高，水侵发生了突进，构造部位比Y6H都低的Y2和Y7CH还未水淹的情况下，Y6H井提前水淹。随着Y6H井和Y7CH井产量的减小，下气层采速的降低，水淹突进现象有所缓解，至方案2和方案3下气层采速降到3.21%和2.78%后，水侵方向开始沿构造等值线侵入，即边水先侵入Y2后，再侵入Y6H井。此时，由于Y6H井水侵突进现象的缓解，下气层采出程度提高，整个气藏采出程度提高。

表5－25　井网调整计算指标

		天然气采速/%			稳产时间/年	稳产期天然气采出程度/%	稳产期凝析油采出程度/%	天然气采出程度/%	凝析油采出程度/%
		整个气藏	上气层	下气层					
调整前		3.83	3.04	5.17				57.7	54.8
调整后	方案1	3.49	3.23	3.94	4	13	11.3	59.6	55.6
	方案2	3.49	3.66	3.21	3.9	12.3	10.7	60.4	55.8
	方案3	3.49	3.91	2.78	3.7	12.1	10.5	60.7	55.9
	方案4	3.49	3.66	3.21	4.8	15.4	13	61.1	56.0
	方案5	3.49	3.66	3.21	5.2	16.9	14.2	61.8	56.2
	方案6	3.49	3.66	3.21	6.1	19.9	16.3	62.1	56.2

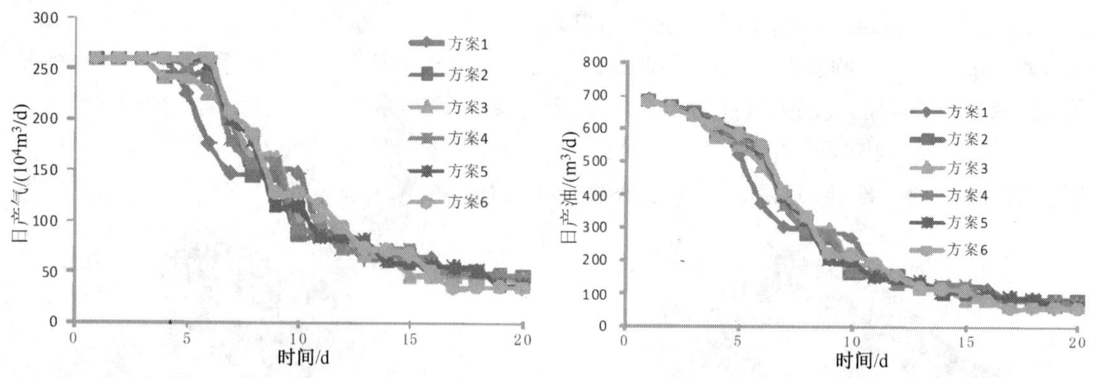

图 5－61　井网调整方案计算日产气　　　　图 5－62　井网调整方案计算日产油

（2）在现有井网基础上，下气层采速越小，下气层控水效果越好。但由于上气层井网分布原因，使得上气层单井产量紧张，减小了上气层稳产时间，使得整个气藏稳产时间减小。但对照目前气井实际生产数据，方案 2 比方案 3 可行。

由表 5－11 可知，总的来说，调整方案 1、2、3 表现出了如下规律：随着下气层采速的降低，气藏的稳产时间增加，天然气和凝析油采出程度增加。也就是说从方案 1 到方案 3，随着下气层采速的减小，下气层边水突进现象减弱，气藏下气层开发效果得到改善。但是方案 3，将 Y2 井调整至上气层，由于上气层井网分布原因，使得上气层单井产量紧张，减小了上气层稳产时间，使得整个气藏稳产时间减小。因此，对照目前气井实际生产数据，方案 2 比方案 3 可行。

（3）现有井网调整顶部和边部气井产量，增加了气藏的稳产时间和稳产期天然气和凝析油的采出程度，同时增加了天然气采出程度，但对气藏凝析油采出程度影响不大。

调整方案 4 是在方案 2 的基础之上，对边部气井减产，顶部气井增加产量。实际上，由于目前雅克拉气藏已采出天然气 24.2%，水侵已推进至腰部，特别是下气层 3 口井已经水淹。因此，转上气层生产的腰部井 Y10、Y15 实际位于目前纯气边界的边部。就目前上气层生产情况看，Y5H、Y8 增产余地小，实际可增产的井就为 Y12 井。方案 4 与方案 2 相比，增加了气藏的稳产时间和稳产期天然气和凝析油的采出程度，同时方案 4 的天然气采出程度稍有增加，但对气藏最终凝析油采出程度影响不大。

（4）雅克拉气藏在上气层高部位有必要部署 1 口新井，调整气藏的水侵规律。

方案 5 通过增加 1 口新井，切实降低了边部的 Y10、Y15 这几口井的产量，延长了这几口井的无水采气期，区块天然气和凝析油采出程度及气藏稳产时间、稳产期天然气和凝析油采出程度都有所增加。在剩余气富集区，通过增加新井，调整顶部和边部气井产量，能有效降低单井水侵速度，增加气井的稳产时间，增加区块天然气和凝析油采出程度。

（5）在上气层过多部署新井，开发效果没有明显改善

方案 6 与方案 5 相比，在高部位多增加了 1 口新井，一共增加了 2 口新井，同时将边部的 Y15 和 Y14H 井关闭，气藏稳产时间、稳产期采出程度及区块天然气和凝析油采出程度与方案 5 相差不大。

（6）上气层不部署新井，调整方案 4 调整效果最好；部署 1 口新井，调整方案 5 调整效果最好。

四、大涝坝凝析气田衰竭式开发调整评价

开采初期采气速度过高使得地层压力在不到 1 年的时间内迅速由原始的 56.4MPa 下降到 43.88MPa，低于露点压力 47.2Mpa，井底附近及地层出现反凝析污染，表现在生产上单井产能迅速下降，需要进行开发调整，保证凝析气田平稳、高效开发。2006 ~ 2009 年对气田各层系井进行了调整，通过调整，达到了层内、层间和井间储量动用均衡，提高储量动用程度，调整效果明显，为气田的合理开发打下了基础。

（一）调整井网对比（见表 5－26）

表 5－26　调整后生产井网

构　　造	层　　位	调整前	调整后
2 号构造	K	DL1、DL3、DL4、DL6	DL1、DL3
	E 上	S45、DL6	S45、DL6
	E 下	S45、DL6	DL2、DL4、S45、DL9、DL10、DL11
1 号构造	E 上	DL7	DL7
	E 下	DL5、DL7、DL8	DL5、DL7、DL8

（二）巴什基奇克组生产指标对比

大涝坝 2 号构造巴什基奇克组 2005 年投入全面开发后，地层压力、油气产量总体呈不断下降趋势；气油比较呈不断上升趋势；含水率虽然有一定波动，但总体基本稳定。主要由于集中开采巴什基奇克组，开采速度过高，生产压差大，造成产能、压力下降迅速。压力下降到露点压力以下后，首先是井底附近出现反凝析，随着压力的进一步下降，反凝析进一步加重，污染半径向地层深处推进。反凝析污染物占据渗流通道，造成储层有效渗透率下降，表现在生产上产能持续下降，生产压差加大，地层压力下降。

巴什基奇克组储层非均质性严重，单井动态控制储量较小。经分析底水虽大但受隔夹层影响，水体能量不能及时补偿，加之反凝析污染造成的恶性循环，整体开发效果较差。

2006 年 7 月进行层系调整后，有效控制巴什基奇克组递减。

根据巴什基奇克组开发调整前生产情况进行预测：巴什基奇克组投入开发 1 年，地层压力下降 12.5MPa，预测截至 2008 年 7 月 15 日地层压力已达到废弃压力 17MPa，预计到废弃时累计采出凝析油 7.30×10^4t，凝析油采出程度 5.82%，单位压降采油量 0.19×10^4t/MPa；天然气 $0.58\times10^8m^3$，天然气采出程度 6.31%，单位压降采气量 $0.01\times10^8m^3$/MPa。总体上单位压降采出量低，油、气采出程度较低。

层系调整后，截至 2009 年 6 月底，2 号构造巴什基奇克组平均地层压力为 45.45MPa，平均日产凝析油 52.97t，凝析油采速 1.54%，，日产天然气 $3.72\times10^4m^3$，天然气采速 1.47%，累计采出凝析油 10.78×10^4t，采出程度 8.60%，累产天然气 $0.94\times10^8m^3$，采出程度 10.18%，单位压降采油量 0.98×10^4t/MPa，单位压降采气量 $0.09\times10^8m^3$/MPa，开发效果明显好于调整前，累计已多采出凝析油 3.48×10^4t，天然气 $0.36\times10^8m^3$。

（三）调整效果分析

2006 年 7 月进行层系调整后，加强大涝坝区块各隔夹层认识，小层细分后，进行层内补孔作业，提高了储层动用程度，减少死气区，提高气井产量，达到层内挖潜的目的。通过

对3口井的措施调整，截至2009年6月，累计增油 2.91×10^4t，天然气 $0.41\times10^8m^3$（见表5－27）。

表5－27　大涝坝各单井层内调整措施调整对比表

井号	措施类型	措施层位	措施前					措施后					措施评价		
			工作制度/mm	油压/MPa	日产油/t	日产气/m^3	含水/%	工作制度/mm	油压/MPa	日产油/t	日产气/m^3	含水/%	初期日增油/t	有效期/d	累增油/t
DLK1X	层内补孔	K1bs	4	14.2	25	13700	1	5	14	48	27000	3	23	761	9614
DLK6	层内补孔	E3s下	4.5	17.8	32	30000	11	5	30.4	62	69000	1.5	30	800	13074
DLK9	层内补孔	E3s下	3.5	17.5	17	14000	34	6	24	56	69000	21	39	295	6406

（四）经济评价（见表5－28、表5－29）

表5－28　大涝坝层系调整措施费用表

年份	井号	作业类型	措施/维护	费用/万元
2006	DL2	补孔改层	措施	125.9
	S45	大修		305.0
2007	DL1XDL4DL6	补孔改层	措施	703.9
2008	DL9	补孔改层	措施	91.3
2009	DL6	补孔改层		78.3
合计				1304.4

表5－29　大涝坝层系调整新井费用表

年份	井号	类型	作业井次	完钻井深/m	新井投资/万元	地面建设/万元	费用/万元
2007	DL9	新井	1	5221	2500	406	2906.0
2008	DL11	新井	1	5208	2500	506	3006.0
2009	DL10X	新井	1	5190	2500	456	2956.0
合计			3				8868.0

截至2009年6月底，大涝坝2号构造较调整前开发形势下累计多采出凝析油 6.39×10^4t，天然气 $0.77\times10^8m^3$。

根据有关指标，天然气商品率取73.55%，凝析油商品率取95.97%。按西北油田分公司评价的天然气的价格取518元/千方（不含税），油价取国际油价为50美元/桶时对应的西北油田分公司凝析油销售价格为2438元/吨（不含税）计算，合计经济效益7694万元。

其中开发层系调整形成措施作业费1304.4万元；2号构造在原有井网增加新井3口以及地面配套工程建设费用，合计投资8868万；

增产效益：$6.39\times95.97\%\times2438+0.77\times73.55\%\times5180=17866.4$ 万元

措施作业费用：1304.4万元

新井投资费用：8868万元

经济效益总额：$17866.4-1304.4-8868=7694$ 万元

第六章　大涝坝凝析气藏提高采收率技术

第一节　凝析气藏提高采收率技术现状

保持压力开发是提高凝析油采收率的主要方法，尤其是凝析油含量较高的凝析气藏，不保持压力开发，凝析油的损失可达到原始储量的 30% ~60%。有这样一种看法，认为对于地层深度在 2000m 左右的凝析气藏，回注干气的下限是凝析油含量 80 ~100g/m^3，较深的地层要求含量更高。保持地层压力的有效性和合理性取决于气中的凝析油含量、气和凝析油的总储量、埋藏深度、钻井和设备、凝析油加工和其他因素等。

采用保持压力的方式需要补充大量投资，购置高压压缩机，而且在相当长的时间内无法利用天然气。有的凝析气藏自产的气量少，不能满足回注气量，需要从附近的气田购买天然气。因而，有无供气气源，也是决定采取什么方式保持压力的重要因素。20 世纪 80 年代以前前苏联所有的凝析气藏都采用衰竭方式开发。1981 年夏天才在部分衰竭的诺瓦－特洛伊茨凝析气藏开始采用循环注气保持压力。

从世界凝析气藏开发的实践来看，保持压力可分为以下四种情况：

（1）早期保持压力。地层压力与露点压力接近的凝析气藏，通常采用早期保持压力的方式。美国黑湖凝析气藏和张德里泥盆系凝析气藏属于这类情况。

（2）后期保持压力。即经过降压开发，使地层压力降到露点压力附近甚至以下后，再循环注气保持压力。美国吉利斯英格利什—贝约凝析气藏属于这类气藏。

（3）全面保持压力。如果能够比较容易地获得注入气，通常是在达到经济极限之前，将整个气藏的压力保持在高于露点压力的水平。

（4）部分保持压力。如果气藏本身自产的气不能满足注气量的要求，而购买气又不合算，则采取部分保持压力，即采出量大于注入量。部分保持压力可以使压力下降速度减缓，从而减少凝析油的损失。

注天然气混相驱或非混相驱开发凝析气藏和挥发性油藏，从理论研究到现场实施都已经成熟。国内已在多个油田成功实施注气项目，最高注气压力可以达到 52MPa。目前已经形成了精细油藏描述、室内实验评价、渗流机理研究、注气驱油藏工程研究、注气工艺技术、地面工艺技术优化、试井监测技术和经济评价等关键技术，为注气提高采收率提供了保障。

①柯克亚凝析气田循环注气开采比采用衰竭式开发凝析油采收率提高 17.6%，开发效果良好。

②大张坨凝析气藏于 1995 年开始循环注气，通过模拟预测，预计可实现凝析油采收率由 35% 提高到 60.2%，析油生产的稳产期可达 7 年。

③牙哈 2－3 构造采用循环注气、部分保持压力开发，从投产时开始注气，循环注气 9 年后，开发方式转为衰竭方式（见表 6－1）。

表 6-1 牙哈 2-3 构造注气开发方案设计

层位	采气井				注气井	
	井数/口	单井无阻流量/(10^4m^3/d)	合理压差/MPa	单井日产量/(10^4m^3/d)	井数/口	单井注入量/(10^4m^3/d)
E+K	9	180	2	28	6	38.5
N_1j	4	55	2	10	2	17.3

方案设计总井数 22 口，设计采气井 13 口，注气井 8 口，观察井 1 口。设计年产凝析油 50×10^4t(初产 58×10^4t)，平均采气速度为 6.3%，采气结束时，凝析油采收率为 40.53%，天然气采收率 1.75%。预测 25 年后，凝析油采收率为 54.7%。天然气采收率为 67.94%。

牙哈凝析气田 2-3 构造自 2000 年底采用循环注气，各项指标均达到或超过设计要求：年产量、地层压力保持程度高于方案设计指标，气油比低于设计指标，开发效果好。(见表 6-2、表 6-3)

表 6-2 牙哈 2-3 构造 E+K 气层指标对比表

E+K	方案年产油/10^4t	实际年产油/10^4t	方案气油比/(m^3/t)	实际气油比/(m^3/t)	方案地层压力/MPa	实际地层压力/MPa
2001	46.77	48.03	1784	1775	54.96	55.24
2002	45.02	42.31	1868	1827	53.94	54.69
2003	42.10	41.25	2023	1850	53.03	53.96
2004	38.30	41.55	2243	1943	52.59	53.69
2005	34.15	43.58	2530	1945	52.43	52.50
2006	30.12	48.66	2874	1981	52.30	51.00
2007	26.51	45.22	3262	2166	52.22	50.27
2008	23.42	51.94	3686	2379	52.18	48.71
2009	20.80		4140		52.16	

表 6-3 牙哈 23 构造 N_1j 气层指标对比表

N_1j	方案年产油/10^4t	实际年产油/10^4t	方案气油比/(m^3/t)	实际气油比/(m^3/t)	方案地层压力/MPa	实际地层压力/MPa
2001	11.49	11.06	1561	1633	54.55	54.94
2002	11.30	11.43	1611	1514	53.46	54.53
2003	10.57	14.49	1756	1512	52.41	54.00
2004	9.49	14.86	1985	1651	51.29	53.53
2005	8.30	12.38	2265	1777	50.24	52.28
2006	7.34	11.17	2574	2001	49.30	51.18
2007	6.48	11.06	2892	2206	48.39	50.63
2008	5.69	11.30	3302	2275	47.53	50.00
2009	5.01		3694		46.79	

2009 年 5 月，牙哈 2－3 凝析气田共有采气井 15 口，开井 14 口，其中见水井 1 口，日产气水平 429.00 $\times 10^4 m^3/d$，日产油水平 1737t/d；平均单井日产气 30.64 $\times 10^4 m^3/d$，井口平均单井日产油 124t/d，平均单井核实日产油 115t/d，月产气 13298.87 $\times 10^4 m^3$，月产油 5.4 $\times 10^4 t$，月产水 0.0271 $\times 10^4 t$，综合含水 0.5%，综合气油比 2469m^3/t，综合油气比 4.0495$t/10^4 m^3$，综合水气比 0.0204$m^3/10^4 m^3$；截至 5 月底，年累计产气 6.4 $\times 10^8 m^3$，年累计产油 26.4 $\times 10^4 t$，年累计产水 0.1392 $\times 10^4 t$；总累计产气 95.7 $\times 10^8 m^3$，总累计产油498.7 $\times 10^4 t$，总累计产水 0.8040 $\times 10^4 t$。天然气可采储量采速 6.98%，地质储量采速 4.17%，凝析油可采储量采速 10.13%，地质储量采速 3.40%；天然气可采储量采出程度 29.72%，地质储量采出程度 17.75%，凝析油可采储量采出程度 84.36%，地质储量采出程度 28.36%。

第二节　注气吞吐提高采收率技术

一、注气吞吐解除近井带反凝析污染类型介绍

采用循环注气保持地层压力是防止凝析气藏反凝析伤害的较理想方法。除此之外，国内外还采用注气（溶剂）吞吐的方法解除凝析气井近井伤害，提高凝析气井产能。常用的注入气（溶剂）有干气、二氧化碳、富气、氮气、甲醇、乙醇及表面活性剂溶液等。

（一）注干气单井吞吐

近年来，国外许多油田采用单井注干气吞吐作业，发现注干气吞吐可改善凝析气井的气井反凝析堵塞。注入的干气与地下湿气混合后，使地层中气体干度增加，从而可通过对凝析油的超临界抽提和多级接触混相驱替，部分蒸发反凝析油，并把凝析油推向地层较远的地方，降低近井地层反凝析油饱和度，使地层中反凝析现象减弱，甚至消失，从而扩大气相渗流通道，提高凝析气井产能。俄罗斯曾经在科勃列斯克和阿斯特拉罕两个凝析气田进行注干气单井吞吐试验，并发现注干气单井吞吐可以改变井周围凝析油积聚而影响气井产能。

用注干气的方法进行处理后，如果生产压差放得过大，虽然可提高单井日产量，但同时也会使凝析液在近井带再次聚积，因此需要适当地控制生产压差。关键的施工参数（如：注入量、注入速度、焖井时间、生产制度等）可通过单井注气吞吐数值模拟计算进行优化设计。

（二）注 CO_2 单井吞吐

CO_2 吞吐最初是用作 CO_2 驱之前的注入井井筒作业措施，以清蜡解堵为目的，20 世纪 70 年代，人们认识到 CO_2 特殊的超临界相态特征对原油的特殊作用，80 年代后，CO_2 吞吐作为重油甚至轻油增产措施在现场得到广泛的运用。

一般来说，CO_2 吞吐可分为三个阶段：第一阶段把一定量的 CO_2 注入油层，第二阶段关井一段时间使注入的 CO_2 与地层油充分溶解，这阶段称为浸泡期或焖井期，第三阶段重新开井生产，该阶段的原油产量应比 CO_2 吞吐前的原油产量高。

作为一种提高原油采收率的方法，CO_2 吞吐在现场运用中取得了显著的效果。1996 年江苏油田在富民区进行了 CO_2 单井吞吐先导性实验，并获得成功。90 年代初，美国共实施了 CO_2 吞吐 500 多次，成功率在 90% 以上。作为一项单井措施的 CO_2 吞吐技术具有操作简单、

投资少、见效快、返本期短、风险低等特点。

1. CO_2吞吐解除伤害的机理分析

CO_2吞吐解除反凝析污染的机理很多，每一种机理所起的作用大小依赖于油气藏和流体的特征及注采条件。CO_2之所以能有效的从多孔介质中驱出凝析油，降低凝析油反凝析污染伤害，主要是这些机理的共同作用。CO_2吞吐解除凝析油反凝析污染的机理主要有以下几方面。

1）膨胀机理

凝析油中溶有CO_2后，凝析油体积发生膨胀，其体积膨胀的大小取决于压力、温度及溶解气量。膨胀作用之所以可以降低井底凝析油对地层的伤害，有两个原因：其一，开采后留在油层中的残余油与膨胀系数成反比。即膨胀越大，油藏中废弃的凝析油量就越少，凝析油占据的孔隙空间越小。其二，凝析油体积膨胀会增加储集层孔隙空间含油量，孔隙压力增高，因此，溶胀的油滴将一部分不流动的凝析油挤出孔隙空间，使油湿系统形成一种排油而不是吸油过程。当一定体积的CO_2溶解于凝析油，可使其体积增加10%～100%。凝析油释放出所占据的孔流通道，提高凝析气的有效渗透率，降低了凝析油聚集引起的堵塞作用，对解除或降低凝析油对地层的伤害有一定的作用。

2）降黏作用

CO_2比N_2和CH_4更容易溶于凝析油中，它在油中的溶解度比在水中的溶解度高3～9倍。CO_2的黏度比凝析油的黏度小得多，当溶解于凝析油时，凝析油黏度显著下降。由于CO_2使凝析油黏度降低有利于岩石孔隙的畅通性、凝析油的流动性，从而在一定程度上恢复了因反凝析作用降低的气相有效渗透率、减轻了井底聚集的凝析油对地层的伤害。降黏作用的程度取决于压力、温度和凝析油的黏度大小。

3）酸化解堵作用

CO_2溶于水后，形成CO_2－水的混合物略呈酸性并与地层基质相应地发生反应。在页岩中，由于pH值降低，碳酸稳定了黏土。生成的碳酸氢盐很容易溶解于水，它可以促使碳酸岩的渗透率提高。另外，生成的碳酸能溶解岩石中的某些胶结物，使地层渗透率得以改善。

4）混相效应

虽然CO_2开始与凝析油接触时一般不能混相，但它可形成一个类似干气驱过程那样的混相前缘。在油藏压力不小于凝析油与CO_2的最小混相压力条件下，注入的CO_2与凝析油经过多次接触并大量萃取了凝析油中的重烃组分（C_5～C_{30}），便产生了可混相，并且，注入到油层中的CO_2与凝析油混合时，就能与地层凝析油形成混相液体。在油层内发生混相后，就会降低束缚凝析油的毛管力，凝析油会重新获得流动能力而被采出。

5）压力下降造成溶解气驱

正像CO_2随着油层压力提高进入凝析油中一样，随着压力下降，CO_2从凝析油中逸出，形成自由气连续地把凝析油驱入井筒，液体中产生气体驱动力，具有溶解气驱的作用。提高了驱油效率。

6）降低界面张力

为了较大程度的降低残余油饱和度，通常需要增大毛管数，在适当压力和组成条件下将CO_2气体注入凝析油藏可大大降低界面张力。由公式可知，界面张力的下降可使气体进入那些在高界面张力下完全隔离的孔道，使气相相对渗透率有所提高，从而提高驱油面积。实验证明：残余凝析油饱和度随着油水界面张力的减小而降低；油水界面张力的大小取决于压力、温度以及组成。

2. 注 CO_2 吞吐优缺点

优点：①在地层条件下，CO_2 能够快速溶于凝析油中，不仅增加了油的流动性，也减少了油的毛管阻力和流动阻力，提高了流动能力。地层温度压力越高，CO_2 溶解度越大，单井吞吐效果越好。②注 CO_2 还可蒸发反凝析液，随着 CO_2 的注入，反凝析油体积在不断减少。③另外 CO_2 还易溶于水，使水略呈酸性，因此注入 CO_2 气的酸化作用导致储层渗透性提高，起到解除地层堵塞的辅助作用。因此注 CO_2 可驱替反渗吸水，而且效果优于干气。④与 N_2 相比，CO_2 驱油、驱水后的残余饱和度更低，相应的气相相对渗透率明显更高，说明 CO_2 解除污染效果更好。⑤CO_2 驱替水实验结果说明，以束缚水形式存在的凝析水对地层的伤害较难通过 CO_2 驱得到有效解除，这是由于 CO_2 驱水效率相对较低这一客观规律所决定的。

缺点：注 CO_2 单井吞吐主要受 CO_2 气源的影响，国内没有大规模采用注 CO_2 主要是因为没有充足的 CO_2 气源。另外，CO_2 对生产管柱有腐蚀作用，因此其应用受到限制。

（三）注氮气单井吞吐

1. 注氮气单井吞吐机理

经技术调研和论证，注氮气提高采收率方法是较有潜力的提高采收率技术之一。氮气能进入水所不能进入的低渗透层段，可使低渗透带处于束缚状态的凝析油驱替成为可流动的原油，对部分凝析油产生抽提或携带作用。氮气有良好的可压缩性和膨胀性，在能量释放时具有良好的解堵、助排、驱替和气举等作用，它的这些作用有助于克服毛管力的束缚，从而降低水锁效应，采出反渗吸水。

2. 注氮气优缺点

优点：①氮气与乙烷以上烃类气体、CO_2 相比，密度小、黏度小，而且在油、水中的溶解性也很弱，这些特点是氮气进行重力稳定驱油得天独厚的条件，常用于重力稳定驱、混相驱以及 CO_2、富气或其他溶剂组成段塞驱等。②注氮气副作用小、成本低。③氮气资源丰富，可应用于开发不同类型的油气藏，具有较广泛的应用前景。

缺点：①对氮气吞吐，氮气注入量要足够大，使气井地层压力恢复到原始地层压力，焖井时间要长。②注入氮气时，会增加露点压力，不利于提高凝析油的采收率。

经技术调研和论证，注氮气提高采收率方法是较有潜力的提高采收率技术之一。氮气注入方式有氮气－水交替注入、氮气－水脉冲注入和氮气吞吐等。

（四）注富气（或丙烷）单井吞吐

注富气（丙烷）单井吞吐可大大降低气油界面张力，溶解中间烃，并能有效抽提凝析油中的较重组分，增加了凝析油的流动性，对近井带反凝析伤害有较强解除能力。

与注干气相比，由于富气中所含较重质组分较多，所以对凝析液的抽提和传质能力要比干气大得多，因此，注气吞吐的效果明显优于干气。但注富气工艺及注气成本比较高，经济效益差。

国外的实验室研究还发现，注入丙烷也可有效降低反凝析液饱和度，如图 6－1 所示，图示表明，在压力为 2000psi 条件下，当凝析气中加入 40% 摩尔分数的丙烷时，可以使反凝析液所占烃孔隙空间的相对体积从 50% 减低到 20%，从而可有效减少反凝析油的总体积，通过对比发现注入丙烷减少反凝析油体积的效果明显优于干气和二氧化碳的效果。

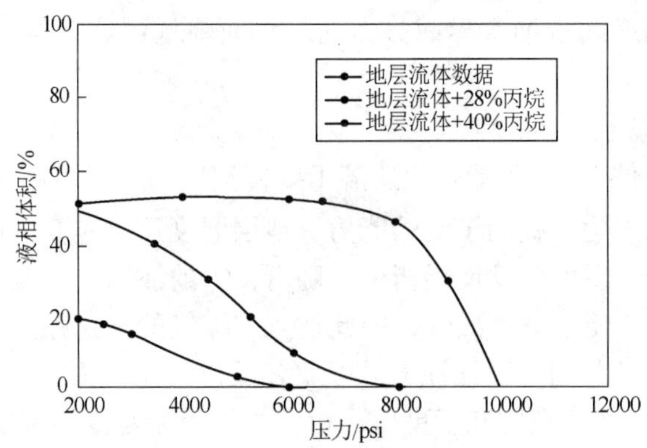

图6－1　注入丙烷对反凝析液相体积的影响

由此可以看出丙烷是一种高效的清除反凝析油的溶剂，这是由丙烷特有的热力学特征决定的，它能有效蒸发凝析油，改善气相对渗透率，提高产能。但丙烷难以与水互溶，因此对近井地层的水锁难以有效的解除。

富气包括脱了凝析油后富含 C_3 ~ C_4 及宽馏分轻烃的 C_1 混合物，这样可以大大的降低气体－凝析油的界面张力，同时由于溶解了中间烃组分，增加了凝析油的流动性。俄罗斯的实验证明，用富气处理井底，可采出35%析出在近井地带的凝析油，俄罗斯乌克蒂尔凝析气田26、89和98号井都作了试验，均获得好的结果，其中最有效的是富气，注干气大概只能采12% ~15%析出的凝析油。若注入的干气或富气再与加温预热相结合，那么效果会更好。

（五）注甲醇（乙醇）单井吞吐

在凝析气藏的开发开采过程中，除了考虑反凝析污染外，水锁效应也是严重气井产能的因素，尤其在低渗透储层中，而严重的水锁效应将大大降低气井产能甚至停产。以往单纯依靠注气的方法只能在一定程度上降低反凝析污染的程度，而对于水锁效应则起不到降低作用，反而将地层水推向地层深处造成注入困难甚至是加剧水锁效应。因此，对于存在水锁效应的凝析气藏，要考虑解除反凝析污染和水锁效应两方面因素。近年来，国内外也进行了一些注甲醇解除反凝析和水锁伤害的研究和现场实验。其结果表明，注甲醇既可有效解除近井带反凝析污染又可解除水锁伤害，是一种较好的提高凝析气井产能的方法。

甲醇是一种易挥发的极性物质，能够与水混合，在凝析液中也能溶解，它可以作为驱替近井眼附近反凝析液/水的一种双效溶剂。甲醇具有挥发性可加速侵入液的蒸发，这有利于近井地层的反渗吸水以蒸发方式被驱走，更好的解除水锁。此外，甲醇特有的热力学性质还可使注入甲醇的过程中气液间的界面张力降低，提高气相相对渗透率，从而使注入过程克服水锁效应所需的启动压力降低，这对低渗气藏尤为重要。因此，它可以作为驱替近井眼附近反凝析液/水的一种双效溶剂，恢复岩心的产气能力应用注甲醇的方法可同时消除近井带凝析油和地层水的阻塞。

但是，甲醇注入可能引起盐沉淀给地层带来伤害。因此，在甲醇注入之前，先要进行地层水与甲醇的配伍性实验。注入甲醇、乙醇吞吐还受安全、环保和成本的影响。

（六）各类注入介质对比

凝析气井在生产过程中，即使是凝析油含量较少的凝析气藏也会产生反凝析堵塞。利用各种注入介质解除反凝析和水锁伤害的机理、解除反凝析和水锁的能力、适应性等均有所不同。因此，根据不同的情况可适当选择不同注入剂对凝析气井进行处理。各种注入溶剂解除伤害的效果和适应性各有不同(见表6－4)。

表6－4 注气(溶剂)解除凝析气井伤害的各种方法优缺点对比

伤害解除方法	优 点	缺 点
注干气单井吞吐	(1)气源比较充足、便于应用； (2)可解除反凝析伤害	(1)凝析油在近井地带再次快速聚集； (2)难以将水锁解除
注 CO_2 单井吞吐	(1)可有效解除反凝析伤害； (2)部分解除水锁伤害	(1)受气源的影响； (2)对生产管柱有腐蚀作用
注氮气单井吞吐	(1)驱替可动油； (2)对油产生“抽提”和携带作用	(1)气源处理较难； (2)成本高
注富气(或丙烷)单井吞吐	(1)降低气油界面张力； (2)有效抽提凝析油中的较重组分； (3) 对近井带反凝析伤害有较强解除能力	工艺及注气成本比较高，经济效益差
注甲醇(乙醇)单井吞吐	(1)降低界面张力、增加凝析油的流度并改善凝析油流动性； (2)与水混溶、改善水相流动性，解除水锁	(1)可能引起盐沉淀给地层带来伤害； (2)受安全、环保和成本的影响

对比各类方法，注干气吞吐是最为实用和便利的方法。因为，凝析气藏在开发过程中，凝析气藏本身就会生产大量干气，可直接把井口所生产干气经过压缩后注入凝析气井，解除反凝析堵塞。然而，注气吞吐后反凝析气会再次很快在近井带再次形成，不得不再次进行注干气吞吐。如果凝析气井近井带有水锁伤害，注干气不但不能有效解除，反而会把水推向地层深处，使水锁伤害加剧。

注氮气的方法，主要适用于深层气藏。

注 CO_2 和甲醇均能解除水锁伤害，但注 CO_2 解除水锁伤害的能力有限，仅适用于地层含水饱和度较低的情况下，例如，只有少量凝析水时。甲醇与水可以以任意比例混溶，可有效降低界面张力，增加水的蒸发能力。若地层中水锁较为严重，可考虑采用注甲醇解除。

注富气吞吐的效果远比注干气的效果好。但是其分离和注气成比较高，经济效益较差。可选择少量反凝析较严重，而没有水锁伤害的凝析气井进行先导性试验，并做好经济评价工作。

注干气吞吐和注 CO_2 吞吐比较常用，注气时可做优先考虑，适用于地层含水饱和度较低的储层。对于深层凝析气藏，主要采用注氮气吞吐。对于反凝析情况不是很严重，并且也没有水锁的储层适用于注富气吞吐。对于含水饱和度较高的储层，水锁严重，采用注甲醇(乙醇)吞吐方法。

二、大涝坝凝析气藏注干气吞吐可行性分析

选用加拿大 CMG 公司的相态分析软件包 Winprop，对大涝坝2号 DL1X 井进行了数值模拟，对注气量、注气速度、焖井时间、采气强度等敏感性因素进行了分析。

1. 数值模拟计算

模拟时选用单孔介质三维组分模型，使用的模拟器是加拿大 CMG 公司的 GEM 组分模

型，该软件具有计算速度快、稳定性好、前后处理功能强的优点，完全能满足数值模拟的需要。

1）模型的建立

模拟时采用单井径向网格系统。网格划分为 10×4×8，I 方向网格尺寸大小为：0.316049，0.649005，1.33273，2.73675，5.61991，11.5405，23.6983，48.6644，99.9321，125.21（单位：m）。网格剖面如图 6－2 所示。

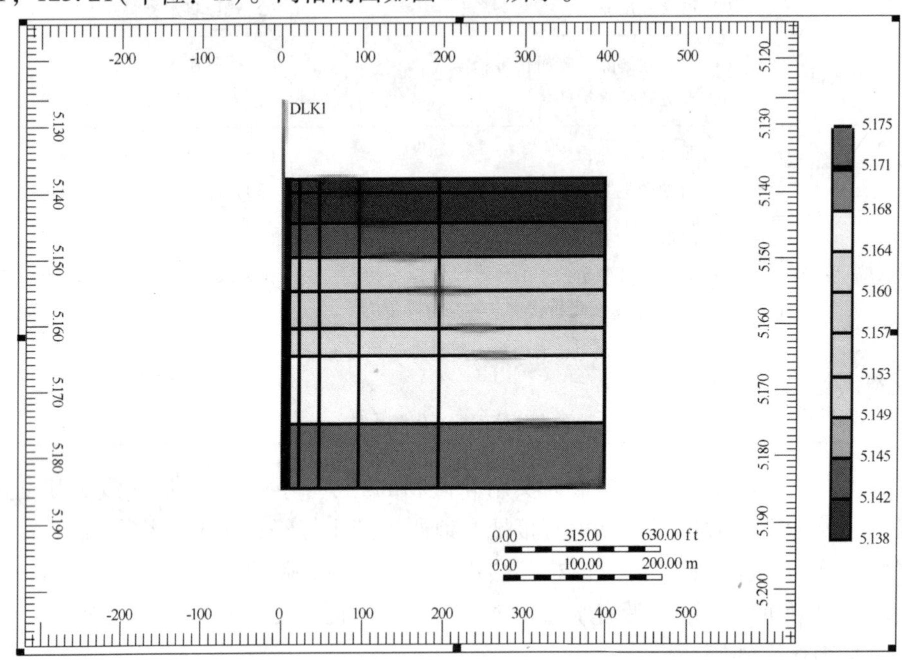

图 6－2 DL1X 井单井注气吞吐模拟网格模型

2）相态拟合

在饱和压力、单次闪蒸实验拟合，等组成膨胀、定容衰竭实验数据拟合完成基础上，对 DL1X 井注气吞吐进行拟合及敏感性分析。

3）生产历史拟合

当不考虑油环时，日产油和累计采油拟合效果很差；当考虑带油环时，同样的参数场，对日产油和累计产油等指标拟合效果好，如图 6－3～图 6－6 所示。

2. 敏感因素分析

1）注气量

模拟所用注入量以外的其他参数为：注气速度 $5\times10^4 m^3/d$；焖井时间 7d；最大日采气 $8\times10^4 m^3/d$；生产井最小井底流压 7MPa。生产 2 年后累增油量气量计算结果如表 6－5 所示。

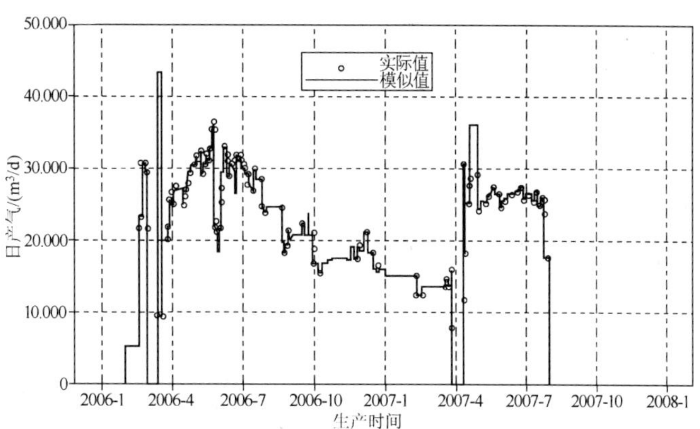

图 6－3　日产气历史拟合

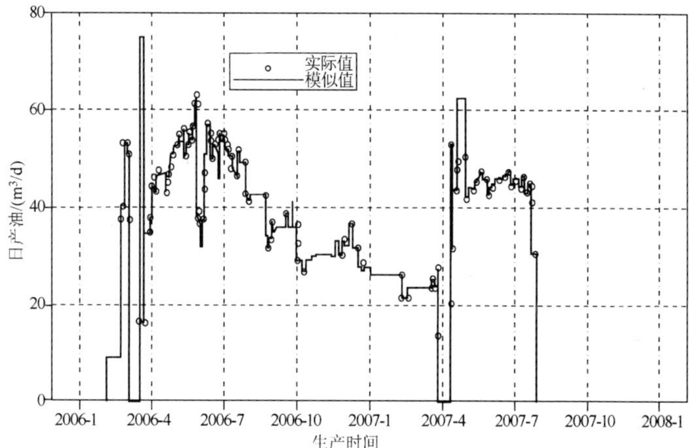

图 6－4　日产油历史拟合

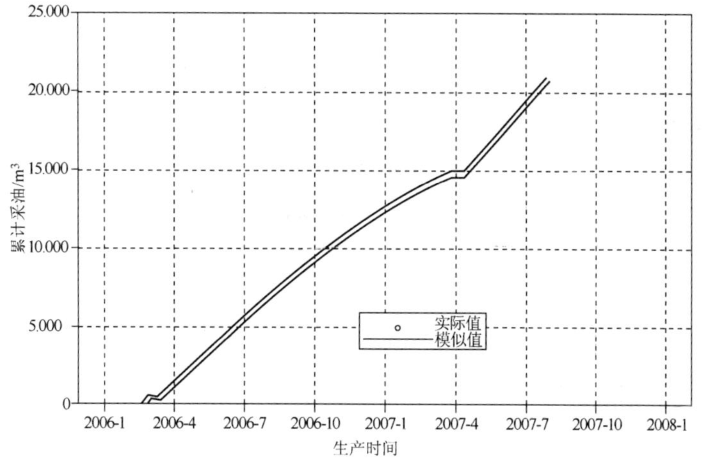

图 6－5　累计采油历史拟合

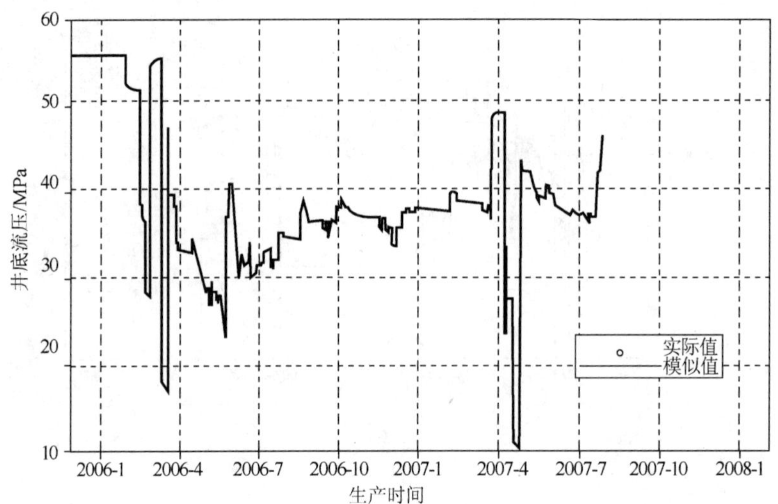

图 6－6　井底流压历史拟合

从表 6－5 可以看出，随着注入量的增加，增产油量也增加，当注气量超过 $50\times10^4m^3$ 后，累增油降低。分析认为，大量的注入气将凝析气和部分凝析油推向远井带，开井生产后，初期主要为注入干气和近井范围的部分凝析油产出，而继续生产，又将出现反凝析。随着累积注入量的增加，其换油率降低。

表 6－5　生产 2 年后累增油量、气量计算结果

注气量/10^4m^3	累增油量/t	换油率/($t/10^3m^3$)
10	24.7	0.247
25	29.3	0.117
50	32.0	0.064
100	31.7	0.032
200	28.3	0.014

2）注气速度

模拟了干气注入量为 $50\times10^4m^3$ 时，不同注入速度下增产油量和换油率。焖井时间 10d；最大日采气 $8\times10^4m^3/d$；生产井最小井底流压 7MPa；设计最大注气井底压力为 70MPa。生产 2 年后累增油量计算结果如表 6－6 所示。

表 6－6　注气速度和累增油的关系

序号	注气速度/($10^4m^3/d$)	累增油量/t	换油率/($t/10^3m^3$)
1	2	16.5	0.033
2	5	32.0	0.064
3	10	37.8	0.076
4	20	39.0	0.078

结果显示，在注气量相同情况下，随注入速度增加，累增油量和换油率均增加。因此，在给定注入压力下气井极限注入产量范围内，注入速度越大越好。

3)焖井时间

模拟了干气注入量为 $50\times10^4m^3$时，不同焖井时间所得增产油量和换油率。模拟参数为：注气量 $50\times10^4m^3$；注气速度 $5\times10^4m^3/d$；最大日采气 $8\times10^4m^3/d$；生产井最小井底流压7MPa。生产2年累增油量计算结果如表6-7所示。结果显示：焖井时间增加，累增油和换油率均降低趋势。因此，焖井时间在5~7d为宜，排放工艺措施检验合格后即可开井生产。实际操作过程中可通过监控注气前的井口压力与注气后的井口压力变化来确定焖井后的开井时间。

表6-7　焖井时间和累增油的关系

序号	焖井时间/d	累增油量/t	换油率/($t/10^3m^3$)
1	2	34.0	0.068
2	5	32.0	0.064
3	7	30.2	0.060
4	10	27.0	0.054
5	15	20.7	0.041

4)采气强度

为了模拟不同气井产量对干气吞吐效果的影响，模拟了干气注入量为 $50\times10^4m^3$时，不同采气量下增产油量和换油率关系。模拟参数为：注气量 $50\times10^4m^3$；焖井时间7d；最大日采气分别为 $2\times10^4m^3/d$，$4\times10^4m^3/d$，$6\times10^4m^3/d$，$8\times10^4m^3/d$，$10\times10^4m^3/d$；生产井最小井底流压7MPa。生产2年累增油量计算结果如表6-8所示。结果显示采气强度大，采油量增加。

表6-8　采气强度和累增油的关系

序号	采气强度/($10^4m^3/d$)	累增油量/t	换油率/($t/10^3m^3$)
1	2	1.8	0.004
2	4	24.8	0.050
3	6	29.6	0.059
4	8	32.0	0.064
5	10	32.2	0.064

5）注干气吞吐 S_o与 K_{rg}分布剖面

注干气吞吐的含油饱和度 S_o和气相相对渗透率 K_{rg}与距离的关系如图6-7、图6-8所示。由图可见，随着注气量的增加，近井带的反凝析油饱和度降低，说明近井反凝析油被驱替或蒸发。随近井液相饱和度降低后，气相相对渗透率增加，注气提高了气相的流动能力。

6)注氮气吞吐

注氮气吞吐含油饱和度和气相相对渗透率变化模拟结果如图6-9、图6-10所示，随着注气量的增加，近井带含油饱和度降低，而在近井带与地层远处之间出现一个含油饱和度相对较高的区域，说明注入 N_2气也能将反凝析油驱替向地层远处，但与注干气相比，注 N_2气对反凝析油的蒸发能力较弱。同样，近井带反凝析油饱和度的降低，提高了气相的相对渗透率，改善了气相的流动能力。

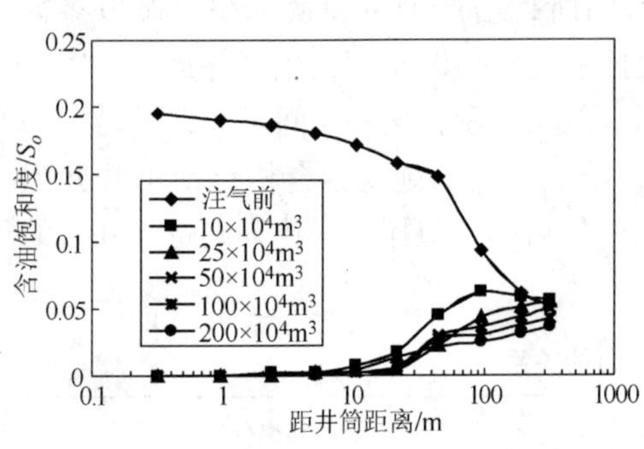

图6－7　含油饱和度与井距关系

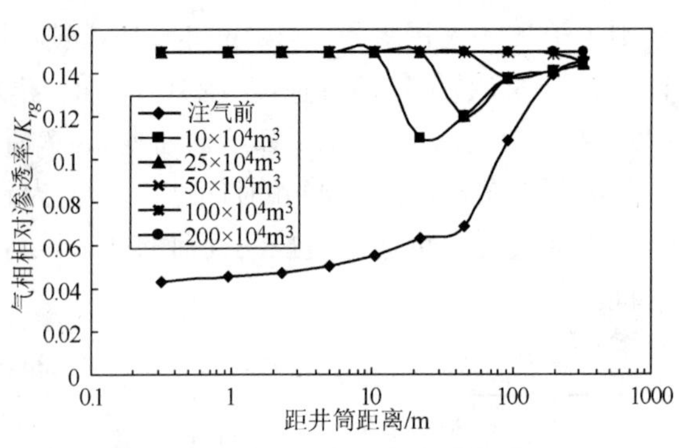

图6－8　气相相渗与井距关系

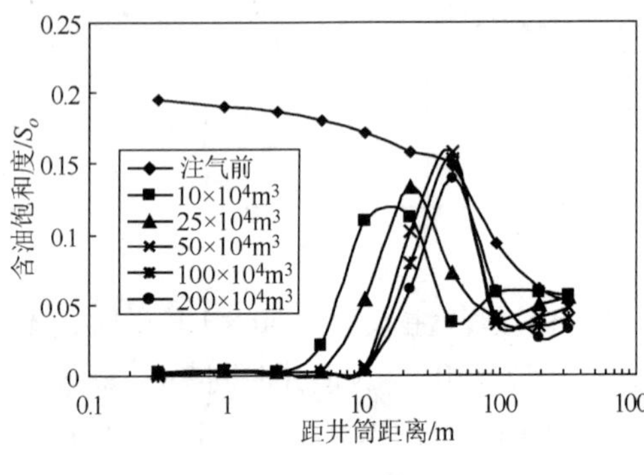

图6－9　含油饱和度与井距关系

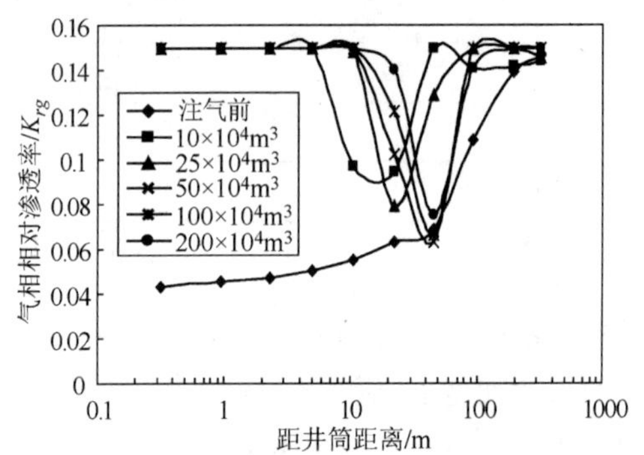

图6－10　气相相渗与井距关系

对于大涝坝凝析气藏，注气吞吐主要是解除近井地层中的反凝析油的堵塞，恢复近井地层的气相流动的有效渗透率，改善气井产能。但注意到，由于地层流体的露点压力高，当远处凝析气流体流向井底时，反凝析又开始发生，因此通过注气吞吐解除近井地层中的反凝析油的堵塞，具有一定的周期性。

第三节　大涝坝凝析气藏循环注气提高采收率

一、大涝坝凝析气田循环注气开发的适宜度分析

凝析气藏注气开发的适应性与地层油特性(凝析油含量、密度、黏度)、油藏特性(储层温度、地露压差、油藏厚度、油藏深度、油藏倾角)、岩石特性(润湿性、非均质性、孔隙度、渗透率)密切相关，凝析油含量、地露压力差、储量决定了注气开发的潜力大小，地层油密度、黏度、储层温度、深度或压力、储层岩石润湿性、孔隙度、渗透率决定了注入气与地层原油混相的条件，储层的非均质性则决定注气开发出现气窜的风险性。这些影响因素相互依赖又相互矛盾，给注气驱开发凝析气藏的评价和决策带来很大困难。

通过模糊综合评判方法可以权衡多个评价指标对凝析气田注气开发潜力大小的影响，判断出凝析气藏注气开发适宜度的大小，大涝坝凝析气田回注天然气开发适宜度大小的综合评

价结果如表 6－9 所示。所得结论是：拟定的大涝坝凝析气田循环注天然气开发的适宜度：2 号构造苏维依组上气层为好～较好；2 号构造苏维依组下气层为较好～适中；巴什基奇克组气层为好～较好。

表 6－9　大涝坝凝析气田注气开发适宜度综合评价结果（按适宜度大小排序）

气藏名称及层位 \ 适宜度值	好	较好	中等	较差	差	隶属范围
1 号构造苏维依组上气层	0.189	0.295	0.286	0.201	0.030	较好～适中
1 号构造苏维依组下气层	0.264	0.261	0.216	0.124	0.137	好～较好
2 号构造苏维依组上气层	0.247	0.349	0.234	0.146	0.025	好～较好
2 号构造苏维依组下气层	0.159	0.230	0.311	0.174	0.126	较好～适中
2 号构造巴什基奇克组气层	0.318	0.222	0.195	0.122	0.144	好～较好

（一）凝析气藏注气条件

1. 注气地质条件

气藏埋深大于 2000m，地层温度大于 90℃；构造简单，地层倾角越大越好；储层物性较好，气层单一，连通性好，非均质性不强，储层厚度不宜过大，一般小于 30m。

2. 天然气储量

（1）高含凝析油（$>400g/m^3$）凝析气藏，储量丰度为中丰度，凝析气储量大于 10 亿方，循环注气具有技术和经济可行性。

（2）中含凝析油（$200\sim400g/m^3$）凝析气藏，储量丰度为中丰度，凝析气储量大于 $40\times10^8m^3$，循环注气具有技术和经济可行性。

3. 凝析油含量

（1）微含凝析油气藏（凝析油含量 $<50g/m^3$），采用衰竭式开采。

（2）低含凝析油气藏（凝析油含量 $50\sim200g/m^3$），宜采用衰竭式开采，地质构造平缓、断层和断距较小、地层埋深 $<3000m$、储层非均质性较弱可以考虑循环注气。

（3）中含凝析油气藏（凝析油含量 $200\sim400g/m^3$），需要进行模拟论证和经济效益评价，地层埋深 $<3000m$，可以考虑循环注气。

（4）高含凝析油气藏（凝析油含量 $>400g/m^3$），宜采用完全保压或部分保压开采。

（二）循环注气开发的总体评价指标

通过前面的分析和总结，建立简要的流程分析图，如图 6－11 所示。大涝坝凝析气田凝析油含量 $406\sim574g/m^3$，为高含凝析油（$>400g/m^3$）凝析气藏，储量丰度为中丰度，凝析气储量大于 $10\times10^8m^3$，分析认为循环注气具有技术和经济可行性。

二、气藏注入能力

（一）注气能力方程

根据第四章第五节大涝坝凝析气藏各单井产能评价结果可知，大涝坝凝析气藏各井的附加压力损失较大，用常规二项式产能方程作产能分析时会出现异常情况；E 气层无阻流量相对较高，这也说明 E 储层的物性相对较好，产能高；K 由于小层多，非均质性严重，其无阻

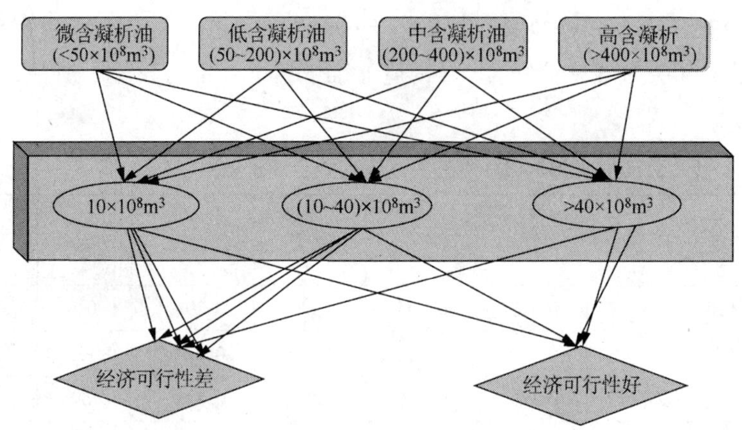

图 6－11　经济可行性评价模型

流量相对较低；产能方程中的压力修正系数项即附加压力损失值较大，，这是因为凝析油的析出及边水的产出，对气井有较大污染或对气井流动产生较大影响，直接影响到气井产能。

由无阻流量公式整理可以得到大涝坝2号凝析气藏平均产能方程。

苏维依组：

$$p_r^2 - p_{wf}^2 = 2330.17 \times 10^{-4} p_i^2 (Kh)^{-0.6763} q + 6036.06 \times 10^{-4} p_i^2 (Kh)^{-1.3526} q^2 \qquad (6-1)$$

巴什基奇克组：

$$p_r^2 - p_{wf}^2 = 2480.79 \times 10^{-4} p_i^2 (Kh)^{-0.5982} q + 6841.57 \times 10^{-4} p_i^2 (Kh)^{-1.1964} q^2 \qquad (6-2)$$

式中　p_r——地层压力，MPa；

p_{wf}——井底流压，MPa；

p_i——测试时地层压力，MPa；

q——凝析气产量，$10^4 m^3/d$。

鉴于凝析气藏的产出气和注入气，虽然有湿气和干气之分，但二者是互溶的，均属于气相，没有相对渗透率和毛管力的差别，仅地层黏度和压缩因子有所差异，但这些差异很小，考虑他们实际意义不大。此外，产能方程常因为地层中的反凝析影响而变坏，使得当前产能方程之 A、B 值总大于原始产能方程的 A、B 值，可是注入能力方程 A、B 值是随注入时间的推移而变小。综上分析可知，可将产能方程式(6－1)、式(6－2)代替注入能力方程。

(二)注入压差分析

1. 最大井底注入流压

最大井底注入流压：

$$P_{wfim} = \min\{P_{wfi}, P_f\} \qquad (6-3)$$

式中　P_{wfi}——压缩机额定出口压力所对应的井底注入流压，MPa；

P_f——破裂压力，MPa。

影响岩石破裂压力的主要因素是气层上覆岩压、地层压力和气层的力学性质。岩石破裂压力一般在实验室测定，也可根据相应计算公式或经验公式近似计算，哈里森、布伦等人提出的破裂压力公式为：

$$P_f = (P_z - P_w)\gamma/(1-\gamma) + P_w \qquad (6-4)$$

$$P_z = \int \rho(\mathrm{H}) g\mathrm{d}H \tag{6-5}$$

式中 P_z——上覆岩压，或称垂向应力，MPa；

P_w——注气井井底附近压力，MPa；

$\rho(H)$——地层密度随深度 H 的变化函数，可根据密度测井求得；

g——重力加速度；

γ——泊松比，砂岩一般为0.15～0.2。

另外，也采用经验公式估算地层破裂压力：

1)威廉斯法

$$P_f = 0.023H_z\alpha + (0.4274C - \alpha)P_r \tag{6-6}$$

2)迪基法

形成垂直裂缝压力：

$$P_f = (0.016 \sim 0.0227)H_z \tag{6-7}$$

形成水平裂缝压力：

$$P_f = CH_z \tag{6-8}$$

式中 P_f——注水井油层中部破裂压力，MPa；

α——岩石破裂常数，一般取0.0325～0.0493；

C——上覆岩层压力梯度，一般取0.0227～0.0247MPa/m；

H_z——油层中部深度，m。

计算表明(见表6-10)，大涝坝凝析气藏因埋藏深，地层压力高，因此计算出的地层破裂压力也比较高，基本上在110MPa左右，这也预示着气井注入压力要求高，对注气设备(压缩机)要求高，必须能产生较高的泵压。

表6-10 注入井地层破裂压力计算结果表

井号	层位	油层中部深度/m	地层破裂压力/MPa			平均值/MPa
			威廉斯法	P. A. 迪基法	布伦法	
DL1X	K	5147	110.94	116.84	105.4～106.6	109.95
DL2	E下	4968	107.08	112.77	101.3～102.6	105.95
S45	E上	4978.5	107.31	113.01	101.4～102.7	106.11

2. 压缩机额定出口压力对应的井底注入流压(P_{wfi})确定

1)增大油管直径，减小井口注入压力的可能性

由于地层压力很高，地露压差很小，如果注入压力很高，对经济和技术都不利的。应尽可能降低注入压力。

垂直管流计算结果见表6-11和图6-12。可以看出，当注入量和井底压力一定时，管径增大，因摩擦损失减小而使井口压力下降。但管径从$2^1/_2$in增大到$3^1/_2$in时，井口压力下降幅度大，超过$3^1/_2$in以后，井口压力下降幅度就显著变小。$3^1/_2$in油管比较合适。

表 6-11　大涝坝 2 号构造气藏油管直径与井口注入流压的关系

层位	D_m/m	T/℃	P_r/MPa	Q/(10^4m^3/d)	P_{wf}/MPa	P_{wh}/MPa		
						2½in	3½in	4½in
K	5150	131	56. 73	20	65. 95	51. 53	51. 05	50. 85
			49. 9	20	60. 17	46. 36	45. 86	45. 65
E	4900	127. 5	56. 51	50	93. 55	80. 92	78. 45	77. 41
			49. 9	50	89. 71	77. 35	74. 84	73. 79

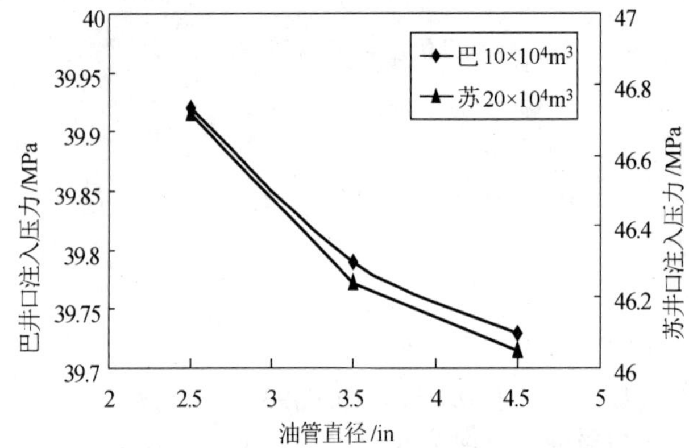

图 6-12　大涝坝 2 号构造凝析气藏井口注入压力与油管直径关系

2）井口压力 P_{wh} = 50MPa 时的井底注入流压 P_{wfi}

计算了井口注入压力 P_{wh} = 50MPa 时不同流量、不同油管直径的井底注入压力（见表 6-12）。

表 6-12　P_{wh} = 50MPa 时井底注入流压

层位	注气量/(10^4m^3/d)	P_{wfi}/MPa		
		2½in	3½in	4½in
K	5	65. 209	65. 245	65. 260
	10	65. 0522	65. 189	65. 247
	20	64. 446	64. 974	65. 195
E	20	63. 772	64. 272	64. 481
	50	59. 781	62. 885	64. 155
K + E	20	64. 04	64. 551	64. 765
	40	61. 716	63. 739	64. 573
	50	59. 959	63. 134	64. 432

3）最大井底注入流压 P_{wfim}

最大井口压力（50MPa）时，相应的最大井底注入流压为（见表 6-13）：

K 层，P_{wfim} = 65. 245MPa；

E 层，$P_{wfim}=64.272MPa$（均为 3½in 油管）；

K 层 + E 层，$P_{wfim}=64.551MPa$。

表 6－13　最大井底注入压差

层位	保持压力水平			P_{wfim}/MPa	ΔP_{inim}/MPa			ΔP_{open}/MPa
	原始压力/MPa	露点以上/MPa	露点压力/MPa		保持原始压力	保持 52.26/MPa	保持露点压力	
K	56.73	52.26	49.90	65.245	8.515	12.985	15.345	0
E	56.51	52.26	49.90	64.272	7.762	12.012	14.372	0
K + E	56.61	52.26	49.90	64.551	7.941	12.291	14.651	0

（三）启动压力

牙哈循环注气实验区试注初期的资料和柯克亚 $X_5^{1\sim3}$ 循环注气实验区试注初期的资料推算大涝坝凝析气田启动压差为 $\Delta P_{open}=0.085634MPa$。显然，注气井的启动压差很小，可以忽略不计，这里不再做详细的计算。

（四）气井吸气能力

将牙哈凝析气藏循环注气开发作为先导性试验来确定大涝坝 2 号气藏气井的吸气能力，以 YH23－1－10 井为例。

YH23－1－10 井于 2000 年底正式投产。当确定注气开发牙哈凝析气藏后，该井于 2006 年 7 月底转为注气井。转注前，YH23－1－10 井累积产出气量 $5.36\times10^8m^3$；转注后，截至 2009 年 6 月，累积注气 $2177.75m^3$。YH23－1－10 井的视采气指数曲线和视吸气指数曲线如图 6－13 所示。由图 6－13 可看出，在 YH23－1－10 井注气初期，其视吸气指数基本和视采气指数相当。

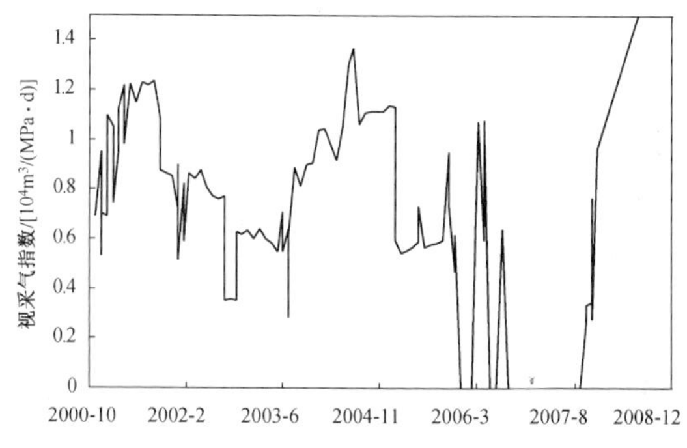

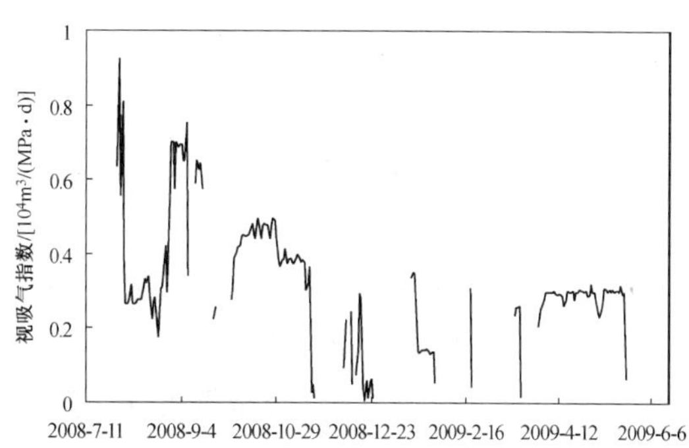

图 6－13　牙哈凝析气藏 YH23－1－10 井视采气指数曲线及视吸气指数曲线

借鉴 YH23－1－10 井的吸气能力分析结果，在确定大涝坝 2 号构造气藏的吸气指数时，近视地认为储层的吸气能力等于其采出能力。

（五）合理注气量的确定

主要采用节点系统分析法确定气井合理注气量，采用的是干气回注的方式，在确定气井吸气指数时近视认为储层吸气能力等于其产出能力。取井底作为解节点，作流入与流出节点的压力曲线，二者交点即为协调点，经过分析，得到了大涝坝 2 号构造气藏的注气井的合理注入量与注入压力。从计算结果来看，气藏的注入井口压力都较高，一般要求 48MPa 以上，甚至接近50MPa，才能注入进天然气。考虑到气井污染严重，在产能计算过程中均有附加压降存在，在生产时也应有附加压降损失存在，为保证注入能力，注入井口压力选择为52MPa为宜，为了保险起见，所选压缩机要能产生最高55MPa的泵压。

针对具体每一注气方案中合理注气量见表6－14、表6－15，分别是井口注入压力分别为50MPa和52MPa时各单井的注入量计算结果。

表6－14　井口压力为50MPa时各单井的注入量(分层，单位：$10^4m^3/d$)

井号	E上	E下	E上+E下	K	K+E
DL1X				9.65	37.63
DL2		26.52	26.01	7.07	29.29
DL3				6.36	36.52
DL4		28.60	30.88	5.01	33.84
DL6	5.46	30.08			
DL9	9.11	22.47	25.06		
DL10		37.63	36.49		
DL1X			30.68	9.46	37.37

表6－15　井口压力为52MPa时各单井的注入量(分层，单位：$10^4m^3/d$)

井号	E上	E下	E上+E下	K	K+E
DL1X				10.36	41.41
DL2		28.79	28.03	7.58	32.83
DL3				6.99	39.55
DL4		30.35	33.48	5.31	36.87
DL6	5.82	32.28			
DL9	9.87	24.24	27.07		
DL10		39.90	39.50		
DL1X			33.28	10.23	41.16

(六)注采压力剖面分析

凝析气藏注采压力系统可根据垂直管流和注、采能力方程计算，计算结果参见表6－16。

表6－16　注采压力系统数据

层位	注气井					采气井			
	D/in	Q_i/($10^4m^3/d$)	P_{whi}/MPa	P_{wfi}/MPa	P_{ws}/MPa	P_{wfp}/MPa	P_{whp}/MPa	Q/($10^4m^3/d$)	D/in
K	$3\frac{1}{2}$	10	39.79	53.53	49.9	47.25	25.24	5	$2\frac{1}{2}$
			45.46	59.95	56.73	54.41	33.11		
E	$3\frac{1}{2}$	20	46.24	59.94	49.9	46.10	27.63	10	$2\frac{1}{2}$
			51.31	65.55	56.51	53.18	34.97		

当注采比为1∶2，生产井2½in油管，注气井3½in油管时：

（1）对于巴什基奇克组，当注气量和产气量分别为$10\times10^4m^3/d$和$5\times10^4m^3/d$时，从注入井口→注入井底→地层（不细分注、采井地层压力区）→生产井底→生产井口，其压力剖面为39.79→53.53→49.9→47.25→25.24MPa，参见图6-14。

（2）对于苏维依组，当注入气量和产气量分别为$20\times10^4m^3/d$和$10\times10^4m^3/d$时，从注入井口→注入井底→地层→生产井底→生产井口，气压力剖面为46.24→59.94→49.9→46.10→27.63MPa，参见图6-14。

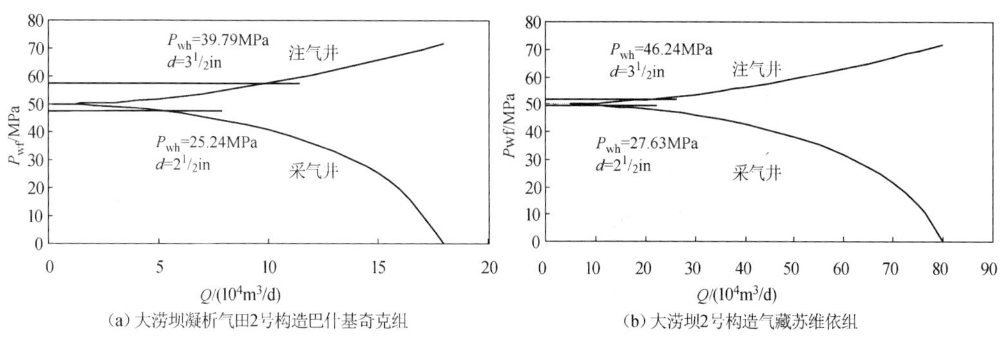

图6-14　采气井、注气井流入流出动态曲线

三、注气方案数值模拟

在建立大涝坝凝析气田合理静态参数模型后，对大涝坝2号气田所有井从1997年起进行了历史拟合，将实际产气量作为约束条件对产油量进行拟合，当模拟结果与生产实际基本吻合后，在所建立的数值模型可用于对该气田的循环注气方案预测。

（一）衰竭式开发方案指标预测

衰竭式整体开发方案简称D1。

按照2010年1月的生产状态进行预测，采用衰竭式开发，预测时间为20年。当井底压力低于17MPa时，转入定井底流压生产。

根据气藏工程设计，大涝坝2号气田气藏废弃压力在17MPa左右，通过预测发现当采用衰竭式开发时，地层压力下降快。在预测的第12年井底流压陆续接近17MPa，生产气油比上升到$5627m^3/m^3$，气井转入定压生产，气井产量迅速递减，采气速度急剧下降。气藏初期日产气$34.97\times10^4m^3/d$，凝析油产量为$220.82m^3/d$；稳产期累积产气量为$20.86\times10^8m^3$，采出程度为57.47%，累计产油量为$113.71\times10^4m^3$，采出程度为26.95%；20年预测期末，累积产气量为$23.21\times10^8m^3$，采出程度为63.94%，累计产油量为$117.58\times10^4m^3$，采出程度为27.86%，采收率低。

衰竭开发过程中，大量凝析油在地下析出，地层凝析油饱和度显著变大，生产气油比迅速上升，导致气藏废弃时凝析油采收率较低。

（二）方案设置

1. 注气井选择

合理的注入井选择有利于提高气藏注气开发的总体效果，注入井的最佳选取可以按照以下原则进行：

根据气藏注气井网的设计来选择；

选择的注气井的井况好，储层物性以及与邻井连通性要好，才有利于提高注气效率。

根据开采状况，E 和 K 均注气开采，可考虑分注分采或合注合采方式。

2. 注采井网设置

1)分注分采方案(I1)

E 上气层以 DL6、S45 为采气井，DL9 为注气井；

E 下气层以 DL10、DL1X 为采气井，DL2 为注气井；

K 以 DL1X、DL4 为采气井，DL3 为注气井开发；

初期日注气量 $28.50\times10^4m^3/d$；日气产量 $28.12\times10^4m^3/d$；日产油量 $190.94m^3/d$。

2)合注合采方案(I2)

(1) 高注低采方案(I2－1)：

注气井为 DL1X、DL3、DL4；

采气井为 DL1X、DL2、S45、DL10、DL9、DL6；

初期日注气量 $24.99\times10^4m^3/d$；日气产量 $50.46\times10^4m^3/d$；日产油量 $284.99m^3/d$。

(2) 低注高采方案(I2－2)：

注气井为 DL10、DL9、DL1X；

采气井为 DL3、DL2、S45、DL1X、DL4、DL6；

初期日注气量 $21.90\times10^4m^3/d$；日气产量 $60.78\times10^4m^3/d$；日产油量 $367.98m^3/d$。

(3) 面积注气(I2－3)：

注气井为 DL10、DL9、DL1X、DL3；

采气井为 DL2、DL1X、S45、DL4、DL6。

初期日注气量 $24.00\times10^4m^3/d$；日气产量 $47.15\times10^4m^3/d$；日产油量 $273.64m^3/d$。

3)E 合注合采，K 单注单采(I3)

(1) E 高注低采(I3－1)：

E 注气井为 DL1X、DL2、DL4；采气井为 S45、DL6、DL10、DL9；

K 注气井为 DL3，采气井为 DL1X、DL12。

初期日注气量 $22.00\times10^4m^3/d$；日气产量 $31.94\times10^4m^3/d$；日产油量 $224.59m^3/d$。

(2) E 低注高采(I3－2)：

E 注气井为 DL9、DL10、DL1X；采气井为 S45、DL6、DL2、DL4；

K 注气井为 DL3，采气井为 DL1X、DL12。

初期日注气量 $22.00\times10^4m^3/d$；日气产量 $33.38\times10^4m^3/d$；日产油量 $244.35m^3/d$。

(3) E 面积注气(I3－3)：

E 注气井为 DL9、DL10、DL2；采气井为 S45、DL1X、DL6、DL4；

K 注气井为 DL3，采气井为 DL1X、DL12。

初期日注气量 $22.00\times10^4m^3/d$；日气产量 $37.06\times10^4m^3/d$；日产油量 $267.75m^3/d$。

4)分注合采(I4)

(1) E 高注低采(I4－1)：

E 注气井为 DL9、DL10；K 注气井为 DL3、DL1X；

采气井为 S45、DL6、DL1X、DL2、DL4。

初期日注气量 $24.30\times10^4m^3/d$；日气产量 $49.33\times10^4m^3/d$；日产油量 $278.70m^3/d$。

（2）E 高注低采（I4－2）：

E 注气井为 DL1X、DL10；K 注气井为 DL2、DL4；

采气井为 S45、DL6、DL9、DL3、DL1X。

初期日注气量 $26.20\times10^4m^3/d$；日气产量 $49.30\times10^4m^3/d$；日产油量 $320.44m^3/d$。

（三）注采参数优选

1. 压力保持水平论证

不同的压力保持水平对凝析油的采出具有很明显的影响。因此，为考察不同压力保持水平对凝析油采出的影响，在 E 合注合采 K 单注单采方案 I3 的基础上，在循环注气初期加大注气井的注入量，提高注采比，保持为 1.5，将地层压力恢复到 45MPa 附近，然后再将注采比降为 1，保持地层压力基本不变进行开发指标数值模拟预测，分析不同的压力保持水平对开发效果的影响。

A. 对比方案设计

不同方案技术参数设计见表 6－17 所示。

表 6－17　不同压力保持水平论证方案设计表

方案组	方案编号	方案描述
I3	I3－1	日产气量 $31.94\times10^4m^3/d$，日注气量 $22\times10^4m^3/d$
	I3－1(45)	初期日注气量为 $47.83\times10^4m^3/d$，地层压力提升到 45MPa 后，日注气量恢复为 $32.6\times10^4m^3/d$
	I3－2	日产气量 $33.38\times10^4m^3/d$，日注气量 $22\times10^4m^3/d$
	I3－2(45)	初期日注气量为 $50.02\times10^4m^3/d$，地层压力提升到 45MPa 后，日注气量恢复为 $34.1\times10^4m^3/d$
	I3－3	日产气量 $37.06\times10^4m^3/d$，日注气量 $22\times10^4m^3/d$
	I3－3(45)	初期日注气量为 $55.54\times10^4m^3/d$，地层压力提升到 45MPa 后，日注气量恢复为 $38.3\times10^4m^3/d$

B. E 合注合采、K 单注单采方案 I3 压力保持水平影响

对于 E 合注合采、K 单注单采的方案 I3，计算压力保持在 45MPa 时的方案 I3－1(45)、I3－2(45)、I3－3(45)，并与原方案 I3－1、I3－2、I3－3 的开发效果进行对比。

循环注气预测时间为 20 年，对比计算汇总结果见表 6－18 所示，其中 I3－3 方案和 I3－3(45)方案对比曲线见图 6－15～图 6－18 所示。

表 6－18　不同压力保持水平预测结果汇总表

方案编号	压力保持水平/MPa	累积产气量/10^8m^3	累积产油量/10^4m^3	累积注气量/10^8m^3	凝析油采出程度/%
I3－1	38	30.12	158.36	16.06	37.53
I3－1(45)	45	29.46	183.72	27.15	43.54

续表

方案编号	压力保持水平/MPa	累积产气量/10^8m^3	累积产油量/10^4m^3	累积注气量/10^8m^3	凝析油采出程度/%
I3-2	38	31.14	159.58	16.03	37.82
I3-2(45)	45	30.48	185.84	28.15	44.04
I3-3	38	33.87	165.67	16.06	39.26
I3-3(45)	45	33.09	199.82	31.14	47.35

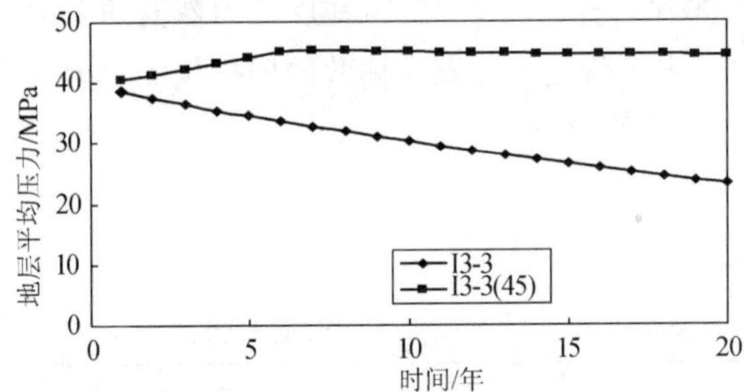

图6-15 方案I3-3不同压力保持水平地层压力对比曲线

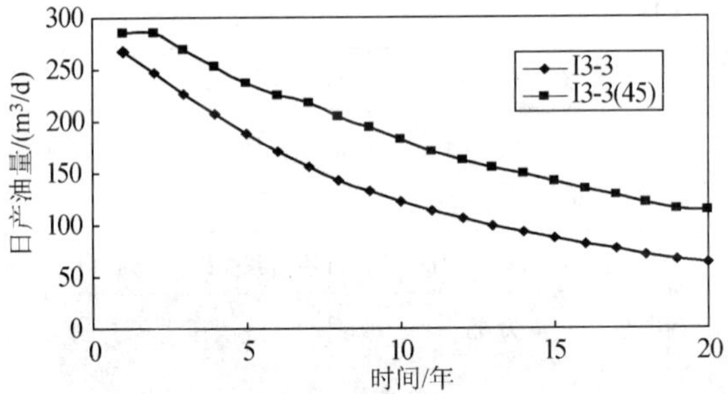

图6-16 方案I3-3不同压力保持水平日产油量对比曲线

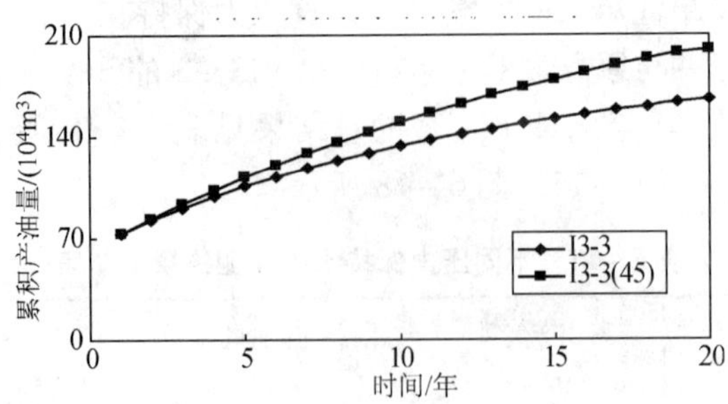

图6-17 方案I3-3不同压力保持水平累积产油量对比曲线

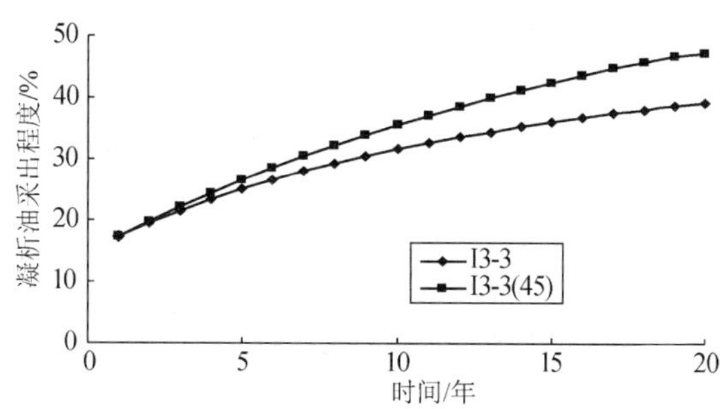

图6－18　方案I3－3不同压力保持水平凝析油采出程度对比曲线

从表6－18计算的结果可以看出，对于E合注合采、K单注单采的方案13，地层压力保持在45MPa时的方案I3－1(45)、I3－2(45)、I3－3(45)相对于不考虑地层压力保持的方案I3－1、I3－2、I3－3，凝析油采出程度分别增加6.01%、6.22%、8.09%，增幅分别为16.01%、16.45%、20.61%。

可知，采取早期保持地层压力的注气开发方式，能够更有效地提高凝析油的最终采收率。但从回收投资和经济效益角度，早期保持压力阶段量可能难以有效地回收投资。

2. 注采速度论证

为分析由于注气速度和采气速度过大匹配关系不好有可能导致注入气过早气窜的影响，设计了以下两类对比方案进行论证：

1)注气速度的影响

以分采分注方案I1为基础，考虑将地层压力提升到45MPa。循环注气的初期，采用不同的注气速度提升地层压力，日注气量分别考虑为方案I1的1.5倍、2.0倍、3倍。以此来研究注气速度对凝析油开发效果的影响。

2)注气及采气速度的影响

以分采分注方案I1为基础，注气速度、采气速度分别考虑为方案I1的2倍、3倍，以此来研究注采速度对凝析油开发效果的影响。方案描述见表6－19所示。

表6－19　注采速度对凝析油开发效果影响论证方案设计

方案组	方案编号	方案描述
注气速度影响(Ⅰ)	I1－I(1.5)	日产气量28.12×$10^4m^3/d$，初期日注气量为42.75×$10^4m^3/d$，地层压力提升到45MPa后，日注气量恢复为31.0×$10^4m^3/d$
	I1－I(2.0)	日产气量28.12×$10^4m^3/d$，初期日注气量为57.0×$10^4m^3/d$，地层压力提升到45MPa后，日注气量恢复为31.0×$10^4m^3/d$
	I1－I(3.0)	日产气量28.12×$10^4m^3/d$，初期日注气量为85.5×$10^4m^3/d$，地层压力提升到45MPa后，日注气量恢复为31.0×$10^4m^3/d$
注采速度影响(Ⅱ)	I1－Ⅱ(1.0)	日产气量28.12×$10^4m^3/d$，日注气量28.5×$10^4m^3/d$
	I1－Ⅱ(2.0)	日产气量56.24×$10^4m^3/d$，日注气量57.0×$10^4m^3/d$
	I1－Ⅱ(3.0)	日产气量84.36×$10^4m^3/d$，日注气量85.5×$10^4m^3/d$

A. 注气速度的影响

I1－I(1.5)、I1－I(2.0)、I1－I(3.0)三个方案分别对比循环注气初期采用不同注气速度(日注气量分别为日产气量的1.5倍、2.0倍、3.0倍)提升地层压力时的开发效果，当地层压力恢复到45MPa后，注采比降为1.0。循环注气预测时间为20年，对比计算汇总结果见表6－20、图6－19～图6－22所示。

表6－20　不同注气速度对比方案预测结果汇总表

方案编号	日产气量/10^4m^3	初期日注气量/10^4m^3	累积产气量/10^8m^3	累积产油量/10^4m^3	累积注气量/10^8m^3	凝析油采出程度/%
I1－I(1.5)	28.12	42.75	27.31	211.61	25.84	50.15
I1－I(2.0)	28.12	57.00	27.35	213.46	25.89	50.59
I1－I(3.0)	28.12	85.50	27.35	213.44	25.79	50.58

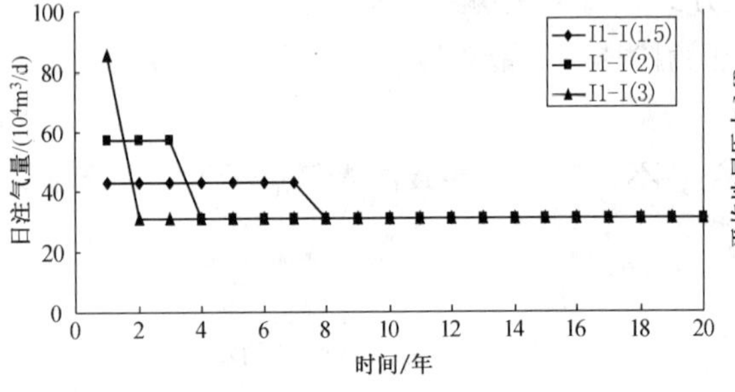

图6－19　分采分注方案I1不同注气速度方案日注气量对比曲线

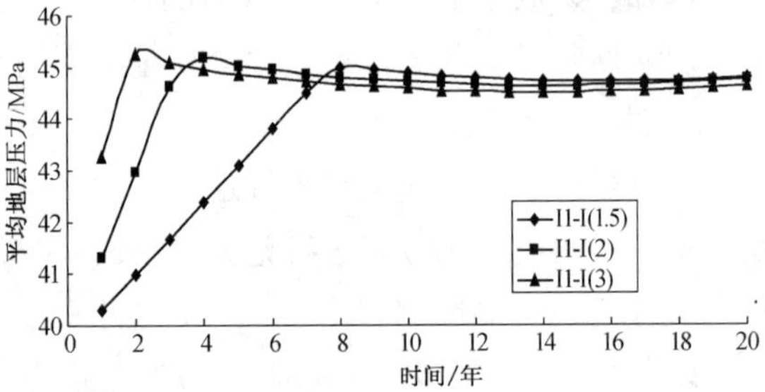

图6－20　分采分注方案I1不同注气速度方案地层压力对比曲线

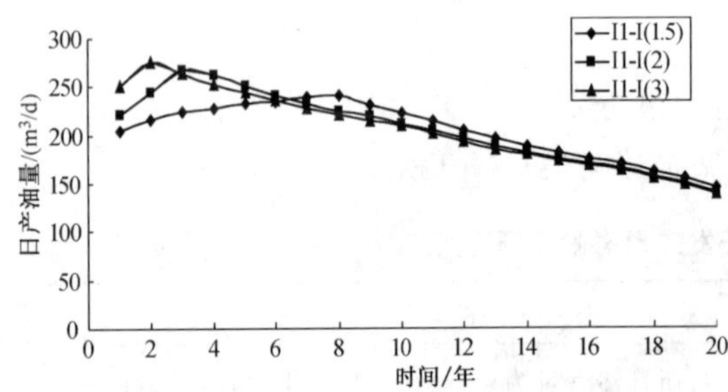

图6－21　分采分注方案I1不同注气速度方案日产油量对比曲线

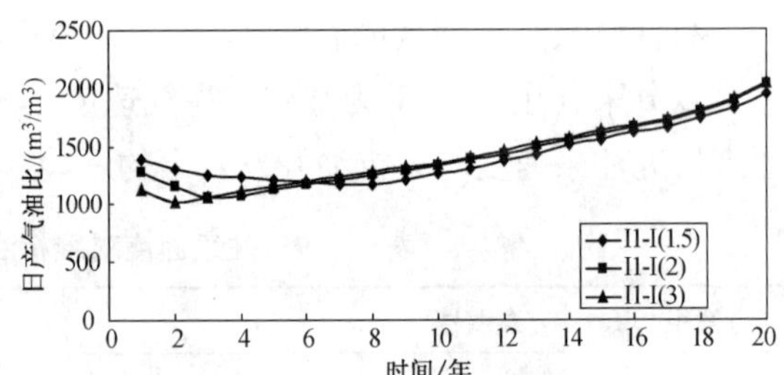

图6－22　分采分注方案I1不同注气速度方案生产气油比对比曲线

通过对比计算可以看出，在循环注气初期，采用较高的注气速度可以迅速提升地层压力，较快地收到注气保压的效果。相对于较低的注气速度，气藏生产气油比有较明显的降低，相同日产气量的情况下，日产油量有较明显的上升。生产井没有出现注入气迅速突破的现象。

但从预测期20年的期末开发效果来看，循环注气初期不同的注气速度对最终凝析油采出程度的影响不大。实际生产中应根据气源情况、注入井注气能力、压缩机选型等综合考虑注气速度。

B. 注采速度的影响

不考虑地层压力保持情况和压缩机的限制，设计I1－Ⅱ(1.0)、I1－Ⅱ(2.0)、I1－Ⅱ

(3.0)三个对比方案，分别对比不同注采速度对开发效果的影响。三个方案的日产气量分别为 $28.12\times10^4m^3/d$、$56.24\times10^4m^3/d$、$84.36\times10^4m^3/d$，日注气量分别为 $28.5\times10^4m^3/d$、$57.0\times10^4m^3/d$、$85.5\times10^4m^3/d$。循环注气预测时间为 20 年，对比计算汇总结果如表 6-21、图 6-23 ~ 图 6-26 所示。

表 6-21　不同注采速度对比方案预测结果汇总表

方案编号	日气产量/($10^4m^3/d$)	日注气量/($10^4m^3/d$)	累积产气量/10^8m^3	累积产油量/10^4m^3	累积注气量/10^8m^3	油采出程度/%
I1-Ⅱ(1.0)	28.12	28.50	27.35	179.81	20.77	42.61
I1-Ⅱ(2.0)	56.24	57.00	47.89	252.72	41.64	59.89
I1-Ⅱ(3.0)	84.36	85.50	68.43	295.88	62.46	70.12

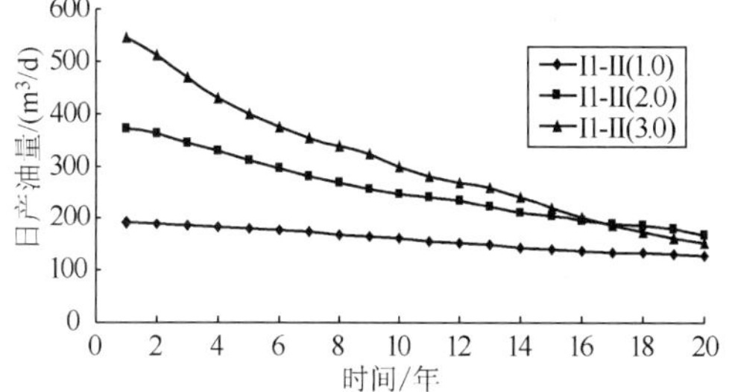

图 6-23　分采分注方案 I1 不同注采速度方案日产油量对比曲线

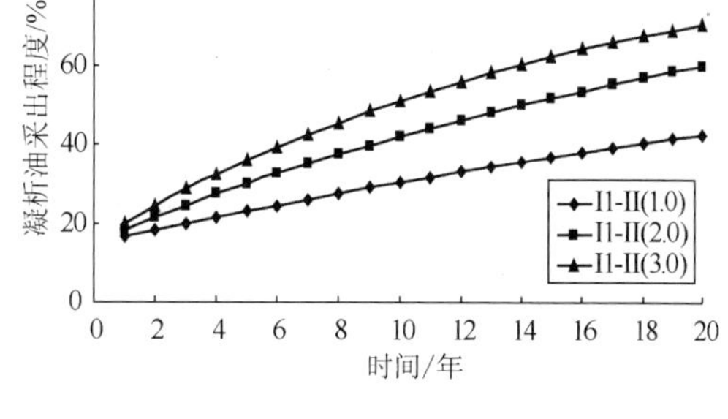

图 6-24　分采分注方案 I1 不同注采速度方案凝析油采出程度对比曲线

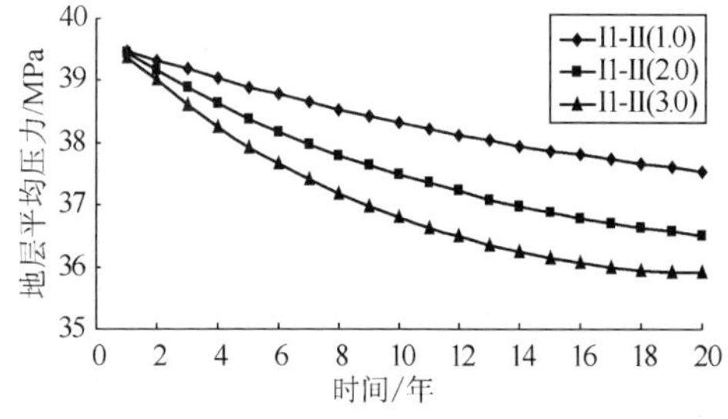

图 6-25　分采分注方案 I1 不同注采速度方案地层压力对比曲线

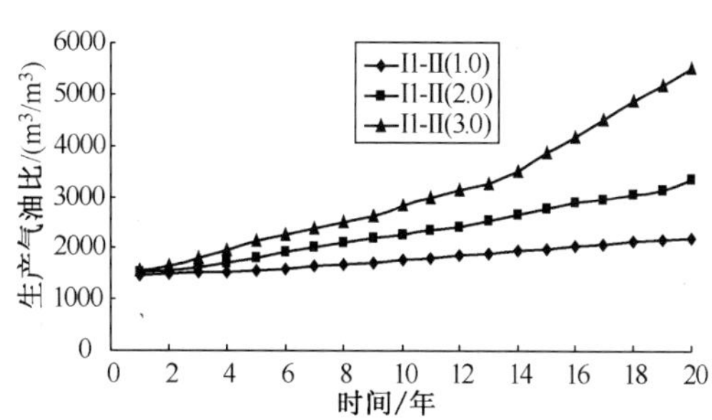

图 6-26　分采分注方案 I1 不同注采速度方案生产气油比对比曲线

循环注气过程中，一方面在注采比为 1.0 的情况下，注采速度越大，凝析油产量越高，凝析油含量下降越快，地层压力下降也越快；另一方面，在高速注采的情况下，随着注入时间的增加，注入气逐渐扩散到生产井附近。在二者的共同作用下，注采速度越高，生产气油比上升的幅度也越快。预测期末，方案 I1-Ⅱ(1.0)的气油比仅为 $2202m^3/m^3$，而方案 I1-Ⅱ(3.0)的气油比上升到 $5516m^3/m^3$。

通过对比计算可以看出，随着注采速度的提高，在预测期末累积产油量、凝析油采出程度显著提高。因此，在条件允许的情况下，可以适当提高注采速度，加速大涝坝 2 号构造的开发。这样可以尽快回收投资，提高循环注气开采的经济效益。

3. 注采井网的影响

分注分采方案I1与E合注合采K单注单采的方案I3在注采井网上存在较大差别。对于分注分采方案I1而言，E上、E下、K组各有一口注气井、两口生产井，注气井位于两口生产井之间。对于E合注合采K单注单采的方案I3，在E，注气井3口，生产井4口，为面积注气；K组仍然为1口注气井，2口生产井。

为对比这两类井网对开发效果的影响，设计以下两个对比方案：

（1）方案I1-Ⅲ：以方案I1井网为基础；

（2）方案I3-Ⅲ：以方案13-3井网为基础。

循环注气20年，注气初期，日注气量为日产气量的1.5倍，当地层压力恢复到45MPa后，注采比降为1.0。

通过计算可以看到，两个方案地层压力保持水平接近，但是面积井网I3-Ⅲ的生产气油比较I1-Ⅲ的要高，且随着循环注气时间的延长，两套井网的生产气油比差距越来越大。由图6-27~图6-30给出的不同井网各单井注入气突破时间也明显不同。

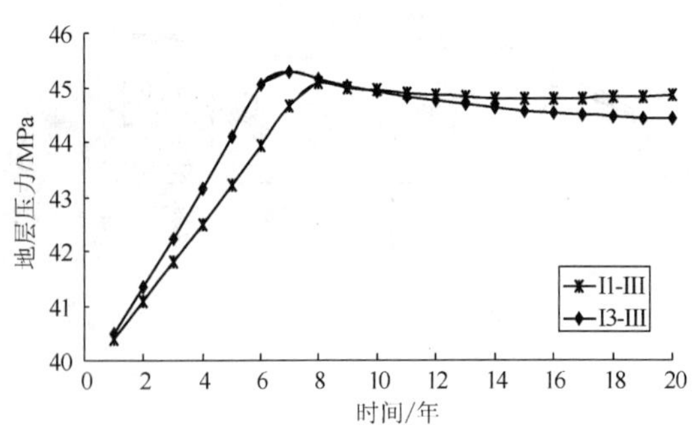

图6-27　不同井网区块地层压力对比曲线

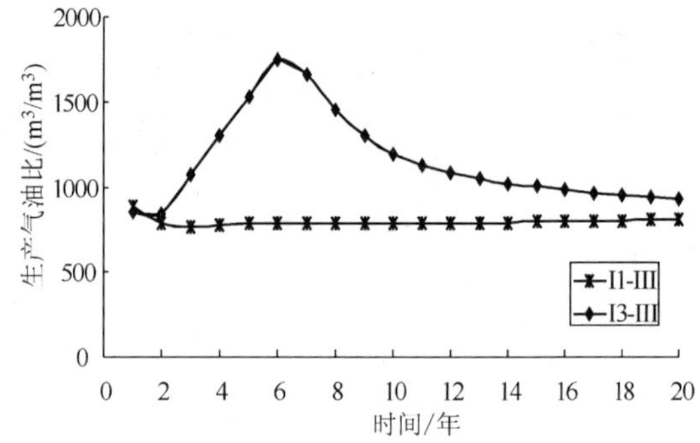

图6-28　不同井网DL1X井生产气油比对比曲线

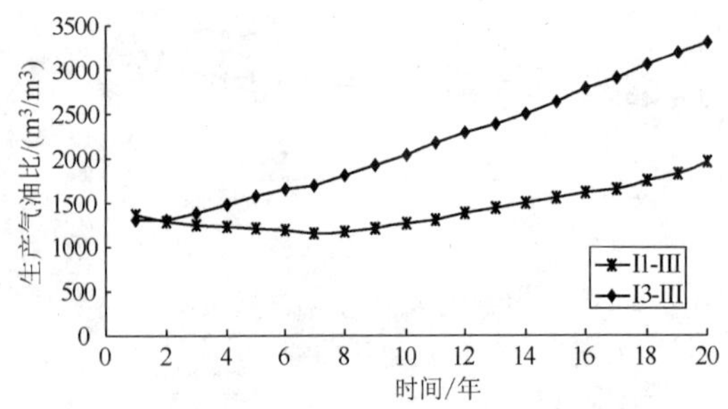

图6-29　不同井网区块生产气油比对比曲线

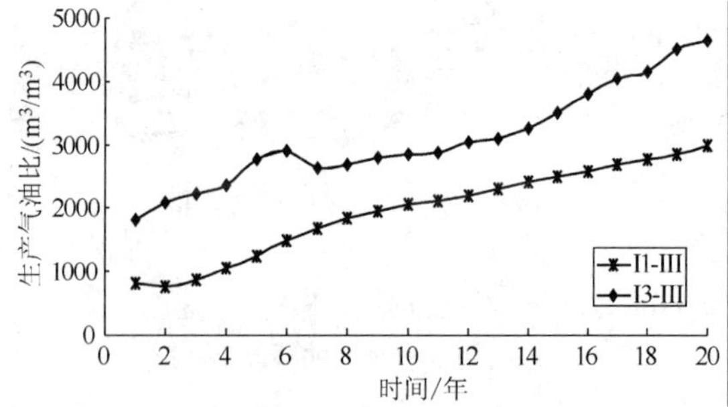

图6-30　不同井网DL4井生产气油比对比曲线

由此可以推测，对于面积注气井网，由于在E注气井有3口，生产井有4口，注采井间距离相对较短，因此注入的干气能够更快扩散到生产井，从而导致生产气油比上升。因此，大涝坝2气藏采用循环注气开发应注意井距的控制。

4. 压缩机时效论证

为论证压缩机时效问题对开发效果的影响，设压缩机按照正常注气4个月、然后停止注气2个月的周期进行循环注气。以方案I1、13－3、I4－2为基础，按照注采比1.5注气4个月，然后注气井停注两个月，整个开发过程中，平均注采比仍然保持在1.0左右，周期性循环注气10年转衰竭生产，预测指标对比结果见表6－22所示。

表6－22　各方案压缩机时效指标预测汇总结果表

方案编号	累积产气量/$10^8 m^3$	累积产油量/$10^4 m^3$	累积注气量/$10^8 m^3$	天然气采出程度/%	凝析油采出程度/%
I1	31.05	161.87	10.37	56.97	38.36
I3－3	36.17	183.06	13.47	62.54	43.38
I4－2	40.46	193.38	17.94	62.02	45.83

由计算结果可以看出，对于间歇周期循环注气的方案I1、I3－3、I4－2，预测期末凝析油采出程度分别为38.36%、43.38%、45.83%。相对与地层压力保持到45MPa的连续注气方案I1(45)、I3－3(45)的凝析油采出程度49.86%、47.35%，间歇注气的凝析油采出程度分别下降了11.5%、3.93%。其主要原因在于由于间歇注气，地层压力只能维持在40MPa左右，压力保持水平相对较低，从而导致凝析油采出程度偏低。

(四)不同注气方案开发效果对比

在2009年9月开发井网的基础上，对大涝坝气藏进行衰竭开发、注水开发和循环注气三种开发方式的效果对比，不同开发方式开发效果对比如表6－23所示。

表6－23　大涝坝2号气藏不同开发方式指标对比

方案编号	累积		采出程度	
	产气量/$10^8 m^3$	产油量/$10^4 m^3$	天然气/%	凝析油/%
衰竭式	22.16	115.16	61.05	27.29
注水	22.6	155.74	61.71	37.15
循环注气	21.5	203.35	59.16	59.84

由开发效果对比表6－23可以看出：循环注气方案相对衰竭方案凝析油采出程度得到有效提高，循环注气开发最终采收率59.84%，较衰竭式开发凝析油采出程度提高32.55%；注水开发较衰竭式凝析油采出程度提高9.86%，天然气采出程度相差不大，但是进行注水开发要进行水的处理费、注水工艺费等等的投资成本，缺乏经济效益。经济评价显示循环注气开发效果较好。

在注采参数优化结果基础上，对注气方案进行数值模拟，模拟从2010年1月开始预测，预测时间为20年，当井底压力低于17MPa时，转入定井底流压生产。各注采方案及衰竭式开发方案预测指标对比见表6－24。

表 6 – 24　预测指标统计表

数模方案编号	稳产期					预测结束			
	稳产时间/年	累积产气量/10^8m^3	累积产油量/10^4m^3	气采出程度/%	油采出程度/%	累积产气量/10^8m^3	累积产油量/10^4m^3	气采出程度/%	油采出程度/%
D1	11	20. 86	113. 71	57. 47	26. 95	23. 21	117. 58	63. 94	27. 86
I1	20	27. 35	179. 81	18. 12	42. 61	27. 35	179. 81	39. 85	42. 61
I2 – 1	17	38. 12	151. 51	61. 84	36. 16	42. 36	156. 02	67. 33	37. 24
I2 – 2	11	31. 23	141. 76	61. 8	33. 59	41. 83	151. 18	71. 19	35. 83
I2 – 3	18	37. 74	152. 44	60. 16	36. 38	40. 26	155. 35	63. 49	37. 08
13 – 1	20	30. 12	158. 36	38. 75	37. 57	30. 12	158. 36	38. 75	37. 57
13 – 2	20	31. 14	159. 58	41. 61	37. 82	31. 14	159. 58	41. 61	37. 82
13 – 3	20	33. 87	165. 67	49. 06	39. 26	33. 87	165. 67	49. 06	39. 26
I4 – 1	18	38. 82	158. 32	62. 53	37. 78	40. 61	160. 99	63. 89	38. 42
I4 – 2	18	39. 14	166. 63	60. 06	39. 77	41. 81	170. 00	63. 48	40. 57

通过衰竭方案及循环注气方案评价预测指标对比(见表 6 – 24)，可以看出：

(1) 循环注气方案相对衰竭方案凝析油采出程度得到有效提高。预测 20 年后，凝析油采出程度最多能达到 42. 61%(方案 I1)，最少能达到 35. 83%(I2 – 2)相对于衰竭开采凝析油采出程度 27. 86% 分别提高了 14. 75% 和 7. 97%；

(2) 从本组方案的预测指标来看，在所给定的注气强度下，苏上、苏下、巴组采用分采分注的方案(I1)预测期末的凝析油采出程度最高，达到 42. 61%；合注合采的方案 I2 – 2 预测期末的凝析油采出程度相对低一些，为 35. 83%。

(3) 预测期末凝析油采出程度的高低主要受到压力保持水平的控制。注采比高，压力保持水平高，生产气油比上升速度慢，凝析油产量递减慢，采出程度高。分采分注的方案 I1 注采比达到 1，循环注气期间地层压力保持相对稳定，生产气油比上升最慢，预测期末的凝析油采出程度最高；合注合采的方案 I2 – 1 注采比仅为 0. 8，循环注气期间地层压力下降要快一些，生产气油比上升要快一些，预测期末的凝析油采出程度也要低一些。考虑到分注分采最初几年不能有效回收投资成本，经济上可能会受限。

综合考虑，优选合采合注方案 I2 – 1 来开发大涝坝 2 号构造气藏。

(五)合注合采注气方案优化

1. 合注合采注气变更方案指标预测

对于合注合采变更方案分为以下五个小方案进行论证：

1)高注低采方案

注气井为 DL1X、DL3、DL4；

采气井为 DL1X、DL2、S45、DL10、DL9、DL6。

2)低注高采方案

注气井为 DL10、DL9、DL1X；

采气井为 DL3、DL2、S45、DL1X、DL4、DL6。

3)逐层上返方案

先注采 K，再注采 E 下气层，最后注采 E 上气层。

注气井为 DL10、DL9、DL1X；

采气井为 DL3、DL2、S45(无 K)、DL1X、DL4、DL6。

4)面积注气方案

注气井为 DL10、DL9、DL1X、DL3；

采气井为 DL2、DL1X、S45、DL4、DL6。

5)新增方案

注气井为 DL1X、DL3；

采气井为 DL2、DL1X、S45、DL4、DL6、DL10、DL9。

合注合采循环注气变更方案各井产气量、注气量指标详见表 6－25 所示。

表 6－25　循环注气整体开发方案设计汇总表

方案		注采井		单井注采量/($10^4m^3/d$)	井组注采量/($10^4m^3/d$)	年注采量/10^8m^3	注采比
高注低采		生产井	DL1X、DLL2、S45、DL10、DL9、DL6	10.51	63.06	2.06	0.87
		注气井	DL1X、DLL3、DL4	17.99	53.96	1.78	
低注高采		生产井	DL2、S45、DL6、DL1X、DL3、DL4	12.66	76.01	2.51	0.80
		注气井	DL10、DL9、DL1X	20.21	60.63	2.00	
逐层上返	先注采 K	生产井	DL2、DL6、DL1X、DL3、DL4	7.10	37.50	1.24	1.01
		注气井	DL10、DL9、DL1X	12.60	37.80	1.25	
	再注采 E 下	生产井	DL2、S45、DL6、DL1X、DL3、DL4	7.90	47.43	1.57	0.77
		注气井	DL10、DL9、DL1X	12.13	36.38	1.20	
	最后注采 E 上	生产井	DL2、S45、DL6、DL1X、DL3、DL4	4.96	29.76	0.98	0.71
		注气井	DL10、DL9、DL1X	7.07	21.22	0.70	
面积注气		生产井	DL2、S45、DL6、DL4、DL1X	11.79	58.94	1.94	0.98
		注气井	DL10、DL9、DL1X、DL3	14.42	57.70	1.90	
新增方案		生产井	DL2、S45、DL6、DL4、DL1X、DL10、DL9	10.85	75.98	2.51	0.51
		注气井	DL1X、DL3	19.29	38.57	1.27	

除逐层上返方案以外，其余各方案都是从2010年1月开始预测，预测时间为20年，当井底压力低于17MPa时，转入定井底流压生产。对于逐层上返方案，先注采K，当其气油比大于4000时，关掉该气层，然后上返E下气层，同样当其气油比大于4000时，关掉该气层，上返E上气层，当其气油比大于4000时，同时打开E和K并将注气井改为生产井进行衰竭生产，直至废弃。

合注合采变更方案指标预测汇总结果见表6-26所示，各方案预测结果对比曲线见图6-31~图6-36所示。分析表中指标和图中各项指标变化趋势，其中合注合采低注高采方案、逐层上返和面积注气凝析油采出程度最多，分别为47.8%、48.64%和48.45%。而从注气后见效快慢来看，合注合采低注高采方案效果最好，早期回收投资快。此外，合注合采低注高采方案工艺方案设计也最易实现，故可选为优先考虑的先导试验方案。

表6-26　合注合采变更方案指标预测汇总结果表

方案	累积产气量/10^8m^3	累积产油量/10^4m^3	累积注气量/10^8m^3	天然气采出程度/%	凝析油采出程度/%
高注低采	52.88	194.05	39.45	37.00	45.99
低注高采	62.30	201.68	44.29	49.61	47.80
逐层上返	46.69	205.26	24.26	61.80	48.64
面积注气	49.82	204.44	42.04	21.43	48.45
新增方案	51.84	161.30	29.22	62.32	38.22

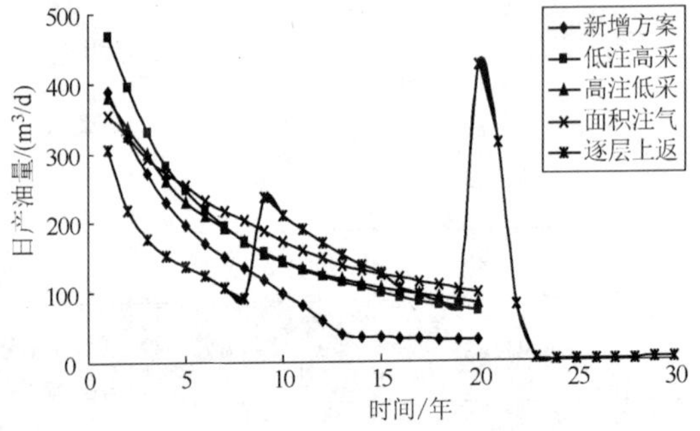

图6-31　合注合采变更方案日产油量对比曲线

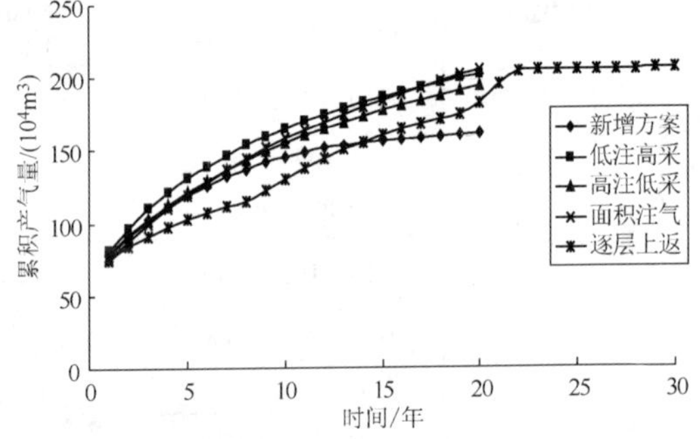

6-32　合注合采变更方案累计产油量对比曲线

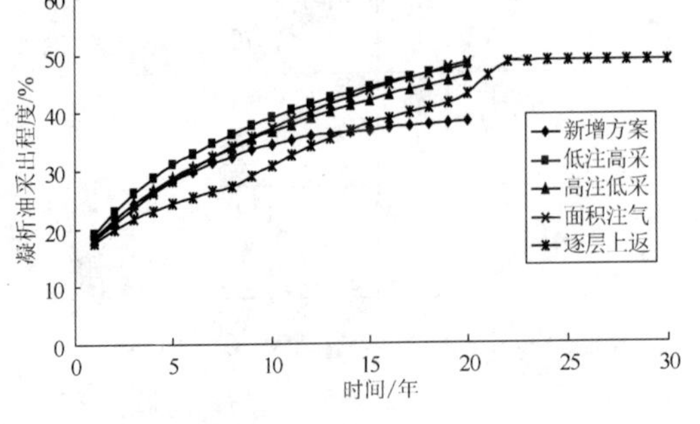

图6-33　合注合采变更方案凝析油采出程度对比曲线

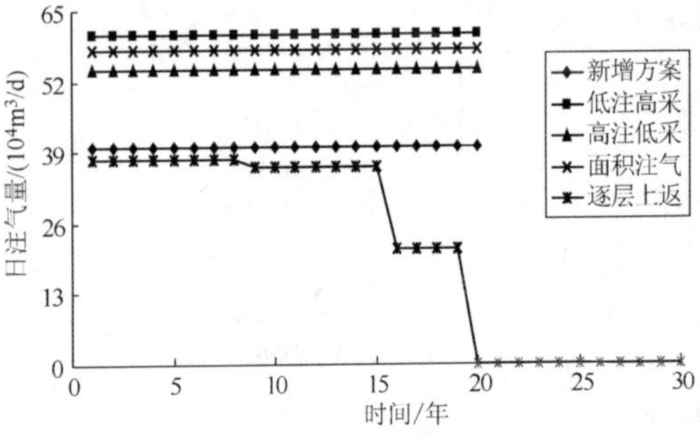

图6-34　合注合采变更方案日注气量对比曲线

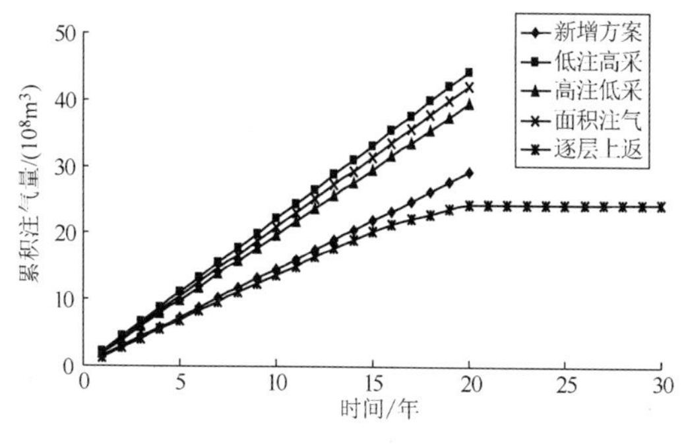

图6-35 合注合采变更方案累积注气量对比曲线

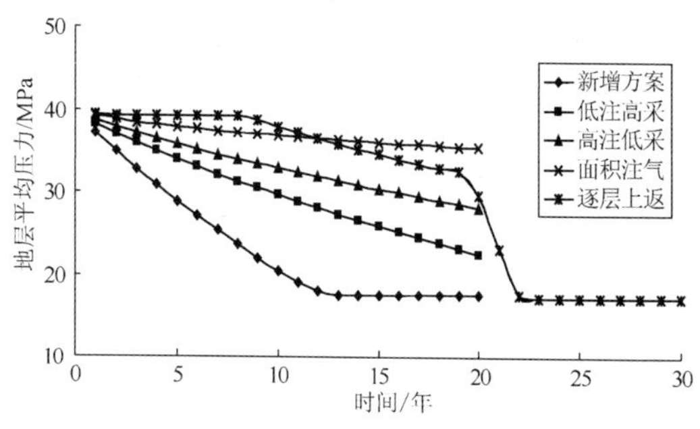

图6-36 合注合采变更方案地层平均压力对比曲线

2. 合注合采注气开采20年后再进行衰竭开采方案指标预测

在上述各项论证基础上，考虑调整注采比例及压力保持水平。在合注合采低注高采方案的基础上，进一步设计了注气开采20年后再进行衰竭开采的开发方案，详细设计见表6-27所示，预测结果汇总见表6-28。

表6-27 低注高采方案设计

方案名	日注气量/($10^4m^3/d$)	日产气量/($10^4m^3/d$)	描述
方案1	60	45	注气将压力保持在45MPa附近，注气20年转衰竭生产，直至废弃
方案2	50	35	注气将压力保持在45MPa附近，注气20年转衰竭生产，直至废弃
方案3	40	35	持续注气20年转衰竭生产，直至废弃
方案4	60	50	持续注气20年转衰竭生产，直至废弃

表6-28 低注高采各方案预测结果汇总

方案编号	累积产气量/10^8m^3	累积产油量/10^4m^3	累积注气量/10^8m^3	天然气采出程度/%	凝析油采出程度/%
方案1	60.31	254.24	38.18	60.99	60.25
方案2	52.84	238.81	30.40	61.81	56.59
方案3	51.42	227.28	29.22	61.16	53.86
方案4	65.92	263.83	43.83	60.86	62.52

预测结果显示，考虑调整注采比例及压力保持水平，同时在注气开采20年后再进行衰竭开采直至废弃，则还可提高凝析油的采出程度6%~15%左右。

3. 补充新井的合注合采低注高采注气方案预测

在原低注高采方案的基础上，新增加一口井DL12，将DL1X井变为生产井，而将DL12井变为注气井。详细设计方案见表6-29所示。预测结果汇总见表6-30所示。

表 6－29　低注高采方案设计

方案名	日注气量/($10^4m^3/d$)	日产气量/($10^4m^3/d$)	描　述
方案 1	60	45	注气将压力保持在 45MPa 附近，注气 20 年转衰竭生产，直至废弃
方案 2	50	35	注气将压力保持在 45MPa 附近，注气 20 年转衰竭生产，直至废弃
方案 3	50	40	注气将压力保持在 45MPa 附近，注气 20 年转衰竭生产，直至废弃
方案 4	40	35	注气 20 年转衰竭生产，直至废弃
方案 5	60	50	注气 20 年转衰竭生产，直至废弃

表 6－30　各方案预测结果汇总

方案编号	累积产气量/10^8m^3	累积产油量/10^4m^3	累积注气量/10^8m^3	天然气采出程度/%	凝析油采出程度/%
方案 1	60.66	257.85	38.18	61.95	61.11
方案 2	53.25	244.70	30.61	62.38	57.99
方案 3	57.02	248.81	34.43	62.23	58.96
方案 4	51.91	231.61	29.22	62.50	54.89
方案 5	66.32	266.44	43.83	61.96	63.14

预测结果与前面的方案相比，新增一口井对凝析油最终采出程度的增加影响较小，因此，是否钻新井还应考虑经济效益。

综合上面三个优化方案，优选方案四合注合采方案：注气井为 DL9、DL10、DL12；采气井为 DL3、DL2、S45、DL1X、DL4、DL6、DL1X。将 DL1X 井变为生产井，即用 DL9、DL1X0，新钻 DL12 井形成注气井网。先注气将压力保持在 45MPa 附近，注气 20 年凝析油采出程度为 47.19%，相对于衰竭开采凝析油采出程度 27.86% 提高了 19.33%；注气 20 年后再转衰竭生产，直至废弃开采期末累积产油量为 $206.87\times10^4m^3$，凝析油采出程度为 59.84%。

4. 循环注气开发方案效果对比及方案优选

根据上述各方案论证，进一步通过衰竭方案与注水、循环注气方案预测结果进行对比(见表 6－31)，可以看出：

(1) 与衰竭式开发相比，注水开发可使凝析油采出程度提高 3.67%，增幅不明显，说明凝析气藏注水开发不能有效提高凝析油的采收率；

(2) 循环注气方案相对衰竭方案凝析油采出程度得到有效提高。预测 20 年后，五个注气方案相对于衰竭开采凝析油采出程度 27.29% 分别提高了 15.89%、14.12%、17.31%、19.9%、20.71%。其中模拟方案五凝析油采出程度最多(48.01%)；

(3) 循环注气开发方案五 20 年凝析油采出程度最多，其次方案四 20 年凝析油采出程度为 47.19%，但由于方案五日产气量高，而处理站的处理能力受限，不能按方案五开采。因此优选方案四，方案四注气开采 20 年后较衰竭式开发采收率提高 19.9%，循环注气开发效果较好。

（4）对于苏维依组合注合采，巴什基奇克组分注分采的面积注气井网，由于现有井网井距过小，导致气井生产气油比上升较快。故不宜采用面积注水。

表 6-31　预测指标统计表大涝坝 2 号构造气藏注气开发方案对比

方案编号	注采量		累积			20 年天然气采出程度/%		20 年凝析油采出程度/%	最终采收率/%	
	日注/10^4m^3	日产/10^4m^3	产气量/10^8m^3	产油量/10^4m^3	注气量/10^8m^3	只采出	含注入		天然气	凝析油
衰竭式			23.21	117.58		61.05	61.05	27.29	61.05	27.29
方案一	40	35	32.38	178.45	129.22	85.16	8.31	41.41	59.69	53.75
方案二	50	35	32.38	186.05	30.6	85.16	4.66	43.18	59.57	56.79
方案三	50	40	36.03	192.17	34.43	94.77	4.21	44.60	59.43	57.74
方案四	60	45	39.68	203.35	38.18	104.38	3.97	47.19	59.16	59.84
方案五	60	50	43.34	206.87	43.83	113.98	-1.30	48.01	59.17	61.83
注水			18.55	133.41		48.79	48.79	30.96	48.79	30.96

（六）方案技术经济评价

对上五个方案进行进行经济评价（见表 6-32），除住逐层上返不可行之外，其他合注合采方案均可行。优选方案 4—新低注高采方案 4 预测指标统计如表 6-33 所示。

表 6-32　经济评价指标对比表

类别		合注合采	合注合采变更			
			高注低采	低注高采	逐层上返	更改方案
财务净现值/万元	税后	8447.57	10131.95	15214.62		3491.03
	税前	16413.17	18927.17	26513.24	-16819.89	9046.29
内部收益率/%	税后	29.85	44.82	74.08		33.63
	税前	43.86	74.17	93.58		66.44
投资回收期/年	税后	5.50	2.48	1.35		2.75
	税前	3.56	1.47	0.82		1.45
财务评价		可行	可行	可行	不可行	可行

表 6-33　优选方案 4—新低注高采方案 4 预测指标统计

时间/年	日产气量/(10^4m^3/d)	日产油量/(m^3/d)	累积产气量/10^8m^3	累积产油量/10^4m^3	日注气量/(10^4m^3/d)	累积注气量/10^8m^3	地层压力/MPa	采气速度/%	气采出程度/%	油采出程度/%
1	35.00	245.22	8.09	72.22	40.00	1.46	39.68	3.57	18.26	17.11
2	35.00	230.83	9.37	80.76	40.00	2.92	39.77	3.52	17.76	19.14
3	35.00	221.76	10.65	89.05	40.00	4.38	39.87	3.53	17.25	21.10

续表

时间/年	日产气量/(10^4m^3/d)	日产油量/(m^3/d)	累积产气量/10^8m^3	累积产油量/10^4m^3	日注气量/(10^4m^3/d)	累积注气量/10^8m^3	地层压力/MPa	采气速度/%	气采出程度/%	油采出程度/%
4	35.00	209.21	11.92	96.89	40.00	5.84	39.97	3.52	16.75	22.96
5	35.00	195.68	13.20	104.28	40.00	7.30	40.10	3.52	16.25	24.71
6	·35.00	182.51	14.48	111.15	40.00	8.76	40.23	3.52	15.75	26.34
7	35.00	171.50	15.76	117.61	40.00	10.23	40.39	3.53	15.24	27.87
8	35.00	161.72	17.04	123.68	40.00	11.69	40.55	3.52	14.74	29.31
9	35.00	152.55	18.32	129.40	40.00	13.15	40.72	3.52	14.24	30.67
10	35.00	145.71	19.59	134.84	40.00	14.61	40.89	3.52	13.73	31.95
11	35.00	140.63	20.87	140.07	40.00	16.07	41.07	3.53	13.23	33.19
12	35.00	135.17	22.15	145.09	40.00	17.53	41.27	3.52	12.73	34.39
13	35.00	129.27	23.43	149.92	40.00	18.99	41.46	3.52	12.22	35.53
14	35.00	125.27	24.71	154.53	40.00	20.45	41.67	3.52	11.72	36.62
15	35.00	118.98	25.99	159.00	40.00	21.92	41.88	3.53	11.22	37.68
16	35.00	113.01	27.27	163.21	40.00	23.38	42.09	3.52	10.71	38.68
17	35.00	107.16	28.54	167.21	40.00	24.84	42.31	3.52	10.21	39.63
18	35.00	105.84	29.82	171.09	40.00	26.30	42.54	3.52	9.71	40.54
19	35.00	101.61	31.10	174.88	40.00	27.76	42.77	3.53	9.20	41.44
20	35.00	95.85	32.38	178.45	40.00	29.22	43.00	3.52	8.70	42.29
21	50.00	189.12	34.20	185.03	0.00	29.22	39.76	5.03	13.73	43.85
22	50.00	190.52	36.03	192.02	0.00	29.22	36.89	5.03	18.76	45.50
23	50.00	178.90	37.86	198.77	0.00	29.22	34.18	5.04	23.80	47.11
24	50.00	160.91	39.68	204.97	0.00	29.22	31.59	5.03	28.83	48.58
25	50.00	142.48	41.51	210.50	0.00	29.22	29.14	5.03	33.85	49.88
26	50.00	125.54	43.33	215.37	0.00	29.22	26.79	5.03	38.88	51.04
27	50.00	110.61	45.16	219.68	0.00	29.22	24.54	5.04	43.92	52.06
28	50.00	97.21	46.99	223.44	0.00	29.22	22.35	5.03	48.95	52.95
29	50.00	86.07	48.81	226.77	0.00	29.22	20.23	5.03	53.98	53.74
30	50.00	76.29	50.64	229.71	0.00	29.22	18.15	5.03	59.00	54.44
31	2.97	4.85	51.52	231.04	0.00	29.22	17.21	2.42	61.43	54.75
32	0.96	1.35	51.58	231.13	0.00	29.22	17.19	0.17	61.59	54.77
33	1.25	1.81	51.62	231.19	0.00	29.22	17.19	0.11	61.70	54.79
34	1.05	1.45	51.66	231.25	0.00	29.22	17.19	0.12	61.82	54.80
35	1.15	1.69	51.70	231.30	0.00	29.22	17.18	0.11	61.93	54.82
36	1.16	1.62	51.74	231.37	0.00	29.22	17.18	0.11	62.05	54.83
37	1.11	1.51	51.78	231.43	0.00	29.22	17.18	0.11	62.16	54.84
38	1.07	1.59	51.82	231.48	0.00	29.22	17.18	0.11	62.27	54.86
39	1.21	1.75	51.87	231.55	0.00	29.22	17.18	0.12	62.39	54.87
40	1.04	1.47	51.91	231.61	0.00	29.22	17.18	0.11	62.50	54.89

第四节　注水提高采收率技术

凝析气藏实施注水开发，一直以来认为是油气开发上的一个禁区。国内外，凝析气藏实现注水开发的案例较为少见，而实现注水开发凝析气藏的成功案例，更是少之又少。对于规模小、储量低的小型凝析气藏，枯竭式开发产量递减快，凝析油气采收率低，然而限于气藏的规模，注气开发也不经济。针对该类凝析气藏衰竭式开发的后期，在大部分气井水淹后，实施注水开发，也可以作为选择的一种开发方式。结果表明，通过合理的注水开发能够显著提高该类气藏的凝析油气采收率，增加凝析气田经济效益，为其他类似气藏的开发提供了借鉴。

一、凝析气藏注水开发机理及实验

(一)注水开发的利弊及适应性

小规模凝析气藏因其注气开发不经济，常常采用衰竭方式开发，其凝析油采收率较低，然而对于注水井网完善的凝析气藏可以考虑注水开发。大涝坝凝析气田 1 号构造的凝析气藏具备实施注水开发的条件，注水开发在技术和经济上均具有一定的可行性。

1. 优点

①注水开发成本低，技术成熟；②水气有良好流度比，水驱波及效率高；③气藏压力得到保持，地下流体保持单一气相，采气工艺简单；④采出气体可以直接销售，经济效益好。

2. 缺点

①水驱会有一定量的残余气，残余气量和气藏压力及水驱残余气饱和度有关；②注入水如果过早侵入到气井附近会造成气井早期停产；③裂缝性气藏水窜会造成大量的水封气。

3. 适应性

① 气藏地质情况认识比较清楚；气藏构造有一定幅度，以减缓注入水突破趋势；②气藏凝析油含量较高，保持压力开发经济效益好；③气藏规模不大，注气开发经济上不合算；可以考虑实施注水开发；④水驱残余气饱和度较小；⑤水源易得(地层水，油田产出水等)；⑥有效的监测技术，以监控注入水前缘波及情况。

(二)凝析气藏注水开发的机理

1. 保压作用

对于凝析油含量较高的凝析气藏，可以通过注水将气藏压力保持在露点以上，避免凝析油的析出损失以及其对地层渗流能力的损害。注水一段时间后，为了防止注入水过早突破到生产井底造成气井早期水淹停产，需要提前停注再实施衰竭开采，随着气藏压力降低，其中一部分束缚气又能重新膨胀被采出。

2. 注入水对凝析油气的驱替作用

流度是流体的有效渗透率与黏度的比值，表征了该相流体流动的难易程度，是决定驱替介质波及效率及采收率的重要参数。水气的流度比约为 1∶100，可见气藏注水有一个明显的优势——水气良好的流度比。与水驱油相比，水驱气过程具有稳定的波及系数和较高驱替效率，驱替效果更好。

对于边水能量较弱或存在油环的凝析气藏，依靠位于较高部位的气井衰竭开发难于采出气藏边部的凝析油气或者油环区域的这部分储量。可以通过在低部位注水，将油环和其他部位的凝析油、气驱替到生产井附近，增加凝析油气采收率。

3. 油气界面注水分隔油气作用

对于具有较大油环的凝析气藏，常保持气顶能量先开采油环，以通过气顶的膨胀提供能量支持。在一定的采油速度下气顶气会侵入到井底，引起油井气油比升高而影响其生产效率，甚至造成早期停产。同时，在天然气市场需求旺盛时，立即采气可能获得更好的经济效益。这样，可以通过在油气界面注水分隔油气区，防治油气互窜对生产井的干扰，同时又可以保持较高的地层能量，提高油井、气井的生产效率。

（三）凝析气藏注水开发室内实验

以大港油田板桥区块的实验为例，进行说明岩心室内实验，注水可以提高凝析气藏的凝析油采收率。

1. 实验准备

采用加拿大 Hycal 公司制造的长岩心驱替设备进行测试，设备流程与长岩心注气实验流程一样，岩心取至大港油田板 864 井，实际使用岩心 16 块，岩心的平均渗透率为 $232.5\times10^{-3}\mu m^2$，平均孔隙度为 22.37%，总长度为 93.33cm，采用调和平均方式进行排序，采用板 864 井地面凝析油和板新 807 井分离器气样并加适量液化气配制而成，主要流体性质为：$CO_2=0.80\%$，$N_2=0.41\%$，$C_1=70.01\%$，$C_2=9.44\%$，$C_3=5.73\%$，$iC_4=1.26\%$，$nC_4=1.73\%$，$iC_5=0.99\%$，$nC_5=1.21\%$，$C_6=2.69\%$，$C_7=1.69\%$，$C_8=1.12\%$，$C_9=0.85\%$，$C_{10}=0.49\%$，$C_{11+}=1.58\%$，$\gamma C_{11+}=0.8415g/cm^3$，$MC_{11+}=212.8g/mol$，地层水总矿化度为 8800mg/L，凝析油含量为 $500g/m^3$，闪蒸气油比为 $1590m^3/m^3$，凝析油密度为 $0.8086g/cm^3$，地层压力 = 30.34MPa，露点压力为 29.20MPa，地层温度为 105℃，最大 CVD 油饱和度为 24.12%，8MPa 时凝析油采收率为 20.37%，8MPa 时天然气采收率为 70.96%。CVD 中凝析油饱和度见图 6－37，在 8MPa 时凝析油饱和度为 19.69%。

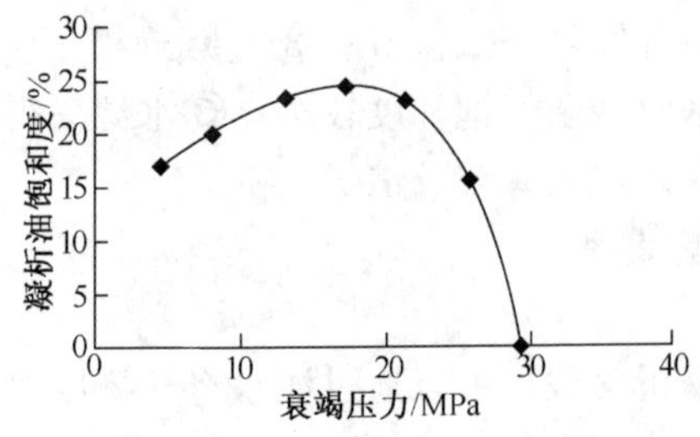

6－37　CVD 过程中凝析油饱和度变化

2. 实验内容和结果

实验内容设置为：①先进行自然能量衰竭实验，衰竭到目前废弃压力 8MPa 下再注水驱替（注入速度 0.125mL/min）；②先进行自然能量衰竭实验，衰竭到目前废弃压力 8MPa 下，然后压力恢复到 20MPa，再注水驱替（注入速度 0.125mL/min）；③先进行自然能量衰竭实验，衰竭到目前废弃压力 8MPa 下再注水驱替（注入速度 0.06mL/min）。通过实验①和②对比论证是否需要恢复压力再开井，通过①和③论证注入速度快好还是慢好。

长岩心中衰竭到8MPa时凝析油采收率比PVT筒中CVD凝析油采收率要高得多，PVT中CVD测试凝析油采收率20.37%，天然气采收率71%；长岩心中衰竭实验测试凝析油采收率38%，天然气采收率75%；现场实际得到凝析油采收率37.1%；在岩心中测得的凝析油采收率更高与束缚水含量较高岩心强烈水湿，凝析油临界流动饱和度低有关，由于在PVT测试中每级降压测试只采出平衡气相，而析出的油相未采出，在长岩心中当凝析油析出达到临界流动饱和度时，就会产生流动，因此凝析油采收率要比PVT中CVD测出的值高，但现场实际采收率37.1%相近，说明了结果的正确性。天然气采收率比PVT筒中CVD高4%左右，具体原因可能与高压下天然气吸附有关。结果对比见图6－38。

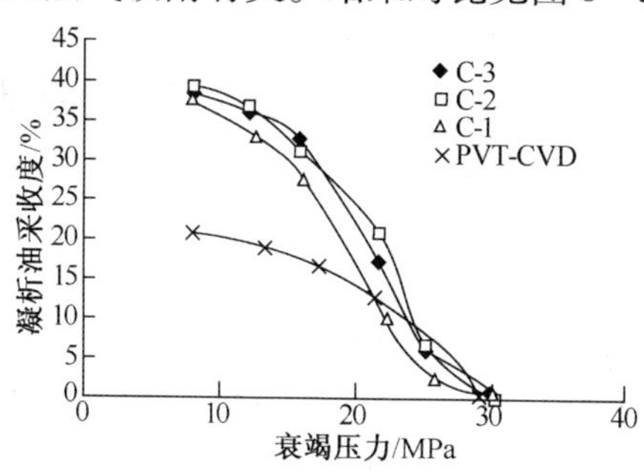

图6－38　长岩心中衰竭试验凝析油采收率对比

当压力衰竭到8MPa后采用的三种方式注水，结果对比见表6－34，直接注水驱替可提高天然气的采收率7.42%～10.11%，增加凝析油的采收率1.54%～3.39%，而注水压力恢复到20MPa时恒压注水驱替提高天然气采收率5.39%，提高凝析油采收率0.68%，再从20MPa衰竭到8MPa可再增加采收率2.37%，表明直接注水效果好于压力恢复后注水，实验中观察到压力下降后气不会马上采出，滞后现象同样存在。在衰竭到废弃压力8MPa下直接注水驱替中，注水速度不同，对提高天然气和凝析油采收率的效果也不同，注入速度为0.125mL/min的效果好于注入速度为0.06mL/min。注水速度为0.125mL/min时，可提高天然气的采收率10.11%，提高凝析油采收率3.39%，注水速度为0.06mL/min时，可提高天然气的采收率7.42%，提高凝析油采收率1.54%。说明注水速度快一些效果更好。这和凝析油气相渗曲线的速敏性相关，压差越大，则凝析油采收率越高。

表6－34　衰竭后不同注水方式增加天然气和凝析油采收率

实　验	增加天然气采收率/%	增加凝析油采收率/%
衰竭后直接注水(0.125mL/min)	10.11	3.39
衰竭到8MPa，注水恢复到20MPa恒压注水(0.125mL/min)	5.39(降压到8MPa再增加2.37%)	0.68
衰竭后直接注水(0.06mL/min)	7.42	1.54

二、大涝坝1号构造凝析气藏注水开发实例

由于凝析气藏注水开发，本身存在很大风险，因此仅仅针对区块储量较小，并开发至后期的小区块进行注水开发试验。这里以大涝坝凝析气田1号构造的注水开发为例进行注水开发先导试验。

(一)大涝坝1号构造及开发简介

大涝坝1号构造为背斜，2号构造为断背斜，构造形态较完整，主要目的层位为下第三系苏维依组上气层和下气层，其天然气地质储量为$49.6\times10^8m^3$，凝析油地质储量为435.2×10^4t，原始地层压力56.93MPa。地层中凝析气的露点压力48.4MPa，最大反凝析液量22.8%。有三口生产井，DL5、DL7和DL8，井位分布见图6－39。DL8井与DL5井的井距906m，DL8井与DL7井井距1032m。

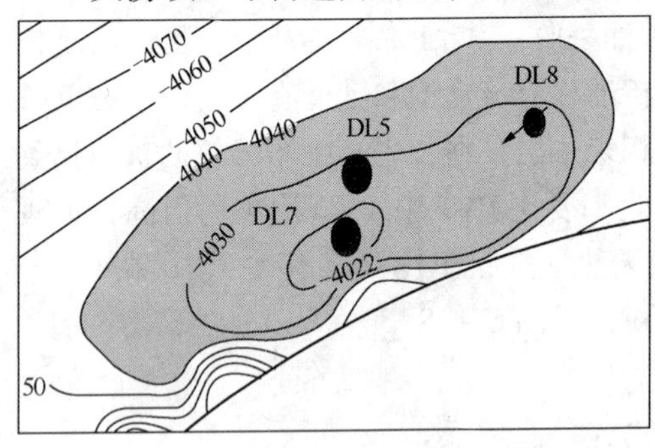

图6－39　大涝坝1号构造井位分布图

该气藏2005年投入开发生产。2008年5月地层压力已降至42.16MPa，低于露点压力48.40MPa。由于储层流体中凝析油含量较高，压力下降造成反凝析污染，单井产能下降。2008年6月，DL7和DL8井均因高含水停喷，仅DL5井生产(DL5和DL7井的生产情况见图6－39)，截至2009年2月1号构造累计产液11.06×10^4t，累产油8.11×10^4t，累产水2.95×10^4t，累产气$0.97\times10^8m^3$，凝析油采出程度8.29%，天然气采出程度9.49%，均不足10%。对于这种地露压差大，且存在边水的凝析气藏，需保持地层压力开采，以提高其采出程度。

(二)大涝坝1号注水试验

1. 注水简况

DL8井在2005年10月22日开井生产，初期7.5mm油嘴，油压25MPa，日产液$100m^3$，油66.97t，气$7\times10^4m^3$，含水17%。生产过程中出现了地层压力下降，含水上升，井筒积液等问题。到2008年6月19日该井停喷，停喷前含水已达80%，日产油不足5t，天然气产量不足$1\times10^4m^3$。该井累积产液3.4×10^4t，累积产油1.47×10^4t，累积产天然气$0.17\times10^8m^3$，累积产水$1.74\times10^4m^3$。

2009年2月16日，选取停喷后DL8井作注水井补充地层能量实现注水开发。按注水水质标准及石油行业水质标准SY/T5329—94的要求，结合该气藏中孔中渗的情况，采用A3类水质标准。井口注入压力维持在15MPa，日均注水量为$90\sim110m^3$，实施了注水开发。

2. 试注效果分析

截至2011年10月，大涝坝1号构造凝析气藏累计注水$135\times10^4m^3$，新增采出油量8006t，采出天然气$4885\times10^4m^3$，同时解决了现场污水处理问题，收到明显的经济效益和社会效益。

1)注入水驱动凝析油

2010年4月在DL8井投放示踪剂，以跟踪监测注水前缘的推进情况。根据示踪剂的发光强度监测(见图6－40)，在2010年9月DL5井的油气样品中检测示踪剂发光强度为43，随后的检测数据呈现上升趋势，说明注水前缘已推进至DL5井近井地带。在2011年5月，DL7井的油气样品中检测示踪剂发光强度也达到了20以上，注水前缘也已推进至DL7井近井地带，说明地层中的凝析油区已经部分的被注入水驱动至生产井井底。

从DL5井凝析油的密度变化也可以看出(见图6－41)，随着注水进行，DL5井凝析油密度有所上升，注入水对地层中凝析油起到一定的驱替作用。

2)地层压力恢复

注水2.5年，地层压力从注水前的44.32MPa上升至51.84MPa，从这一点来讲，注水确实补充了地层亏空，恢复了地层能量。

3)油气产量稳步回升

产量稳中有升，2009年2月后，DL5井的日产气量稳定在$2\times10^4m^3$，日产油稳定20t，自喷期较衰竭式开发延长了将近1年多时间；在DL7井在2010年6月，由于注水补充地层能量，该井再次起死回生，实现了自喷生产，日产气$2\times10^4m^3$，日产油20t左右。

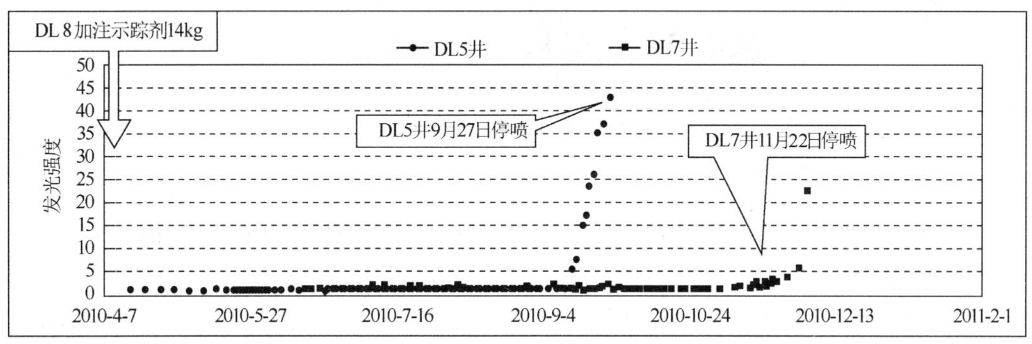

图6-40　采气井油气样品示踪剂监测数据

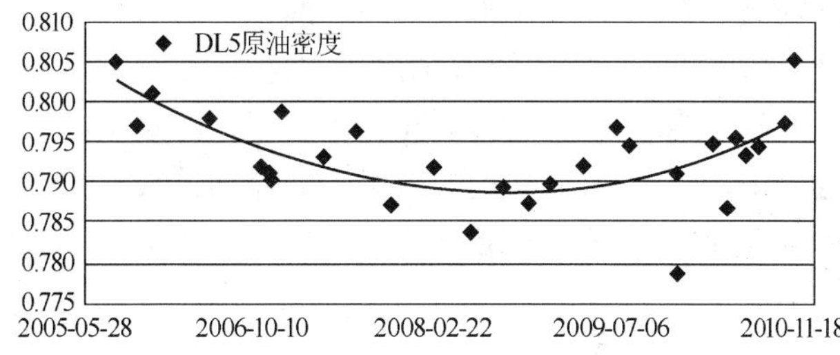

图6-41　DL5井凝析油密度变化曲线

4)存在问题

注水开发后，注入水推进至采气井，其较为合理的提液方式仍然在摸索中，如何扩大注入水在凝析气藏储层内的波及体积，提高驱体效率仍然是有待解决的问题。

大涝坝1号构造凝析气藏注水开发是凝析气藏开发后期的一种大胆而有效的开发方式实验。在开发过程中，以提高开发效益为宗旨，敢于应用新技术，突破传统的分析方法与思路，形成了一套较为完整的凝析气田注水开发技术系列，为凝析气田开发后期通过注水提高采收率树立了一个成功的试验案例。

第七章　雅克拉－大涝坝凝析气田采气工艺技术

第一节　凝析气井完井方式

一、完井方式选择的原则

完井方式选择是完井工程的重要环节之一，目前完井方式有多种类型，但都有其各自的适用条件和局限性。只有根据油气藏类型和油气层的特性去选择最合适的完井方式，才能有效地开发油气田，延长油气井寿命和提高其经济效益。合理的完井方式应该力求满足以下要求：

（1）油、气层和井筒之间保持最佳的连通条件，油、气层所受的损害最小；

（2）油、气层和井筒之间应具有尽可能大的渗流面积，油、气入井的阻力最小；

（3）应能有效地封隔油、气、水层，防止气窜或水窜，防止层间的相互干扰；

（4）应能有效地控制油层出砂，防止井壁坍塌，确保油井长期生产；

（5）应具备进行分层注水、注气、分层压裂、酸化等分层措施以及便于人工举升和井下作业等条件；

（6）油田开发后期具备侧钻的条件；

（7）施工工艺简便，成本较低。

（一）直井完井方式选择

直井完井适应范围广、工艺技术简单、建井周期短、造价低。按油、气井地层岩性可分为砂岩、碳酸盐岩和其他岩性三大类，这三大类型岩性均可以采用直井完井。

1. 砂岩油气藏

砂岩油藏不论为何种油藏类型，若为低渗透油藏，则需要进行压裂增产措施；若为高渗透油藏，油层胶结疏松，油层易坍塌或出砂，就需要防砂。再就是稀油油藏需要注水开发，稠油油藏需要注蒸汽开采，而且要分层控制及调整其吸水、采油和吸气剖面，因而宜采用套管射孔完成。至于一些单一油层，无气顶底水，油层渗透率适中，依靠天然能量开采，不进行压裂增产措施，采用下割缝衬管完井也是可行的。

至于砂岩气藏，大多为致密砂岩，渗透率低，都必须进行压裂增产措施，特别是一些底水气藏，要防止底水锥进，所以应采用套管射孔完成，不能采用裸眼完成。

2. 碳酸盐岩油气藏

碳酸盐岩油藏按渗流特征可分为孔隙性、裂缝性、裂缝和孔隙双重介质油藏，孔隙性油层完全可以按砂岩油层一样完井，因为此类油层需要进行酸化或压裂酸化增产措施。因而多采用套管射孔完井。裂缝性或裂缝和孔隙双重介质油藏，如华北任丘油田古潜山油藏有气顶和底水，开发初期采用裸眼完井，发展了一套裸眼封隔器进行堵水和酸化措施，但不如在套管中进行井下作用措施可靠，后来又采用了套管射孔完成，这样对控制气窜和底水锥进和进行酸化措施就有效多了。但是这类油藏若无气顶和底水，仍可采用裸眼完井。

碳酸盐岩气藏与油藏一样有两种类型，如四川磨溪气田即属孔隙性气藏，靖边气田也属此类型，而四川其他气田则大多属于裂缝性气藏。这两种气藏大多有底水，孔隙性气藏完全可以按孔隙性油藏完井一样对待。其增产措施与油层一样，要进行酸化或压裂酸化，因而多采用套管射孔完井。底水裂缝性气藏，也同样需要酸化和控制底水措施，因而宜采用套管射孔完井，有时也可选择裸眼完井。

3. 火成岩、变质岩等油藏

这类油藏是指火山岩、安山岩、喷发岩、花岗岩、片麻岩等油藏，这些类型油藏都属次生古潜山油藏，是由生油层的原油运移至上述岩石的裂缝或孔穴中而形成的油藏，这种类型油藏大多为坚硬的岩石，可按裂缝性碳酸盐岩油藏完井。

(二)水平井及定向井完井方式选择

1. 按曲率半径选择完井方式

短曲率半径的水平井，当前基本上是裸眼完成。主要在坚硬垂直裂缝的油层中裸眼完成，如美国奥斯汀白垩系地层，或者是致密裂缝砂岩，因为这些地层都不易坍塌，虽然是裸眼，仍能保持正常生产。

中、长曲率半径的水平井则可以根据岩性、原油物性，增产措施等因素选择完井方式。当今水平井技术发展很快，水平井水平段也不断增长，在这些长水平井段中，特别是在砂岩中，生产过程中地层难免不坍塌，因而不宜采用裸眼完井，通常采用的是割缝衬管加套管外封隔器(ECP)完井或套管射孔完井。

2. 按开采方式及增产措施选择完井方式

对于一些低渗透油气层的水平井，需要进行压裂措施，因而只能套管射孔完成，即使采用割缝衬管加套管外封隔器完井，因为分隔层段太长(长度 100～200m 或更长)，只能进行小型酸化措施，而无法进行压裂措施。另一方面，高速携砂压裂液会将割缝管的缝隙刺大或破坏。

至于定向井的完井方式选择，因定向井井斜大致在 50°左右，其完井方式基本同直井一样选择。

二、雅－大凝析气井现有完井方式评价

(一)完井方式与井身结构

雅－大凝析气井主要采用套管射孔、割缝衬管、尾管射孔、尾管射孔等方式完井，其中 17 口井采用套管射孔方式完井；4 口井采用割缝衬管完井；3 口井采用裸眼完井；3 口井采用尾管射孔完井。

雅克拉凝析气田主力气层都是采用射孔完井。在采用射孔完井的井中，常规电缆传输正压射孔占大多数，而油管传输负压射孔井只有 2 口。

大涝坝凝析气田的垂直井和斜井全部都是采用射孔完井，在采用射孔完井的井中，早期地层压力较高可以采用电缆射孔，后期地层压力下降采用油管传输负压射孔(4 口)。

1)直井

常规电缆传输正压射孔的缺点是：

(1) 不安全，气井采用常规电缆传输射孔枪是很不安全的，因为深井电缆容易打结；

(2) 作业程序多，射孔后还需要下一趟油管；

(3) 正压射孔，不利于气层的保护以及射孔孔眼的清洁。

油管传输负压射孔的优点是：

(1) 安全，用油管传输射孔枪是很安全的；

(2) 作业程序少，射孔后直接投产；

(3) 负压射孔，有利于气层的保护以及射孔孔眼的清洁。

因此，从安全、施工方便、气层保护的角度，宜今后使用油管传输负压射孔。

2)水平井

3 口水平井和 1 口侧钻水平井都是采用的割缝衬管完井，使用效果好。

雅克拉凝析气井直井典型井身结构及完井管柱见图 7 - 1，水平井典型井身结构及完井管柱见图 7 - 2。大涝坝凝析气井直井典型井身结构及完井管柱见图 7 - 3、图 7 - 4。

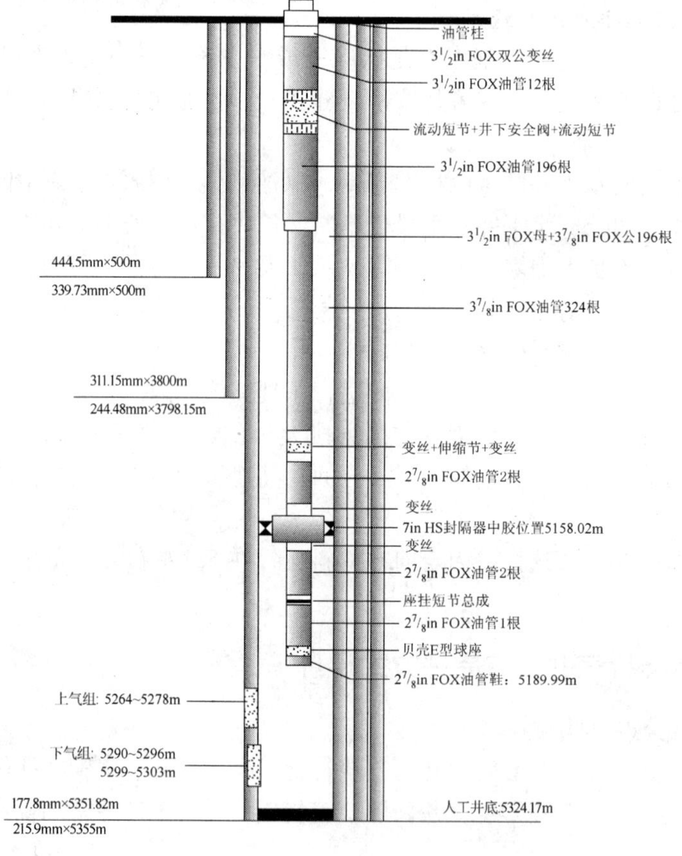

图 7 - 1　Y2 井井身结构示意图

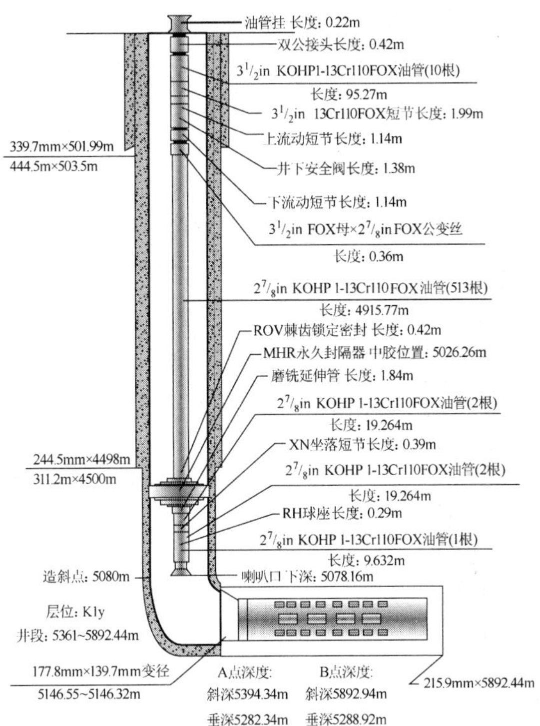

图 7－2　Y14H 井井身结构示意图

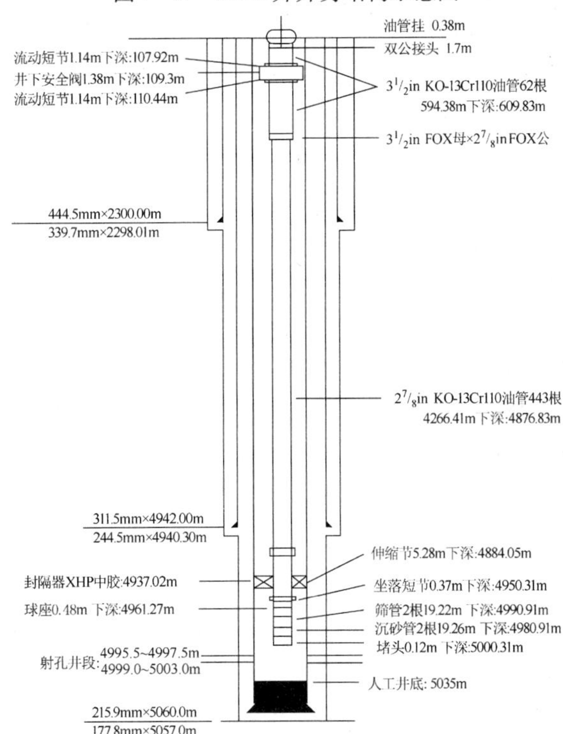

图 7－3　DL5 井原井井身结构示意图

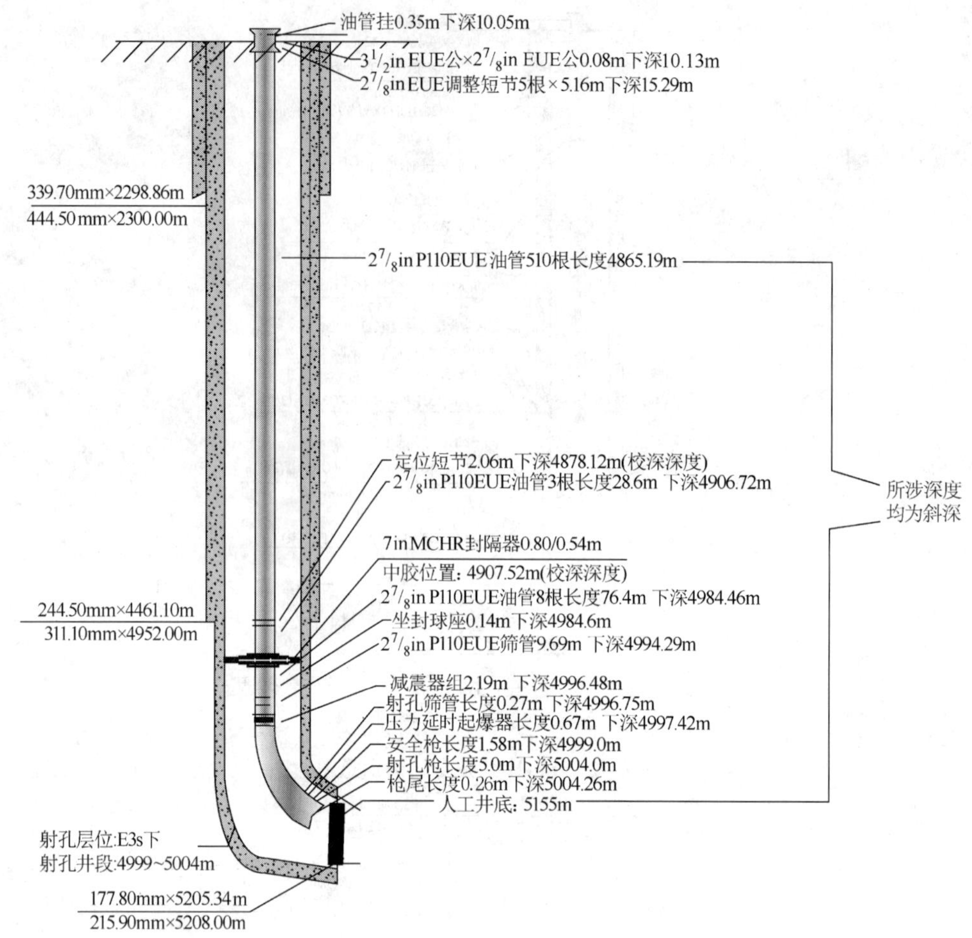

图 7－4　DL10X 井井身结构示意图

(二)防砂设计及效果评价

地层出砂是指油气生产过程中砂粒从油层运移出来，积存于井底和流动到地面的现象。油气井出砂是一个具有普遍性的复杂问题。出砂造成大量的人力、物力浪费，而且严重影响油气田的开采速度和采收率，需要慎重对待和解决。

根据现场观测与理论分析雅克拉、大涝坝凝析气田在开发早期正常情况下产层基本不会出砂，在开发过程中由于井底压力的波动等因素可能会少量出砂。雅克拉、大涝坝凝析气田进入开发中后期在地层压力衰减、岩石强度减弱、配产等多种因素的综合影响下产层可能会出砂。两气田气井产量较大，出砂后高速气流携带的砂粒会严重冲蚀生产管柱和井口装置，危及到气井的生产安全。此外，出砂严重时还会造成砂堵，影响气井正常生产，因此，进入开发中后期需采用防砂措施。但在开发中后期根据生产资料，结合出砂预测研究，一旦判断地层必然出砂，则应立足于早期防砂。在地层骨架被破坏后才进行防砂，防砂难度将大大增加，而且也难保证防砂效果。因此需采用防砂措施。

1. 出砂机理

油气井出砂是由于井底近井壁区岩层结构破坏所形成的，产层出砂与产层岩石骨架、岩石组成、胶结物之间的胶结方式、胶结强度、地层应力及状态和油气生产的状态、条件以及作业环境有关。地层出砂没有明显的深度界限。一般情况下，油气生产速度过大就有可能出砂。通常，地层内应力超过地层强度后就会产生出砂现象。地层应力包括地层结构应力、上覆压力、流体流动时对岩石组成颗粒的拖曳力、地层孔隙压力和生产压差形成的作用力。地层强度取决于地层胶结物的胶结力、圈比内流体的粘着力、地层颗粒之间的摩擦力以及地层颗粒本身的重力。

地应力是油气藏工程、油气勘探与钻井、采油气工程方案设计不可缺少的基础数据，在井网布置、钻井过程中对井壁的稳定、定向井或水平井井身轨迹的设计与控制、油气层改造措施中破裂压力预测、裂缝的方位与尺寸预测、套管损坏的预测及预防、油气井防砂预测都离不开地应力数据。

根据岩石受到的应力变形破坏形式的不同，可将出砂机理分成三类：

（1）微粒运移。地层内的非固结砂、黏土颗粒和游离砂以及地层结构被破坏后的散砂，在流体流动拖曳力作用下产生移动而进入井眼，造成出砂。

（2）剪切破坏。井眼周围地层岩石或射孔后孔眼周围岩石，由于所受到的应力超过岩石本身的强度，地层岩石产生剪切破坏而出砂，这与生产压差过大有关，剪切破坏会造成突发性大量出砂。这时地层出砂可能会砂埋射孔段或井眼，严重时会造成地层坍塌，使套管变形或错断，油气井因无法生产而报废。

（3）拉伸破坏。流体流动时作用于炮孔周围地层颗粒上的水动力拖曳力过大，使炮孔壁岩石受到的径向应力超过抗拉强度导致破碎，从其母体上脱落而形成出砂。这与采油压差过大有关，这时流体流速极高，也与液体黏度有关。但是它具有自稳定效应。

2. 防砂设计应考虑的因素

高压油气井的出砂，与生产层位的岩性、油气属性、开发开采方式、油气生产的速率等多种因素有关。地层岩性、油气属性为地层物质（岩石和流体）的内在性质；尚若发生地震对地层产生的地质应力和油气产层受到外来水的侵入是天然施加的外力，也与开发开采外来因素有关；油气生产的方式、开发开采速度是人工施加的外在因素，这些内在和外来的因素决定着地层出砂的大与小。

（1）储层压力高，气井日产气量大，砂粒以极大的流速流入井眼，因而其防砂措施比油井的要求更高。

（2）储层砂岩粒度分布广，包括细、中、粗三种级别．粒径 0.126～0.7mm，因而选择的防砂工具应能有效阻挡细砂粒通过。

（3）储层温度高，产出气体中含 CO_2，因此应使用高强度、防 CO_2腐蚀的防砂工具。

3. 防砂方法

雅克拉凝析气井采用套管完井，故只考虑套管内防砂措施．目前主要采用机械防砂，如管内砾石充填和使用滤砂管。

1）管内砾石充填

管内砥石充填适应性强．地层砂粗细、气井产量高低都能适应，且有效期长。国外对于气井还采用压裂后砾石充填防砂，通过对气层压裂来扩大渗流面积、降低近井地带气流流速，再进行常规砾石充填该方法在墨西哥湾十几口气井中的试验取得了预期的防砂效果。管内砾石充填防砂的缺点是成本高，且砾石充填工作液台对储层造成伤害．雅克拉凝析气田井深超过 5000m，进行砾石充填难度较大。

2)使用滤砂管

双层绕丝砾石预充填筛管的防砂效果与管内砾石充填相比稍差一些，但施工简单，且对储层无伤害。

金属纤维充填和纤维烧结防砂筛管(辽河油田研制)、国外的金属丝编织滤砂管、不锈钢碎粒烧结滤砂管及金属丝编织层+不锈钢碎垃烧结滤砂管都是20世纪90年代开发出的防砂新产品，均可独立用于气井防砂。Shell公司在气井上主要采用多层不锈钳金属碎粒烧结滤砂管。金属丝编织层+不锈钢碎粒烧结滤砂管已应用于墨西哥湾十几口气井中，取得了极好的防砂效果。

结合雅克拉凝析气田实际情况，主要选择如下三种防砂方法：

(1) 双层绕丝砾石预充填筛管。

其设计要求：①筛管上下端部应距产层射孔段1.0~1.5m. 预充填砾石厚度应保证在25mm上；②预充填砾石磨圆度好。粒径为砂粒粒径中值的5~6倍，即2.0~2.4mm；③砾石强度应遵照API砾石抗破碎试验强度标准，砾石破碎量不超过其总重量的8%；④绕丝筛管缝隙尺寸应小于砾石充填层中最小砾石尺寸，一般取其1/2~1/3. 即0.66~1.0mm；⑤制造材料应具有防止CO_2腐蚀及高气流冲蚀能力，可选用13Cr或更高级别的合金钢；⑥整体结构和强度应具有承受高压，高温的能力。

(2) 纯金属滤砂管：可使用多层不锈钢金属碎粒烧结滤砂管。其设计的基本要求如管长、碎粒粒径、材质等与双层绕丝砾石预充填筛管相同。

(3) 大通径不锈钢绕丝筛管防砂粒径≥0.01mm；防CO_2腐蚀的性能较好；此工艺还具有见效快、成本低等特点。

结合雅克拉、大涝坝气田实际情况，综合考虑国内外防砂技术现状、工艺条件和经济成本及对南海油田高压气井防砂工艺的现场调研。雅克拉、大涝坝气田开发中后期选用大通径不锈钢绕丝筛管。

4. 防砂效果评价

根据统计各个出砂井的完井方式(见表7-1)，发现出砂井多以裸眼和射孔的方式完井，分析原因为，裸眼井由于缺少套管的保护作用，在生产的过程中一些细小的砂粒会随着油气流进入井筒，造成出砂。射孔完井虽然有着套管的保护作用，但是由于在射孔的同时，会对储层造成一定的破坏，从而造成单井投产初期出砂。而采用筛管完井的方式，在对储层起到一定的保护作用，同时也不破坏近井地带的储层，所以相对出砂较少，例如Y5H和Y6H井等，防砂效果显著。

表7-1 雅-大出砂井完井方式统计表

井号	产层	完井方式
Y12	O_1	裸眼完井
Y12	K_1y上	射孔完井
Y15	T_3h	射孔完井
Y16	Z_2q	筛管完井
S7	K_1y上	射孔完井
Y1	K_1y上	射孔完井
Y11	Z_2q	裸眼完井
DL1X	K_1bs	套管射孔
S45	E3s	射孔完井

三、射孔完井技术

射孔完井是指在产层段下入油层套管，用水泥封固产层后再用专用的射孔工具将套管、水泥环射穿，并射穿部分产层岩石形成油气流通道，连通产层和井筒的完井方法，也就是封闭式井底结构的完井方法。

射穿产层后的油气井的产能受井筒参数、产层压力、产层性质、射孔参数及质量的影响。射孔技术的应用非常普遍，几乎可用于所有类型的储层岩石。在石油勘探开发中，射孔完井是目前主要的完井方法，大约要占完井总数的90%以上。

（一）射开储层时需要克服的障碍

用常规的射孔方法射孔，射孔的能量要克服井筒中的液体层、套管的钢材、水泥石，并在储层岩石中穿越相当的深度，才能形成射孔孔道。在不同的井中要克服的障碍厚度不同，需要的能量也不同。

1. 液体层

井筒中的液体层是射孔液。在井中下入射孔工具后，射孔时能量（子弹或聚能气流）要穿越的液体厚度一般在20～80mm。要克服液体障碍是很容易的，但液体层也要消耗部分能量。井筒内的液体对射孔孔道的形成和孔道的质量却有很大影响。液体随高速运动的子弹或气流进入射孔孔道，对射孔残渣的清除有阻碍，液体进入岩石孔隙中对油层有污染。井中的液体层对射孔的最终效果有相当大的影响。

2. 套管（钻具）层

在一般情况下射孔是要射穿套管的。但在正常固井中，如果钻杆事故完井时，被固的是钻柱，要射穿的可能不是套管而是钻具。

套管本体的厚度范围是6～18mm，套管接箍处的厚度范围是15～30mm。套管的钢材强度范围较大，强度在276～1035MPa。套管硬度在18～24HRC。

钻杆的本体厚度在9～12mm，钻杆接头厚度较大，在22～34mm。钻杆钢材的强度、硬度与套管无大差别。

射孔时消耗在克服钢材障碍上的能量要占总能量的相当大一部分。

3. 水泥环

封固套管的水泥环厚度一般在30～80mm，个别情况下可厚达200mm以上。水泥环的强度与中软、中硬岩石相似。水泥的凝固时间越短，强度越低；时间越长，强度越高。水泥环的抗挤压强度范围在几十兆帕之内。水泥环渗透性较低，是脆性体，在受到猛烈的冲击时易裂开，对射孔不利。

4. 储层岩石

射孔就是在储层岩石中射出孔道，从孔道的边壁岩石孔隙或裂缝中渗出油或气，使井有一定工业产量。被钻开的储层岩石是受钻井液污染的，渗透性比原始状态降低很多。钻井污染带厚度在1m以上，对产能有影响的严重污染带的厚度范围在300～500mm。

（二）射孔枪射孔工艺

射孔枪射孔是将射孔的专用工具—射孔枪下到要射开的油气层部位，在地面控制点火引爆射孔弹，将套管、水泥石射穿并在产层岩石中穿进一定深度，形成连接井眼和产层的通道。射孔方法按封隔油气层的方法和生产管的需要可分为单管射孔、多管射孔、尾管射孔、封隔器射孔；按其射孔工具又可分为电缆射孔、过油管射孔、油管传输射孔；按射孔工艺则可分为正压射孔和负压射孔。

1. 射孔枪

射孔的工具是射孔枪。射孔枪分为电缆射孔枪和无缆射孔枪。电缆射孔枪分为有枪身式管式枪和无枪身式绳式枪。电缆射孔枪是靠电缆或钢丝绳送入井下的，通过电缆用电点火击发。无缆枪是接在油管柱上送入井下的，也称为油管传输射孔枪。

2. 射孔弹

射孔时将射孔弹内的炸药点燃，产生高温高速的火药气流直接冲击到套管上，或是火药气流推动子弹高速运动打击在套管上。气流或子弹的能量将各种障碍打穿，形成射孔孔道。常用的射孔弹是聚能射孔弹，也有子弹式射孔弹。

3. 其他辅助工具

射孔的方法有很多种，电缆射孔时用电缆将射孔枪送到井下。电缆的作用除控制射孔枪之外还用来点火击发射孔弹。

电缆还用来控制射孔时枪在井中的深度。用电缆的长度确定枪的井下位置。通常在射孔枪上装一个磁定位发射器，发出磁脉冲，测量套管接箍的位置，决定枪身所处的井深。

4. 射孔过程中的污染

在射孔过程中，很多环节对形成的孔道有污染。污染源是井筒中的流体、射孔的残渣及工艺工程的伤害。

1）液体污染

井中的液体是射孔液。在正压射孔中，井筒液体压力高于地层压力，孔道一形成井筒内的液体马上侵入到孔道中，侵入地层孔隙，对底层造成污染。井筒液柱压力越高，污染越严重。

2）射孔残渣的污染

射孔时产生残渣，残渣包含有套管钢材、水泥、地层岩石，残渣呈碎屑状态存在。残渣随高速运动的气流冲到岩石上，细小的颗粒会进入地层的孔隙中堵塞孔隙，使岩石的孔隙度下降，造成污染。

3）射孔孔道边壁的压实

射孔孔道是被点燃的炸药猛烈燃烧，产生高温高压气流，冲击障碍物，将障碍物击碎而形成。高速的气流冲击到岩石上，对岩石施加极大的压力。岩石受到压力的冲击，会产生永久性塑性变形。变形结果是孔道边壁上的岩石被压紧，密度增加，孔隙缩小甚至闭合，这种现象称为孔道边壁岩石的压实。

（三）射孔参数优选

在射孔完井阶段能控制和影响的因素主要为孔密、孔深、相位、孔径四项因素，本文利用射孔产生的射孔几何表皮系数、射孔压实损害表皮系数、径向渗流表皮系数、垂向渗流表皮系数，井眼表皮系数数学模型计算射孔形成的总表皮系数，分析射孔孔径、相位角、孔密、射孔穿透深度对射孔表皮系数的影响；进而根据气井二项式产能方程，结合钻井污染表皮系数、射孔形成的表皮系数进行气井无阻流量计算以及不同生产压差下产量计算，分析四项因素对气井产能的影响；各项影响因素计算设计见表7－2。

表 7－2　完井参数优化模拟计算设计表

<table>
<tr><th>项　目</th><th>影响因素</th><th>射孔孔径/mm</th><th>相位角/(°)</th><th>孔眼密度 Den/(孔/m)</th><th>孔眼穿透深度/m</th><th>生产压差/MPa</th></tr>
<tr><td rowspan="3">不同射孔参数组合对射孔总表皮系数的影响</td><td>孔密</td><td>12</td><td>90</td><td>8、12、16、20、24、28、32</td><td rowspan="7">0.1、0.2、0.3、0.4、0.5、0.6</td><td rowspan="6">无</td></tr>
<tr><td>相位角</td><td>12</td><td>0、45、60、90、120、180</td><td>20</td></tr>
<tr><td>射孔孔径</td><td>8、12、16、20、24</td><td>90</td><td>20</td></tr>
<tr><td rowspan="3">不同射孔参数组合对气井无阻流量的影响</td><td>孔密</td><td>12</td><td>90</td><td>8、12、16、20、24、28、32</td></tr>
<tr><td>相位角</td><td>12</td><td>0、45、60、90、120、180</td><td>20</td></tr>
<tr><td>射孔孔径</td><td>8、12、16、20、24</td><td>90</td><td>20</td></tr>
<tr><td rowspan="4">雅克拉凝析气田射孔参数对不同生产压差下射孔完井产量的影响</td><td>孔眼穿透深度</td><td>12</td><td>90</td><td>20</td><td rowspan="4">2、4、6、8、10、15</td></tr>
<tr><td>孔密</td><td>12</td><td>90</td><td>8、12、16、20、24、28、32</td><td rowspan="3">0.3</td></tr>
<tr><td>相位角</td><td>12</td><td>0、45、60、90、120、180</td><td>20</td></tr>
<tr><td>射孔孔径</td><td>8、12、16、20、24</td><td>90</td><td>20</td></tr>
</table>

注：①单项影响因素设计分别考虑钻井污染表皮系数 S_d 在 3、5、7、10 四种不同程度污染下的影响；②钻井污染带半径定义为 300mm。

因井污染带半径的大小不会影响不同射孔参数组合情况下的表皮系数、气井无阻流量、射孔完井产量变化趋势，对孔密、孔径、相位角的优选不会产生影响，故每个单项影响因素设计分别考虑钻井污染表皮系数 S_d 在 3、5、7、10 四种不同程度污染下的影响。

雅克拉凝析气田物性参数见表 7－3，储层存在非均质性，且纵向上的非均质性略强于平面上的非均质性，但气层在总体上具有较好的连通性。在以下计算中，取垂向渗透率是水平渗透率的 0.7。

表 7－3　气层物性参数

参　数	数　值	参　数	数　值
气层压力/MPa	58.3	气井半径/m	0.0889
气层温度/K	404	供气半径/m	300
气体比重/(小数)	0.57	气层套管尺寸/mm	177.8
气体偏差系数	1.29	气体黏度/mPa·s	0.016
平均渗透率/$10^{-3}\mu m^2$	97.07	平均孔隙度/%	12.6
油层厚度/m	50	射开厚度/m	20

1. 不同射孔参数组合形成的表皮系数分析

1)孔密对射孔总表皮系数的影响

在射孔孔径取12mm，相位角取90°下，当孔眼穿透深度小于钻井污染带半径时，射孔总表皮系数S_{pf}较大，其值随着孔眼穿透深度的增加而减小；孔眼穿透深度大于钻井污染带半径，射孔总表皮系数S_{pf}较小，其值随着孔眼穿透深度的增加略有回升，但是回升的幅度不大(见表7-4、图7-5~图7-8)。在孔眼穿透深度一定时，射孔总表皮系数S_{pf}随着孔眼密度的增加而逐渐减小(见表7-4)。实际应用中，井下实际孔眼穿透深度应大于钻井污染带半径，孔密宜为20~24孔/m。

表7-4 $S_d=3$，不同孔眼密度Den下射孔总表皮系数S_{pf}

Den(孔/m)	l_p=0.1m, S_{pf}值	l_p=0.2m, S_{pf}值	l_p=0.3m, S_{pf}值	l_p=0.4m, S_{pf}值	l_p=0.5m, S_{pf}值	l_p=0.6m, S_{pf}值
8	10.14	1.93	1.40	1.20	1.11	1.09
12	6.03	0.79	0.58	0.54	0.57	0.61
16	3.96	0.21	0.16	0.21	0.29	0.38
20	2.71	-0.14	-0.09	0.02	0.13	0.23
24	1.88	-0.37	-0.25	-0.11	0.01	0.14
28	1.28	-0.53	-0.37	-0.20	-0.06	0.08
32	0.84	-0.65	-0.45	-0.27	-0.11	0.03

2)相位角对射孔总表皮系数的影响

在射孔孔眼孔径取12mm，孔眼密度Den=20孔/m下，射孔总表皮系数随着孔眼穿透深度和相位角的改变，其变化的趋势基本一致(见图7-9、图7-10)。孔眼穿透深度在小于0.3m，S_{pf}较大；孔眼穿透深度大于0.3m，S_{pf}较小。在孔眼穿透深度l_p一定时，相位角取0°，射孔总表皮系数S_{pf}最大；相位角取45°时，射孔总表皮系数S_{pf}最小。相位角依次取45°、60°、90°、120°、180°、0°，射孔总表皮系数S_{pf}逐渐增大。建议今后射孔采用的相位角取45°、60°、90°中的一种。

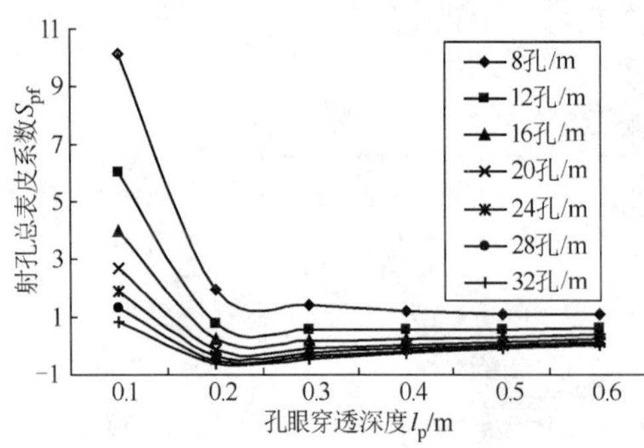

图7-5 $S_d=3$，不同孔眼密度Den下射孔总表皮系数S_{pf}对比曲线

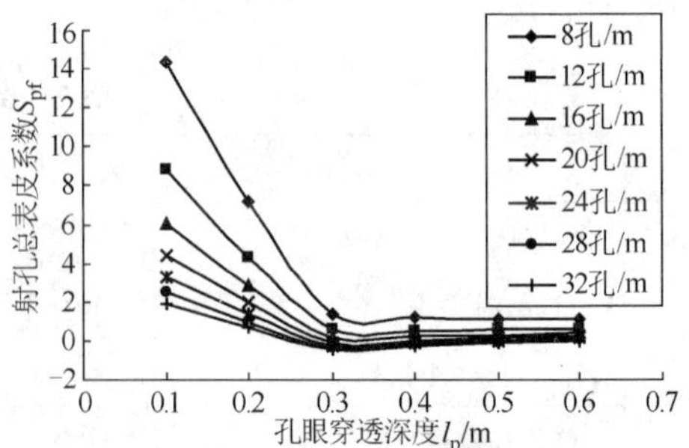

图7-6 $S_d=5$，不同孔眼密度Den下射孔总表皮系数S_{pf}对比曲线

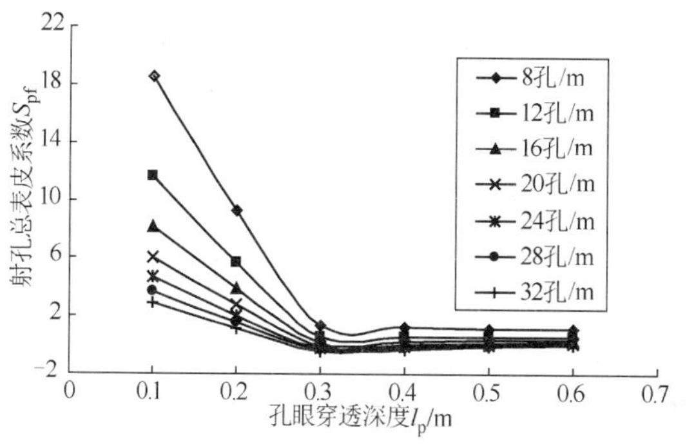

图7－7　S_d＝7，不同孔眼密度Den下射孔总表皮系数S_{pf}对比曲线

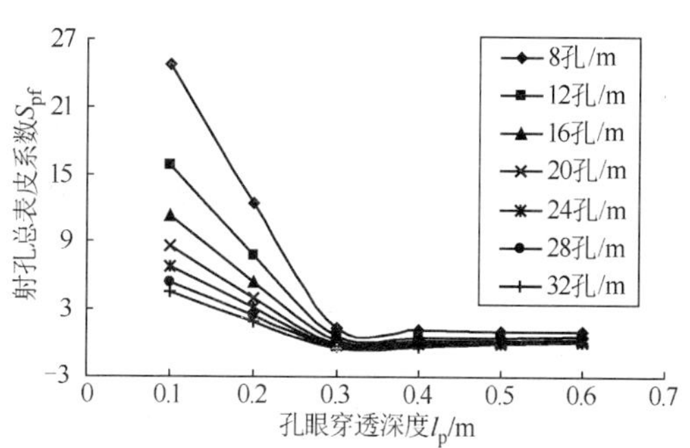

图7－8　S_d＝10，不同孔眼密度Den下射孔总表皮系数S_{pf}对比曲线

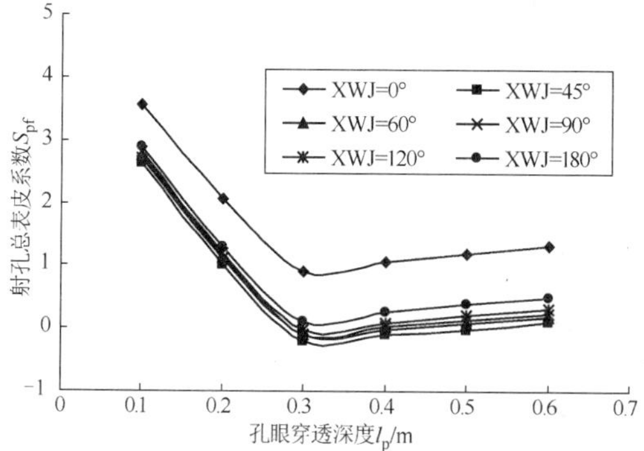

图7－9　S_d＝3，不同相位角下射孔总表皮系数S_{pf}对比曲线

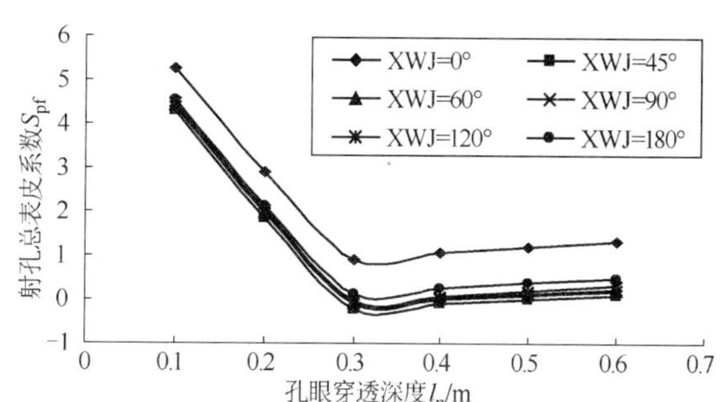

图7－10　S_d＝5，不同相位角下射孔总表皮系数S_{pf}对比曲线

3）射孔孔径对射孔总表皮系数的影响

在孔眼密度Den＝20孔/米，相位角90°下，射孔总表皮系数随着孔眼穿透深度l_p和射孔孔径的改变，其变化的趋势一致（见图7－11、图7－12）。孔眼穿透深度l_p小于0.3m，S_{pf}较大；孔眼穿透深度l_p大于0.3m，S_{pf}较小。孔眼穿透深度l_p一定时，射孔总表皮系数随着射孔孔径的增加逐渐减小，在孔眼穿透深度小于0.3m时，减小幅度较大；孔眼穿透深度大于0.3m时，即射孔深度穿透污染带后，射孔总表皮系数S_{pf}急剧减小，然而进一步增加孔眼穿透深度l_p，射孔总表皮系数S_{pf}略有回升，但回升的幅度不大。由于大直径的射孔弹在气层情况下的穿深很难达到200mm以上，宜采用孔眼直径为12～16mm的常规射孔弹。

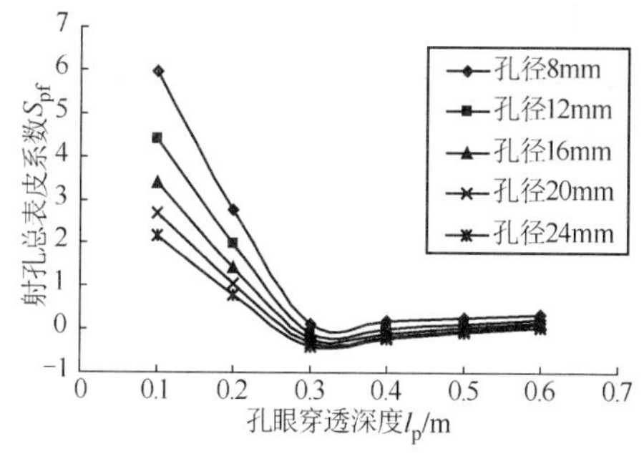

图7－11　S_d＝5，不同射孔孔径下S_{pf}对比曲线

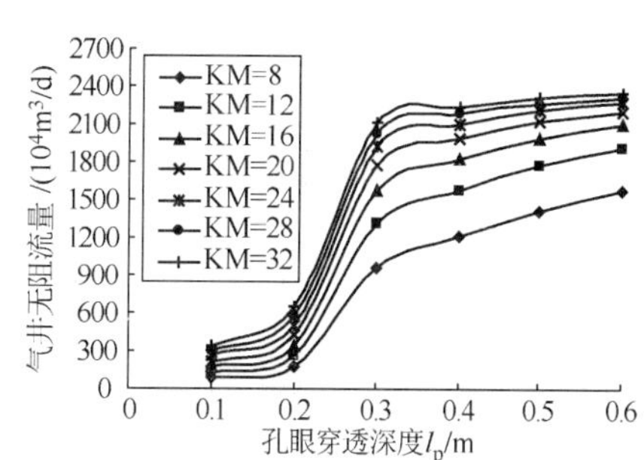

图7－12　S_d＝7，不同孔眼密度下气井QAOF对比曲线

从上面射孔参数对射孔总表皮系数的影响得出，所有四项射孔参数当中，孔眼穿透深度l_p对射孔总表皮系数S_{pf}的影响最大；其他三个参数中，孔眼密度和射孔孔眼孔径对射孔总表皮系数的影响受到孔眼穿透深度的制约，总体来说，射孔总表皮系数的大小与孔眼密度和射孔孔眼孔径的大小成负相关，即随着孔眼密度和孔径的增大，射孔总表皮系数会减小，孔眼是否穿透钻井污染带对射孔总表皮系数影响明显；随相位角45°、60°、90°、120°、180°、0°变化，射孔总表皮系数S_{pf}逐渐增大。

根据上述计算，优选雅克拉射孔参数为：井下实际孔眼穿透深度应大于0.3m，孔密为20~24孔/m，相位角取45°、60°、90°中的一种，采用孔眼直径为12~16mm的射孔弹，螺旋布孔格式。

2. 不同射孔参数组合对气井无阻流量的影响

1)孔密对气井无阻流量的影响

在射孔孔径取12mm，相位角取90°时，气井无阻流量的大小随着孔眼穿透深度l_p和孔眼密度Den的增加而增大。孔眼密度较小时，增加孔密，可以较大的提高气井的产量；孔密达到20孔/m，再增加孔密，产量增幅减小。建议孔密为20~24孔/m、射孔穿透深度300mm以上。

2)相位角对气井无阻流量的影响

在射孔密度Den=20孔/m，射孔孔径12mm时，气井无阻流量的大小随着孔眼穿透深度l_p和相位角改变基本一致(见图7-13、图7-14)。无阻流量随着孔眼穿透深度l_p增加而增大；孔眼穿透深度一定，相位角为0°时，气井无阻流量最小；相位角大于0°，气井无阻流量随着相位角的改变变化不大。建议相位角取45°，60°，90°中的一种。

3)射孔孔径对气井无阻流量的影响

在射孔孔眼密度Den=20孔/m，相位角90°时，气井无阻流量的大小随着孔眼穿透深度l_p和射孔孔眼孔径改变趋于一致。孔眼穿透深度l_p小于钻井污染带半径r_d时，气井无阻流量较小；孔眼穿透深度l_p大于钻井污染带半径r_d，即孔眼穿透污染带后，气井无阻流量显著增加。然而进一步增加孔眼穿透深度l_p，气井无阻流量与孔眼穿透深度l_p的关系曲线趋于平缓，增幅不大，因此，在实际应用过程中不应一味追求深穿透来提高产量。建议采用孔眼直径为12~16mm的常规射孔弹。

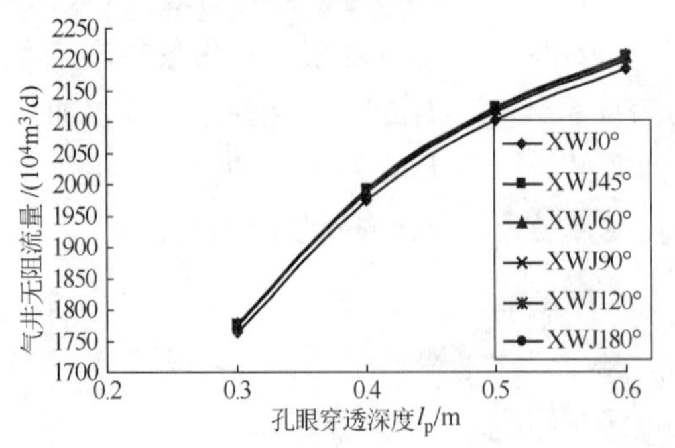

图7-13 $S_d=7$，不同相位角下气井QAOF对比曲线

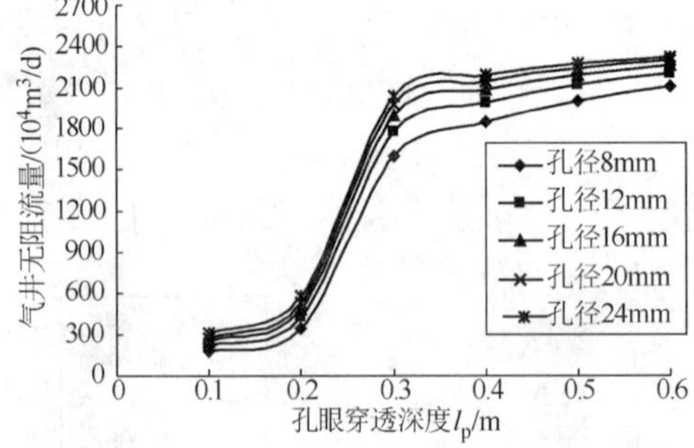

图7-14 $S_d=7$，不同射孔孔径下气井无阻流量QAOF对比曲线

四项射孔参数对气井无阻流量的影响结果表明：所有射孔参数当中，孔眼穿透深度l_p对气井无阻流量的影响最大，但孔眼穿透深度l_p到一定值后，气井无阻流量与它的关系曲线趋

于平缓。其他三个参数中，孔眼密度和射孔孔径对气井无阻流量的影响相对于相位角对气井无阻流量的影响较大，且气井无阻流量随着孔眼密度和射孔孔径的增加而逐渐增大。相位角取0°时，气井无阻流量最小；相位角大于0°，气井无阻流量随着相位角的改变变化不大。

3. 射孔参数对不同生产压差下射孔完井产量的影响

1）不同生产压差下孔眼穿透深度对气井产量的影响

在射孔孔眼密度 Den＝20 孔/m，相位角 90°，射孔孔眼孔径 12mm 时，不同生产压差下气井的产量随着孔眼穿透深度的改变，变化的趋势基本一致（见图 7－15、图 7－16），即在相同的生产压差下，气井产量随着孔眼穿透深度的增加而增大。在孔眼未穿透钻井污染带时，气井产量较小；孔眼穿透钻井污染带，气井产量显著提高，特别是在较大生产压差下，孔眼穿透污染带前后，气井的产量差异更明显。另外，在孔眼穿透污染带半径后，再进一步增大孔眼穿透深度，气井产量曲线趋于平缓，气井产量无显著的提高，因此，在实际应用过程中不应一味追求深穿透来提高气井产量。

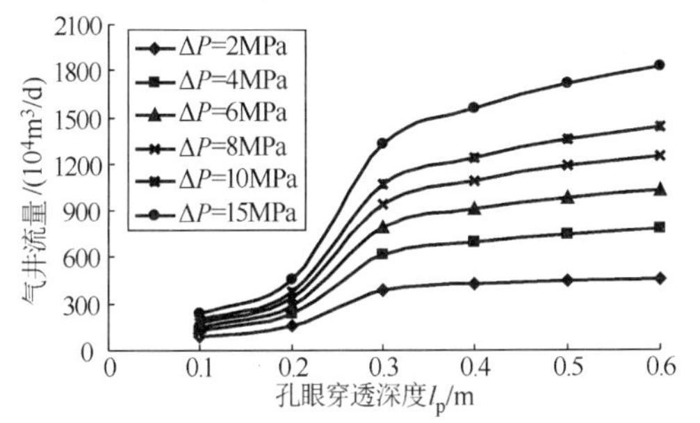

图 7－15 S_d＝3，不同孔眼穿透深度、不同生产压差下气井产量对比曲线

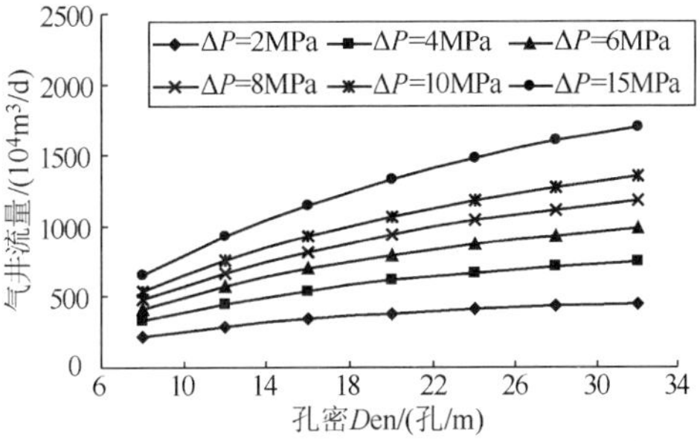

图 7－16 S_d＝3，不同孔眼密度、不同生产压差下气井产量对比曲线

2）不同生产压差下孔密对气井产量的影响

在孔眼穿透深度 l_p＝0.3m，相位角 90°，射孔孔眼孔径 12mm 下，不同生产压差下气井的产量随着孔眼密度的改变变化趋势基本一致（见图 7－16），在相同的生产压差下，气井产量随着孔眼密度增加而增大，孔眼密度从 8 孔/m 增至 20 孔/m 时产量增幅较大，进一步增加孔密产气量增加趋于平缓。

3）不同生产压差下相位角对气井产量的影响

孔眼穿透深度 l_p＝0.3m，射孔孔眼孔径 12mm，孔眼密度 Den＝20 孔/m 下，不同生产压差下气井的产量随着孔眼密度 Den 的改变，变化趋势基本一致（见图 7－17、图 7－18）。总体来说，相位角的改变对不同生产压差下气井的产量影响不大，同一生产压差，不同相位角下气井的产能曲线趋于平行。相位角 45°时，气井产量最高，相位角依次取 45°、60°、90°、120°、180°、0°气井产量逐渐降低。

4）不同生产压差下射孔孔径对气井产量的影响

在孔眼穿透深度 l_p＝0.3m，相位角 90°，孔眼密度 Den＝20 孔/m 下，不同生产压差下气井的产量随着射孔孔径的变化的趋势基本一致（见图 7－18），即在相同的生产压差下，气井产量随着射孔孔径增加而增大，，当孔眼孔径大于 12mm，同一生产压差下，产量曲线趋于平缓。

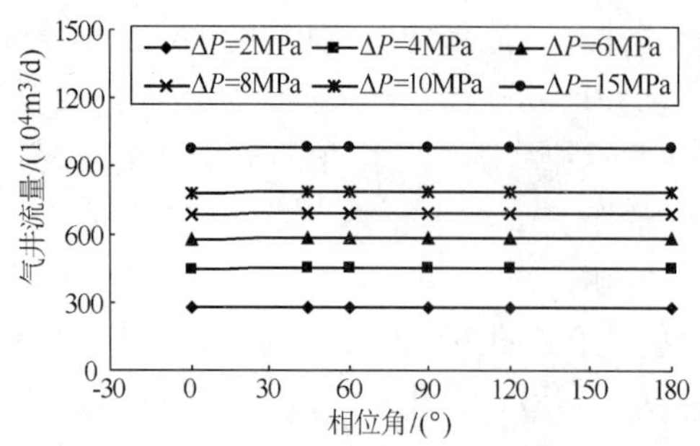

图 7－17　$S_d=10$，不同相位角、不同生产压差下气井产量对比曲线

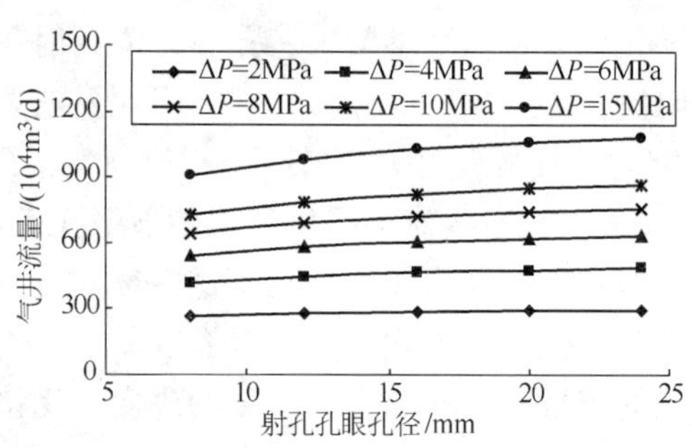

图 7－18　$S_d=10$，不同孔眼孔径、不同生产压差下气井产量对比曲线

同一生产压差下，四项射孔参数当中，孔眼穿透深度对气井产量影响最大；其他三个射孔参数中，孔眼密度对气井产量影响相对较大，孔眼密度大于 20 孔/m 后影响较平缓；气井产量随着射孔孔径增大而增加，当孔眼孔径大于 12mm，产量曲线趋于平缓；相位角几乎不影响气井的产量，曲线略有波动，相位角依次取 45°、60°、90°、120°、180°、0°，气井产量逐渐降低。

结合上面分析，优选雅克拉－大涝坝凝析气田射孔参数为：井下实际孔眼穿透深度应大于 0.3m，孔密为 20～24 孔/m，相位角取 45°、60°、90° 中的一种，采用孔眼直径为 12～16mm 的射孔弹。

(四)新技术应用评价

随着油气井勘探开发的深入，低孔、低渗、致密岩性的非常规油气层在油气储量中占较大的比例，由于其储层性质差，勘探开发难度大，采用常规射孔很难取得理想的效果。

1. StimGun 复合射孔技术

StimGun 复合射孔技术是利用电缆或油管作为传输工具将套装有推进剂的射孔器输入到目的层，先后完成射孔和高能气体压裂两道工序。该技术利用聚能射孔弹起爆与推进剂燃烧之间的时间差来完成，射孔枪起爆后，产生的高能射流点燃推进剂，推进剂无氧环境中燃烧产生高能气体，高压状态下的高能气体注入射孔孔道，对地层近井区域产生机械、物理和化学作业。在射孔孔眼周围形成多径向裂缝，并使裂缝得到延伸，从而沟通井筒近井地带的天然裂缝，达到提高油气产能的目的。

目前两口井采用了 StimGun 复合射孔技术，其中 X 井应用后进行不稳定试井，显示表皮为－1.16，实现了气井的超完善。

2. 深穿透欧文弹射孔技术

OWEN 超深穿透射孔弹采用新的药型罩结构及配方技术，配合粉末罩的制造新技术，设计相匹配的聚能装药及装药工艺技术，利用进口旋压机通过药型罩质量控制参数，配合以药型罩的新型压型工艺提高粉末药型罩质量水平，完成超深穿透聚能射孔弹研制。

(五)雅－大凝析气田最优射孔参数优选

1. 最佳射孔负压差优选

射孔负压值是实施负压射孔的关键。一方面要保证孔眼清洁、冲刷出孔眼周围的破碎压实带中的细小颗粒，满足这一要求的负压称为最小负压；另一方面，负压值又不能超过某个值以免造成地层出砂、垮塌、套管挤毁、封隔器失效和其他方面的问题，对应的这一邻近值称为最大负压。合理射孔负压值的选择应当是即高于最小负压又不超过最大负压。

射孔负压设计中所用岩石弹性模量、抗拉强度、泊松比等岩石力学参数，是利用我国塔里木、四川、大港、冀东等17个低渗砂岩油田（区块）近1200块岩心孔隙度、渗透率、岩石力学参数拟合经验公式［见式(7－1)～式(7－3)］，根据雅克拉、大涝坝两个气田的渗透率、孔隙度参数进行计算得到的。

$$E = -1749.2 \times \ln K + 14232 \tag{7-1}$$

$$C = -19.139 \times \ln K + 189.43 \tag{7-2}$$

$$\mu = 0.0029 \times \ln K + 0.2151 \tag{7-3}$$

根据产层厚度和地层相关参数不同，计算优选雅克拉凝析气田各主力气层进行射孔负压控制在19.8～21.6MPa，大涝坝凝析气田控制在18.1～22.5MPa。

2. 最优射孔参数优选

根据上述大量的分析计算结果，得出井下射孔深度的设计原则如下：

(1) 不清楚污染深度的井，采用笼统设计、宁大勿小的原则，要求井下穿深要大于300mm，也就是选择射孔弹地面混凝土靶的穿深大于600mm；

(2) 能搞清污染深度的井，要求井下穿深要大于污染深度50mm，也就是选择射孔弹地面混凝土靶的穿深大于2×(污染深度＋50mm)。

优选雅克拉、大涝坝凝析气田各主力气层射孔负压见表7－5。

四、凝析气井完井管串设计与应用

(一)气井管串设计原则

为保证生产的可靠性、耐用性，减少生产过程中的钢丝作业和修井作业，要求气井完井管柱：

(1) 满足开发方案需要。

(2) 必须有安全控制装置。

(3) 结构尽可能简单。

(4) 井下工具应尽可能选用经实践应用，并证明是成熟可靠、耐用的产品。

表7－5 射孔参数统计表

气田	井号	射孔井段套管					射孔枪型	射孔相关参数
		下入深度/m	套管尺寸/mm	钢级	壁厚/mm	固井质量		
雅克拉	Y8	5393	177.8	P110	12.65	优		DP127深穿透射孔弹，实装60发，孔密16孔/m
	Y9X	5408	177.8	P110	12.65	良好	YD－127	电缆传输射孔，16孔/m，实射236发/14.5m，发射率100%

续表

大涝坝	DL1X	5193.09	177.8	Cr110	12.65	合格	SQ－127	SQ127 射孔枪，127 射孔弹，孔密：16 孔/m
	DL2	5207.39	177.8	P110	12.65	合格	YD－127	电缆传输射孔，16 孔/m，实装 91 发/6m，发射率 100%，射后无显示
	DL3	5187.53	177.8	P110	11.51	合格	YD－127	127 深穿透弹，装弹量 125 发
	DL4	5181.54	177.8	P110	11.51		YD－127	电缆传输射孔，弹型：SDP43RDX－55－127 孔密 16 孔/m，装弹 157 发/10m
	DL5	5057	177.8	P110	12.65			电缆射孔完．孔密 16 孔/m，实装 95 发，实射 95 孔，发射率 100%
	DL6	5358.19	177.8	NKT－110	10.36	差	SQ－127	枪型：SQ－127 型，孔密：16 孔/m，相位：60°
	DL1X	5187	177.8	13CrP110	12.65	合格		射孔参数：127 枪；1m 深穿透弹；16 孔/m；90° 相位角，装弹 58 发

（5）工具材料（包括密封元件）应具有抗腐蚀性能，特别在产气中含 H_2S 等带腐蚀性气体的情况。

（6）对高温、高压气井，尽可能减少橡胶密封件，特别是滑动橡胶密封件（例如伸缩节等）。

（7）一般都应采用密封性能良好的、金属对金属密封的特殊螺纹（如 NK3SB、FOX、NEWVAM 等）油管。

（8）油管直径的选择，除应满足产量要求外，还必须考虑以下两个因素：①管柱应能保证气井开采过程中带出井底液体和固体杂质，即自喷管底部的气流速度应大于带出液体和固体杂质必须的最小允许速度；②管内的压力损失不大于允许的最大压力损失（即井口压力应满足地面输气的最低压力要求）。

（9）尽可能采用油管传输射孔以减少地层污染。

（二）完井管串性能优化设计

生产管柱结构首先必须满足其强度与下入深度需要，其次需要满足举升工艺的需要即管径优选，同时还需要满足防腐与井下工具等的特殊需要。最终从有利于延长优选管柱自喷生产期、有利于后期排水采气、有利于防止水合物生成、有利于防腐等角度，完成对完井生产管柱的优化设计。

1. 完井管串受力分析

井筒中的油管将同时承受轴向力、内压、外挤的作用。油管直径越小，抗挤压力、抗内屈服压力更高，3½in 油管的抗挤压力、抗内屈服压力均在 70MPa 以上，见表 7－6。表中加厚油管的“接头最低连接强度”系按油管本体截面积、钢级对应的最小屈服强度计算得出。

表7－6　常用油管性能参数

直径(外径)系列		名义重量/(lb/ft)		壁厚	内径	钢级	挤毁压力	内屈服压力	接头最低连接强度/N	
in	mm	平式	加厚	mm	mm		MPa	MPa	平式	加厚
4½	114.3	12.6	12.8	6.88	100.53	L80N80	51.7	58.1	928548	1281370
4	101.6		11	6.65	88.29		60.7	63.2		1094948
3½	88.9	9.2	9.3	6.45	76		72.6	70.1	707868	921874
2－7/8	73.03	6.4	6.5	5.51	62		76.9	72.9	469836	645134
2－3/8	60.33	4.6	4.7	4.83	49.66		81.2	77.2	319897	464052
1.9	48.26	2.75	2.95	3.68	40.89		77.8	73.6	169870	284571
1.66	42.16	2.3	2.4	3.56	35.05		85.2	81.4	138192	237943
1.315	33.4	1.7	1.8	3.38	26.64		100.3	97.6	97482	175788
1.050	26.67	1.14	1.2	2.87	20.93		106	103.9	56549	118393

由于雅克拉地区深层凝析气井压力系数基本为常压，油管的抗内压和抗挤强度很容易满足(抗挤系数 $S_c \geqslant 1.00 \sim 1.125$，抗内压系数 $S_i \geqslant 1.05 \sim 1..15$)，因此需要对油管抗拉能力进行分析。油管的受力分为工作状态与修井作业时的上提油管状态。油管正常工作(生产状态)时，其轴力主要由其自重产生；上提时除重力外，还受摩擦力(主要是斜井与定向井)、封隔器解封力(井底安装封隔器时)的作用，因此其上提工况是其极限与危险工况，需要对该工况下的受力及油管强度进行计算与校核。

在安装封隔器条件下，修井作业时的上提工况必须考虑封隔器的上提解封力。以“FH”、“RH”、“FHL”等液压坐封单管封隔器为例，一般为液压坐封、上提解封。

(1) 坐封。通过在封隔器以下的球座上投入密封钢球或在工作筒内坐入堵塞器，从油管内加压，当油管压力与环空压力达到一定差值(剪切销钉材料、数量不同，则坐封压力不同，一般为10.35～17.24MPa。各产品都有坐封压力规定，也可按用户要求设计)时，剪断坐封销钉，活塞向下(有些产品向上)移，拉(或推)锥形体、密封件、内卡瓦等部件，使卡瓦张开咬住套管壁、密封件受压缩径向膨胀，密封环形空间，内卡瓦与心轴棘齿锁住，使活塞在油管压力释放时不能复位，保持坐封状态；有些产品可选择性进行坐封，如BAKER的“FHS”型，OTIS的12RH7129—H，其原理是液压坐封通道与一滑套开关连接，坐封前可先对油管柱进行缸压或其他封隔器进行坐封、验封，然后钢丝作业将滑套打开即可坐封本级封隔器，这种封隔器适合于下多级单管封隔器的生产管串进行分层采油或注水，或其他特殊作业。

(2) 解封。大部分产品是上提油管串，达到一定拉力后(一般为9～23t)剪断销钉(或剪切环)，即可释放解封，也有部分产品采用上提加旋转解封的方式。

2. 完井管串下入深度

油管在井筒(套管或裸眼)中的下入深度可能出现三种情况：①油管刚好下至产层中部；②油管下至产层中部以下；③油管下至产层中部以上一定位置。产水气井生产过程中，前两种情况都表现为气液在油管中的流动，第③中情况表现为气液在套管与油管中的“组合”流动，如图7－19所示。

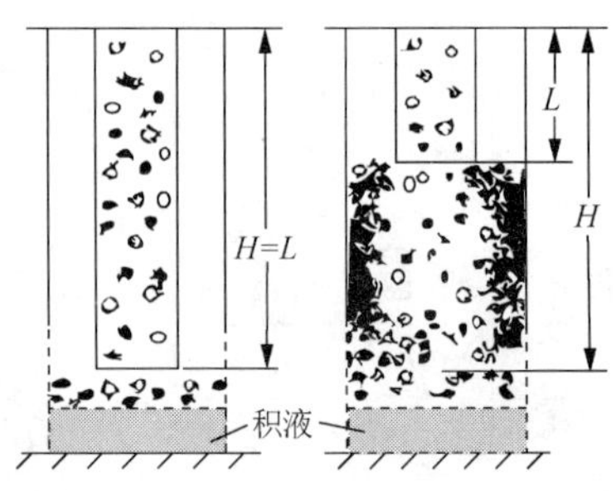

图7－19　气水在井底的流动示意图

雅克拉地区深层凝析气藏产层段井眼内径主要尺寸为153.9mm（7in套管）、少数为108.61mm（5in套管），油管内径尺寸基本为62mm（2⅞in油管）。假定压力、温度相同，则油管与套管内的临界流速（V_{gc}）相同，但临界流量差异很大，套管中的临界流量比油管中高3～6倍；在产量一定的条件下（Q_g），套管内的实际流速则比油管内小得多，见图7－19所示。因此气流在套管中的携液能力比油管中差得多，套管中很容易形成积液。

为降低气水两相管流的能量损耗、提高携液能力，在井眼底部具有“沉砂口袋”、不至因地层出砂埋油管时，应尽可能将油管下至产层中部，至少应下至产层顶界附近，尤其是气井生产后期生产气水比较低时。

3. 油管直径的优选

油管直径越大，管流损耗越小，但当气井产水或凝析油后不便于连续携液生产；油管直径越小，气流速度越大，携液能力也越强，因此气井生产一定时间后优选管柱时都是采用小油管，但油管过小将使得管流损耗加大，也不利于气井的生产。因此，合理的管柱直径是：按常见油管直径系列，选用实际气流速度（流量）高于其按球型液滴模型得到的携液临界流速（流量）的油管，同时其管流压力损失不能过大。

对于低气液比井，其自喷携液能力已较差。此阶段影响管柱优选的因素较多，优选管柱的有效期较短，一般不再进行管柱优选而尽量延长原管柱的自喷期，一旦完全停喷，则选择其他排液采气工艺。

单一直径油管柱中携液最危险的部位可能在井底、井口或其他部位，而优选管柱时应保证实际流量高于携液最危险部位的临界流量。生产井井筒中，一方面，产层中部温度恒定、井底压力随地层压力逐渐递减但相对稳定，其余生产部位的压力、温度受产气量、产液量、含水率的影响波动很大，使得计算临界流量时压力、温度的准确选取困难；另一方面，根据试算，单一管柱条件下井底、井口等不同部位的临界流量值差异较小，可在临界流量计算时通过上浮一定比例予以消除。基于上述两点原因，油管直径优选时普遍以井底为计算点。

4. 完井管串变形量

油管柱变形量计算的目的在于分析取消伸缩短节、使用油管回收封隔器的可行性。油管的变形量主要包括轴向载荷引起的变形、螺旋弯曲引起的轴向变形、内外压鼓胀引起的轴向变形及温度变化引起的轴向变形。由于从井底到井口即0→L不同位置的井斜角、温度、压力等均不同，因此，可采用分段计算方式进行计算。其中：

实际轴力引起的轴向变形：

$$U_1 = -\int_0^L \frac{F}{EA_s}\mathrm{d}z \tag{7-4}$$

式中 A_s——油管截面积，m^2；

L——油管的长度，m。

螺旋弯曲引起的轴向变形：

$$U_2 = -\int_0^{L_n} \frac{r^2 Fe(z)}{4EI}\mathrm{d}z \tag{7-5}$$

式中 L_n——油管螺旋弯曲长度，m。

内外压鼓胀引起的轴向变形：

$$U_3 = \frac{2\mu}{E}\int_0^L \frac{P_i(z) r_{ti}^2 - P_0(z) r_{to}^2}{r_{to}^2 - r_{ti}^2} \tag{7-6}$$

式中 r_{ti}，r_{to}——管柱的内外半径，m；

μ——管材泊松比。

温度变化引起的轴向变形：

$$U_4 = \int_0^L \alpha[T(z) - T_0(z)]\mathrm{d}z \tag{7-7}$$

式中 α——管柱钢材的线膨胀系数，$\alpha = 9.9 \times 10^{-6}$/℃；

$T_0(z)$，$T(z)$——管柱在该工况前后的温度分布，℃。

管柱总的轴向变形：

$$U = U_1 + U_2 + U_3 + U_4 \tag{7-8}$$

油管从地面下入井筒后，以上因素产生的变形量随之发生。其中，螺旋屈曲可能发生在油管柱下部受约束或大斜度定向井、水平井下行遇阻的情况，垂直井中基本不存在；轴向力引起的变形量基本不再受生产条件(开井或关井，产量变化)的改变而变化；压力产生的变形量随着井筒压力变化而变化，但变化率较小，可以忽略不计；关井与开井等不同生产状态下由于井筒温度发生变化，油管变形量随之变化。

轴向拉力引起的变形量：

在弹性范围内受到轴向拉力或轴向压力时油管会产生弹性伸长或缩短，其计算公式为：

$$\Delta L_1 = \frac{12FL}{EA_s} \text{或} \Delta L_1 = F \times L \times S_c \tag{7-9}$$

温度效应引起的油管变形量：

$$\Delta L_2 = L \times B \times \Delta t \tag{7-10}$$

式中 F_1——油管在井筒流体中的质量，lb；

L——油管下入深度，in.

ΔL_1——轴向力引起的油管变形量，in；

F——平均轴向拉力，lb。管柱末端重力为0，因此其平均轴向拉力为 $F = F_1/2$；

E——弹性模量，取 3×10^7 psi；

A_s——油管截面积，in^2；

S_c——油管拉伸系数，$in/10^3 lb \cdot 10^3 ft$；

Δt——平均温度的变化值，°F；

ΔL_2——温度效应引起的油管变形量，in；

B——油管热膨胀系数，6.9×10^{-6} in/(in·°F)。

实际生产过程中，随着产量的变化以及开关井，井筒中的温度即油管温度要发生变化，因此，需要计算不同工况下温度变化引起的油管变形，以保证封隔器的正常工作。

温度变化引起的油管柱变形量见表7－7。

表7－7　不同工况温度变化引起的油管变形量

油管长度/m	井底温度/℃	井口最高温度/℃	井口最低温度/℃	地面环境温度/℃	入井后相对于地面环境温度的初始变形量/m	开井最高温度相对于入井后初始温度的变形量/m
5000	140	80	20	0	4.968	1.863
5200	140	80	20	0	5.167	1.938

由计算可以看出，作业时5200m的油管入井后由于井筒平均温度高于地面温度，在温度效应作用下油管相对于地面完成初始温度变形(伸长5m左右)；此外，还将在自重作用下相对于地面伸长。在油管入井、完成以上初始变形后，在不同工况条件下油管的二次变形量主要受温度控制，其最大伸长量小于2m。

(三)雅－大完井管串应用评价

1. 完井管串现状

雅克拉、大涝坝现有生产管柱结构基本按照海上气田、高压与高酸性气田的思路设置，如图7－20所示，其突出优点是安全性高。如海上崖13－1气田(埋藏深度3800m，压力系数1.05，气藏中部温度175℃，属低孔中渗－中孔高渗储层，CO_2含量10%左右)、东方1－1气田(埋藏深度1200.0～1600.0m、正常压力系数、地层温度84℃左右，部分井CO_2含量超过50%)采用了类似的生产管柱结构，油管材质为13Cr，生产过程中未出现明显的腐蚀等问题。

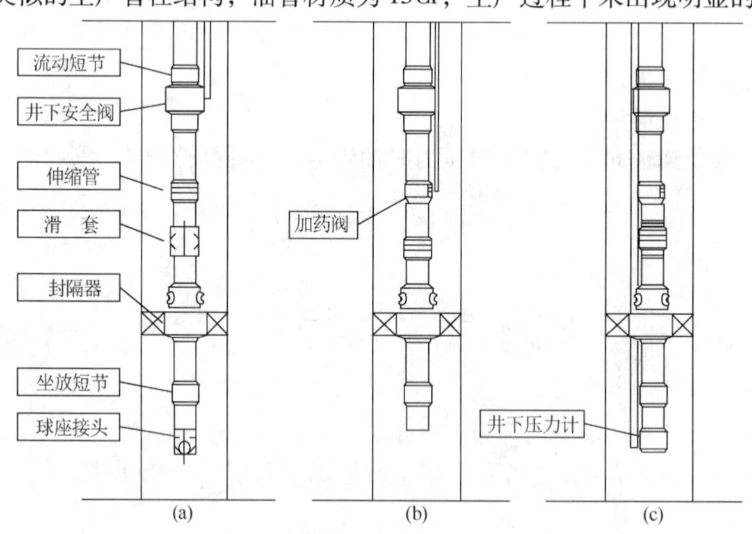

图7－20　高含H_2S和CO_2井典型完井生产管柱结构图

现有生产管柱中不同井下工具及其优点表现为：

(1) 油套环空通过封隔器封隔，有利于保护封隔器以上的套管。

(2) 油管上部安装液控安全阀，紧急情况下可以关闭油管以保证地面安全。

(3) 为了适应不同工况(如关井状态与开井生产状态)下油管的变形量要求，封隔器以上油管柱安装伸缩节。

(4) 采用13Cr110型油管，油管防腐性能好，强度高。

(5) 雅克拉、大涝坝凝析气井埋藏深、原始地层压力高、含有腐蚀性物质(CO_2、高浓度 Cl^- 等)，在投产之初没有相似气田生产经验可供借鉴的条件下，为保证生产的安全，采用以上完井生产管柱结构是可行的，在投产初期较好地满足了生产的需要。

现有管柱结构的不足主要表现在以下方面：

(1) 为方便安装液控安全阀，上部普遍采用3½in油管、而大部分产能较低的井下部采用2⅞in油管，由于上部3½in油管携液能力较差，降低了整个油管柱的携液能力。

(2) 环空安装封隔器虽解决了套管与油管外壁的防腐问题，但由于油套管不连通，不能利用套压判断井底积液情况。

(3) 采用了多种型号的封隔器(厂商包括：斯伦贝谢、贝克、威德福、哈里伯顿、中原、四川等)，增加了生产管理与修井作业的难度。

(4) 环空安装封隔器后限制了泡沫排水采气工艺的应用(环空不能加注)。

(5) 底部球座短节、球座、筛管等阻碍了油管柱的畅通，不利于测压工具等钢丝作业的实施。

(6) 气田生产后期面临着井筒积液等问题，现有生产管柱不能满足排液采气等工艺的需要。

2. 雅克拉凝析气田完井管串评价

雅克拉凝析气田 CO_2 含量相对较高，自投入开发以来油气产量较为稳定，压力保持程度较高，一直采用封隔器＋不锈钢油管＋自平衡井下安全阀完井管串。从Y6H井24臂油管腐蚀监测看，经过48个月生产，油管腐蚀很小、未见异常；而Y1井经过6年生产，在13Cr油管丝扣部位存在点蚀(见图7－21)。所以从实际应用过程来看13Cr完井管串在雅克拉能保证6年左右的免修期，其适应性较好(见表7－8)。对于高压、高产气井应保持封隔器＋不锈钢油管＋自平衡井下安全阀的完井管串。

表7－8　雅克拉封隔器＋不锈钢油管完井管柱免修期数据表

井名	Y1		Y2
油管	SM13CRM－110	SM13CRM－110	13CR110FOX
封隔器	HS封隔器	HS封隔器	HS封隔器
使用时间	1999.10～2004.3	2004.4～2010.6	2005.10至今
免修期	54个月	74个月	62个月

3. 大涝坝凝析气田完井管串优化方向

大涝坝凝析气田 CO_2 含量相对较低，自投入开发后压力、产量下降较快，并出现井筒积液等问题，开发形势变化较大，完井管柱也在材质、配套井下工具及管径方面进行优化。

1)低压低含 CO_2 井采用普通材质油管

大涝坝凝析气田前期采用封隔器＋不锈钢油管＋自平衡井下安全阀完井管串，保证气井防 CO_2 腐蚀的安全性，具有较长的免修期，但在地层压力降低后，大涝坝部分低含 CO_2 井使用13Cr材质油管存在成本过高的问题。在计算 CO_2 腐蚀速度并考虑气井稳产期的基础上，在 CO_2 含量较低，压力较低的DL7井和DL8井采用了普通P110材质油管，其免修期 >36 个月，保证了气井安全性，同时节约了成本(见表7－9)。

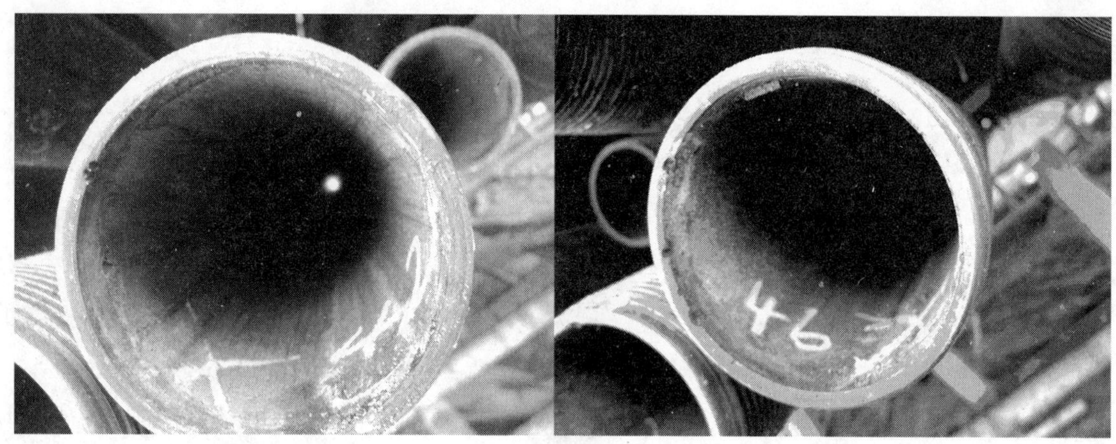

图 7－21　Y1 井 13Cr 油管公扣端局部点蚀

表 7－9　大涝坝完井管柱免修期数据表

井名	S45	DL7	DL8
油管	13CR110FOX	P110	P110
封隔器	HS 封隔器	CYY 封隔器	CYY 封隔器
使用时间	2002.2～2006.6	2005.8～2008.8	2005.8～2008.8
免修期	52 个月	36 个月	36 个月

2)低压低含 CO_2 井采用液压封隔器

前期在大涝坝凝析气田部分井采用了机械封隔器，由于加压坐封导致管柱弯曲，使得后期测试容易遇阻遇卡(如 DL7 井于 4900m 处严重遇阻无法通过)，后期修完井过程过程中，在条件允许的情况下都采用液压封隔器，防止管柱弯曲，保证后期测试等作业过程中管柱通畅。

3)采用小油管生产

针对大涝坝气井 50% 以上气井存在井筒积液的问题，还可从优化油管管径方面入手，降低气井临界携液量，从而延长自喷期，提高凝析气藏采收率。

随着凝析气田衰竭式开发的进行，地层压力不断下降，产气量下降，大涝坝凝析气田目前 3½in 和 2⅞in 组合完井管柱已不能满足排液采气的需要，需要采用缩小直径油管。根据计算，大涝坝凝析气田气井日产可选择 1$\frac{9}{10}$in 或 2⅜in 小油管。

对 1$\frac{9}{10}$in 和 2⅜in 的 P110 材质小油管完井管串进行强度校核可得，若不下入封隔器，则其最大下深都在 6000m 以上，完全可满足大涝坝凝析气田生产需要(见表 7－10)。

表 7－10　2⅜in 和 1$\frac{9}{10}$in 小油管强度校核数据表 1

油管型号	外径	公称重量	壁厚	内径	接头型式	油管最大允许下入深度/m			
in	mm	lb/ft	mm	mm		L80F=0	L80F=20t	P110F=0	P110F=20t
1.9	48.3	2.75	3.68	40.89	平式	2821			
		2.76			整体	3959			
		2.9			加厚	4512		6195	1472

续表

2.375	60.325	4.6	4.83	50.67	平式	3176			
		4.7	4.83	50.67	加厚	4501		6181	
		5.8	6.45	47.42	平式	3608			
		5.95	6.45	47.42	加厚	4616		6339	

注：*F* 为封隔器解封力。加厚油管下深计算中按油管最小屈服强度：L80 取 552MPa、P110 取 758MPa，抗拉安全系数按 1.5 计算。

若下入封隔器，则采用 $1\frac{9}{10}$in 与 $2\frac{3}{8}$inP110 材质小油管的组合完井管串其下深也可满足大涝坝凝析气田凝析气田生产需要（见表 7－11）。

表 7－11　$2\frac{3}{8}$in 和 $1\frac{9}{10}$in 小油管强度校核数据表 2

管柱自下而上（尺寸 mm＋壁厚 mm）	组合方式		安全系数	总长度/m
	42.2	48.3		
48.3×5.1＋60.3×6.5	3200	2824	1.8	6024
48.3×5.1＋60.3×6.5	2900	2636	2	5536

在强度校核满足要求的前提下，小油管应尽量下至油层顶部，以消除油气流在套管中流动而产生产井筒积液影响。

通过对前期各气田修完井管柱优化应用总结及下步优化应用论证，可形成各凝析气田凝析气井不同阶段不同特征完井管柱系列（见表 7－12）。

表 7－12　各气田完井管柱数据表

气田	雅克拉	大涝坝	
井况	高压、高 CO_2 分压高产井	中压、低 CO_2 分压井	低压、低 CO_2 分压井
封隔器	有	有	无
环空保护液	有	有	无
油管	13Cr 材质 FOX 扣	普通材质	普通材质小油管＋气举阀
井下安全阀	抗 CO_2 腐蚀	无	无

第二节　凝析气田储层保护技术

储层伤害是指在油气井钻井、完井、试油、生产、增产、措施、提高采收率等全过程中，造成的储层流体通道变小或者堵塞而引起渗透率下降的现象。

储层伤害与保护贯穿于油气开发的整个过程，在勘探前期，储层伤害可将有希望的储层误判为干成或者不具备开采价值，增加勘探成本。在生产过程中，储层伤害会降低油气采出程度，造成油气资源浪费。特别是在凝析气井生产后期的修井过程中，压井液对储层的伤害会严重降低气井产能，甚至无法恢复生产。因此，加强修井作业过程中的储层保护的应用，对于油气田的稳产增产、提高采收率具有重要的意义。

一、储层伤害因素及实验评价

任何油气藏在任何作业中都可能造成伤害，但其后果对中、低渗透油层影响更大。

油气层伤害涉及的影响因素比较多，有客观的油藏地质条件原因，也有施工作业中的人为因素的影响。客观的潜在伤害因素主要包括储层物性和地层流体性质，如储层的岩性、骨架颗粒特征、胶结特征、黏土矿物及地层微粒特征、储集空间，以及地层油气水性质等因素。外在因素主要是在钻井、完井、试油、大修、措施作业等过程中由于工作液侵入而导致储集层近井壁带流体渗流能力的下降。

储层伤害的实质就是在油气储层内部潜在的伤害因素与引起储层伤害的外部条件共同作用下，降低储层的渗透率，造成评价失真或采出程度降低。一般我们可以把造成储层伤害的因素分为内因和外因。

（一）储集层伤害的内因

内因包括：油气藏类型、油气储层敏感性矿物、油气储层渗透空间特性、油气储层岩石表面性质、油气储层所包含的流体性质。

（二）储集层伤害的外因

油气层潜在伤害因素，没有外因作用来诱发它们，它们自身不可能造成油气层伤害。因此油气层伤害机理的关键是明确外因如何诱发内因起作用而造成油气层伤害在各个生产作业过程中，由外因诱发造成的油气层伤害机理是各种各样的。下面介绍各生产作业环节中油气层伤害机理的共性存在的油气层伤害情况。

1. 外界流体进入油气层引起的伤害

外界流体进入油气层可引起如下四个方面的伤害：①流体中固相颗粒堵塞油气层造成的伤害；②外来流体与岩石不配伍造成的伤害；③外来流体与地层流体不配伍造成的伤害；④外来流体进入油气层影响油水分布造成的伤害。

2. 工程因素造成的伤害

在油气层生产和作业过程中，除前面讨论的外来流体进入油气层造成油气层伤害外，生产或作业压差、油气层温度变化和作业或生产时间等工程因素，以及油气层环境条件都有可能引起油气层伤害或者加重油气伤害的程度。

1）作业或生产压差引起的油气层伤害

作业或生产压差太大可能造成如下几方面的伤害：①微粒运移产生速敏伤害；②油气层流体产生无机和有机沉淀物造成伤害；③产生应力敏感性伤害；④压漏油气层造成伤害；⑤引起出砂和地层坍塌造成伤害；⑥加深油气层伤害的深度。

2）温度变化引起的油气层伤害

温度变化可能引起如下两方面的油气层伤害：一是增加伤害程度一般说油气层的温

度越高，这种油气层表现出的各种敏感性的伤害程度就越强，并且温度越高，各种工作液的黏度就越低，作业液的滤液就更容易进入油气层，从而导致更为严重的伤害。二是引起结垢伤害，温度变化也可能引起无机垢和有机垢沉淀，从而造成油气层伤害。此时的伤害机理为：

当温度降低时，使放热沉淀反应生成的沉淀物（$BaSO_4$）的溶解度降低，析出无机沉淀；当温度升高时，使吸热沉淀（$CaCO_3$、$CaSO_4$）反应更容易发生，从而有可能引起无机垢伤害。

当原油的温度低于石蜡的初凝点时，石蜡将在油气层孔道中沉积，导致有机垢的形成。

3）生产或作业时间对油气层伤害的影响

外因包括：工作液的性质、作业或生产压差、温度、作业或生产时间、还空返速，包括钻、完井及增产措施作业过程中，各种外来工作液侵入储集层并与储集层岩石或流体发生相互作用，导致近井地带储集层渗透率下降，这是导致储集层伤害重要的外部原因。

（三）工作液储层伤害及实验评价

1. 钻井泥浆对岩心的伤害机理与程度评价

钻井过程中，泥浆体系性能对储层有着重要影响，在储层结构组成一定情况下，钻井技术决定着伤害程度，主要有钻井压差、泥浆浸泡时间、环空流速以及钻井液的类型等。钻井对储层的伤害机理主要是固相浸入、水敏、碱敏和流体不配伍伤害。

在液柱压力大于地层孔隙压力时，固相随液相一起浸入储层孔隙，堵死孔喉产生伤害，若蒙脱石较多会产生水化分散对孔隙再堵塞。此外一般钻井泥浆体系多是高 pH 值的碱性体系，易在碱敏地层发生反应产生碱敏，主要为弱碱与钙离子产生碳酸钙盐垢沉淀，强碱则产生硅酸胶凝沉淀，同时碱液中的 OH^- 发生离子交换黏土的膨胀性会更强，除此还有滤液浸入产生其他的不配伍伤害。

泥浆侵入后主要表现是储集层渗透率减小，受到钻井液的浸入污染后，渗透率降低了说明则储集层发生了伤害。实验通过模拟地层近似条件验证泥浆对储层是否产生伤害、伤害程度和伤害规律。

通过岩心实验分析可以得出以下认识：雅克拉－大涝坝凝析气田泥浆固相与滤液侵入对储层存在着伤害；

这种伤害可以使气体渗透率大幅度的下降，最大伤害率在 30% 以上；气体渗透率在 $20 \times 10^{-3} \mu m^2$ 以下的岩心伤害很小，伤害率在 10% 以内。

伤害程度与初始渗透率有很大关系，对同一区块地层泥浆对高渗透率储层的伤害比低渗透储层严重。

2. 固井液对岩心的伤害规律与伤害程度

固井作业中不可避免要使用含有大量水泥浆颗粒的水泥浆。水泥浆中粒径为 5～30μm 的颗粒约占固相总量的 15%，而部分砂岩油藏的孔隙直径接近这个数值，固井水泥浆伤害机理是水泥浆颗粒有可能进入地层，并在孔隙中水化固结堵塞孔隙或吼道，造成油气层的永久堵塞。除此之外固井的滤液与原生水结合有可能产生新的沉淀，也是固井伤害的一个原因。

实验结果表明，固井液对高低渗透率的岩心，都存在一定的伤害，但是总体伤害程度较钻井泥浆体系要轻的多，说明泥浆是雅－大凝析气田储层伤害的主要因素。

3. 凝析油乳化液对岩心的伤害机理与程度

由于凝析现象和在作业过程中许多化学添加剂的影响，它们可能与地层流体发生有害反应，从而改变了油水界面张力和导致润湿性转变(由水润湿变为油润湿或由油润湿变为水润湿)。这种变化能降低近井壁附近油气侵入带的有效渗透率，伴随这些表面性能和界面性能改变而来的是外来油与地层水，或其他外来流体相与地层中的油水相混合，形成油或水作为外相的乳化物(即油包水、水包油的乳化物)。这些乳状液在微粒或黏土颗粒时能稳定存在。乳状液滴能改变储层润湿性、堵塞孔隙、乳化后增加黏度，降低油气的有效流动能力，伤害气产层产能。特别是气层润湿性由中性或水润湿向油润湿转变后气相的渗透率会大幅度的降低。

实验是为了验证凝析油对储层的伤害程度与机理，实验中没有外界表面活性的影响，只考虑了地层油与盐水的自然乳化伤害。

通过对比得出如下结论与认识：雅克拉－大涝坝凝析气田凝析乳化液对储层存在着伤害，伤害可以使气体渗透率大幅度的下降，最大伤害率在40%以上。

伤害程度与初始渗透率有很大关系，但与泥浆伤害规律相反，渗透率越大伤害越小，渗透率越小伤害越大，说明凝析乳化液对低渗透储层影响更严重，这是由于渗透率小的岩心，孔喉较小，贾敏气阻效应有很大关系，克服这种阻力需要更大的毛管力。

测试气体渗透率跳动越大，说明孔隙中乳化堵塞状态在气驱过程中不断变化。

乳化对储层的伤害要比泥浆对储层的伤害还要严重，只是泥浆对高渗透储层伤害相对严重，乳化作用对低渗透储层伤害更严重。

在实际钻井完井过程中，水锁和乳化造成的储层污染主要是由钻井液和修完井液中的滤液侵入引起的。为此，可采用防乳化表面活性剂体系钻井液和完井液。预防储层水锁和乳化应从两方面着手，应设法使钻完井液侵入储层的量和深度减到最小，因此，除了采用低滤失量钻完修井液体系外，还应采用流变性好对储层伤害低的钻井和修完井液。由于完全避免液相侵入储层是不可能的，所以要求钻井液滤液在具有较强的抑制性和与储层有良好的配伍性基础上，还要具有良好的返排能力。修完井液中加入特别的表面活性剂是降低界面张力减少乳化发生的有效手段，通过降低毛细管力，增强钻井液滤液返排能力是减少钻井污染的重要方法。此外，还可以在水基工作液中加入醇类等具有较低表面张力的物质，或者使用甘油以及甲基葡萄糖等低滤液钻井液体系，达到钻井时储层保护的目的。

(四)反凝析储层伤害及实验评价

凝析油气藏介于油藏和气藏之间，它既产天然气，又产凝析油，流体相态复杂多变，其地层流体组成随地层压力的变化而变化。当凝析油气藏地层压力高于饱和压力时，地层流体为气态；当地层压力降低至低于饱和压力时，反而会从气相中凝析出凝析油，即产生层内反凝析现象。凝析油降低有效孔隙度，凝析油占据多孔介质表面和充填微小空隙形成反凝析油饱和度，而使流体流动的有效孔隙空间减少，增加气液渗流阻力，降低了孔隙通道的渗透性，使凝析气井的产能下降。

当井底流压低于露点压力而地层压力高于露点压力时，地层中将出现两个不同的流动区域(见图7－22)：Ⅰ区为油气两相流区域，反凝析油饱和度高于凝析油临界流动饱和度；Ⅲ区为没有凝析油析出的单相气流区域，地层压力高于露点压力；介于Ⅰ区和Ⅲ区之间的区域为凝析油析出但不流动的单相气流区域，称Ⅱ区，同时存在气相和反凝析油相，但反凝析油饱和度低于临界流动饱和度。反凝析现象首先发生在压力降落速度最快的近井筒周围区域。当反凝析油饱和度低于临界流动饱和度，凝析油基本滞留在储层中，这将减少气体流动的有效孔隙空间，对气相渗流产生堵塞效应，从而降低气相相对渗透率，导致气井产能的降低。从包括等液量线在内的完整 $P \sim T$ 相图可知，在继续降压过程中凝析油也会出现“蒸发”作用，但靠蒸发作用不可能将凝析油全部采出地面，这就形成了近井反凝析堵塞。

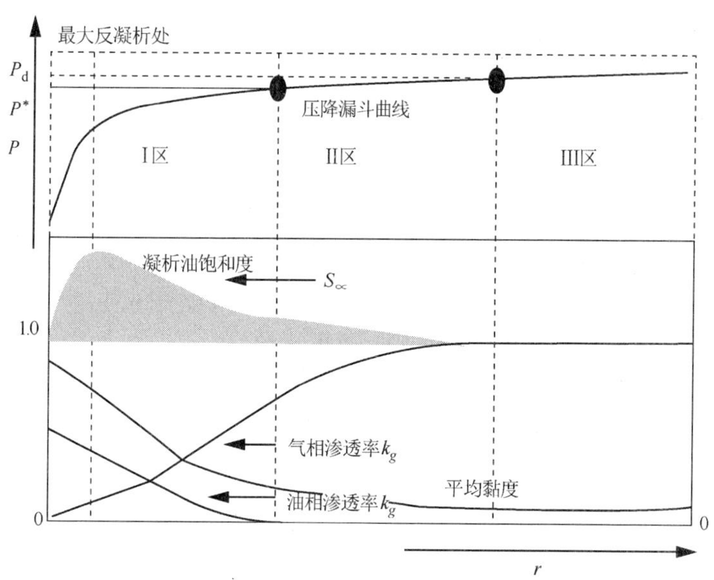

图7－22　气藏反渗析、反渗吸近井堵塞示意图

P_d—露点压力；P^*—临界流动压力

当地层水或凝析水无法被气流携带出井筒时，将形成井底积液。当关、开井的时候，井底积液可能在井筒回压、储层岩石润湿性和微孔隙毛细管压力作用下，向中低渗储层的微毛细管孔道产生反向渗吸，形成“反渗吸水锁”。水锁的存在进一步堵塞了气体渗流通道，降低气相有效渗透率，加剧近井地层的伤害。这也是许多没有边底水的凝析气藏关井后没有产量或产量难以恢复的主要原因之一。对于低渗低产凝析气井，这一现象尤为严重。

（五）储层敏感性评价

储层敏感性是指储层对可能造成伤害的各种因素的敏感程度。在油气勘探开发过程的每个施工环节——钻井、固井、完井、射孔、增产措施、修井、注水中，储层都会与外来流体及其所携带的固体颗粒接触。由于这些流体与储层流体和储层矿物不匹配而导致储层渗流能力的下降，从而在不同程度上伤害了储层的生产能力，甚至不能发现油气层或产出油气。为了保护油气储层，充分发挥其潜力，有必要对储层的各种敏感性进行系统评价。

储层敏感性评价主要是通过岩心流动实验，考察油气层岩心与各种外来流体接触后所发生的物理－化学作用对岩石性质（主要是对渗透率）的影响及其影响程度。此外，对于与油气层敏感性密切相关的岩石的某些物理－化学性质，还必须通过化学方法进行测定，以便在全面、充分认识油气层性质的基础上，优选出与油气层配伍的工作液，为完井工程设计和实施提供必要的参数和依据。

绝大多数油气层，总是或多或少地含有敏感性矿物，它们一般粒径小，分布在孔隙表面和喉道处，处于与外来流体优先接触的位置。由于敏感性矿物的物理和化学性质稳定区间狭小，在完井作业中，当各种外来流体侵入油气层后，就容易与敏感性矿物及其所含流体发生各种物理和化学作用，结果是降低油气天然生产能力或注入能力，即发生所谓的油气层伤害。伤害的程度可用油气层渗透率的下降幅度来表示，这也是室内敏感性评价的依据。

油气层敏感性评价实验有速敏、水敏、盐敏、碱敏、酸敏评价实验，以及钻井液、完井液、压裂液伤害评价实验等。五敏实验是评价和诊断油气层伤害的最重要的手段之一。应用情况见表7－13。

表7－13　五敏实验结果的应用

项　目	实验结果及其应用
速敏实验（包括油速敏和水速敏）	（1）确定其他几种敏感性实验（水敏、盐敏、酸敏、碱敏）的实验流速； （2）确定油井不发生速敏伤害的临界产量； （3）确定注水井不发生速敏伤害的临界注人速率，若该值太小，不能满足配注要求，应考虑增注措施； （4）确定各类工作液允许的最大密度
水敏实验	（1）如无水敏，则进入地层的工作液的矿化度只要小于地层水矿化度即可，不作严格要求； （2）如果有水敏，则必须控制工作液的矿化度大于 C_{c1}； （3）如果水敏性较强，则在工作液中要考虑使用黏土稳定剂
盐敏实验（升高矿化度和降低矿化度实验）	（1）对于进入地层的各类工作液都必须控制其矿化度在两个临界矿化度之间，即 C_{c1} < 工作液矿化度 < C_{c2}； （2）如果是注水开发的油田，当注入水的矿化度小于 C_{c1} 时，为了避免发生水敏伤害，一定要在注入水中加入合适的黏土稳定剂，或对注水井进行周期性的黏土稳定剂处理
碱敏实验	（1）对于进入地层的各类工作液都必须控制其 pH 值在临界 pH 值以下； （2）如果是强碱敏地层，由于无法控制水泥浆的 pH 值在临界 pH 值之下，为了防止油气层伤害，建议采用屏蔽式暂堵技术； （3）对于存在碱敏性的地层，要避免使用强碱性工作液
酸敏实验	（1）为基质酸化的酸液配方设计提供科学的依据； （2）为提供合理的解堵方法和增产措施提供依据

二、储层保护液技术优选

（一）储层保护液室内实验评价及优选

1. ADG077 宽密度低伤害气井修完井液

ADG077 宽密度低伤害气井修完井液，是针对雅克拉－大涝坝凝析气田的储层特点而发明的新型修完井液，它具有密度可变范围宽，可变密度范围 0.95～1.5g/cm^3，不含钙、镁离子，在地层中无结垢现象，不含氯离子，对管柱腐蚀率低，可以在不同钢材的完井管柱中使用。同时由于该完井液是一种多元复合阳离子非离子活性体系，呈中性到弱碱性，有很好的阻垢、缓蚀、防凝析油乳化、解除水锁与黏土稳定作用，该体系加入特殊的降滤失剂后，可以很好的降低完井液在地层中的滤失程度，且降滤失剂是一种超微分子，遇水瞬间增黏，温度升高到一定程度黏度最大，温度再升高随后黏度又下降，但温度下降后有重复性，但由于完井液增黏后无粘弹性，因此不对地层构成伤害，且 NMD0612 超微分子增黏剂具有润湿可变作用，使地层向非润湿转变，与任何浓度的完井液配伍性好，抗盐能力强，可以降低毛管阻力排驱油，提高气相的渗透率，也是一种非常好的储层保护渗透率恢复剂。

基本配方组成如下：

低密度：水＋减轻剂＋1.5%～2% NMD0612＋1～1.5% FDH－4＋1%黏土稳定剂＋阻垢剂＋缓蚀剂等；

高密度：地层水＋加重剂＋1.5%～2% NMD0612＋1%～1.5% FDH－4＋1%黏土稳定剂＋阻垢剂＋缓蚀剂等；

ADG077 主要技术特点：

对岩心气体的伤害率≤10%（岩心实验的结果表明用 ADG077 修完井液可以有效的改善渗透率）

密度范围宽，在 0.95～1.5g/cm^3，（密度小于 1.0 的完井液分非含气和含气两种，含气型价格低，性能在高压下不稳定，非含气完井液高压下密度稳定，但价格高，差别是腐蚀速率含气型较高）；

表面张力≤24×10^{-3}mN/m；界面张力≤0.5×10^{-3}mN/m；（测定 FDH－4 地层水溶液，浓度 1.5%，采用脱水的标准煤油）；

腐蚀速率≤0.05mm/a（常温，N80）；≤0.19mm/a（120°，N80，雅大地层水矿化度）；

对碳酸钙阻垢率≥95%，对硫酸钙钡阻垢率≥85%；

与凝析混合后 60 度破乳率 95% 以上；

降滤率≥70%；

黏土防膨率≥55%（该指标提高难度很大，需降低其他指标）。

此外，ADG077 可变密度低伤害气井修完井液具有在高含钙镁矿化度地层水中，发泡稳泡能力强，便于返排。

1）加重剂筛选

对比不同加重剂性能和经济技术指标（价格、腐蚀性、结垢等），优化出高密度 ADGCl077A、B 型和大涝坝地层水作为加重剂，保证了对储层的伤害率低，同时满足密度范围宽的特点：0.95～1.5g/cm^3。

2）表面活性剂的实验评价

表面活性剂筛选主要是为了降低修井液的表界面张力，消除毛管效应和乳化堵塞水锁效应。通过实验优选出为非离子与阳离子复合活性的 FDH－4 添加剂，具有很好表面活性调节性能和抗盐抗温性能。能过添加 FDH－4，新型修井液表面张力$\leqslant 22\times 10^{-3}$mN/m；界面张力$\leqslant 0.5\times 10^{-3}$mN/m。

3）腐蚀速率实验评价

以 N80 钢片进行腐蚀速率评价实验，优选出钨钼基复合缓蚀剂，新型修井液腐蚀速率≤0.05mm/a(常温，N80)，≤0.19mm/a(120°，N80，雅大地层水矿化度)。

4）阻垢率实验评价

ADG077 储层保护液本身没有结垢现象，为了防止地层水在环境变化时结垢，在 ADG077 中加入了阻垢剂。对四种综合性能较好的阻垢剂进行了阻垢率评价，选用了 JZ－1 阻垢剂作为 ADG077 的阻垢添加剂。ADG077 储层保护液对碳酸钙阻垢率≥95%，对硫酸钙钡阻垢率≥85%。

5）破乳性能评价

ADG077 储层保护液采用 NMD0612 作为油水乳化液破除剂，使乳化的凝析油通过破乳并聚形成连续流动相，降低贾敏效应；雅克拉油水乳化液在 NMD0612 添加浓度 1.5% 的情况下，实验时间 5 分钟，实验温度 60℃，其破乳并聚率在 97.1% ~98.1%。

6）降滤失剂的实验评价

通过对 HEC、FKJ－Ⅱ、NMD0612 超微分子三种降滤失剂的降滤失对比实验，ADG077 储层保护液采用了 NMD0612 作为降滤失剂，在 NMD0612 加量为 2% 的情况下，其降滤失率可达到 70% 以上。

7）黏土稳定实验评价

雅克拉－大涝坝凝析气田砂岩储层含有大量的黏土矿物，岩心为中等偏弱水敏，使用水基修井液不可避免存在水敏伤害问题，而 ADG077 新型修井液具有稳定黏土的能力。

在清水、地层盐水、六号聚季胺类稳定剂和加入稳定剂的低密度修井液的防膨效果对比表明，地层盐水和加入稳定剂的低密度修井液的防膨效果较好，其他较差，由此可见地层盐水本身就是很好的防膨剂，在高矿化度的情况下不必加入黏土防膨剂，低密度的由于加入了减轻剂，界面有点分离不清，但防膨效果仅次于地层盐水。

8）泡性能实验评价

ADG077 储层保护液中 NMD0612 添加剂是一种高活性的增黏剂，它遇水可以迅速的交联但仍然不影响其发泡性能和对储层的润湿性能改变，并且 ADG077 是一种由多种活性剂组成的修井液体系，具有很低的表界面张力，因此其稳泡能力很好。ADG077 的发泡和稳泡能力很好，其半衰期为 57s。

9）岩心驱替实验评价

ADG077 储层保护液通过超微分子的沉积吸附，使岩心向中性润湿过渡，降低毛管力的水锁和贾敏效应，以达到改善岩心的有效渗透率的目的。

ADG077 储层保护液的岩心驱替实验表明，在经过低密度 ADG077“污染”后，气体渗透率都有不同程度的提高，可达 20% 左右(见图 7－23)，能够有效的保护岩心不被伤害，还可以不同程度的提高气体渗透率。

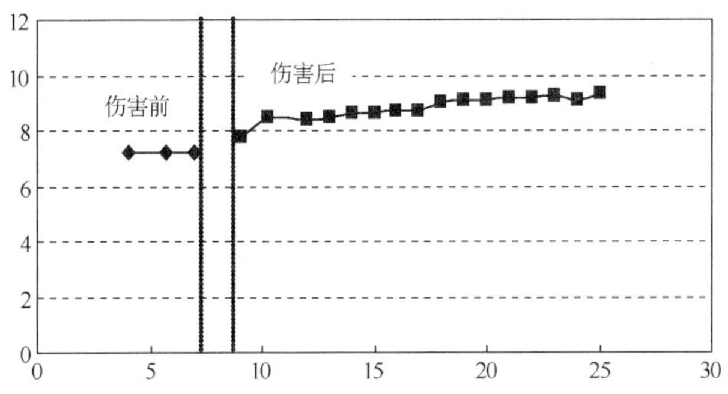

图 7－23　储层保护液对岩心渗透率恢复曲线

2. 改进型储层保护液

应用地层水作为基础液，确定了修完井液的主要组成包括增黏剂、降滤失剂、流型调节剂、黏土稳定剂、缓蚀剂、防水锁表面活性剂等，对其加量分别进行了优选，并通过开展 125 组配方实验，优选出 3 种性能良好、对储层损害程度低、且配制成本可接受的修完井液。

结合配方体系的储层保护效果及综合性能，同时考虑到成本因素，首选的修井液为：

净化地层水 +1% DG－NW1（黏土稳定剂）+2% JMP－1（高分子降滤失剂）+0.3% XC（增黏剂）+1% PRD（流型调节剂）+1% NaCOOH（页岩抑制剂）+0.3% HTB（助排剂）+1% DG－HS1（缓蚀剂）。

该配方主要是基于现用修井液优化完成，与储层配伍性好，能在无固相条件下，较好地降低对地层的滤失量；而且黏度适中，有利于将修井过程中的砂、泥等机杂物循环出井，减少了固相颗粒对炮眼和高渗透带的侵入；同时考虑了一旦修井液侵入地层后，也可以较快地将滞留液返排出井，有效减轻损害程度。

如需要进一步降低修井液成本，可以考虑使用如下配方：

（1）净化地层水 +1% DG－HS1（缓蚀剂）+0.3% HTB（助排剂）+1% DG－NW1（黏土稳定剂）+1% SMP－2 +0.3% XC +2% NaCOOH +1% PAC141

（2）净化地层水 +1% DG－HS1（缓蚀剂）+0.3% HTB（助排剂）+2% DG－NW1（黏土稳定剂）+2% SMP－2 +0.3% XC +2% 油溶性树脂

（二）储层保护液现场应用情况

ADG077 储层保护液于 2008 年、2009 年在雅克拉－大涝坝等气田进行了 5 井次应用，其中 2 井次检管作业产能恢复率达 90%（见表 7－14），2 井次补孔作业达 95% 以上（另有 1 井次水井作业），与前期修井情况对比，起到了很好的储层保护作用。

表 7－14　历年修井产能恢复表

井　号	时　间	作业内容	修井液	产能恢复	开井投产情况
DL6	2008.2	检管	ADG077 系列修井液	90.40%	轻油替喷开井一次性成功
DL9	2008.9	补孔	ADG077 系列修井液	94.60%	轻油替喷开井一次性成功
DL6	2009.5	补孔	ADG077 系列修井液	125.00%	开井一次性成功
Y11	2009.6	检管	ADG077 系列修井液	90.00%	轻油替喷开井一次性成功

续表

井号	时间	作业内容	修井液	产能恢复	开井投产情况
DL1X	2007.4	补孔	油田水	76.10%	轻油替喷失败，后采气举作业，最大举深3000m
DL5	2007.11	打捞	清水	54.60%	轻油替喷失败，后采气举作业，最大举深4000m
Y11	2007.1	处理坍塌裸眼段	碱式碳酸锌压井液	0%	开井后采取了替喷、气举、抽汲诱喷办法仍未见产
Y1	2004.3	检管	$CaCl_2$压井液	84.40%	轻油替喷失败，后采取液氮诱喷，最大举深3000m
Y2	2004.4	封K下，测试K上	$CaCl_2$压井液	不同层	利用了10天时间气举诱喷成功，最大举深3500m

第三节　凝析气井排液采气工艺技术

国内外凝析气藏的开发表明，生产过程中往往程度不同地存在地层出液和井底积液的问题，特别是进入生产中后期。井底积液后，将增加对产层的回压，使生产压差降低，降低气井的生产能力。随着气井产量的降低，携液能力进一步变差，井底积液会在较短时间内恶性增加，最后导致气井停喷即俗称“气井水淹”。气井水淹多发生在低压井内，往往少量的液体就会使低压气井停喷。气井停喷后，井筒内的液柱还会使井底附近地层出现伤害，含液饱和度增大，气相渗透率降低，气井产能及最终采收率均降低。

一、积液的危害试验评价

积液液相包括了液态烃、水和各种油井工作液中的水。液锁(液相圈闭)属于相圈闭，而水锁(水相圈闭)则是相圈闭的主要类型。

(一) 水锁伤害机理

水锁(或水相圈闭)是当气藏的初始含水饱和度低于束缚水饱和度时储层的亲水性和高毛管压力使其表现为对水的强烈自吸趋势。如果水基油井工作液或地层中其他部位的水进入气层或气相中的凝析水在井底附近集结时，由于毛管力作用水进入孔隙中，在液相滞留聚集作用下导致井周围含水饱和度增高，有可能超过束缚水饱和度，使气相相对渗透率大幅度下降，气相难于流入井底，被水圈闭在地层中形成低的气井产量。

水锁伤害机理主要包括：

1. 毛细管力的自吸作用

当气藏的初始含水饱和度低于束缚水饱和度时，储层处于亚束缚水状态，有过剩的毛细管压力存在。当与外来流体接触时，就很容易被吸入到亲水孔隙中，如图7-24所示。

毛管力公式为：

$$P_c = \sigma\left(\frac{1}{R_1} + \frac{1}{R_2}\right) \tag{7-11}$$

对于规则的 n 边形喉道活塞式推进时的毛管力为：

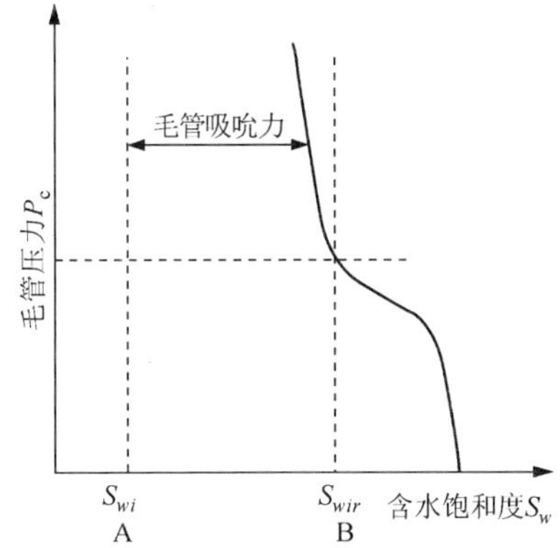

图7－24　低初始水含水饱和度气层毛管自吸机理

$$P_c = \frac{\sigma}{r_c}\left\{\cos\theta + \sqrt{\frac{\tan\alpha}{2}[\sin2\theta + \pi - 2(\alpha + \theta)]}\right\} \tag{7-12}$$

式中　P_c——毛细管压力，mN；

σ——界面张力，mN/m；

r_c——毛管半径，m；

R_1、R_2——两相间形成液膜的曲率半径，m；

θ——接触角；

α——正 n 边形的半角。

从式(7－11)、(7－12)可以看出毛管压力的大小与界面张力成正比，与多孔介质的孔隙半径成反比。由于低渗气藏孔隙尺寸很小，所以易产生水相圈闭污染。

2. 液相滞留聚集作用

液相的滞留和聚集是造成水相圈闭污染的又一重要因素。低渗透储层的水相渗透率本来就低，当有气相存在时，水相渗透率会更低，因此，侵入储层的外来液体返排很困难，这就使气相渗透率一直很低，加重了水相圈闭的污染。影响液相滞留聚集作用的主要因素是储层孔隙结构、储层岩石流体之间相互作用和储层压力等。

有人研究认为：要从半径为 r_c 的毛管中排出长度为 L、黏度为 μ、体积为 Q 的外来流体所需的驱动压力为：

$$P = Q\frac{8\mu L}{\pi r_c^4} + \frac{2\sigma\cos\theta}{r_c} \tag{7-13}$$

所需的时间为：

$$t = \frac{4\mu L^2}{Pr_c^2 - 2r_c\sigma\cos\theta} \tag{7-14}$$

由式(7－13)、式(7－14)可知：只有当储层压力大于毛管压力时，毛管中的液体才能被排出。排液时间随液体黏度、界面张力和毛管长度的增加而增加，随毛管半径和驱替压差的增加而减少。随着排液过程的进行，液体逐渐由大到小的毛管排出，排液速度越来越小。显然气藏压力越低，储层喉道半径越小，液体侵入越深，气液界面张力越大，岩石亲水性越强，液相滞留聚集作用越严重，水相圈闭污染就越严重。

同时孔隙和孔喉的形状也影响液相的滞留，如三角形比矩形和六方形的孔喉滞留液体更多，而对于片状喉道，由于拐角很小，很易产生液相滞留。

3. 多孔介质中水运动的能量守恒及热力学平衡

前面从力平衡角度研究了水相圈闭机理，下面从能量守恒和热力学平衡角度再作进一步研究。

多孔介质中水分的运动遵循能量守恒定律，多孔介质中水分的运动取决于水分所具有的能量(总水势能)。任何两点的多孔介质水势能梯度，就是这两点的多孔介质水分运动的驱动力，它决定水分运动的速度和方向，多孔介质水分总是从能量高的地方向能量低的地方运动。

（二）水对岩心渗透率影响

1. 水锁实验原理

水锁效应对地层造成水侵伤害和对产能的影响，最终表现为使驱替压差增大、气相有效渗透率和驱替效率降低。因此，测试出相同驱替压差不同含水饱和度下的气相渗透率，就可以定量评价水锁效应程度。

2. 水锁实验流程及步骤

实验流程如图 7－25 所示。此套流程主要由高压岩心夹持器、压力传感器、高压盘管、高压定值器(恒压法用)、高压计量泵、气水分离器、过滤器组成。性能指标为：岩心长度 0～100mm，最高工作压力 70.00MPa，最大工作压差 34.00MPa，压力分辨率 0.01MPa，最高工作温度 200℃，温度分辨率 0.1℃，体积分辨率 0.01mL；速度精度 0.001mL/s。实验岩心为盆 5 井区三口井的岩心，岩心具体参数如表 7－15 所示。

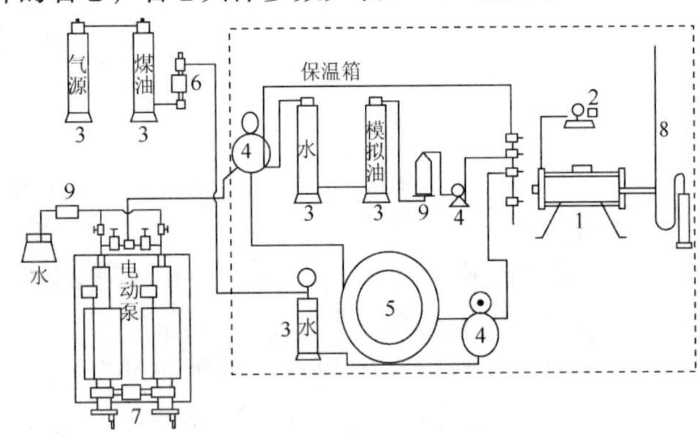

图 7－25　锁伤害实验流程图

1—高压岩心夹持器；2—压力传感器；3—高压容器；4—阀门座；5—高压盘管；
6—高压定值器(恒压法用)；7—高压计量泵；8—气水分离器；9—过滤器

表 7－15　岩心基础参数表

序　号	岩心编号	岩心长度/cm	岩心直径/cm	孔隙体积/cm^3	孔隙度/%	渗透率/$10^{-3}\mu m^2$
1	1－4/52－1	7.364	2.522	5.530	15.03	34.28
2	1－12/52－7	7.268	2.522	5.036	13.87	10.82
3	1－13/52－2	7.317	2.522	5.192	14.20	11.16

3. 水锁实验结果及分析

测定了不同含水饱和度下的气测渗透率的变化，结果如图 7－26 和图 7－27 所示。

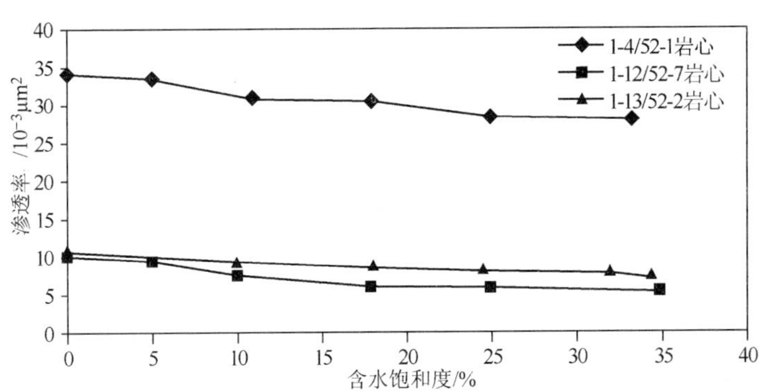

图 7－26　不同含水饱和度下的气测渗透率变化曲线

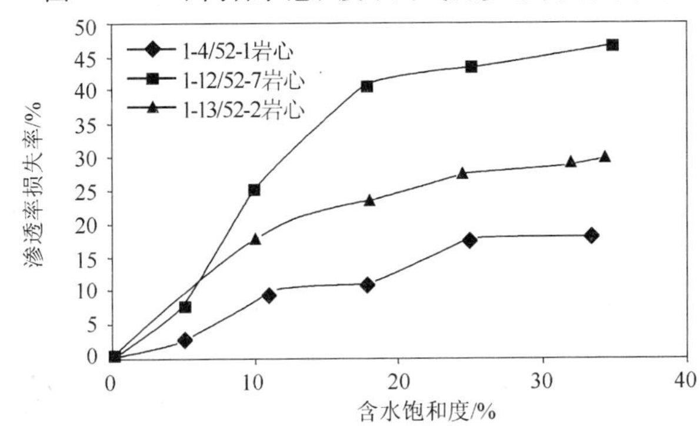

图 7－27　不同含水饱和度下的渗透率损失率变化曲线

（1）岩心含水饱和度增加，气相有效渗透率不断减小，1－4/52－1 号岩心的渗透率损失率为 17.88%，1－12/52－7 号岩心的渗透率损失率为 46.5%，1－13/52－2 号岩心的渗透率损失率为 29.86%。岩心渗透率的高低对地层水伤害储层及气相渗透率存在影响。渗透率越高，渗透率伤害率越小，可见气藏的渗透率越低，产生水锁的伤害越大。

（2）水锁效应所造成的伤害程度与含水饱和度之间呈非线性关系，主要表现为：随含水饱和度的增加，水锁效应所造成的伤害程度上升并逐渐趋于平缓。可见，地层孔隙中水介质的存在对凝析气藏渗流通道存在明显的堵塞作用，明显降低了气相有效渗透率，将严重影响气井的实际产量。

（三）油锁伤害机理

低渗透凝析气藏除具有低渗透气藏污染的种种机理外，还具有反凝析油的污染特点，从本质上讲反凝析油污染属于液相污染类型，但反凝析是伴随气藏开采过程中油气体系相态变化过程而出现的，其污染机理比单一的水相侵入要复杂得多。

1. 近井地层反凝析伤害机理

在凝析气藏衰竭开采过程中，当气井井底压力降至流体露点压力以下时，受流体相态变化的影响会出现反凝析现象，凝析油就会析出，并在近井地带积聚。而随着压降漏斗逐渐向地层远处的扩展，从井底到气藏外边界可能出现三个区域(见图 7－28)：一是井底附近地层的凝析油、气两相可同时流动区；二是中间部分的气相可流动而油不可流动区；三是外部的单相气渗流区。通常，凝析气在地层中的流动从单相气开始，由于井底附近地带的压力下降，凝析油首先在近井地层中析出，积聚在近井地带形成反凝析油饱和度。当反凝析油饱和度尚未达到临界流动饱和度时，近井地层仍维持单相气体渗流。随着地层远处凝析气向井流动过程中在近井地层不断产生新的反凝析堆栈，到一定时间反凝析油的堆栈达到临界流动饱和度时，井底附近地层就开始形成凝析油、气两相同时流动区。同时，随着压降漏斗向地层远处的延伸，地层远处的压力逐渐低于露点压力而使反凝析区向地层远处扩展，形成中间部位的气相可流动而油相不可流动区。

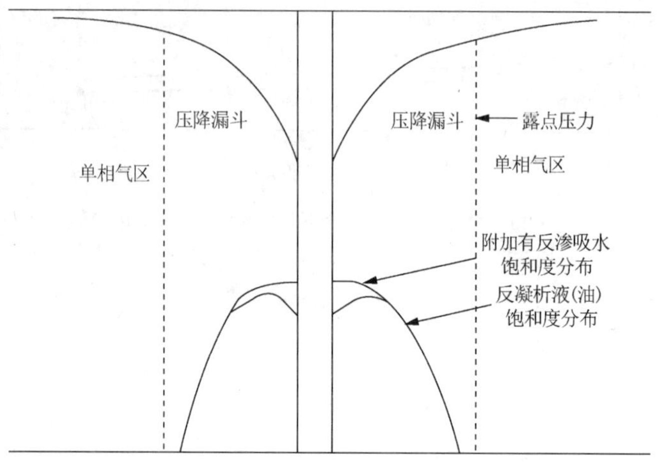

图 7－28　近井筒地层反凝析、反渗吸形成机理示意图

反凝析液占据多孔介质孔隙表面形成反凝析油饱和度，而使流体流动的有效孔隙空间减少，增加了气液渗流阻力，降低了孔隙通道的渗透性，同时减小了地层视绝对渗透率和气相相对渗透率，从而使得凝析气井产能下降，凝析油采收率降低。

凝析气井近井地层反凝析堵塞效应，主要决定于反凝析油饱和度的分布，可通过定容衰竭开采过程中流体相平衡过程的物质平衡关系来预测。在定容衰竭过程中，由于凝析油析出，储集层中出现气、液两相，假设气、液两相之间的相平衡可在瞬间完成，不受渗流过程的影响，则衰竭开采过程反凝析饱和度分布规律满足以下流体相平衡物质平衡关系。

2. 近井地层反渗吸堵塞机理

近井地层的压降梯度超过地层原始平衡水恢复流动所需的启动压差时，还会使近井地层一部分平衡共存水以分相渗流和蒸发态方式流入井筒形成井底积液，而井底积液则在井筒回压、储层岩石润湿性和微孔隙毛管压力作用下，会向生产层组中低渗层的微毛管孔道产生反向渗吸，形成反渗吸水锁地层伤害，从而进一步加剧近井地层的堵塞和伤害，导致凝析气井产能的进一步下降，对低渗低产凝析气井，这一现象尤为严重。

图 7－29 是低渗透气藏水锁产生的机理结构示意图。水锁产生的基础是该气藏是一个低残余水原始饱和度。

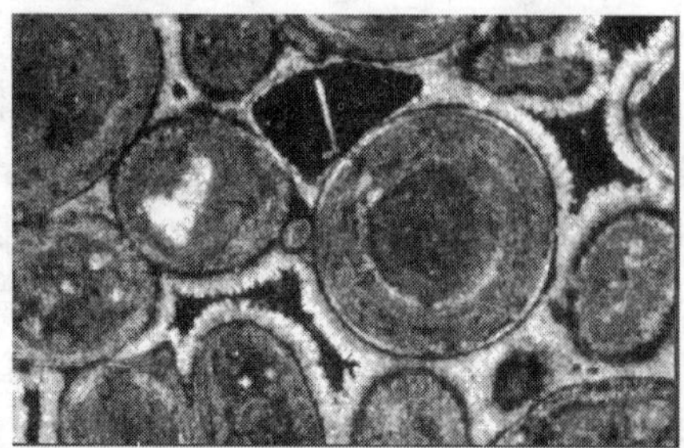

图 7－29　孔隙结构微观图

由图7－29可看出，在干燥的条件下，由于多孔介质中原先就存在低原始水饱和度，剖面的大多数区域存在气体流动，从而使气体的原始相对渗透率较高。由于紧接着的水基滤液对该储层的侵入（如钻井泥浆滤失，完井液，压井液等）导致井口周围或裂缝面处产生高含水饱和度。通过对该气藏进行压降试井，其含水饱和度（由该系统的毛管压力机理确定）恢复到残余水饱和度，但不是恢复到很低的原始含水饱和度。若残余水饱和度远远大于原始水饱和度，该剖面图上的流体流动就会受到较大限制，气体的相对渗透率也相应减少。该机理所引起的气相相对渗透率的降低示意图如图7－30所示。该图显示了相对渗透率变化趋势，显示了水锁的产生过程。当原始水饱和度为10%时，在图7－31上就会明显出现较高的气体相对渗透率，当水侵区的含水饱和度增加到最大值时（如80%）就会产生临界含气饱和度。其后进行压降，促使水流出多孔介质。在残余水饱和度真值处（此例中为50%）水相相对渗透率为零。以上导致被圈闭地层的含水饱和度值小于该气藏所需的实际毛管压力梯度所对应的残余水饱和度值的50%，从而导致残余水饱和度处的气相渗透率会稳定减少（在此例中为95%）。

图7－30　水锁效应孔隙比例机理图

（1）初始条件：

$$K_{abs}=0.1\times10^{-3}\mu m^2,\ S_{wi}=0.10,\ K_g=0.05\times10^{-3}\mu m^2$$

（2）溢满水相流体：

$$K_{abs}=0.1\times10^{-3}\mu m^2,\ S_{wi}=0.80,\ K_g=0.01\times10^{-3}\mu m^2$$

（3）用气解除水锁：

$$K_{abs}=0.1\times10^{-3}\mu m^2,\ S_{wi}=0.60,\ K_g=0.001\times10^{-3}\mu m^2$$

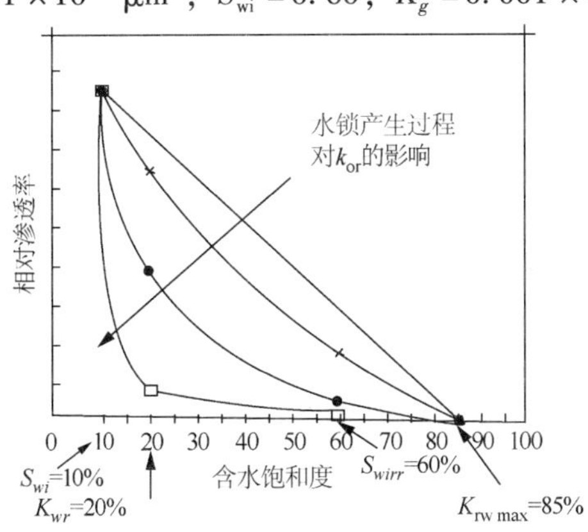

图7－31　水锁引起的气相相对渗透率的变化

井筒积液在液柱压力加上井壁地层微孔隙中形成的指向地层中凹向气相的弯液面毛管压力的作用下，尽管地层凝析气在生产压差作用下自地层在向井底流动，但在液柱压力和吸吮毛管压力作用下，仍有可能使井底积液以缓慢的反向渗析方式渗入地层，从而造成附加的近井地层堵塞，即“水锁”效应。水锁现象会引起近井地带含水饱和度增加，导致气相对渗透率的降低，阻碍油气的通过，使气井产能下降。特别是低渗凝析气藏，因为低渗气藏孔隙尺寸小、毛管压力大、气体流动空间小，近井地层压降漏斗更为强烈，反渗析水锁会更为严重。水锁持续侵入近井地层的时间和强度取决于油藏特性、气体流动速度和油藏压力降等因素。根据 Laplace 公式和 Poiseuille 定律可得到微毛管孔道中渗析水侵入深度的预测公式：

$$L = \sqrt{\frac{T(r^2\Delta p - 2\sigma r\cos\theta)}{4\mu}} \tag{7-15}$$

根据高才尼－卡尔曼公式 $K=\phi r^2/8\tau^2$ 可推出

$$r^2 = \frac{8\tau^2 K}{\phi} \tag{7-16}$$

将式(7－16)代入式(7－15)可得到在压差 Δp(Pa)作用下，近井地层反渗析水锁深度的计算公式：

$$L = \left(\frac{T}{\mu\phi}\right)^{\frac{1}{2}}(2\tau^2 K\Delta p - \sigma\tau\sqrt{2K\phi}\cos\theta)^{\frac{1}{2}} \tag{7-17}$$

式中 L——近井地层反渗析水侵入深度；

θ——毛细管壁上的润湿角；

T——排出流体所需要的时间，s；

μ——流体黏度，N·s/m²；

Δp——压差，Pa；

σ——流体的表面张力；

τ——孔道迂曲度；

K——岩石渗透率。

研究证实，对于应力敏感的低渗透气藏，由于地层压力的变化引起储层孔隙变化，会导致储层平均孔隙半径、孔隙体积、比面和总表面积等随有效应力变化而变化，这些变化使得变形介质中的毛细凝聚，毛细管力及界面吸附等作用对凝析油气体系相平衡过程的影响也发生变化，使得反凝析液的污染机理更加复杂。

在有效应力作用下，储层孔隙空间受到压缩，平均孔隙半径减小，使得毛细凝聚作用和毛细管力增加，会使低渗、油湿储层中凝析油气体系的上露点压力上升，下露点压力下降，反凝析液饱和度增加。这就有可能在较高的地层压力下，会有更多的凝析油析出，造成反凝析液的污染。

（四）油对岩心渗透率影响

1. 实验方法

当凝析气藏的井底压力下降到露点压力以后，地层中开始有凝析油析出，但凝析油析出但不流动，地层中同时存在气相和反凝析油相，但反凝析油饱和度低于临界流动饱和度。凝析油在地层中析出必将影响整个岩心的渗透率。实验为测定凝析油饱和度低于临界流动饱和度之前不同凝析油饱和度对岩心渗透率的影响，采用 DL3 井四块岩心进行了测试，实验岩心参数如表 7－16 所示：

表 7－16　岩心基础参数表

序　号	岩心编号	岩心长度/cm	岩心直径/cm	孔隙体积/cm³	孔隙度/%	渗透率/$10^{-3}\mu m^2$
1	1－12/52－1	7.374	2.522	4.565	12.39	4.62
2	1－12/52－3	7.258	2.522	4.801	13.24	8.16
3	1－12/52－5	7.300	2.522	5.176	14.19	13.16
4	1－16/52－2	7.345	2.522	5.283	14.40	13.24

2. 实验步骤

将岩心清洗、抽空，建立束缚水饱和度，向岩心中注入一定量的油，测定该含油饱和度下的气测渗透率，再向岩心中注入一定量的油，获取其他含油饱和度下的岩心气测渗透率，直至含油饱和度达到临界含油饱和度为止。

3. 实验结果

不同含油饱和度下的气测渗透率结果如表 7－17、图 7－32 所示。

表 7－17　不同含油饱和度下的气测渗透率结果

岩心编号	不同含油饱和度下的气测渗透率/$10^{-3}\mu m^2$					
	0%	5%	10%	15%	20%	30%
1－12/52－1	4.62	1.67	0.71	0.45	0.27	0.12
1－12/52－3	8.16	4.46	0.89	0.86	0.76	0.7
1－12/52－5	13.16	5.2	3.28	2.89	2.21	1.5
1－16/52－2	13.24	4.54	1.82	1.2	0.94	0.64

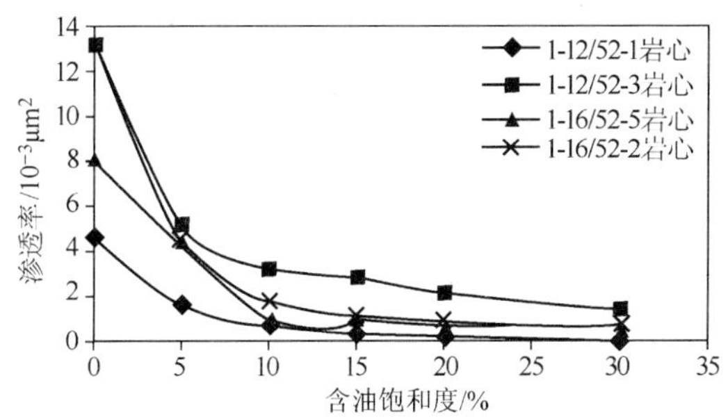

图 7－32　同含油饱和度下的气测渗透率曲线

定义渗透率伤害率 $k_{di}=(k_p-k_i)/k_p$，其中 k_i 为实验压力下的渗透率，k_p 为束缚水饱和度下测得渗透率。对实验数据进行处理可得到表 7－18 和图 7－33。

表 7－18　不同含油饱和度下的气测渗透率伤害率表

岩心编号	不同含油饱和度下的气测渗透率/$10^{-3}\mu m^2$					
	0%	5%	10%	15%	20%	30%
1－12/52－1	0	0.64	0.85	0.90	0.94	0.97
1－12/52－3	0	0.45	0.89	0.89	0.91	0.91
1－12/52－5	0	0.60	0.75	0.78	0.83	0.89
1－16/52－2	0	0.66	0.86	0.91	0.93	0.95

通过上面的实验数据，结合反凝析机理可以看出：

（1）随着油含量增大，岩心气相渗透率伤害程度增大，在含油饱和度为 10% 的条件下，四块岩心的渗透率伤害达到了 80%。在相同凝析油含油饱和度下，渗透率越低岩心的伤害率越大。

（2）油聚集初期对岩心渗透率伤害很大。这与反凝析现象发生初期所产生凝析油相对较少，而在凝析油与地层孔隙介质表面强吸附作用下，凝析油流动性相对较差有关。

（3）大涝坝巴什基奇克组凝析气流体定容衰竭凝析油最大含量在 30% 左右。并且在凝析水存在条件下，流体露点压力将上升。自生产以来，地层压力已低于露点压力，已有大量的凝析油析出，储层反凝析污染严重，因此要提高产能必须有效解决储层中的反凝析污染。

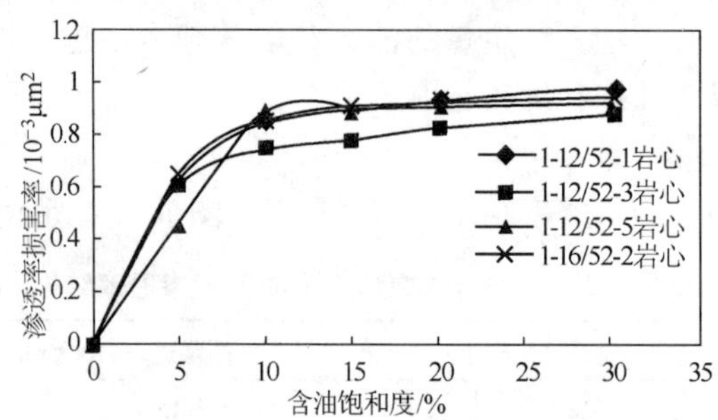

图7-33　不同含油饱和度的渗透率伤害曲线

二、国内外排水(液)采气开展概况

(一) 国内深层凝析气田采气工艺现状

我国深层凝析气藏不多，采用衰竭式开发的深层凝析气藏目前经验更少，因此，为便于对深层凝析气藏开采技术的认识，对近年来投产并取得相关经验的典型凝析气藏、深层气藏的开采情况进行简要对比。

1. 新疆牙哈深层凝析气田

牙哈凝析气田是采用循环注气保压开采的国内陆上最大的，也是唯一的高压、高产整装凝析气田。其油藏流体类型复杂、埋藏深(4900~5600m)、原始地层压力高(56.7MPa)、地露压差小(2~3MPa)、凝析油含量高(500~600g/m^3)、石蜡含量高(10%)等，是一个近饱和的高压凝析气藏。平均孔隙度16.2%、平均渗透率$22.6\times10^{-3}\mu m^2$，属中孔、低渗储层。

该凝析气田与雅克拉、大涝坝等深层凝析气田相邻，具有较好的可比性。但牙哈深层凝析气田采用注气开发，目的在于防止在地层出现凝析现象降低凝析油的收率。由于目前牙哈地层压力保持在较高水平，通过注气开发客观上解决了深层凝析气井在地层出现凝析、以及边/底水锥进、井筒排液采气问题。在目前生产阶段，牙哈还未出现雅克拉、大涝坝等深层凝析气田衰竭式开发过程中出现的井筒积液、水淹问题。

2. 大港千米桥深层凝析气田

千米桥潜山凝析气藏为高凝析油含量高饱和凝析气藏。储层埋藏深(4200~5000m)、温度高(168℃左右)。该气藏气井在完井测试期间显示出很大的产能，也未见出水。但在随后的试采阶段，油气产量下降较快，井筒产出流体中液体含量急剧增加。

目前，千米桥有多口井由于井筒积液而严重影响气井的正常生产。关于其井筒的积液，未见专门研究的报道，主要采用实测压力梯度进行判别；关于其井筒的排液，借鉴国内外排水采气的相关作法，试验了排液棒、泡沫排液与水力泵排液，但这几种工艺并未取得理想效果。

3. 新疆柯克亚凝析气田

柯克亚凝析气田是我国最早投入开发的凝析气田，具有地质储量大、凝析油含量高等特点。其上油气组埋深2960~3400m，下油气组埋深3700~4000m。

该气田经过较长时间的衰竭式开采，地层压力大幅度下降，地层反凝析现象严重，严重污染了井筒周围的储层，造成渗流阻力增大，致使多口气井停产或无法正常生产，影响气藏的整体开发效果。针对此现状，实施了气井增产配套技术，主要有：单井注气吞吐、气举排液采气、优化管柱排液采气，取得了显著增产效果，如其西五一(3)气层组循环注气保压开采，使其凝析油采出程度大幅度提高。其井筒的积液依靠实测压力梯度进行判断。

4. 川东地区深层气田采气工艺情况

川东地区为不含凝析油的干气藏，其双家坝、沙罐坪等埋藏深度达4000～5000m，目前地层压力已较低，井筒积液问题普遍且严重，不排水就不能实现采气。由于其生产中后期地层压力降低后井底一般不安装封隔器，油套管连通，因此除重点井利用实测压力梯度进行积液判断外，主要依靠油套压压差定性判断井底积液情况。

由于川东地区深井基本不含凝析油、井底连通，具有采用泡沫排水采气的良好条件。因此川东地区在自喷后期主要采用了优选管柱、泡排，以及优选管柱与泡排组合；当井底压力进一步降低、水气比增加，完全失去自喷能力或自喷携液产气量不能满足配产要求时，主要采用气举排水采气，其气源主要利用高压增压站实施气举；同时，普遍采用增压开采，降低井口回压，提高排水采气效果。此外，近几年也开展了电潜泵等的深抽排水采气试验，用于产水较高的气藏强排井，取得了较好的效果。

从对国内深层凝析气藏的采气工艺技术情况看，目前主要是参考普通气田的经验进行生产。对于类似雅克拉、大涝坝埋藏深度超过5000m的深层凝析气藏，在井底安装封隔器、采用衰竭式开发方式等条件下，无论是井底积液的监测判断还是排液采气技术，目前都没有直接经验可以借鉴。

（二）国内外排水(液)采气开展情况

排水采气是边水或底水驱气藏在开采过程中所面临的一个世界性问题。排水采气又可分为气藏强排与单井排水。强排水采气(加速排水采气)是二次采气技术中的一种技术，也就是人为的以大于地层供水量的大排量加速采出地层水，使储层压降降低至含水层影响以下，改善井底附近的水淹生产状况。对于水体有限且封闭的边水或底水气藏，大量采出地层水后，使地层压力以及地层废弃压力降低，这时被水圈闭的天然气得以膨胀，“死气”变为能迁移的“活气”而进入井底并采出，达到提高气藏最终采收率和提高经济效益的目的。

国外的研究结果表明：在水驱气藏内，排水量的多少直接影响水淹区的压力。排水量受重力控制，与纵向渗透率和地层倾角有极大关系。合理的排水量与产气量之间呈正比关系，在定容气藏或有限的含水系统内延迟排水不影响最终的天然气采收率，但要增加累积水量。因此，对边/底水气藏实施早期排水更为经济合理。

强排水采气技术在前苏联、美国等国都已见成效，而日本则早就利用这种原理和技术来开采水溶性天然气(有些气层的气水比仅为0.6m^3/m^3。美国得克萨斯州的北阿拉松气田、日本的中条水溶性天然气田都成功地应用了强排水采气技术。从强排水采气技术的整个趋势看，在国外采用最多的排水采气方法主要是有杆泵、泡排以及气举。加拿大马顿山气田采用有杆泵排水采气取得了成功，他们认为，由于该气田压力低，任何取决于压差的生产方式均不如有杆泵法，有杆泵排水中为了消除气锁，可以使用气锚或井下分离器。前苏联的研究和应用表明，泡沫排水是消除井底积液的最好方法之一，但对于水气比很高而地层压力又较低的井不宜采用。此外，美国采用小直径油管法、气举法也取得了良好的经济效益，美国、前苏联、罗马尼亚等采用柱塞气举来排水采气已取得了成功。

从国内情况看，四川气田在长期的生产实践中，已形成了众多的排水采气工艺技术，如气举、有杆泵、电潜泵、射流泵、泡排、优选管柱、柱塞气举、球塞气举等，这些工艺技术为四川气田的稳产和增产作出了重要贡献。其中，在充分利用地层自身能量方面，泡排与优选管柱在四川应用较多，取得了良好的增产效果；当气井完全丧失自喷能力、水淹后，四川气田主要依靠气举排水采气，气举排水采气已经在四川气田推广应用，是维持气井产量、提高产水气藏采收率的最重要和最广泛的工艺措施；气举－泡排、优选管柱－泡排充分结合二单项工艺的优点，在四川气田应用较广；而有杆泵、电潜泵、射流泵、柱塞气举等虽然开展了一些试验并取得了一定的效果，但由于排水量或免修期等不能满足要求，未能推广应用。

三、深层凝析气井排液采气面临的主要问题

（一）影响深层凝析气井排液采气的主要因素

影响深层凝析气井排液采气的因素有举升高度、排液量、气液比、井深结构等，其中最重要的因素是举升高度与排液量。

1. 举升高度

油层深度和举升高度是选择排液采气方式的一个重要因素，举升高度受举升方式自身装备性能等的制约。雅克拉－大涝坝凝析气田气层埋藏深度5200～5400m，对于地层压力仍较高的井，实际举升高度会大大降低，但考虑到衰竭式开采后期地层压力下降后的排液需要，生产后期要求其举升高度将可能大于5000m。因此，排液采气工艺的最大举升高度必须按5000m左右考虑，对部分适用于举升高度3500m以内的工艺，原则上不优选。

2. 排液量

排液量是影响举升方式选择的另一个最重要因素。根据投产以来的月平均生产数据统计表，目前雅克拉、大涝坝各井日产液量差异很大，从几方/天到超过100m^3/d，且各井月均产液变化范围较稳定。考虑到生产中后期地层压力降低后可能的边、底水侵及相态变化带来的产液变化，预期人工举升排液量变化范围仍主要集中在几方/天到一百多方/天。

3. 产气量(或气液比)

总产气量或气液比是选择采油方式的另一个重要因素。如果大量的气体必须通过举升装置，气举采油便成为逻辑的抉择对象，而其他抽油方法的排液能力都会降低。大量的气体进泵会导致电潜泵失效、有杆泵和水力活塞泵泵效降低甚至气锁、喷射泵举液能力降低。气举法、柱塞气举法、气体喷射泵及优选管柱都适合于高气液比井。

4. 排量可调性

当油井生产特征发生变化时，机械采油方式排量的可调性就成为了一个重要的指标。在常见的举升方式中，气举能在较大范围内灵活改变其排量；有杆泵可通过冲程、冲次的改变有限度地调节排量；电潜泵通过安装变频器有限度地改变排量；射流泵对流量变化和回压敏感，排量可调节性差；柱塞气举受柱塞运行速度的限制，仅在小排量范围内可灵活调节；螺杆泵对排量变化的适应性较差。

5. 井身结构

抽油机举升方式和螺杆泵举升方式对井身结构要求高，井斜较大时对杆管柱的磨损较大。而电潜泵、气举、水力泵等对井身结构的要求则低得多。以雅克拉、大涝坝等深层凝析气井为例，其井身结构具有以下特点：

（1）井眼结构：现有生产井基本采用7in生产套管。根据管柱结构图，除DL1X、Y9X、YH5H、Y6H井底存在弯曲段外，其余井基本为垂直井。对举升工艺管柱可能产生影响外，其余各井造斜点已接近5000m，因此基本可以不考虑井眼弯曲或定向井、水平井对举升工艺的影响。

（2）井底封隔器：由于雅克拉－大涝坝凝析气田原始地层压力较高，且多有CO_2，为保证生产安全，井底均安装了封隔器，油套管不连通，对部分常规举升工艺如有杆泵、电潜泵等的开展将产生不利影响。

6. 产液特性

雅克拉－大涝坝凝析气田边水能量弱，因此在其边水突破前，水量总体较低。因此雅克拉－大涝坝凝析气井产液中凝析油含量高，对在许多气田行之有效的化学（泡沫）排液采气工艺技术的应用影响很大；一旦边/底水突破，其产水量很大、含水上升很快，使得生产井况短时间内变化较大，对优选管柱、柱塞举升工艺技术等的影响很大。

7. 井间距

雅克拉－大涝坝凝析气田生产井较分散，井间距离较大，对希望集中控制的气举、水力泵举升工艺的开展将产生不利影响。

8. 其他因素

气层高温（130℃以上）、高矿化度、高含蜡、含盐量等除影响工艺措施免修期外，对举升工艺的开展也有较大影响。气举是唯一对流体含砂量没有明确限制的方法，螺杆泵对出砂井的适应性也较好。

（二）雅－大深层凝析气井排液采气中的主要问题

雅克拉地区深层凝析气藏除自身存在反凝析现象外，其边/底水比较活跃。根据雅克拉、大涝坝凝析气田排液采气工艺的前期开展情况，结合THN、AT等相似深层凝析气田的开采实践，其排液采气过程中存在的问题主要表现在以下方面：

1. 衰竭式开采时的边/底水侵入问题

雅克拉、大涝坝等凝析气藏边/底水较活跃且水体大，在目前采用衰竭式开发方式时，地层压力降低后易导致含水异常上升，实际生产中部分井含水率上升后，往往短时间内蹿升至90%以上，导致被迫关井。同时，当含水激增后再关井压锥将很难取得良好效果。

因此，根据雅克拉等深层凝析气藏的特点，在开展排液采气工艺时应注意以下问题：

（1）在自喷末期当有明显的边/底水侵入、尤其是含水有急增迹象时不宜通过放大油嘴或提高采液量来提高采油量和采收率。

（2）人工举升排液采气时的产液量水平应尽量与停喷前的稳定生产水平保持一致，以防止人工举升时边/底水的快速锥进。这一原则应作为自喷携液井更换油嘴、自喷转抽后工艺措施产量确定的依据！

此外，参考与雅克拉、大涝坝相似的相邻凝析气藏－牙哈凝析气藏的开采经验，注气保压开采是解决大涝坝等底水活跃凝析气藏水侵、提高凝析油采收率的根本途径。

2. 合理下泵深度的确定问题

气井产液与油井自喷产液有着本质区别：油井是由于地层能量高而自喷产液，停喷后其液面一般在井口附近；气井自喷产液是由于气流的携带作用，即使地层压力很低的气井依然可能有液体产出。气井的停喷是由于其气流携液能力降低、导致井筒积液、生产压差降低，因此气井一旦停喷，其液面一般不在井口，根据气藏采出程度和地层压力的不同，其液面可能很深。

由于气井停喷后液面深度的不确定性，使得深井泵下泵深度的确定存在问题。目前下泵深度主要是根据经验确定，由于下泵深度不合理，使得多数井转抽后存在供液不足，个别井甚至没“够”着液面、转抽失败，如 M4 井。

3. 深井泵排液采气的低泵效问题

气体是影响深井泵泵效的普遍问题。雅克拉、大涝坝等凝析气藏开采过程中，其生产气液比往往较高，直接影响容积式深井泵(有杆抽油泵、电潜泵)的泵效。如前期开展的有杆泵排液采气试验中，泵效普遍低于 40%，部分井次甚至低于 30%。因此，减少气体对泵的影响、提高泵效，是提高深井泵排液采气工艺效果必须解决的问题。

4. 排液采气工艺的优选与优化设计问题

鉴于雅克拉等深层凝析气田面临举升高度大、需要控制生产压差与产液量以防边/底水侵入、提高泵效与排液效果等问题，因此需要结合其生产特点优选排液采气工艺，并对其工艺参数进行优化设计。

此外，雅克拉等凝析气田排液采气过程中，还面临井筒结蜡、腐蚀等问题。

四、排液采气工艺的试验效果评价

(一) 泡排先导试验与效果分析

由于安装封隔器，在未动现有生产管柱条件下，只能采用投固态泡排棒的加注方案。在该加注方式下，若一次性加注量过大，则可能导致油管的堵塞；加注量过小，当含水率较高或产水量较大时，导致有效作用时间短。因此，现有投棒加注方式不能保证高含水井连续、稳定的生产。

雅克拉、大涝坝凝析气田目前共开展了近十井次的泡排试验，试验过程与试验效果见表 7-19。

表 7-19 雅克拉采气厂泡排试验情况总结表

井 号	泡棒类型	试验时间	含水率/%	应用情况与效果分析
Y8	XH-2-8A	2007.8	0.03	含水一度上升至 90% 以上，消除了井筒中原有积水
DL7	XH-2-8A	2007.8	8	有一定增产、助排效果但有效时间较短
S3-1	GP-1	2009.1	1.5	油压上升，含水上升至 39.8%，投棒后有效期 7~10d
S3-3H	GP-1	2009.1~2009.3	13~90	有效期短、效果不明显
YL2	GP-1	2009.1	1	效果不明显
DL5	GP-1	2009.2~2009.3	15~35	含水上升，有效期短
DL1X	GP-1	2009.3	1	效果不明显。积液中含水较少
S45	GP-1	2009.3	16	含水上升，有效期短

雅克拉等深层凝析气藏从产水情况看具有以下特点：

(1) 无边/底水突破、含水率较低的井。此类井产水量较小、含水率较低、井底可能存在积水。加注泡排剂后有利于排出井底积水，表现为投棒后含水上升，但由于凝析油的消泡作用与水量小，泡排剂无法形成连续、稳定的泡沫将水排出。泡沫排水采气不适宜于这类井。

(2) 边/底水突破的井。雅克拉等气田边/底水水体大能量足，边/底水突破后在短时间内造成含水率的波动、上升，并很快水淹。在此条件下，投棒加注法由于泡排剂剂量有限，难以形成连续的排水，在短时间泡排后又很快水淹。

综上所述，投棒加注方式不适用于大涝坝等深层凝析气井，难以取得像川渝地区那样的排水效果。部分含水率大于50%～60%的低压井在取消封隔器、从环空连续加注液态泡排剂条件下，预期可以取得较好效果，但鉴于大涝坝等具有边/底水突破后含水快速上升甚至水淹的特点，使得泡排的适用期较短。因此，泡沫排水采气不能从根本上解决大涝坝等的排液采气问题，仅优选用于取消封隔器后的高含水井，或作为辅助技术使用。

（二）气举先导试验与效果分析

为了探索气举排液采气工艺在大涝坝等的可行性，利用制氮车配合连续油管(直径37.8mm)开展了气举诱喷施工作业，施工过程中采用连续油管边下边气举的方式。

试验井因为刮蜡、调整工作制度等原因，导致油套压下降、产能降低，实测压力梯度及积液判别软件均表明井筒出现了严重的积液，若不采取人工助排，试验井短期内存在淹死的危险。试验井基本情况见表7－20。

表7－20　气举试验井基本情况表

井　号	井底流压/MPa	试验日期	连续油管最大下深/m	气举泵压/MPa	注氮量($10^4m^3/d$)	气举前生产情况
DL1X	19.02	2009.06	3500	8.9－13	3.66	刮蜡后油套压下降、产量降低，井筒出现较严重的积液
DL1X	29.13	2009.06	3700	4.8－12.8	6	调整工作制度、刮蜡后油套压下降，产量降低，井筒出现较严重的积液

连续油管液氮诱喷气举试验表明，在气举期间产液量得到较大提高，消除了井筒积液，使试验井油套压、产气量、产液量等恢复到气举前的正常水平并恢复其自喷生产。以DL1X井为例，其气举试验前后生产数据见表7－21，气举使生产指标(油压、产液量等)恢复至气举前的正常水平甚至略有提升。

表7－21　DL1X井近气举前后生产数据表

日　期	油压/MPa	总液量/(t/d)	产油量/(t/d)	产气量/(m^3/d)	气油比/(m^3/t)	含水率/%	备　　注
5月22日	11.2	31.3	29.2	16782	575	6.83	刮蜡前正常水平
6月5日	9.8	4.6	4.5	5103	1126	1.5	气举前水平
6月6日	9.5	10.8	10.6	5103	480	1.66	气举消除了井筒积液
6月7日	8.9	63.6	62.2	5103	82	2.15	
6月8日	11.0	33.2	33.0	19746	599	0.75	
6月9日	11.2	31.5	29.0	18160	626	7.88	恢复至气举前正常水平
6月10日	11.2	31.5	29.6	18162	614	6.10	
6月11日	11.2	31.5	28.9	18162	629	8.36	

虽然气举先导试验井目的在于用连续油管诱喷、恢复气井的正常生产，与连续气举尚有区别，但客观上很好的印证了气举排液采气的可行性：对于地层产气量低于临界流量、井筒存在积液甚至停喷的井，只要连续注气，就能保证气举的连续排液、采气。

（三）电潜泵先导试验与效果分析

雅克拉、大涝坝等深层凝析气井目前未开展电潜泵排水采气的试验。为分析电潜泵排液采气的可行性，利用塔河南(THN1)、阿探(AT1)凝析气藏的电潜泵排液采气井进行分析。

THN1、AT1凝析气藏与雅克拉、大涝坝凝析气藏相似。其中，THN1是具有较高凝析油的凝析气藏，气油比大，能量较充足，驱动类型以弹性驱和水驱为主；储层原始地层压力44.47MPa/4328m，温度100.5℃/4328m，原始地层压力与露点压力相当。AT1为中高含凝析油断背斜凝析气藏，驱动类型为弹性、底水驱动；原始地层压力为46.13MPa/4259m，温度99.2℃/4259m，露点压力45.36MPa。

THN1、AT1凝析气藏电潜泵井生产情况见表7-22。

表7-22　THN1、AT1凝析气藏电潜泵排液采气井生产情况

井　名	泵挂深度	理论排量/(m^3/d)	实际平均生产参数							备　注
			产液量/(m^3/d)	产油量/(m^3/d)	产气量/(m^3/d)	含水率/%	GOR	GLR	泵效/%	
THN2	2290	80.0	75.8	1.4	96	98.2	71	1	94.7	
THN4H	2136	80.0	112.8	0	0	100	0	0	141.0	
THN6H	2348	80.0	75.7	6.2	1284	91.9	207	17	94.6	
		80.0	65.3	10.8	208	83.4	19	3	81.6	低频40Hz
AT1-9H	2290	80.0	60.5	14.5	3240	77.8	224	54	75.6	

从电潜泵在THN1、AT1凝析气藏的应用情况可以得出以下认识：

(1) 电潜泵是可用于雅克拉、大涝坝等深层凝析气藏的，只是大涝坝等的产层更深、相应的电潜泵下泵深度将增加。

(2) 电潜泵对气液比比较敏感，不能适用于高气液比井。

因此，电潜泵应主要用于大涝坝等深层凝析气藏边水/底水的强排以遏制边/底水侵入速度，即用于构造低部位井的强排液，以控制或减缓边/底水锥进速度，为构造高部位井提高采收率创造条件。

（四）有杆泵先导试验与效果分析

由于井况原因，目前雅克拉、大涝坝、THN1、AT1深层凝析气井中有杆泵排液采气开展井较少，将其中泵挂深度相对较深的开展井汇总到表7-23中。

表7-23　雅克拉、大涝坝等深层凝析气井有杆泵排液采气开展情况对比表

井　号	泵挂深度/m	泵径/mm	冲程/m	冲次/min^{-1}	理论排量/(m^3/d)	平均产液量/(m^3/d)	平均含水/%	平均气液比/(m^3/m^3)	平均泵效/%	备　注
Y15	2799	38	5	3	24.5	5.37	16.3	423	21.92	优化配置前
THN3	2000	56	5	3	53.2	11.7	99.1	78	21.99	
THN7H	1816	57	4.2	3	46.3	7.7	21.6	24	16.63	
THN11H	2209	44	5	3	32.8	18.8	100	13	57.24	
DL7	2818	38	5	3	24.5	16.2	85.3	356	66.13	优化配置后
AT2-3	2997	38	5	4	32.7	18.5	56.2	414	56.64	

表7－23中"优化配置前"指原来开展井、配置普通气锚；"优化配置后"指利用研究成果，即利用"深层凝析气井井筒积液判别软件"预测液面深度以指导下泵深度、利用"有杆泵系统优化设计软件"优化有杆泵工艺参数、使用"高效井下气液分离器"。

从各有杆泵排液采气工艺井的实际生产情况及表7－23的基本数据可以得出以下认识：虽然目前实际开展井有限、不同井井况存在差异而不能完全对比，但在气液比较高的条件下泵效显著高于优化前。这一方面验证了大涝坝等深层凝析气井采用有杆泵排液采气的可行性，另一方面也验证了有杆泵排液采气配套技术的有效性。

五、雅克拉等深层凝析气井排液采气工艺的技术筛选

从工艺技术可行性角度，将不同工艺在深层凝析气井特定条件下适应性的主要判定理由汇总到表7－24中。用于雅克拉、大涝坝等深层凝析气井排液采气的工艺方法主要有：优选管柱、连续气举、增压开采、有杆泵、优选管柱＋连续气举，部分适用或在特定条件下适用的有：泡排、电潜泵、气体加速泵、电潜泵－气举组合、有杆泵－气举组合。

表7－24　深层凝析气井不同排液采气工艺筛选汇总表

序号	工艺名称	优选工艺的适用范围及不优选工艺的主要制约因素						优选否
		举升高度/m	产量/(m^3/d)	调节灵活性	高气液比/(m^3/m^3)	高含凝析油	其他	
1	泡排	深井差				≤30%		特定条件使用
2	优选管柱	不限		灵活	好			推　荐
3	连续气举	≤5000	>30	灵活	好		P_r≥20MPa	推　荐
4	气体加速泵	≤3500	>30	灵活	好			特定条件使用
5	有杆泵	≤5000	<30		≤1000		水淹后	推　荐
6	电潜泵	≤4500	>30		<50		水淹后	特定条件使用
7	柱塞气举	≤3000	<30		好			特定条件使用
8	球塞气举	深井受限			好		管柱复杂	不优选
9	水力活塞泵				差		地面复杂	不优选
10	水力射流泵	≤3500			差		地面复杂	不优选
11	地面驱动螺杆泵	≤1500			较差			不优选
12	井下驱动螺杆泵	<3500			较差			不优选
13	连续油管注液氮	不限			好		井底激动	不优选
14	优选管柱＋气举	不限			好			优选
15	气举＋泡排				好	≤30%		不优选
16	气举＋电潜泵	不限	>30		<50		水淹后	特定条件使用
17	有杆泵＋气举	不限	<30		≤1000		水淹后	特定条件使用
18	增压开采	不限			好			推　荐

注：对于举升高度小于3500m的井，工艺适用期较短且适宜井较少，实际生产中尽量不选用。

据此，进一步结合雅克拉、大涝坝凝析气田的特点，该地区不同生产阶段优选的排液采气工艺见表7－25，各区块实际产量、压力、含水、气油比等差异很大，各区块(各井)当

前、近期、停喷后的工艺措施优选结果见表7－26。

表7－25 雅克拉－大涝坝深层凝析气井排液采气工艺优选表

生产阶段		井况条件	优选工艺措施
新投产井		试油时气液比 >1400m³/m³，能自喷	优选管柱
		试油时气液比≤1400m³/m³，或含水 >50%	参“停喷后”(可试用泡排)
自喷末期[①]	不动管柱	产液量稳定、含水≤30%	增压开采；放喷提液[②]
		含水 >30% ~50%，或气液比≤1400m³/m³	增压开采延长自喷期
	动管柱	产量稳定、含水≤30%、气液比 >1400m³/m³	优选管柱(小油管)；增压开采
停喷后[③]（气液比一般小于1400）	动管柱	Q_l >30m³/d，P_r≥20MPa，液面深≤4500m	连续气举
		Q_l >30m³/d，P_r >25MPa，液面深≤3000m	气体加速泵
		Q_l <30m³/d，液面深≤4500m(GLR≤1000m³/m³)	有杆泵
		Q_l >30m³/d，GLR <50m³/m³，液面深≤4000m	电潜泵
		Q_l >30m³/d，GLR <50m³/m³，液面深 >4000m	电泵－气举组合
		Q_l <30m³/d，液面深 >4500m	有杆泵－气举组合

注：①在采用衰竭式开采方式下，该阶段的工艺措施都是有效期较短的过渡性措施，以延长自喷期、提高自喷采收率。②存在边/底水快速锥进、水淹风险，注意监控含水率变化：含水率波动、有明显上升趋势时及时停用。③本阶段应尽量降低井口油压生产；人工举升的排量尽量维持在中低含水率稳定生产时的产量水平。液面通过压力梯度曲线或积液判断软件确定。

（1）结合雅克拉、大涝坝等特点，详细分析了影响深层凝析气井排液采气的主要因素：举升高度、排量、排量可调节性、高气油比等，并对排液采气中存在的主要问题：衰竭式开采时的边/底水侵入问题、液面深度判断与合理下泵深度的确定问题、深井泵排液采气的低泵效问题等进行了分析。

（2）对国内外气田治水与排水采气的开展情况进行了调研，其中常见的排水采气工艺有：泡排、优选管柱、常规气举、柱塞气举、球塞气举、机抽(有杆泵)、电潜泵、水力射流泵、气体加速泵等。

（3）从管柱结构、工作原理等角度对深井泵－气举组合工艺的可行性进行了深入研究，为深层油气藏衰竭式开发后期5000~6000m的深抽提供了新的技术手段。

（4）结合雅克拉、大涝坝的井况特点，进行了优选管柱排液采气的可行性论证，制作了优选管柱图、表，实际生产井可根据该图表进行管柱的优选，同时制作了用于判断高气液比井井筒积液的临界流量图表。

（5）从工艺特点、适用范围、开展情况、雅克拉等深层凝析气井的特殊要求等角度对18种不同排液采气工艺在深层凝析气井的适应性进行了分析，其中：①适宜的工艺有：优选管柱、连续气举、增压开采、有杆泵、优选管柱－气举；②在特定工况下部分适宜的工艺有：泡排、电潜泵、气体加速泵、柱塞举升、电潜泵－气举、有杆泵－气举。

（6）根据所筛选工艺的一般工作范围，结合雅克拉、大涝坝等的特殊性，从举升高度、排量、气液比、含水等要求出发，制定了不同工艺适宜的井况条件表，实际生产过程中可参考该表的技术指标对排液采气工艺进行具体选择。

（7）从工艺技术、完井生产管柱结构、经济性、操作/管理、调节灵活性、防腐等综合考虑，深层凝析气井排液采气工艺重点优选：

当 $P_r \geq 20$MPa、$Q_l \geq 30m^3/d$ 时，选用优选管柱、连续气举（含气体加速泵）、优选管柱＋连续气举，配合增压开采；

当 $Q_l < 30m^3/d$、GLR $\leq 1000m^3/m^3$（尤其是 $P_r < 20$MPa）时，选用有杆泵或有杆泵/气举组合，配合增压开采；

当 $Q_l \geq 30m^3/d$、GLR $< 50m^3/m^3$，选用电潜泵或电潜泵/气举组合，配合增压开采。

（8）对工艺技术可行的九种排液采气方案进行了经济评价，表明只要选井合理，各工艺均可取得较好的经济效益。

表 7－26　各区块（各井）工艺措施建议表

<table>
<tr><th rowspan="3">气田</th><th rowspan="3">构造</th><th rowspan="3">井号</th><th rowspan="3">产层静压/MPa</th><th rowspan="3">产层流压/MPa</th><th colspan="2">井口压力</th><th colspan="3">日产量</th><th rowspan="3">含水/%</th><th rowspan="3">气液比/%</th><th colspan="3">优选工艺措施</th></tr>
<tr><th rowspan="2">油压/MPa</th><th rowspan="2">回压/MPa</th><th rowspan="2">总液量/(t/d)</th><th rowspan="2">油量/(t/d)</th><th rowspan="2">气量/($10^4m^3/d$)</th><th>当前</th><th>近期</th><th>远期</th></tr>
<tr><th></th><th>$Q_g \leq 1.5 \times 10^4 m^3/d$，或$f_w$明显上升后</th><th>停喷后</th></tr>
<tr><td rowspan="11">大涝坝</td><td rowspan="3">1号</td><td>DL5</td><td></td><td>38</td><td>9.7</td><td>6.8</td><td>24.3</td><td>19.6</td><td>1.69</td><td>19</td><td>570</td><td>维持现状</td><td>增压开采（降 P_t）</td><td>有杆泵等</td></tr>
<tr><td>DL7</td><td></td><td>21</td><td colspan="7">2008.8 转有杆泵、2008.12 高含水关井</td><td></td><td></td><td>（转层）</td></tr>
<tr><td>DL8</td><td>44.1</td><td>31.6</td><td colspan="7">2008.6 高含水关井</td><td></td><td></td><td>（转层）</td></tr>
<tr><td rowspan="8">2号</td><td>DL1X</td><td></td><td>34.5</td><td>10</td><td>6.4</td><td>28.1</td><td>25.6</td><td>1.7</td><td>8.73</td><td>480</td><td colspan="2">维持现状＋增压开采（降 P_t）</td><td rowspan="2">电潜泵或气举等</td></tr>
<tr><td>DL2</td><td></td><td>48</td><td>25.6</td><td>7.5</td><td>34.6</td><td>33.3</td><td>5.3</td><td>4.1</td><td>1210</td><td>维持现状</td><td>增压开采（降 P_t）</td></tr>
<tr><td>DL3</td><td></td><td>29.9</td><td>6.8</td><td>0.9</td><td>18.2</td><td>18</td><td>1.45</td><td>0.99</td><td>630</td><td colspan="2">维持现状＋增压开采（降 P_t）</td><td>有杆泵等</td></tr>
<tr><td>DL4</td><td>47</td><td>42.9</td><td>24.3</td><td>6.5</td><td>30.7</td><td>28.4</td><td>5.5</td><td>7.6</td><td>1450</td><td rowspan="2">维持现状</td><td rowspan="2">增压开采（降 P_t）</td><td rowspan="4">电潜泵或气举等</td></tr>
<tr><td>DL6</td><td></td><td>47</td><td>26.3</td><td>6.7</td><td>38.6</td><td>36.8</td><td>6.34</td><td>4.7</td><td>1300</td></tr>
<tr><td>DL9</td><td></td><td>45</td><td>16</td><td>6.2</td><td>29.9</td><td>14.3</td><td>1.87</td><td>52</td><td>560</td><td colspan="2">维持现状＋增压开采（降 P_t）</td></tr>
<tr><td>DL10</td><td>45.8</td><td>40</td><td>23.6</td><td>3.7</td><td>29.7</td><td>29.3</td><td>4.96</td><td>1.3</td><td>1310</td><td rowspan="2">维持现状</td><td rowspan="2">增压开采（降 P_t）</td></tr>
<tr><td>S45</td><td></td><td>41</td><td>10.8</td><td>6.2</td><td>16.5</td><td>14.3</td><td>2.75</td><td>13.5</td><td>1350</td><td>有杆泵等</td></tr>
<tr><td rowspan="8">雅克拉</td><td rowspan="8">雅克拉</td><td>Y1</td><td></td><td>52.8</td><td>32</td><td>8.3</td><td>66</td><td>65.5</td><td>27.8</td><td>0.5</td><td>3340</td><td colspan="2" rowspan="8">现有管柱直径合理，气液比高，自喷携液能力强，维持现有生产制度</td><td rowspan="8">预期自喷期长。自喷携液困难后（含水升高、气液比大幅降低）采用增压开采，并视实际情况选择后续工艺</td></tr>
<tr><td>Y7CH</td><td></td><td>57.7</td><td>32.5</td><td>7.7</td><td>89.3</td><td>86.1</td><td>33.3</td><td>3.6</td><td>2920</td></tr>
<tr><td>Y8</td><td></td><td>30</td><td>24</td><td>7.8</td><td>36.8</td><td>35.5</td><td>16.5</td><td>3.6</td><td>3490</td></tr>
<tr><td>Y9X</td><td></td><td>51.6</td><td>32.5</td><td>8.2</td><td>31</td><td>19.3</td><td>7.7</td><td>37.9</td><td>2120</td></tr>
<tr><td>Y10</td><td></td><td>51.6</td><td>33.1</td><td>7.9</td><td>23.1</td><td>19.6</td><td>8</td><td>15.5</td><td>2820</td></tr>
<tr><td>Y13</td><td></td><td>32.6</td><td>32</td><td>8</td><td>16.9</td><td>16.6</td><td>6</td><td>1.6</td><td>2820</td></tr>
<tr><td>Y14H</td><td>51.6</td><td>51.1</td><td>32</td><td>7.9</td><td>70</td><td>69.9</td><td>28.4</td><td>0.18</td><td>3200</td></tr>
<tr><td>Y15</td><td>51.7</td><td>48.7</td><td>33.5</td><td>9.3</td><td>26.4</td><td>26.3</td><td>11.3</td><td>0.39</td><td>3310</td></tr>
</table>

第四节　凝析气井井筒结蜡规律

一、井筒结蜡机理

井筒结蜡是一个十分普遍的问题，前人在该领域做了大量的研究。从前面的文献调研可知，研究较多的为原油生产过程中的结蜡，且主要以理论计算为主，室内实验主要集中在静态条件下石蜡溶解度的变化方面。而凝析气井的结蜡研究相对较少，由于高温高压及存在大量的相变问题，室内模拟的难度很大，相关实验研究工作更少。

为了模拟井筒结蜡的动态过程，考虑了两种实验系统模拟井筒的结蜡。根据前面文献调研及资料分析可知，井筒结蜡的形成主要受溶解动力学和结晶动力学控制，主要影响因素有温度、压力、流体组分以及蜡沉积环境等因素。然而，大涝坝凝析气田气井井筒内的流体为多相体系，因此，蜡晶能否进行有效沉积不仅受上述条件控制而且受其他条件的影响，如流体流动速度以及油管的表面性质等。国内外目前主要利用高压 PVT 实验及蜡晶分析技术等方法对石蜡沉积进行静态研究，无法模拟其在井筒及流动条件下石蜡的沉积行为。

通过对井筒结蜡机理的深入分析，结合室内模拟、挂片实验及微管流动实验等手段，针对不同温度、压力以及不同粗糙度表面的挂片进行模拟井筒条件下石蜡结晶的动态形成过程，并对结蜡速度进行了定量计算。

（一）结蜡影响因素

用石英玻璃管模拟井筒，把它置于高压管线（模拟套管并提供高压环境）中，研究生产压差、温度、组分变化及油管变径等因素对石蜡在玻璃管中沉积特性的影响。

1. 石蜡物性分析

现场取样石蜡熔点的测定：

通过瓶试实验得出石蜡的熔点为 75～78℃。对样品进行物性测定，检测结果如表 7－27 所示：

表 7－27　现场刮蜡样品分析测试结果

样品名称	堵塞物	样品名称	堵塞物
蜡/%	71.08	机械杂质/%	0.823
胶质/%	2.29	凝点/℃	72
沥青质/%	0.71		

从表 7－27 中可知，样品主要成分为蜡，含量达到 71.08%；胶质、沥青质含量分别为 2.29% 和 0.71%；机杂含量为 0.823%。因此，上述组分的存在是导致结蜡点增加的主要原因。

2. 井筒蜡组分的测定

用 MAGNA－IR560E. S. P 红外光谱仪测定了现场取回的蜡样红外吸收光谱，吸收峰与波数的关系见图 7－34。图中波数 2954.80cm^{-1}为 CH_3 基团 C－H 反对称伸缩振动吸收谱带，2916.64cm^{-1}为 CH_2 基团的 C－H 反对称伸缩振动吸收谱带，2848.56cm^{-1}为 CH_3 和 CH_2 基团的 C－H 反对称伸缩振动吸收谱带，1471.91cm^{-1}为 CH_3 和 CH_2 基团的 C－H 面内弯曲振动吸收谱带，1377.18cm^{-1}为 CH_3 和 C－H 弯曲振动吸收谱带，728.88cm^{-1}为 $(CH_2)n$ 基团 $n>4$ 时 C－H 面外弯曲振动吸收谱带。

3. 模拟流体组分时凝点及熔点的测定

针对分离器油样，选取 5 个压力点，即 50、40、30、20、10、5MPa，利用固溶物沉积实验系统测试这些压力点下模拟组分在降温过程中稳定光源发出的光束通过样品体系时光强度（即电压）的变化。通过电压随温度的变化确定石蜡的熔点及凝点（见表 7－28）。

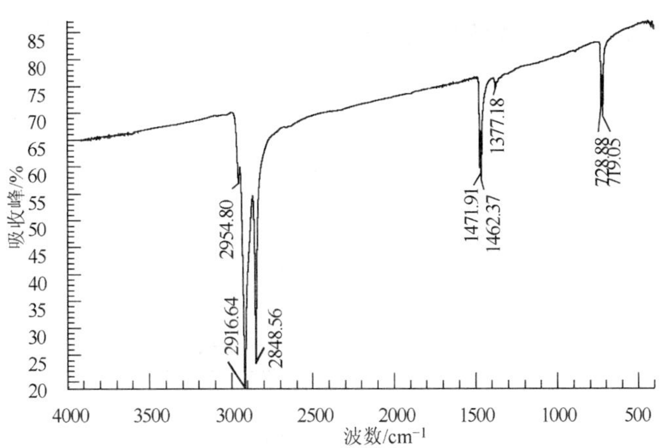

图 7－34　现场蜡样红外吸收光谱分析吸收峰与波数的关系

表 7－28　对应压力点下模拟组分中蜡的凝点及熔点

压力/MPa	凝点/℃	熔点/℃	压力/MPa	凝点/℃	熔点/℃
5	46.3	53.1	30	52.1	59.2
10	47.2	54.4	40	53.8	61.5
20	48.8	56.3	50	54.5	63.0

由图 7－35 可知，模拟组分中油样的析蜡温度点和熔蜡温度点随压力降低基本呈直线下降，压力在≤50MPa 范围内，析蜡温度点在 46～55℃，熔蜡温度点 53～63℃，析蜡温度点比熔蜡温度点低 6～8℃；且升温熔蜡曲线滞后于降温析蜡曲线，说明蜡一旦析出，更难融化。实验发现，为了使析出的蜡晶完全溶解，温度必须高于 75℃。另外根据现场取回的蜡样分析可知，其凝点为 72℃，这是由于蜡中含有一定量的大分子胶质沥青质，使得其凝点升高。因此，实验选择熔点为 54～64℃切片石蜡作为模拟组分是较为合理的。

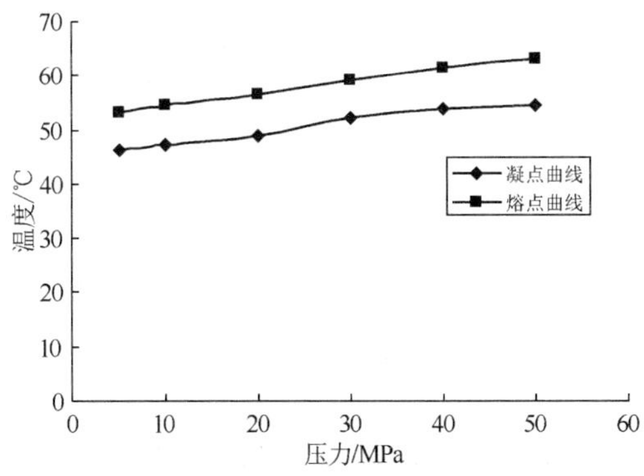

图 7－35　不同压力下模拟组分的凝点及熔点变化规律

4. 石蜡结晶动态规律

用实验装置，研究不同压差下玻璃管中石蜡的结晶情况。当背压恒定为 10MPa，驱替压差达到 0.5MPa 时，管中开始出现大量的细小颗粒，为石蜡晶体；由于此时晶体刚刚析出，有点像刚刚冷凝下来的液体。随着流动压差的增大，石蜡固体颗粒明显增大。

5. 压力、压差对管中石蜡结晶量的影响

1）静态条件下压力对析蜡量的影响

针对大涝坝分离器油样分析资料，选择 10 个压力点，对应每个压力点，分别测定对应的析蜡量，这里固定温度为 30℃。先固定油样含蜡浓度为 2%，用 PVT 实验装置进行析蜡实验。

由静态实验结果(见表 7－29)可知，随着压力的降低，吸蜡量逐渐增大，这是由于压力降低导致石蜡在流体中的溶解度降低。

表 7－29　不同压力条件下油相析蜡量的变化

压力/MPa	50	40	35	30	25	20	15	10	8	4
析蜡量/%(wt)	0.1	0.14	0.36	0.71	1.16	1.45	1.66	1.75	1.81	1.85

2）动态条件下压力对结蜡量的影响

固定压差，在不同流动压力环境下把平衡过的含蜡流体驱入高压小管实验装置，实验后取出的微管进行称重，通过实验前后微管质量的变化，得出不同流动压力下石蜡在微管中的结晶程度。

由图 7－36 可知，当温度为 60℃时，随着压力的增加，结蜡量增大，20～40MPa 为一个上升阶段；大于 40MPa，随着压力的增加，结蜡量呈降低的趋势；在 40MPa 附近出现了峰值。这是由于在该压力附近，流体发生了反凝析现象，产生了大量的液体。

根据微管与井筒的管径比，不考虑流速及时间的影响，则可以计算每米井筒在同样条件下一天的结蜡量随压力的变化如图 7－37 所示(假设油管内径为 70mm)。从图中可以看出，压力在 20～40MPa 时，每米井筒析蜡量最大为 2500g/d，最小为 1000g/d 左右；折合成厚度为 2.0～5.0mm/d。

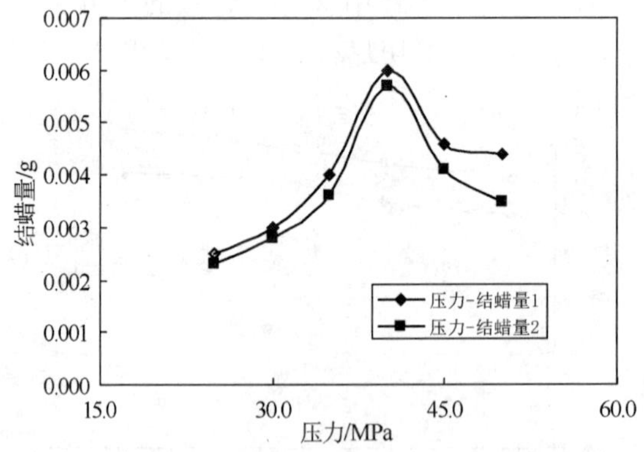

图 7－36　不同压力环境下微管中的实测结蜡量

$\Delta P = 0.5\text{MPa}$，$t = 5\text{min}$，$L = 10\text{cm}$

3）压差对结蜡量的影响

在不同流动压差下让流体通过小管，模拟井筒流速对结蜡行为的影响，然后取出小管进行称重，通过实验前后小管质量的变化，得出不同流动压差下石蜡在小管中的结晶程度。

由图 7－38 可知，随着小管两端压差的增大，结蜡量呈先增加、后降低的趋势。这是由于压差增加，则高压下溶解较多的蜡在低压下析出越多；同时随着压差的增加，流速增大，则蜡晶附着的几率降低，从而降低了析蜡量。

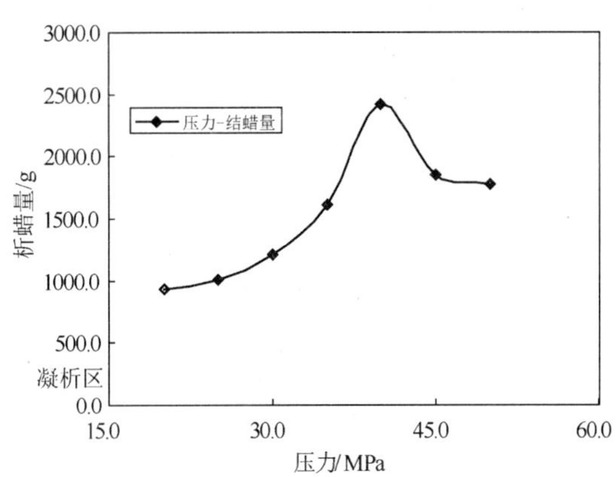

图 7－37　不同压力环境下井筒中的结蜡量

$\Delta P = 0.5\text{MPa}$，$t = 1\text{d}$，$L = 100\text{cm}$

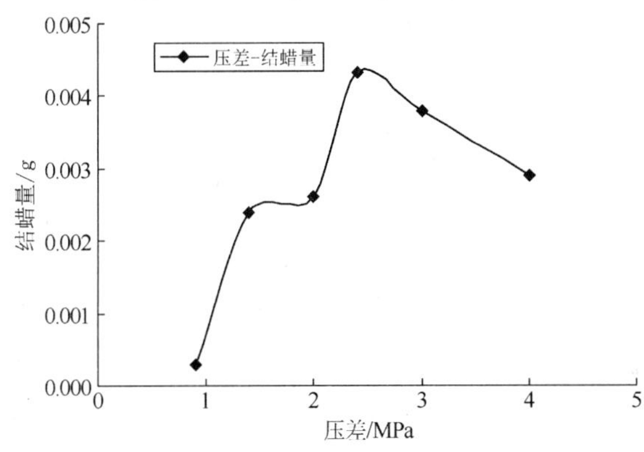

图 7－38　不同压差下小管中的结蜡量

6. 温度对石蜡结晶量的影响

随着温度的降低，蜡晶开始析出，利用 PVT 实验装置及高压在线过滤实验装置，测定了温度对结蜡量的影响。固定模拟组分中石蜡的浓度为 2%，用两种不同凝点的切片石蜡进行实验。其中，模拟组分 1 含有熔点为 54～56℃ 切片石蜡，模拟组分 2 含有熔点为 60～62℃ 的切片石蜡（见表 7－30）。

表 7－30　不同温度条件下油相析蜡量的变化

温度/℃	10	20	30	40	50	60	70
模拟组分 1 析蜡量/%（wt）	93.26	82.53	73.66	60.51	12.26	0.00	0.00
模拟组分 2 析蜡量/%（wt）	99.76	87.81	77.43	62.44	19.73	4.79	0.00

由图 7－39 可知，随着温度的增加，模拟组分析蜡量降低；相同温度下，用熔点高的切片石蜡配制的模拟组分析出的石蜡量较熔点低的大。

7. 液相组分对石蜡析出量的影响

用 PVT 相态实验装置，考察组分在静态（平衡）条件下石蜡的结晶规律。实验中改变正庚烷与液体石蜡的比例，保持它们的总浓度恒定。

由实验结果（见表 7－31）可知，随着液体组分中重组分（液体石蜡）含量的增加，在所研究的温度范围内（0～70℃），析蜡逐渐增大；且析蜡点的温度升高。

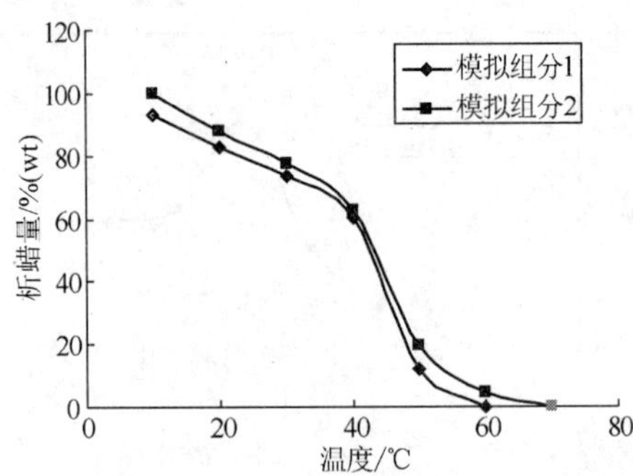

图 7-39　不同石蜡组分在模拟组分中析出行为随温度的变化

表 7-31　不同组分条件下油相析蜡量的变化

温度/℃	10	20	30	40	50	60	70
正庚烷: 液体石蜡 = 5:7	93.26	82.53	73.66	60.51	12.26	0.00	0.00
正庚烷: 液体石蜡 = 6:6	94.33	83.76	74.34	61.75	14.06	0.00	0.00
正庚烷: 液体石蜡 = 7:5	95.61	85.22	75.65	63.14	15.37	2.76	0.00
正庚烷: 液体石蜡 = 9:3	97.24	86.47	78.39	64.96	18.80	5.85	1.36

（二）粗糙度对结蜡的影响

为了模拟井筒材质及表面粗糙度对析蜡规律的影响，实验使用 P110 不锈钢挂片，将配好的含蜡混合组分样品转入高压中间容器。实验用砂纸把挂片打磨成不同的粗糙度，然后通过降压，测定一定压差(或流速)下挂片表面的析蜡量，模拟井筒材质及粗糙度对析蜡的影响。

取出高压罐中的挂片，发现石蜡在挂片上底部和上部均分布有大量的石蜡，而中部沉积得较少，肉眼几乎看不到石蜡的沉积。

从表 7-32 ~ 表 7-34 中可以知道，改变了挂片粗糙度，但结蜡量的变化不大。

表 7-32　原始挂片结蜡实验结果　(单位：g)

实验编号	挂片原质量	结蜡后质量	刮蜡后质量	结蜡量
350 号	11.121	11.128	11.118	0.007
363 号	10.926	10.930	10.921	0.004
271 号	10.983	10.987	10.982	0.004
283 号	11.077	11.082	11.075	0.005

表 7-33　挂片打磨(一面)的结蜡实验结果　(单位：g)

实验编号	挂片原质量	打磨一面	结蜡后质量	刮蜡后质量	结蜡量
362 号	10.811	10.807	10.814	10.805	0.007
265 号	10.845	10.833	10.842	10.850	0.009
243 号	10.995	10.987	10.995	10.990	0.008

表 7-34　挂片打磨(二面)的结蜡实验结果　(单位：g)

实验编号	挂片原质量	打磨两面	结蜡后质量	刮蜡后质量	结蜡量
366 号	10.902	10.901	10.906	10.896	0.005
279 号	11.047	11.032	11.044	11.035	0.012

结合实际情况可知，井筒结蜡是流体在压差作用下多次、长时间接触井筒壁面的过程，而上述实验只是在压差作用下一次接触挂片的情况，因此，把上述实验后的挂片清洗干净后重新进行结蜡实验。

实验对每个挂片进行不同次数的流动过程模拟，测定析蜡量的变化，并把结果总结如表7－35所示。

表7－35　不同粗糙度挂片的结蜡实验结果

实验编号	不同流动次数下的结蜡量/g			挂片情况
	1次	2次	4次	
350号	0.007	0.005	0.006	两面光滑
363号	0.004	0.004	0.007	两面光滑
271号	0.004	0.002	0.006	两面光滑
283号	0.005	0.007	0.007	两面光滑
362号	0.007	0.006	0.009	一面粗糙
265号	0.009	0.009	0.013	一面粗糙
243号	0.008	0.01	0.011	一面粗糙
366号	0.005	0.009	0.014	两面粗糙
279号	0.012	0.013	0.017	两面粗糙

注：结蜡量＝结蜡后质量－挂片原质量（或打磨后挂片质量）。

挂片打磨前后，流动初期石蜡析出的情况大致一样，但随着流动时间的延长或接触次数的增加，两面打磨的挂片其析蜡量普遍比打磨一面的挂片析蜡量高，而光滑表面的挂片其表面沉积的蜡最少。由于两面打磨的挂片其与流体接触面积大，流动阻力相对较大，因而析蜡量也最大。

可以认为，固－液两相间的接触，液体总能浸透整个固体的表面，即与固体的接触总是充分的。如果蜡的沉积只是由于管壁与流体间的剪切力的作用，那么，根据剪切应力的定义，剪切应力的大小只与流速有关，而不与管壁的粗糙度有关。但由于流体与壁面的接触面积及流动阻力却随着管壁粗糙度的增加而增大，因而其析蜡量也会明显增大（见图7－40、图7－41）。

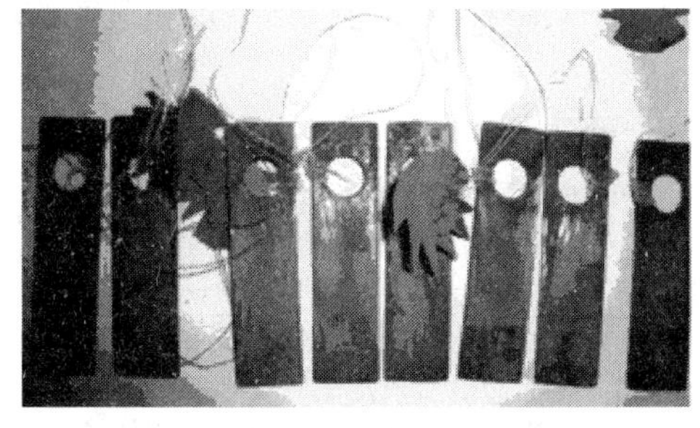

图7－40　不同粗糙度挂片上一次流动结蜡

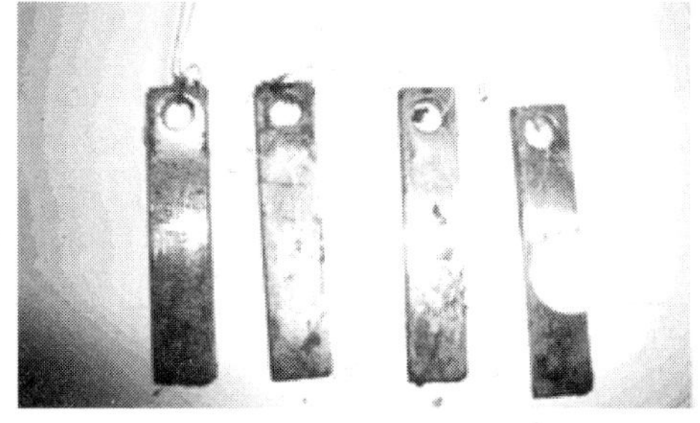

图7－41　不同粗糙度挂片上多次流动结蜡

（三）变径对结蜡影响

在分析生产资料时发现，结蜡严重部位经常发生在生产管柱的管径发生突变的位置。因此，实验考虑了变径对结蜡行为的影响。

为了模拟生产管柱发生变化时，定性分析油管结蜡量的变化，设计了相同条件下3组实验，把3组实验结果进行平均。具体实验内容为：在内径为0.5mm的小管中放一段2cm长、内径为0.32mm的微管。把上述组合玻璃管放入高压管线中，在65℃烘箱中与装入模拟凝析组分的高压中加容器连接，考察不同压差对结蜡量的影响。

从表7-36中看出，小管接入微管后，小管中结蜡量明显增大。这是由于接入了微管，管径变细，流动阻力增大，压差增加，从而导致析蜡量增加。

表7-36 考虑变径对结蜡的影响

压差	小管尾端连接微管		不接微管	
	实测析蜡量/[g/(10cm/5min)]	折算到油管时的析蜡量/[g/(m/d)]	实测析蜡量/[g/(10cm/5min)]	折算到油管时的析蜡量/[g/(m/d)]
20MPa	0.0030	12096	0.0030	12096
20MPa	0.0040	16128	0.0023	9273.6
20MPa	0.0060	24192	0.0025	10080
平均	0.034	17472	0.0026	1048.32

（四）井筒结蜡规律

通过对现场资料的分析及蜡样的物性测定，模拟了井流物的组成，建立了研究石蜡在井筒中结蜡规律的两种实验模型：即挂片模型和小管流动模型，研究了不同条件下石蜡在井筒中的结蜡过程，就雅克拉深层凝析气组成及结蜡机理取得以下认识：

（1）雅克拉凝析气田井筒蜡样组成中石蜡浓度为71%，同时含有一定的胶质和沥青质；凝点为72℃。

（2）温度对析蜡量的影响最为敏感，析蜡量随温度的降低而增加。在所研究的温度区间及一定组分的条件下，析蜡量随温度的降低呈非线性下降，曲线出现拐点。

（3）压力对凝析气结蜡量的影响与凝析气的反凝析点密切相关。流体在流动过程中，当压力低于反凝析压力时，结蜡量随压力的增加呈增大的趋势；在压力达到反凝析压力时，结蜡量出现峰值；当压力超过高于反凝析压力时，则结蜡量随压力的增加而呈现降低的趋势。

（4）气井井流物中重组分含量对析蜡量和初始析蜡点也有显著的影响。井流物中重组分含量越大，结蜡量越大，且初始析蜡点的温度呈上升的趋势。

（5）流速对结蜡量的影响存在一临界值。当流速低于某一临界值时，结蜡量随流速的增加而增大；高于该临界值时，结蜡量随流速的升高而降低。

（6）表面粗糙度对结蜡量也有较大的影响，粗糙度增加，蜡析出量明显增大；

（7）井筒变径对结蜡有一定的影响。当油管直径变小时，析蜡量增大。

二、石蜡沉积机理相态模拟及石蜡沉积预测

（一）石蜡沉积机理相态模拟

应用CMG数值模拟软件中的Winprop相态分析模块，采用原油特征化方法对C_{11+}做了特征化分析，对碳数进行了相应的延长至C_{20+}，因为实验所得到的石蜡主要为低分子石蜡，因此定义C_{15}及其以上的组分为石蜡。

DL4井地层温度为134.4℃，地层压力为56.17MPa，井流物组分含量(mol%)：N_2为2.88，CO_2为0.63，C_1为71.8，C_2为8.01，C_3为3，iC_4为0.73，nC_4为1.07，iC_5为0.63，nC_5为0.61，FC_6为2.35，FC_7为1.97，FC_8为1.6，FC_9为0.85，FC_{10}为0.57，C_{11}为0.518，

C_{12}为 0.436，C_{13} 为 0.368，C_{14} 为 0.31，C_{15} 为 0.262，C_{16} 为 0.221，C_{17} 为 0.186，C_{18} 为 0.157，C_{19}为 0.132，C_{20+}为 0.711。

经模拟得到 20MPa 条件下 DL4 井气接触 3 次后的石蜡沉积量曲线，从图 7－42 可以得出析蜡温度和不同温度下的析蜡量。模拟值与各次接触后析蜡点的实验值，之差介于 0.2～3.5℃，能有效的应用于石蜡沉积的预测（见表 7－37）。

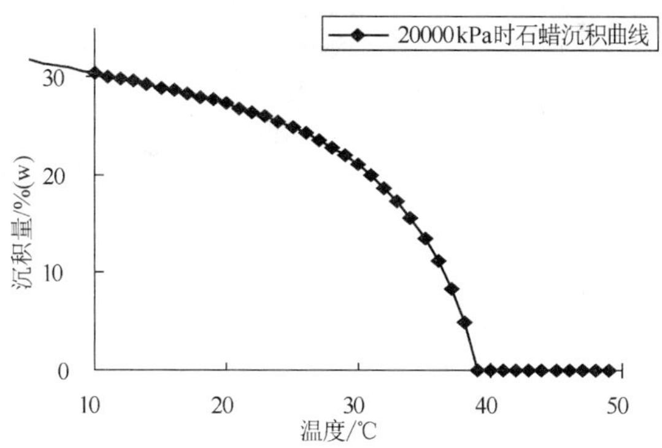

图 7－42　气接触 3 次后平衡油的石蜡沉积量曲线

表 7－37　析蜡点的实验值与模拟值

	析蜡点模拟值/℃	析蜡点实验值/℃
DL4 单脱油	41.0	40.3
DL4 气接触 1 次后	36.6	37.0
DL4 气接触 2 次后	36.8	37.0
DL4 气接触 3 次后	38.8	40.7
DL4 气接触 4 次后	37.8	41.3

（二）石蜡沉积预测

有文献指出，含有高碳数的石蜡凝析气体系里存在 WDE（又叫石蜡沉积壳层），这个 WDE 类似于油里的 WDE，可以被看为是一标准的热力图解，如图 7－43 左边曲线所示。

由于凝析油从析出到流向井口，与井筒的气体发生多次接触，流体的组成发生了变化，在实际生产中，应该用图 7－43 来判定是否有石蜡沉积。图 7－43 为 DL4 气各次接触后的 WDE 与生产实际的结合，地层条件和分离器条件的连线与多次接触中的 WDE 相交，表明有石蜡生成，而在实际生产中的确也有石蜡生成。

图 7－44 为不同温度下井流物中气、液、固三相相摩尔分数随压力的变化情况，气、液、固三相相摩尔分数之和始终等于 100%。从图可以看出：随着压力与温度的增加，液相、气相摩尔分数变化较复杂，穿过超临界区时经常出现突变，但是石蜡含量较低，在生产中主要变现为累积效应。

图 7－45 为不同温度下单脱油中气、液、固三相相摩尔分数随压力的变化情况，因为是单脱油，所以气相的相摩尔分数始终为 0，液固两相的相摩尔分数之和始终等于 100%；从图可以看出：随着压力的增加，石蜡逐渐增多，液相逐渐减少；随着温度的增加，石蜡逐渐减少，液相逐渐增多。

图 7－46 为不同温度下 DL4 气接触 2 次后平衡油中气、液、固三相相摩尔分数随压力的

变化情况，气、液、固三相相摩尔分数之和始终等于100%。从图可以看出：10℃时，始终存在石蜡沉积；37℃时，随着压力上升至饱和压力时，石蜡出现沉积；在其他温度下均存在沉积，但是量较少。

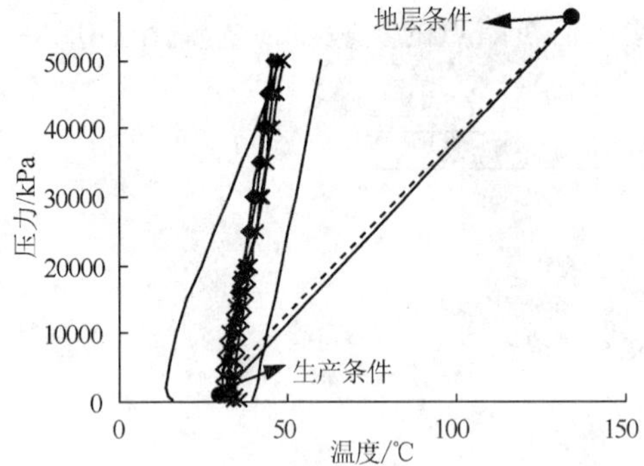

图7-43 各次接触后的WDE与生产实际的结合

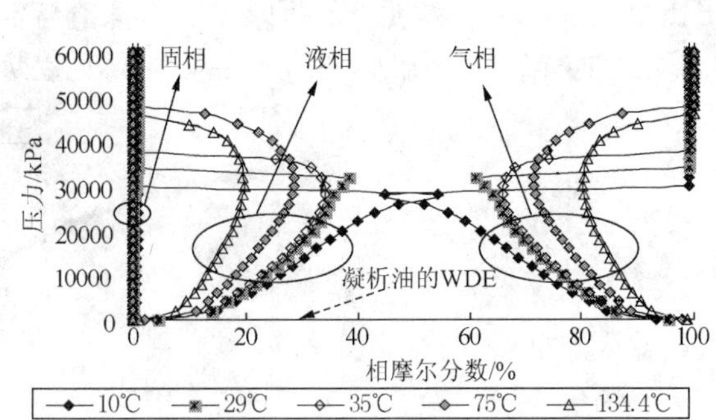

图7-44 不同温度下井流物中气、液、固三相相摩尔分数随压力的变化情况

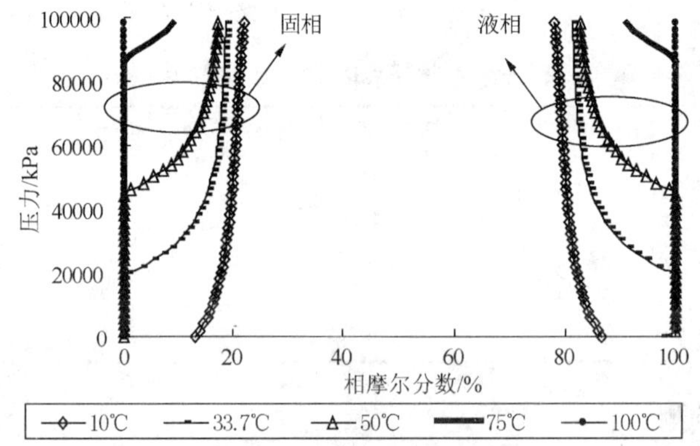

图7-45 不同温度下单脱油中气、液、固三相相摩尔分数随压力的变化情况

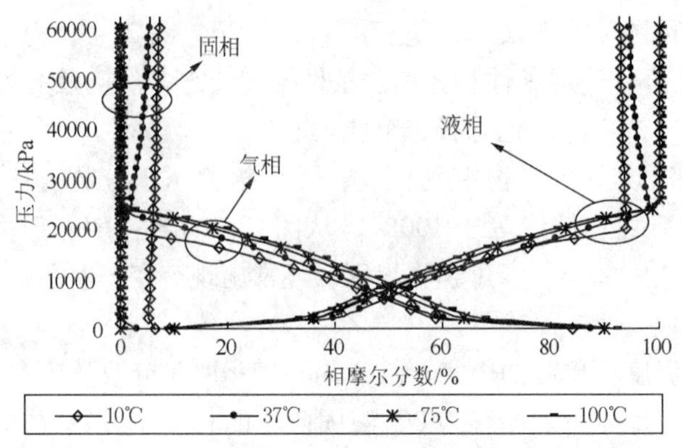

图7-46 不同温度下气接触2次后平衡油中气、液、固三相相摩尔分数随压力的变化情况

三、井筒结蜡模型的建立与应用

（一）井筒结蜡模型的建立

油气在井筒流动过程中不断向周围环境散热，当流体温度低于蜡的初始结晶温度时，蜡晶微粒便开始在油流中和固相表面上析出。蜡溶解、蜡晶析出及蜡沉积是一个不断变化的多接触多相变过程，作者通过对溶解蜡分子的径向扩散过程和蜡晶粒子的径向迁移过程的模拟计算下，建立井筒结蜡剖面的预测模型，为制定井筒防蜡和清蜡措施提供理论基础。

1. 井筒温度预测计算

根据朱德武等凝析气井井筒温度分布，计算得到井筒中的温度分布为：

$$T_1 = ay + Aa + b + (T_w - ah - Aa - b)e^{\frac{y-h}{A}}$$

其中：

$$A = \frac{WC(\lambda_b + r_i\mu)}{2\pi r_i \mu \lambda_b}$$

式中 y——井筒深度，m；

h——井眼总深度，m；

a——地温梯度，K/m；

b——折算地表温度，K；

T_w——井底温度，K；

W——油管内流体质量流量，kg/s；

C——油管内流体比热，J/(kg·K)；

r_i——油管内径，m；

μ——从油管内壁到套管外壁的传热系数，W/(m·K)；

T_1, T_2, T_e——油管内壁、套管外壁、地层深处温度，K；

λ_b——地层传热系数，W/(m·K)。

2. 井筒压力预测计算

对于凝析气井，实际管路中的流体流动远比单项气体流动复杂，沿油管从井底到地面压力不断下降，凝析油不断从其题中析出，形成在油管中的油气两相流动。当凝析气存在活跃的边底水时，凝析气井开采过程中还会出水，在油管中出现三相流动。此时，多相流体的井筒管流的压力损失的动量方程可以用下面方程描述：

$$\frac{dP}{dZ} = \rho_m g\sin\theta + \frac{\rho_m V_{2m}}{2d}$$

在工作制度确定后，多相管流较短时间内能够达到稳定状态，因此，多相管流可以看作是稳定流动，即流过任意截面的井流物组分不变。

井筒中的压力变化影响到气体在井筒内的流速，此模型中压力气柱压力分布的近似数值解为：

$$P = P_w e^{\frac{0.03416\gamma_g}{TZ_g}\Delta Z_g}$$

式中，下标 m 表示混合流体特性。设油气水的平均流速 V_o、V_g、V_w为油气水的流量。

3. 密度场预测计算

假设井筒中不存在滑脱效应，即井筒中的密度场分布为：

$$\rho = \frac{P_a T_i}{P_i T_a} w_o \rho_o + w_w \rho_w + w_g \rho_g$$

式中　P_a，T_a——标准压力和温度；

P_i，T_i——井筒中任意一点的压力和温度；

d——油管直径，cm；

ρ_o，ρ_w，ρ_g——油、水、气的密度，kg/m^3；

w_o，w_w，w_g——油、水、气的百分含量，小数。

4. 速度场预测计算

井筒中的速度场分布为：

$$v = \frac{4Q}{\pi d^2} \frac{P_a T_i}{P_i T_a} \tag{7-18}$$

式中　P_a，T_a——标准压力和温度；

P_i，T_i——井筒中任意一点的压力和温度；

d——油管直径，cm。

一般认为，当剪切速率大于245m/s时，剪切沉积停止，蜡的剪切沉积速度为0。对于不同直径有关来说，其极限剪切沉积流体流速不同（见表7－38）。

表7－38　不同油管直径对应的气井极限流速

油管直径/mm	40	50	55	60	65	70
气井极限流速/（m/s）	49	61.25	67.375	73.5	79.625	85.75

5. 蜡沉积模型

油气在井筒流动过程中不断向周围环境散热，当流体温度低于蜡的初始结晶温度时，蜡晶微粒便开始在油流中和固相表面上析出。蜡溶解、蜡晶析出及蜡沉积是一个不断变化的多接触多相变过程，作者通过对溶解蜡分子的径向扩散过程和蜡晶粒子的径向迁移过程的模拟计算下，建立井筒结蜡剖面的预测模型，为制定井筒防蜡和清蜡措施提供理论基础。

预测模型仍基于两种沉积机理：扩散沉积；剪切沉积。

1）蜡的扩散沉积模型

含蜡凝析油气在井筒流动过程中，由于流体和油管壁面间存在温度梯度，所以，两者之间存在着蜡的浓度梯度。在此浓度梯度作用下，溶解于原油中的部分蜡分子以分子扩散的形式向油管壁面迁移并在到达固液界面时从原油中析出，然后借助于自由表面能而沉积于油管壁面上或已形成的不流动层面上。根据Fick扩散定律，管壁上蜡的扩散沉积速度可表示为：

$$\frac{dW_d}{dt} = C_d C_1 \frac{\rho_s A}{\mu} \frac{dC}{dT} \frac{dT}{dr}$$

式中　$\frac{dW_d}{dt}$——单位时间内由分子扩散而沉积的溶解蜡的质量，kg/s；

C_d——沉积常数，一般取1500；

C_1——分子扩散常数；

ρ_s——蜡晶密度，kg/m^3；

A^*——蜡沉积表面积，m^2；

μ——流体黏度，mPa·s；

$\frac{dC}{dT}$——流体中的蜡浓度梯度，(℃)$^{-1}$；

$\frac{dT}{dr}$——径向温度梯度,℃/m。

2）蜡的剪切沉积模型

蜡晶粒子以布朗运动和剪切分散两种方式作横向迁移。布朗运动的影响相对较小。由于井筒中速度梯度场的存在，悬浮在油流中的蜡晶颗粒会以一定的角速度进行旋转运动，并出现横向局部平移，即产生剪切分散。层流情况下，由于速度梯度的存在而产生的蜡的剪切沉积速度可表示为：

$$\frac{dW_s}{dt} = C_d k^* c^* \gamma A$$

式中 $\frac{dW_s}{dt}$——单位时间内由剪切分散而沉积的蜡的质量，kg/s；

k^*——剪切沉积速度常数；

c^*——壁面处蜡晶粒子的体积浓度,%；

γ——剪切速率，s^{-1}。

根据以上两种模型并考虑气井生产过程中组分变化，引入差异系数来模拟组分的变化对结蜡厚度的影响，得蜡沉积模型表示为：

$$h(H,\ Q,\ t) = \frac{0.415 \times Q^2 - 0.987Q + 2.364}{Q^2 - 3.733Q + 4.695} \times$$

$$\left(k_d \cdot \frac{\dfrac{\left(\dfrac{P_a T_H w_o \rho_o}{T_a \cdot P_w} + w_w \rho_w + w_g \rho_g\right)}{e^{\frac{0.03416\gamma_g}{TZ_g}\Delta Z_g}} \cdot 3878.417^{[0.005(T_H - T_e) - 2.134]}}{\mu \cdot d \cdot H^{0.5}} + k_s \cdot \frac{4Q}{\pi d^2} \frac{P_a T_H}{T_a \cdot P_w \cdot e^{\frac{0.03416\gamma_g}{TZ_g}\Delta Z_g}} \right) \times t$$

上式过于繁琐，为方便现场应用，经过代入计算，可以简化成下式：

$$h(D_{th},\ D\dot{a}y,\ Q) = \frac{0.9298(Q-1)^2 - 2.192(Q-1) + 5.2965}{(Q-1)^2 - 3.733 \times (Q-1) + 4.695} \cdot e^{\frac{-x\sqrt{Q}+1}{48.8483}} (1 - e^{(1 - t/10.20685)})$$

式中 h——厚度，cm；

D_{th}——油井某点的深度，m；

Q——产量，$10^4 m^3$；

$D\dot{a}y$——天数，d。

（二）井筒结蜡模型的应用

根据上面的结蜡模型，为了更有效直观的实现现场应用，根据大涝坝凝析气井实际生产情况，对产量进行分类，建立一整套适合大涝坝凝析气井井筒结蜡的图版（见图7－47～图7－50）。由于井筒结蜡模版考虑了产出流体组分的变化对结蜡速度或清蜡周期的影响，即在模版中引入了组分差异系数，因此，同一产量在不同生产时期下其清蜡周期也会发生变化。针对这种情况，上述图版应根据产出组分的变化相应的对清蜡周期进行校正。

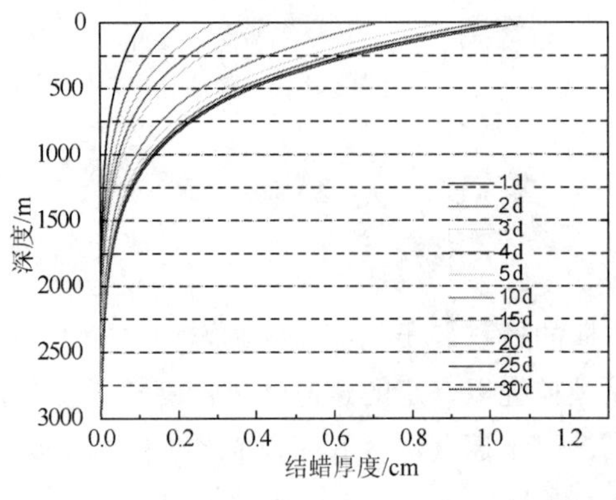

图 7-47　气体产量为 $1\times10^4m^3$ 时的结蜡速度

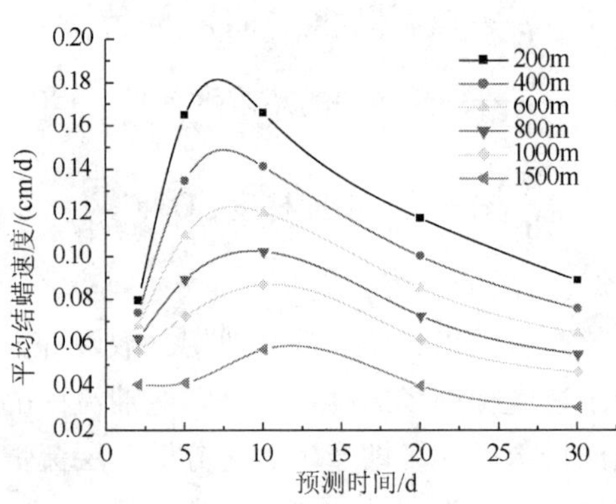

图 7-48　不同深度处结蜡厚度预测

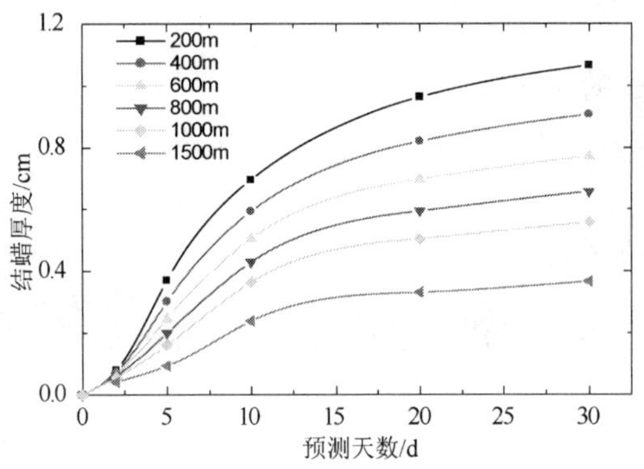

图 7-49　不同深度处结蜡厚度预测

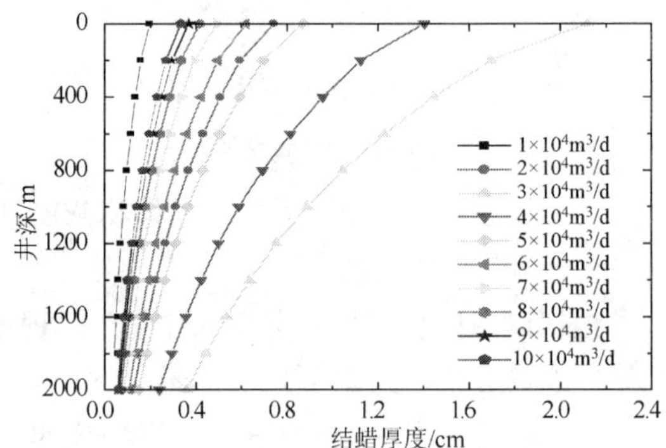

图 7-50　不同井深处 10d 时井筒结蜡厚度随产气量的变化

结合目前清蜡工具和油管的直径，选择结蜡点至井口井段的平均结蜡厚度 6.5mm 时的时间作为大涝坝凝析气田合理的清蜡周期。预测和实际清蜡周期的对比(见表 7-39)数据显示，预测低产水或不含水井准确率较高，但是对高含水井预测效果较差，这与模型未能考虑高含地层水的影响有关。

表 7-39　预测清蜡时间与实际清蜡周期对比

井号	矿场实际清蜡周期/d	预测清蜡周期/d	偏差/d	偏差百分数/%	综合含水率/%
DL1	4	7	-3	-75.0	1.95
DL2	41	38	3	7.3	3.00
DL3	38	36	2	5.3	0.96
DL4	30	35	-5	-16.7	3.50
DL5	8	10	-2	-25.0	26.57
DL6	51	33	18	35.3	3.29
DL7	11	32	-21	-190.9	44.26
DL8	17	35	-18	-105.9	76.77
DL9	29	31	-7	-6.9	5.46

四、清防蜡技术

室内研究揭示了蜡在井筒凝结的机理及其规律，提供了清防蜡的方向，但必须以现行的生产方式和生产现状以及生产需要为前提来考虑清防蜡技术应用，不可能因为井筒需要清防蜡而去刻意改变井的工作制度。目前，井筒基本上是以油层顶界卡封隔器加油管完井的生产方式。这种完井生产方式只有油管内一个油流通道，大大限制了清防蜡工艺技术的实施。因此，本章将探讨针对目前这种在现阶段完井生产方式状况下的最优清防蜡工艺方法。同时对将来生产方式改变后，提出后续开发清防蜡策略。

当生产井具有环空和油管两个油流通道时，可以有比较丰富的清防蜡方法。一是化学防蜡，它可以通过环空加入，在管脚与产出物混合，化学剂进入蜡晶中，使蜡晶致密的结构变得疏散，蜡晶颗粒之间的距离先拉大，颗粒分散开，同时，抑制剂再逐渐把蜡晶颗粒包在其中，形成球状物。从而起到了抑制蜡晶的生长、聚集的作用。二是通过载热体(热油、热水、蒸汽)在环空和油管循环，加热可以使蜡熔化，并有利于乳化液破乳，使井筒内溶化的蜡随油水混合物完全排出井筒。三是从环空加入微生物防蜡，利用微生物菌液对石蜡的降解作用和细菌体及其代谢产物的表面活性，防止或减缓生产油井井筒结蜡。

只有油管内一个油流通道的生产井清防蜡方法会受到较大的限制。上述清防蜡方法均难以采用。其主要的方法：一是机械清蜡，利用专门的刮蜡工具或清蜡工具把附着于油管内壁上的蜡刮掉，这是极简单又直观的清蜡方法，在自喷井广泛应用。二是补救的办法，在油管内下入改善流体性质的材料如强磁材料、特殊合金材料等。

对于下封隔器的生产井能否建立环空通道，在俄罗斯的油田中已经实现，俄罗斯的油田为了实现细分层系开发在井中下入双管在层间卡封隔器进行封隔，对封隔器进行研究，已经实现了在封隔器上留有两个通道的技术。这也为今后对需要建立具有环空通道的完井工作，提供了技术储备。

1. 清防蜡技术适用性评价

1）化学清防蜡

国内外用于处理油井结蜡的化学剂基本上可以分为两大类，一类是化学防蜡剂(抑制蜡分子在油管壁上沉积)，另一类是化学清蜡剂(溶解已沉积于管壁上的蜡块)。这两类化学剂的性能和作用各不相同，在已经结蜡的情况下，防蜡剂无能为力。而清蜡剂只能将已结之蜡清除，并不能抑制结蜡的继续发生。对雅克拉气田正常生产井，由于没有环空通道，无法从环空加入防蜡剂。但对结蜡特别严重、无法正常生产而机械刮蜡无法正常进行的井利用化学清蜡剂，代替热油从油管打入焖井清蜡。其优点是可以比热油用很小的量，以避免把井压死。但这种办法只能是无奈之举，替代手段。

但目前成熟的固体防蜡剂技术不适用于高温井，一旦温度超过 70℃，其防蜡有效期将大大缩短。

2）电热法清蜡

电热法清蜡的基本原理就是通过电加热法使油套管温度升高，从而促使管壁上的结蜡熔化剥落并随着井流物一起被携带到地面。加热井筒的方法很多，比如将空心抽油杆内的绝缘铜导线通入交流电，利用电流集肤效应原理加热空心抽油杆，提高油管内原油温度，或者用扁电缆捆扎在油管外壁加热油管；还有用绝缘材料隔离油管给油管通电直接加热油管，这一方法已有矿场试验。但是这些方法耗费大量的电能，温度升高幅度也有限，而且对于深井的效果不是很理想。

3）微生物防蜡

利用微生物菌液对石蜡的降解作用和细菌体及其代谢产物的表面活性，防止或减缓生产油井井筒结蜡。微生物可以通过油管打入井底，但对雅克拉气田顶替液，必须采用原油或清油。微生物技术研究环节包括菌种的筛选、优化及性能评价、切合实际的岩心模拟、合适的施工工艺和跟踪监测等，需要做大量的工作。该技术具有诸多优点：施工工艺简单；微生物在代谢过程中产生的表面活性剂和生物乳化剂能改善油层的润湿性，提高油藏渗透率，增加油井产量；用量少，成本低，经济效益广。

4）改善流体性质的防蜡技术

A. 磁防蜡技术

在油管中下入强磁材料，在磁场作用下，其分子形成电子环流，环流中产生的环形磁场干扰和破坏了石蜡分子瞬间极的取向，石蜡分子结晶时的色散力受到削弱，石蜡晶核的生成受到抑制，石蜡晶体的生成与聚结受到阻止，从而达到油井防蜡的目的。但强磁材料受温度的影响较大，在高温下会出现退磁现象。这种技术可以作为补救清蜡措施在雅克拉气田使用。

B. 特殊合金防蜡技术

利用特殊合金本身产生的电化学反应，使油包水的乳化结构稳定，防止蜡从胶束结构中释放出来而形成固态沉积。从而保证原油流动无阻碍和管壁清洁无蜡沉积。这种特殊的合金，可在流体中充当催化体，影响其中的胶体分布。这种工具是一种是非牺牲体催化体，因此连续使用比较经济。整个反应既不添加任何物质到流体中，也不从流体中带走物质，只是对流体中的气体有脱气效果。因此，这种技术也可以作为补救清蜡措施在雅克拉气田使用。

5）机械清蜡技术

利用专门的刮蜡工具或清蜡工具把附着于油井中的蜡刮掉，这是及简单又直观的清蜡方法，在自喷井和有杆泵抽油井中广泛应用。自喷井中刮蜡片依靠铅锤的重力作用向下运动刮蜡和刮蜡片上提刮蜡（刮蜡是介于清蜡和防蜡之间的工艺），依靠液流将刮下的蜡带到地面。

2. 目前雅–大凝析气井清防蜡措施

目前雅克拉气田清防蜡主要采用热油清蜡技术和机械清蜡技术：热油清蜡就是利用蜡的可溶性受温度影响大的特点，向井筒内打入一定温度的热油，使附着在井筒的蜡块溶解，达到清蜡的效果。如大涝坝气田 DK8 井实施热油清蜡，由于未进行地面管线的吹扫，造成地面管线蜡堵，关井时间长达 42h，为保障热油在井筒中的溶蜡效果，在大涝坝气田实施热油清蜡作业中，选取热油温度 100℃，并在井筒泵入热油后焖井 30min，清蜡起到了较好的效果。

机械清蜡即是利用锋利的刮刀在结蜡段的井筒壁上反复运动，刮去附着在井筒壁上的蜡，使之随油气流进入地面管线，汇入集输系统，从而达到井筒清除积蜡的目的。

综合考虑清蜡费用和效果，大涝坝气田目前较为常用的清蜡技术为热油清蜡和机械清蜡，机械清蜡为大涝坝气田气井清蜡的主要手段。对于部分井筒结蜡较为严重、刮蜡仪器难以下入的气井，采用二者结合的办法进行清蜡，首先进行热油清蜡，在热油清蜡后紧接着实施钢丝清蜡，由目前情况来看，清蜡起到了较好的效果。

第五节　雅克拉凝析气田腐蚀机理与集输管材优选

一、雅克拉凝析气田腐蚀概况

雅克拉凝析气田 CO_2 含量较高，一般为 1.27% ~3.55%，个别达 6.63%，不含或只含极微量的 H_2S。地层水氯离子含量在 66000 ~74000mg/L，总矿化度均在 100000 ~120000mg/L，水型均为 $CaCl_2$ 型，属于高矿化卤水。雅克拉凝析气田液体介质性质如表 7 -40 所示。

表 7 -40　雅克拉凝析气田部分井水分析结果

井　　名		Y14H	Y1 井	Y6H 井
二氧化碳/%		2.44	2.065	2.300
凝析水分析	密度	0.998	1.009	0.997
	pH 值	6.1	5.5	5
	水型	氯化钙型	氯化钙型	氯化钙型
	矿化度	2817.58	1438.11	617.08
	Cl^-/(mg/L)	1347.10	6083.79	290.54
	SO_4^{2-}/(mg/L)	150	10	0
	CO_3^{2-}/(mg/L)	0	0	0
	Ca^{2+}/(mg/L)	88.81	229.66	38.77
	Mg^{2+}/(mg/L)	23.08	40	5.49

（一）气田集输系统腐蚀现状

雅克拉凝析气田属特殊类型气田，流体复杂(井流物高 CO_2、高 Cl^-、低 pH、低 H_2S)，地层压力高(56 ~58.00MPa)、温度高(146 ~150℃)。地面建设工程于 2005 年 11 月建成投产，通过一年多的生产运行，采气树小四通、集气管线弯头腐蚀严重，平均点腐蚀速率达到 2.88mm/a，其中点腐蚀速率最大高达 5.79mm/a，按照 NACE 标准，为极严重腐蚀(见表 7 -41)。

表 7 -41　NACE 标准 RP -0775 -91 对腐蚀程度的规定

分　　类	均匀腐蚀速率/(mm/a)	点蚀速率/(mm/a)
轻度腐蚀	<0.025	<0.127
中度腐蚀	0.025 ~0.125	0.127 ~0.201
严重腐蚀	0.126 ~0.254	0.202 ~0.381
极严重腐蚀	>0.254	>0.381

经集输管道失效分析，雅克拉凝析气田的腐蚀为 CO_2 腐蚀，同时高速气流冲蚀加速了腐蚀。日益严重的腐蚀问题，已对气田的正常生产构成了很大的威胁，严重制约着气田的发展。近年来，雅克拉凝析气田集输系统发生了一系列输送管道腐蚀穿孔、暴裂问题，特别是在一些变头、阀门变径等发生流速变化的地方，腐蚀穿孔破坏更加严重。

图 7 -51 与图 7 -52 是 Y5H 井的井口节流阀后弯头在 2007 年 3 月 23 日腐蚀穿孔图片，

当时现场使用的管材为16Mn材质，168mm口径管线，使用期限不足6个月，现场井口节流后管输温度为52℃。由图7－51与图7－52可知，出现了严重的冲刷坑蚀，并造成弯头外侧壁面在腐蚀与流体冲刷双重作用下，严重减薄，最终破裂穿孔。

图7－51　Y5H井直角弯头腐蚀图片

图7－52　Y5H井回压管线短节点腐蚀图片

图7－53和图7－54为Y5H、Y1井管线弯头在使用16个月后的腐蚀暴管图片。

图7－53　Y5井管线腐蚀爆裂图片

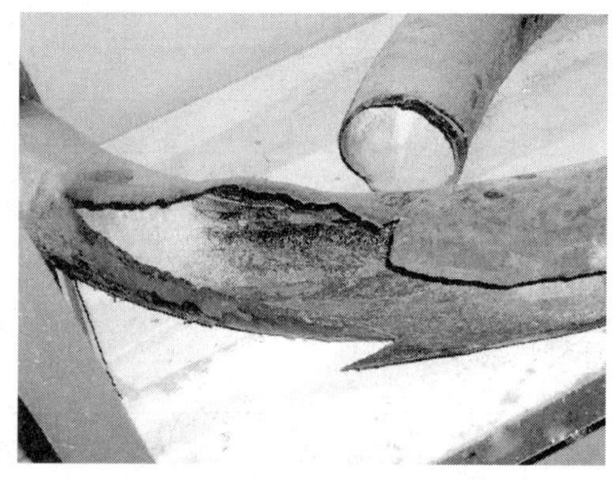

图7－54　Y1井管线焊缝腐蚀图片

由图7－53和图7－54可知，腐蚀主要集中在弯头、连接件的焊缝等处，腐蚀部位不仅存在严重的均匀腐蚀与局部坑蚀，在流道变化的地方还存在流体过渡冲刷管线某一位置而形成的局部减薄现场，加速了管线的腐蚀，缩短了管线的使用寿命。

（二）防腐措施现状

雅克拉凝析气田CO_2含量在3%～4%，Cl^-含量在1300～22000mg/L，微含H_2S，且矿化度较高，普遍在120000mg/L左右，腐蚀环境苛刻，因此采取了多种防腐措施并行来预防和减缓腐蚀的发生。从雅克拉凝析气田的防腐蚀措施看，作业区有耐蚀合金，如13Cr钢等，还有加入缓蚀剂的方法，在集输管线准备采用非金属管材，在作业区内还加装了阴极保护等。

腐蚀监测方面：在雅克拉凝析气田集输管线建立了腐蚀监测装置，通过腐蚀监测完善腐蚀预防系统，目前以建立8井次腐蚀监测点，建立比例为生产井数的66.7%，监测方式为失重法挂片监测及电阻探针监测。同时制定腐蚀重点部位定点定期壁厚检测制度，根据壁厚减薄情况及时更换腐蚀危险管段。

随着气田的进一步开发，腐蚀问题将会更加突出。在对国内外相关油气田的腐蚀与防护现状、腐蚀研究机构的能力、实验手段、防腐研究最新成果进行广泛调研基础上，通过开展大量室内模拟试验和研究分析工作，全面了解腐蚀的主要原因、弄清腐蚀的影响因素及其发展规律。通过变更输送管道材质，改变碳钢和低合金钢的成分来增强管材的抗腐蚀性，通过改变所处的环境从而使腐蚀减到最小，一方面减缓控制 CO_2腐蚀，使困扰气田的腐蚀问题得到了较好的解决。另一方面为高压气田在酸性环境下对防腐蚀集输管线的选材开创新的思路，对于正确指导油气田集输系统中的防腐蚀选材技术显得极为必要，也将促进油气田生产系统的进一步发展，有助于为针对雅克拉凝析气田集输系统腐蚀现状制定出经济有效的选材规范，为集输系统面临的腐蚀问题控制和预防提供科学依据。

二、CO_2腐蚀机理

通过对雅克拉凝析气田集输系统腐蚀管段进行分析得出管道腐蚀失效结论：集输管道腐蚀以 CO_2腐蚀与流体冲刷腐蚀为主，在管道底部形成腐蚀沟槽，H_2S 与 Cl^-加速腐蚀的发生。

（一）阳极反应

迄今为止，对 CO_2腐蚀过程中阳极反应还没有形成统一的认识。Waard 认为在含有 CO_2 溶液中，阳极反应为：

$$Fe + OH^- \longrightarrow FeOH + e \tag{7-19}$$

$$FeOH \longrightarrow FeOH^+ + e \tag{7-20}$$

$$FeOH^+ \longrightarrow Fe^{2+} + OH^- \tag{7-21}$$

总的阳极反应为：

$$Fe \longrightarrow Fe^{2+} + 2e \tag{7-22}$$

Davies 则提出了不同的阳极反应，即：

$$Fe + H_2O \longrightarrow Fe(OH)_{2(s)} + 2H^+ + 2e \tag{7-23}$$

$$Fe + HCO_3^- \longrightarrow FeCO_{3(s)} + H^+ + 2e \tag{7-24}$$

$$Fe(OH)_2 + HCO_3^- \longrightarrow FeCO_3 + H_2O + OH^- \tag{7-25}$$

而 Ogundele 提出的阳极反应则是上述反应中的(7－22)和(7－24)。Nesic 讨论了 $pH<4$、$4<pH<5$ 以及 $pH>5$ 的情况下，阳极溶解反应可能存在的中间反应和反应产物，认为会形成类似与 $Fe(HCO_3)OH$ 这样的中间产物。Linter 认为最初形成的腐蚀产物为 $Fe(OH)_2$，这样以来，阳极反应可以表示成为(7－23)或：

$$Fe + 2OH^- \longrightarrow Fe(OH)_{2(s)} + 2e \tag{7-26}$$

$$Fe(OH)_2 + CO_2 \longrightarrow FeCO_3 + H_2O \tag{7-27}$$

产生以上分歧的主要原因是对 CO_2腐蚀中间产物了解得很少，缺少实验证明，所以在阳极反应的机理方面的认识也不一致。

（二）阴极反应

在 CO_2腐蚀过程中，阴极反应过程控制钢的腐蚀速率，因此围绕阴极还原机理各国学者已开展了不少研究，所论述的阴极反应过程主要涉及 H^+或 H_2O 以及 H_2CO_3、HCO_3^- 的还原。

最初 Waard 和 Milliams 认为 CO_2腐蚀阴极反应只有 H_2CO_3还原生成 H_2与 HCO_3^-，即：

$$2H_2CO_3 + 2e \longrightarrow 2HCO_3^- + H \tag{7-28}$$

Schmitt 则认为 H^+和 H_2CO_3均可在电极上被还原。其中 H^+的还原表示为：

$$2H_3O^+ + e \longrightarrow H_2 + 2H_2O \tag{7-29}$$

进而 Ogundele 提出阴极过程包括 H_2O 和 HCO_3^- 的还原，即：

$$2H_2O + 2e \longrightarrow 2OH^- + H_2 \quad (7-30)$$

$$2HCO_3^- + 2e \longrightarrow H_2 + 2CO_3^{2-} \quad (7-31)$$

其中 HCO_3^- 对阴极反应的影响很大，阴极还原受 HCO_3^- 的扩散控制。Nesic 进一步认为当溶液 pH <4 时，阴极过程以 H^+ 的还原为主，反应速度受扩散控制；溶液 4 < pH <6 时，以 H_2CO_3 和 HCO_3^- 的还原为主，反应速度受活化控制；H_2O 的还原只有在阴极过电位较高的情况下才成为阴极反应的主要部分。张学元也认为阴极反应以 H_2CO_3 还原为主，并且受活化控制。而 Linter 与 Burstein 却认为 CO_2 腐蚀阴极反应中 H^+ 或 H_2O 的还原要比 H_2CO_3 和 HCO_3^- 的还原更加容易一些。

从上述资料报道可看出，H_2CO_3 或 HCO_3^- 的还原作为附加的阴极反应，在阴极过程中是否会占主导作用这一问题上，还存有一定分歧。

（三）CO_2 腐蚀影响因素

1. 温度的影响

干燥的 CO_2（相对湿度小于 60%），在中等温度下不侵蚀钢材，温度不同，铁和碳钢的 CO_2 腐蚀大致有三种情况：①60℃以下时，钢铁表面存在少量软而附着力小的 $FeCO_3$ 腐蚀产物膜，金属表面光滑，易于发生均匀腐蚀；②100℃附近，腐蚀产物层厚而松，易于发生严重的均匀腐蚀和局部腐蚀（深孔）；③150℃以上时，腐蚀产物是细致、紧密、附着力强、具有保护性质的 $FeCO_3$ 和 Fe_3O_4 膜，能够降低金属的腐蚀速度。Ikeda 研究认为随着温度的升高，CO_2 腐蚀速率先升高后又降低，在 100℃时腐蚀速率最高。

苏俊华等人也得到了相似的试验结果。其原因主要是由于在高温时容易形成致密的腐蚀产物膜，对基体金属的保护性增强所至。王凤平等人认为，在油水介质中，温度对 APIN80 钢的腐蚀有三个方面的影响：①温度影响介质中 CO_2 的溶解度，温度的升高介质中的 CO_2 浓度减小；②温度升高，反应速率增大；③温度升高，腐蚀产物膜的溶解度降低。这三个方面的综合作用导致 APIN80 钢的腐蚀速率随温度变化出现极大值。

可见，温度是通过影响化学反应速度与腐蚀产物膜机制来影响 CO_2 腐蚀的，在 60℃附近，CO_2 腐蚀在动力学上有质的变化。因此，具体钢种和环境介质状态参数的差异会得到不同温度规律，固需针对性研究，才能得到实际意义的结果。

Ikeda 研究认为随着温度的升高，CO_2 腐蚀速率先升高然后又降低，在 100℃时腐蚀速率最高，温度与腐蚀速率的关系曲线如图 7－55，苏俊华等人也得到了相似的实验结果。其原因主要是由于在高温时容易形成致密的腐蚀产物膜，对基体金属的保护性增强所至。

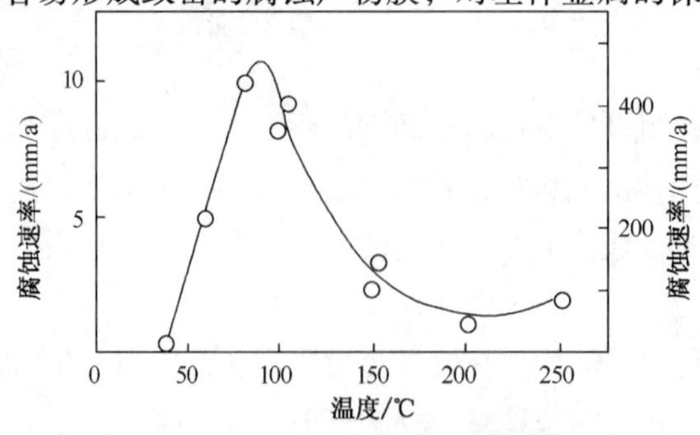

图 7－55　温度与腐蚀速率曲线

2. CO_2分压的影响

CO_2对管材 CR 的影响在很大程度上取决于 CO_2在水溶液中的溶解度，即 CO_2在系统中的分压 P_{CO_2}，因为 CO_2是在溶于水后，才会对钢铁产生腐蚀。由表7－42 可见，随着压力的增大，CO_2在水中的溶解度增大。CO_2的这种特性决定了在井下条件下，随着井深的增加，其在水中的溶解度及 CO_2分压会有所差异。故一般认为可以 CO_2分压作为 CO_2腐蚀的预测判据：当 $P_{CO_2} < 0.02$MPa 时，没有腐蚀；当 $P_{CO_2} = 0.02 \sim 0.2$MPa 时，发生腐蚀；当 $P_{CO_2} >$ 0.2MPa 时，严重腐蚀。对于碳钢、低合金钢。在低于 60℃时有应用较广泛的是 Shell 公司的 DeWaard 模型经验公式：

$$\lg C_R = A + 0167 \lg P_{CO_2}$$

式中　A——与温度有关的常数。

表7－42　CO_2在水中的溶解度（Ncm^3/g 水）

压力 $P/(10^{-3}/1.013$Pa)	温度/℃				
	0	25	50	75	100
1	1.79	0.75	0.43	0.307	0.231
10	15.92	7.14	4.095	2.99	2.28
25	29.30	16.2	9.71	6.82	5.37
50			17.25	12.59	10.18
75			22.53	17.04	14.29
100			25.63	20.61	17.67
125			26.77		
150			27.64	24.58	22.73
200			29.14	26.66	25.69
300			31.34	29.51	29.53
400			33.29	31.88	32.39
600			36.73		
700			38.34	37.59	33.85

可见，C_R随 P_{CO_2}增大而增大。当温度低于 60℃、介质为层流状态时，该式与一些研究结果相符合，而当温度高于 60℃，由于腐蚀产物的影响，该式计算结果往往高于实测值。

3. 介质中其他离子的影响

介质中的 Cl^-对 CO_2腐蚀速率没有特别明显的影响，Schmitt 认为 Cl^-甚至具有一定的缓蚀作用，增加 Cl^-浓度反而会降低腐蚀速率，原因可能是降低了 CO_2在溶液中的溶解度，苏俊华等人发现，在 Cl^-浓度较高的情况下，浓度增加以后，腐蚀速率下降。HCO_3^-有利于腐蚀产物膜的形成，容易使金属表面钝化，从而降低腐蚀速率；但 Cl^-会明显破坏腐蚀产物膜，降低对基体的保护能力。溶液中 Ca^{2+}、Mg^{2+}的增加会增加腐蚀速率，同时对局部腐蚀也有明显的促进作用。

4. 腐蚀产物膜的影响

目前，对于 CO_2腐蚀产物膜的重要作用已经被广泛接受，致密、稳定、黏附力良好的腐蚀产物膜对基体金属会产生有效的保护作用，决定着腐蚀速率。图7－56 是 Ikeda 对不同温度下 CO_2腐蚀机制作的描述。在低温区，腐蚀产物膜在金属表面不易形成，所以腐蚀类型表现为均匀腐蚀；在中温区，金属表面形成的是多孔疏松的腐蚀产物膜，腐蚀速率一方面较高，另一方面会出现严重的点蚀现象；在高温区，会形成致密、黏附力强的腐蚀产物膜，腐蚀速率大大降低，腐蚀类型为均匀腐蚀。

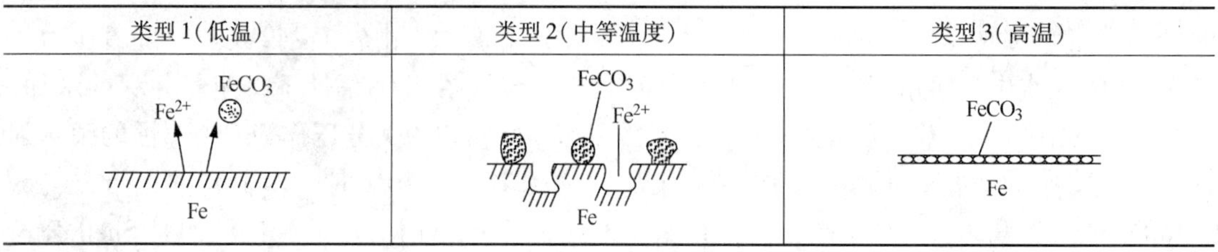

类型 1(低温)	类型 2(中等温度)	类型 3(高温)
$FeCO_3$ Fe^{2+} Fe	$FeCO_3$ Fe^{2+} Fe	$FeCO_3$ Fe

图 7－56　不同温度区 CO_2 腐蚀机制示意图

5. 流速、流型和原油的影响

现场试验和实验室研究都发现，腐蚀速率随流速增加而增加，并容易导致严重的局部腐蚀，尤其当流速较高时。在大量的实验数据基础上，得出腐蚀速率随流速增大的经验公式：

$$V_c = B \times V^n$$

式中　V_c——腐蚀速率；

V——流速；

B 和 n——常数。在大多是情况下，n 取 0.8。

原油对 CO_2 腐蚀具有一定的缓蚀作用，Castillo 研究表明原油可以明显降低腐蚀速率，但却有促进局部腐蚀的作用，Al－Hashem 在油－水－气多相流实验中，油水比 $<30\%$ 时，腐蚀速率较低，当油水比在 30%～40% 时，腐蚀速率明显增加，当油水比大与 40% 时，腐蚀速率已接近 100% 时的腐蚀速率，原因是在油水比 $<30\%$ 时，是油包水的状态，腐蚀速率较小，油水比大与 40% 时是水包油的混合状态，腐蚀速率较大，而在此之间则为过渡区，这样便直接导致腐蚀速率出现转折。

6. 合金元素 Cr 的影响

目前油气田使用的油套管绝大部分是低合金钢，如 N80、P110 等，其合金成分主要是碳(0.2%～0.4%)、锰(1%～2%)，由于这些钢的抗 CO_2 腐蚀能力不理想，因此，从材料方面逐渐开始寻求解决方法。钢中加入了一定数量的 Cr 元素以后，可以显著提高材料抗 CO_2 腐蚀的能力，Cr 含量增加，材料抗 CO_2 腐蚀的能力也增加，同时局部腐蚀也受到抑制。

首先得到应用的是 13Cr、22Cr 等 Cr 含量较高的油套管材料，并且取得了良好的效果。这类材料的缺点是在高温下(温度 >150℃)腐蚀速率较高，Cl^- 较高条件下点蚀严重，而且在 H_2S 含量较高的条件下容易产生应力腐蚀现象。这些方面的缺陷现在正逐渐研究解决。

直到目前，对于低 Cr 油套管钢的抗 CO_2 腐蚀机理基本上还停留在这一理论水平上，没有太大发展，仍然是通过研究腐蚀产物膜来解释抗腐蚀机理。

Inaba 通过热力学计算得出 Cr 降低腐蚀速率的原因是由形成的 $Fe_xCr_3-xO_4$ 缩小了 PE 图中 Fe^{2+} 稳定存在的区域。Rogne 认为含 Cr 钢在无腐蚀产物膜时对腐蚀无影响，有膜后，腐蚀速率降了 5～10 倍，因此认为 Cr 在腐蚀产物膜中富积是降低腐蚀速率的原因。Nybory 认为碳钢中加入 0.5% 的 Cr 后，可显著的减轻台阶状腐蚀，在加入 0.5%～1% 的 Cr 后，便消除了深度台阶状腐蚀。其原因是含 Cr 钢的 CO_2 腐蚀产物膜容易修复，减小了局部腐蚀的倾向。Kircheim 认为 Cr 在膜内富积的原因是由于 Cr 的活性较高，将优先溶入介质中，通过降低钝化电位来达到降低腐蚀的目的。Ikeda 认为 Cr 以非晶态 $Cr(OH)_3$ 的形式存在于腐蚀产物中，使得基体溶解受到拟制。S. Al－Hassan 也认为 2.25% Cr～1% Mo 钢腐蚀产物膜是非晶态的物质，合金元素的加入，显著的降低了腐蚀速率。其原因一方面是合金元素的保护性，另一方面则是由于合金元素的加入拟制了 Fe_3C 的形成。

三、管材适应性评价及抗腐蚀材质优选

（一）室内模拟实验

采用高温高压釜对所选择的抗腐蚀材质开展模拟水质和气田有代表性的 Y6H 和 Y9X 采出液（Y6H 为凝析水，Y9X 为地层水）为腐蚀介质进行室内模拟实验，考察介质中含有 CO_2 与 H_2S 下不同材质的抗腐蚀性能，同时考察同种试验材质在不同腐蚀环境下的抗腐蚀性能。Y6H 和 Y9X 井采出液成分见表 7－43。

表 7－43　现场采出液组成分析

序　　号	监测项目	Y9X 水样	Y6H 水样
1	pH	5.11	4.9
2	溶解氧（O_2）	15.3mg/L	8.31mg/L
3	游离二氧化碳	18.7mg/L	1.3mg/L
4	总矿化度	126.36×10^3mg/L	210mg/L
5	硫化物（S^{2-}）	3.46mg/L	3.84mg/L
6	氯化物（Cl^-）	66.24×10^3mg/L	89.6mg/L
7	总碱度	72.8mg/L	23.4mg/L
8	重碳酸根（HCO_3^-）	72.8mg/L	23.4mg/L
9	碳酸根（CO_3^{2-}）	0mg/L	0mg/L
10	硫酸根（SO_4^{2-}）	0.17mg/L	0.11mg/L
11	氨氮（NH_4^-—N）	48.1mg/L	11.41
12	硝酸根（NO_3^-）	8.2mg/L	5.1mg/L
13	磷酸盐（PO_4^{3-}）	无	无
14	总铁（Fe^{3+}）	0.17mg/L	0.004mg/L
15	钙（Ca^{2+}）	88mg/L	18mg/L

1. 模拟实验一

在 70℃，CO_2分压 1MPa，H_2S 浓度 100mg/m³，Cl^- 含量 1000mg/L，总压 8MPa，实验时间5d 的实验条件下，分别对3Cr、13Cr、22Cr、316L、L360 与 16Mn 进行同一实验条件下的模拟腐蚀试验，腐蚀测试结果见表 7－44。

表 7－44　模拟实验 1 中六种材料腐蚀试验结果

腐蚀速率＼材料		3Cr	13Cr	22Cr	316L	L360	16Mn
平均腐蚀速率/（mm/a）	液相	1.1202	0.0262	0	0	1.2455	1.7316
	气相	0.6987	0.0555	0	0	0.9095	0.9821
腐蚀程度判定		极严重腐蚀	中度腐蚀	无腐蚀	无腐蚀	极严重腐蚀	极严重腐蚀

注：试验条件为 70℃，CO_2 1MPa，H_2S 100mg/m³，Cl^-1000mg/L，总压 8MPa，5d。

如表 7－44 所示，表中分别给出了六种材料在同一试验条件下的腐蚀速率。可以看出在

此条件下，22Cr、316L 材料基本无腐蚀；13Cr 属于中度腐蚀；3Cr、L360、16Mn 的气液相腐蚀速率均大于 0.254mm/a，远远超过了 NACE 严重腐蚀标准。

通过分析以上腐蚀实验试样电镜照片、组成电子能谱分析以及产物类型的 X 衍射图谱，可知这六种材料在模拟实验环境中遵循以下腐蚀规律：

（1）从腐蚀速率来看，22Cr、316L 材料在此模拟试验条件下没有发生腐蚀；13Cr 属于中度腐蚀；3Cr、L360、16Mn 发生极严重腐蚀。

（2）由能谱和 XRD 谱图可见，在此试验条件下，主要发生 CO_2腐蚀，13Cr 与 16Mn 发生了较多的 H_2S 气相腐蚀，且气相腐蚀相对液相腐蚀较为严重。

（3）Cl^- 对局部腐蚀有重要的影响。Cl^- 容易极化，容易在氧化膜表面吸附，形成含 Cl^- 的表面化合物。这种化合物的晶格缺陷以及较高的溶解度，导致膜的局部破裂而发生局部腐蚀。Cl^- 的穿透能力强，它很容易进入腐蚀产物形成的表面膜，而使得保护膜较疏松，从而降低了材料的腐蚀抗力。试验中，溶液中 Cl^- 的含量较高，加重了腐蚀。

2. 模拟实验二

以现场 Y9X 采出液为基本腐蚀介质，选择 1Cr13、06Cr13、22Cr 与 316L、L360 及 16Mn、玻璃钢为腐蚀材料，进行 70℃、CO_2分压 1MPa、总压 8MPa、H_2S 浓度 100mg/m³、Y9X 水样、实验时间 5d 实验条件下的腐蚀实验，实验材料腐蚀速率见表 7－45。

表 7－45　模拟实验 2 中七种材料腐蚀实验结果

腐蚀速率＼材料		1Cr13	06Cr13	22Cr	316L	L360	16Mn	高压玻璃钢
平均腐蚀速率/(mm/a)	液相	0.0377	0.1000	0.0025	0.0034	1.2070	1.3030	
	气相	0.0632	0.0546	0.0025	0.0044	0.2342	0.2456	
腐蚀程度判定		中度腐蚀	中度腐蚀	轻微腐蚀	轻微腐蚀	极严重腐蚀	极严重腐蚀	无腐蚀

注：试验条件为 70℃，CO_2 1MPa，H_2S 100mg/m³，水样 Y9X，5d。

由表 7－45 实验结果可知，在此条件下，高压玻璃钢抗蚀性能最好，无腐蚀现象发生。22Cr、316L 材料属于极轻微腐蚀；1Cr13、06Cr13 属于中度腐蚀；L360、16Mn 的液相腐蚀速率属于极严重的腐蚀，气相腐蚀属严重腐蚀。

由以上腐蚀实验可知，在 Y9X 采出液中，几种材料腐蚀主要为 CO_2腐蚀，伴随有微量 H_2S 腐蚀，液相腐蚀较气相腐蚀严重。

3. 模拟实验三

以现场 Y6H 采出液为基本腐蚀介质，选择 1Cr13、06Cr13、22Cr 与 316L、L360 及 16Mn、玻璃钢为腐蚀材料，进行实验条件为：70℃、CO_2分压 1MPa、总压 8MPa、H_2S 浓度 20mg/m³、Y6H 水样、实验时间 5d 的室内模拟实验，实验材料腐蚀速率见表 7－46。

表 7－46　模拟实验 3 中七种材料腐蚀试验结果

腐蚀速率＼材料	1Cr13	06Cr13	22Cr	316L	L360	16Mn	高压玻璃钢
平均腐蚀速率/(mm/a)	0.0665	0.0359	0.0048	0.0032	0.3187	0.6263	
腐蚀程度判定	中度腐蚀	中度腐蚀	轻微腐蚀	轻微腐蚀	极严重腐蚀	极严重腐蚀	无腐蚀

注：试验条件为 70℃，CO_2 1MPa，H_2S 含量 20mg/m³，水样 Y6H，5d。

由表7－46实验结果可知，在此条件下，高压玻璃钢抗蚀性能最好，无腐蚀现象发生。22Cr、316L材料属于极轻微腐蚀；1Cr13、06Cr13属于中度腐蚀；L360、16Mn的液相腐蚀速率属于极严重的腐蚀。

分析可知，1Cr13与06Cr13材质在Y6H井采出液低CO_2分压条件下仅发生了轻微腐蚀，主要为H_2S引起的极轻微局部点蚀。L360在上述实验条件下发生了严重腐蚀，腐蚀产物主要是$FeCO_3$和微量的硫化物。16Mn材质在上述实验条件下发生了大面积腐蚀，腐蚀类型主要为CO_2腐蚀。

故以上几种材质在Y6H低CO_2分压环境中发生的腐蚀行为主要为CO_2腐蚀并伴随有轻微的H_2S腐蚀。

4. 模拟实验四

在Y6H采出液环境中，选择13Cr、22Cr、316L、L360、16Mn、玻璃钢等6种材质进行相关环境影响因素的模拟实验研究。模拟了以上6种材质在温度25～75℃，CO_2分压0.05～2MPa环境中的腐蚀性能，实验结果见表7－47。

表7－47　不同实验条件下6种材质的腐蚀速率　　（单位：mm/a）

13Cr	22Cr	316L	L360	16Mn	玻璃钢	实验条件
0.0311	0.0067	0.0082	0.1594	0.2177		25℃，$CO_2$1MPa，流速2m/s，10d
0.0478	0.0137	0.0129	0.2885	0.3647		50℃，$CO_2$1MPa，流速2m/s，10d
0.0508	0.0195	0.0245	0.3392	0.4711		75℃，$CO_2$1MPa，流速2m/s，10d
0.0340	0.0102	0.0107	0.2167	0.2933		50℃，$CO_2$0.05MPa，流速2m/s，10d
0.042	0.011	0.0115	0.2379	0.3248		50℃，$CO_2$0.25MPa，流速2m/s，10d
0.089	0.026	0.0252	0.3219	0.3664		50℃，$CO_2$2.0MPa，流速2m/s，10d
0.0704	0.0211	0.0226	0.2644	0.3290		50℃，$CO_2$2.0MPa，流速1m/s，10d
0.0671	0.0158	0.0153	0.2295	0.3173		50℃，$CO_2$1.0MPa，流速0.5m/s，10d

按NACE标准RP－0775－91对腐蚀程度的规定，对比分析表7－47中6种材料的腐蚀速率分布情况可知，上述几种材料在模拟含CO_2雅克拉凝析水环境中，L360、16Mn的腐蚀程度属于严重腐蚀之上，13Cr为中度腐蚀，22Cr、316L为轻度腐蚀。在所测试温度范围内，当温度较低时，L360、16Mn的腐蚀速率仍远大于13Cr、22Cr、316L，腐蚀较严重。5种材料的耐蚀性排序基本为：22Cr、316L＞13Cr＞L360、16Mn。

根据以上实验结果，分析不同因素对五种材料腐蚀速率的影响如下：

1）温度的影响

温度对CO_2腐蚀速率的影响是最大的，且影响较为复杂，不仅体现在温度对气体及组成溶液的各种化学成分的溶解度的影响，还体现在其对溶液的pH值的影响方面，而温度对腐蚀速率的影响最主要的则体现在温度对保护膜的影响上。即在一定温度范围内，金属材料在CO_2溶液中的溶解速度随温度升高而增加，但温度较高时，当钢铁表面生成致密的腐蚀产物膜后，钢的溶解速度随温度的升高而降低。图7－57给出了五种材料在模拟雅克拉凝析气田地面管线集输环境中腐蚀速率随温度变化情况。由图7－57可见，温度对材料的腐蚀速率有较大影响。表现为：随着温度的升高，这五种材料的腐蚀速率均增加。但13Cr、316L、22Cr三种材料随温度升高的幅度明显低于L360、16Mn。

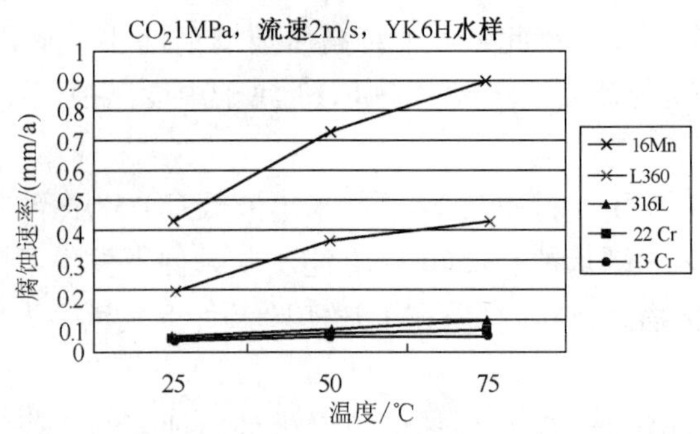

图 7－57　五种材料腐蚀速率随温度变化图

2）CO_2分压对腐蚀速率的影响

CO_2分压(P_{CO_2})是衡量CO_2腐蚀性的一个重要参数，许多研究结果均表明，在其他条件相同的情况下，对16Mn类碳钢而言，CO_2分压愈大，材料的腐蚀速率越高，而13Cr钢在CO_2分压达到一定数值后，腐蚀速率将基本不随CO_2分压的变化而变化。图7－58为五种材料在模拟雅克拉凝析气田地面管线集输环境中腐蚀速率随CO_2分压的变化情况。由图7－58可知，CO_2分压对材料的腐蚀速率的影响呈单调增加趋势，但CO_2分压的影响不如温度的影响显著。

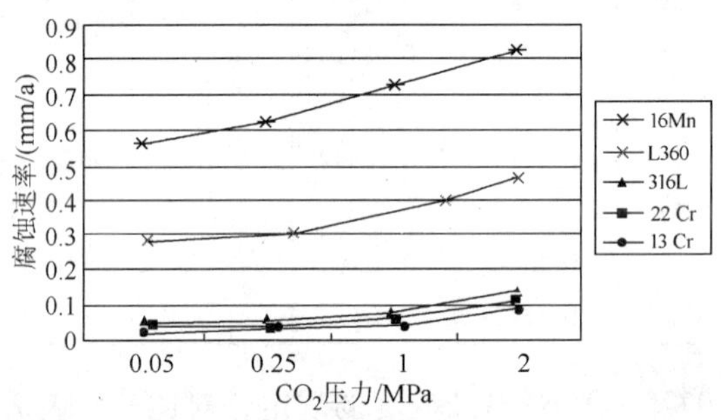

图 7－58　五种材料腐蚀速率随CO_2分压的变化规律

3）流速对腐蚀速率的影响

流速是影响CO_2腐蚀行为的重要因素之一，它对腐蚀速率的影响与金属表面有无腐蚀产物膜密切相关。当金属表面没有腐蚀产物膜覆盖时，流速会使CO_2腐蚀速率明显增加；而当金属表面被腐蚀产物膜覆盖以后，由于此时腐蚀速率主要受腐蚀产物膜的控制，因此流速对腐蚀速率的影响不如温度显著。但象段塞流这样的流型对腐蚀产物膜具有很强的破坏作用，腐蚀产物膜破坏的地方会形成严重的局部腐蚀，因为流动的气体或液体将对油管内壁构成强烈的冲刷，除了使管壁承受一定的冲刷应力、促进腐蚀反应的物质交换外，还将抑制致密保护膜的形成，尤其是在油管内壁已被腐蚀而不再光滑的条件下，某点处的流速可能远远高于整体流速，而且还可能出现紊流，因此，必然会加剧腐蚀状况。

图7－59为五种材料腐蚀速率随流速的变化规律，从图中可以看出，流速增大，五种材料的腐蚀速率增大，其中L360和16Mn增加较明显，而13Cr、22Cr、316L则相对较平缓。

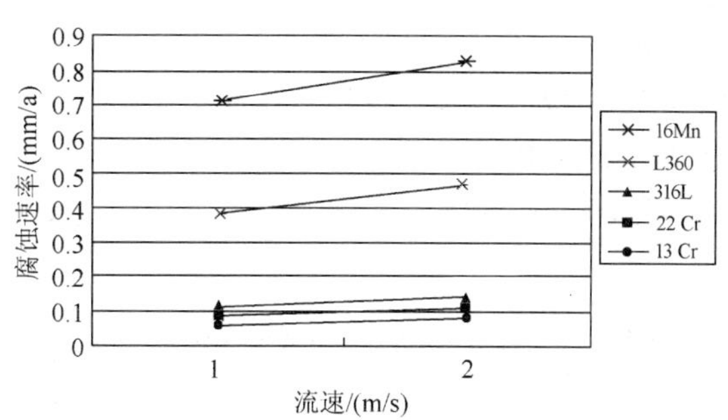

图 7－59　五种材料腐蚀速率随流速的变化规律

（二）抗腐蚀材质适应性评价

1. 抗腐蚀材质管道适应性评价

通过对抗腐蚀材质管段进行室内模拟实验、现场试验跟踪评价及现场试验评价分析得出抗腐蚀材质管段适应性评价（见表 7－48）。

表 7－48　抗腐蚀材质管道适应性评价

材　质	抗腐蚀性能试验评价
316L 内衬复合管	在室内模拟实验条件下无腐蚀或仅有轻微腐蚀痕迹
	在 Y5H 井试验 17 个月，仅发现内壁有轻微腐蚀痕迹，内表面光滑，微观形貌无明显腐蚀痕迹
06Cr13 不锈钢管	在室内模拟实验中腐蚀速率均在 0.025～0.125mm/a 范围内，按照 NACE 标准，均属于中度腐蚀，有局部点蚀现象
	现场试验 13 个月，通过壁厚检测，壁厚减薄 0.147mm，腐蚀速率为 0.136mm/a，为中度腐蚀
	现场使用 13 个月后，组织、性能无异常，内壁较光滑，底部纵向有轻微腐蚀痕迹，内壁有一层致密的钝化膜，对材料基体有很好的保护作用，具有很好的抗 CO_2 腐蚀能力
13Cr 油管	在室内模拟实验条件下，有轻微腐蚀痕迹，并有局部点蚀现象，按照 NACE 标准，属于中度腐蚀
	现场使用 24 个月，通过壁厚检测，壁厚减薄 0.25mm，腐蚀速率为 0.125mm/a，为轻度腐蚀
	在 Y1 井现场试验 26 个月，内壁较光滑，无明显腐蚀痕迹，壁厚基本无减薄，仍可见金属光泽
高压玻璃钢管道	在室内模拟实验条件下无任何腐蚀痕迹
	在 Y6H 井现场试验 14 个月，无腐蚀刺漏事件发生

（1）316L 材质在室内试验和现场试验中，均表现出了良好的耐腐蚀性能。室内试验中，试样表面光洁，无腐蚀或仅有轻微腐蚀痕迹；现场试验 17 个月，内壁仅有极轻微腐蚀。

（2）06Cr13 材质在室内试验与现场试验中，均表现为中度腐蚀。在试样表面生成了一层致密的钝化膜，能对基体材料有很好的保护作用，具有抗 CO_2 腐蚀能力，但在 Cl^- 含量较高的环境中，容易发生由 Cl^- 引起的局部点蚀。

（3）13Cr 油管材质在室内试验中表现为中度腐蚀，在现场试验中表现为轻度腐蚀，现场使用 26 个月，内壁较光滑，无明显腐蚀痕迹，壁厚基本无减薄，仍可见金属光泽。

（4）高压玻璃钢管道在室内模拟实验中无任何腐蚀痕迹，在现场试验 14 个月，无腐蚀刺漏事件发生。

（5）按照室内试验分析评价，试验材质抗腐蚀性能按强弱排序为：316L、22Cr、高压玻

璃钢 > 13Cr、06Cr13、1Cr13 > 3Cr、L360、16Mn；按照现场试验材质管道抗腐蚀性能按强弱排序为：316L、高压玻璃钢 > 13Cr > 06Cr13 > 16Mn。

2. 抗腐蚀材质、型号弯头适应性评价

通过对抗腐蚀材质、型号弯头进行现场试验跟踪评价和现场试验评价得出抗腐蚀弯头适应性评价(见表7-49)。

表7-49 抗腐蚀材质、型号弯头适应性评价

材　质	抗腐蚀性能试验评价
16Mn 渗氮高压锻制直角方墩弯头	在Y6H井现场试验25个月，壁厚减薄1.48mm，腐蚀速率为0.7104mm/a，较16Mn、$R=6D$、90°热煨弯头腐蚀速率降低了5.0796mm/a，现场应用效果良好
	现场试验22个月，弯头内壁整体光洁，底部存在轻微腐蚀痕迹，其余部位无明显腐蚀痕迹
15CrMo 高压锻制直角方墩弯头	在Y6H井现场试验25个月，壁厚减薄1.705mm，腐蚀速率为0.8525mm/a，较16Mn、$R=6D$、90°热煨弯头腐蚀速率降低了4.9375mm/a，现场应用效果良好
	现场试验22个月，弯头内壁整体光洁，底部存在轻微腐蚀痕迹，其余部位无明显腐蚀痕迹
1Cr13 高压锻制直角方墩弯头	在室内模拟实验条件下，有轻微腐蚀痕迹，并有局部点蚀现象，按照NACE标准，属于中度腐蚀
	现场试验24个月，通过壁厚检测，壁厚减薄了0.775mm，腐蚀速率为0.3775mm/a，较16Mn$R=6D$、90°热煨弯头腐蚀速率降低了5.7445mm/a(16Mn最大腐蚀速率为6.122mm/a)
	在Y1井现场试验26个月，内壁较光滑，无明显腐蚀痕迹，使用2年后仍可见金属光泽

(1) 16Mn渗氮高压锻制直角方墩弯头现场使用22个月，内壁整体光洁，底部存在局部轻微腐蚀痕迹，其余部位无明显腐蚀痕迹。通过定期壁厚检测，腐蚀速率为0.7104mm/a，较原使用的16Mn、$R=6D$、90°热煨弯头腐蚀速率降低了5.0796mm/a，现场应用效果良好。

(2) 15CrMo高压锻制直角方墩弯头现场使用22个月，弯头内壁整体光洁，底部有局部轻微腐蚀痕迹，其余部位无明显腐蚀痕迹。通过定期壁厚检测，腐蚀速率为0.8525mm/a，较原使用的16Mn、$R=6D$、90°热煨弯头腐蚀速率降低了4.9375mm/a，现场应用效果良好。

(3) 1Cr13高压锻制直角方墩弯头现场使用26个月，内壁较光滑，无明显腐蚀痕迹，仍可见金属光泽。通过定期壁厚检测，腐蚀速率为0.3775mm/a，较原使用的16Mn、$R=6D$、90°热煨弯头腐蚀速率降低了5.7445mm/a，现场应用效果良好。

(4) 按照试验弯头抗腐蚀性能强弱排序为1Cr13 > 16Mn渗氮 > 15CrMo > 16Mn。

(三) 抗腐蚀材质系列优选

正确选用油管、套管及各种井下附件、采油树及地面设备的材料是油气井防腐的最重要环节，选材不当不仅造成浪费，而且隐藏安全风险。对于较恶劣的腐蚀环境，例如高含二化碳，或同时高含二氧化碳与硫化氢，应优先选用防腐材料。

1. 抗腐蚀材质油套管优选

1) 腐蚀环境与材料优选

为了便于在宏观上选材，并同时考虑环境断裂和电化学腐蚀，Sumitomo Metals公司推出了油气井腐蚀环境与材料选用图，见图7-60。图中各区域说明如下：

A. 轻微腐蚀环境

产出物含地层水、凝析水和微量硫化氢、二氧化碳的油气井、注水井等属于轻微腐蚀环境，可用符合ISO11960规定的任何油套管，常用的有J55、N80、P110、Q125等。

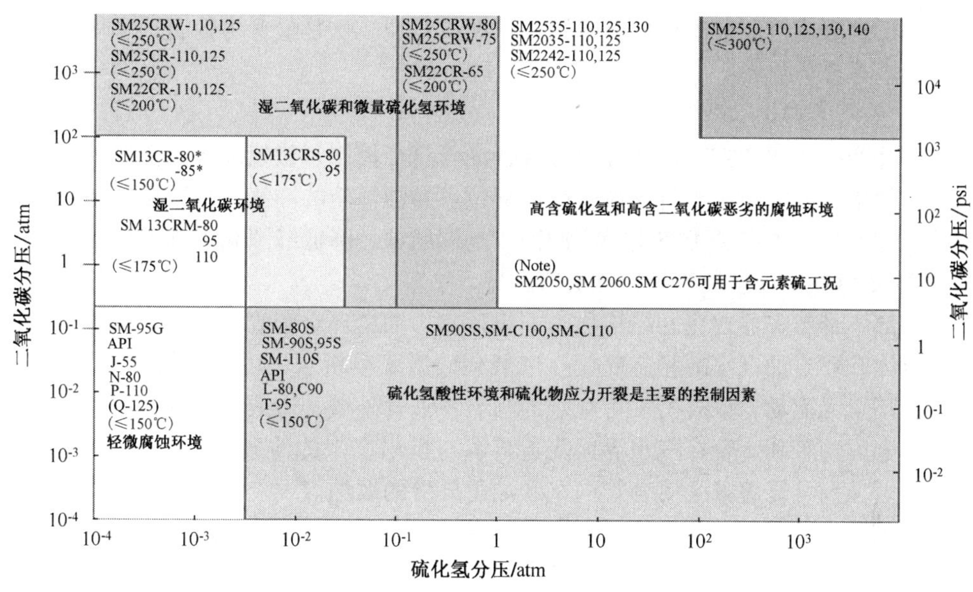

图 7－60　油气井腐蚀环境与材料选用指导图

(1atm = 101325Pa，1psi = 6897Pa)

B. 硫化氢酸性环境和硫化物应力开裂是主要的控制因素

井下温度、二氧化碳及地层水含量低。可按 ISO 11960 钢级标准套管和油管适用的温度条件(见表 7－50)，选用不同使用温度对应的抗硫化物应力开裂的钢级，例如 H40、J55、K55、M65、L80－1、C90(C90 1 型和 C90 2 型)、C95、T95(T95 1 型和 T95 2 型)。

表 7－50　酸性环境套管和油管适用的温度条件

适用于所有温度	≥65℃(150 ℉)	≥80℃(175 ℉)	≥107℃(225 ℉)
钢级 H40/J55/K55/M65/L80 1 型/C90 1 型/T95 1 型	钢级 N80　Q 型 C95	钢级 N80 P110	钢级 Q125a
符合 ISO 11960 [A. 2. 2. 3. 3]套管、油管 材料的选用标准	最大屈服强度小于 等于 760MPa(110kpsi) 专用 Q&T 钢	最大屈服强度小于等于 965MPa(140kpsi) 专用 Q&T 级	

注：1 型是基于最大屈服强度 1036MPa(150kpsi)，化学成分为 Cr－Mo 的 Q&T 级的。不可采用碳锰钢。

C. 湿二氧化碳环境

为不同含量二氧化碳及地层水，以电化学腐蚀为主的井下条件。常用 13Cr 或SUPER13Cr、22Cr 等更高铬含量的马氏体不锈钢。

雅克拉、大涝坝基本为湿二氧化碳环境，因此优选选用 13Cr 油管。

D. 湿二氧化碳和微量硫化氢环境

双向不锈钢 22Cr 可用于含微量硫化氢的湿二氧化碳环境，硫化氢和氯根含量更高时可选 25Cr。

E. 高含硫化氢和高含二氧化碳恶劣的腐蚀环境

在不利的油气井腐蚀介质类型组合及含量、压力、温度等相互作用下，抗硫化物应力开裂的碳钢和低合金钢可能会出现严重腐蚀、点蚀或开裂。这是最恶劣的腐蚀环境，总体来说只可选用镍基合金类材料。

2）防止油管的冲蚀/腐蚀

根据气井产能或配产方案，通过合理选择油管直径控制气流速度来防止冲蚀。

在油套管中，螺纹连接是首先被腐蚀的部位。腐蚀环境的油气井宜采用气密封螺纹。气密封螺纹流道变化小，有利于防止涡流冲蚀、电偶腐蚀，降低缝隙腐蚀和电位腐蚀。

3）采用闭口环空保护油管外壁和套管内壁

油管下部不带封隔器的完井结构称为开口环空。油套环空套管内壁和油管外壁的腐蚀决定于产出流体和环空油气水的相态变化。二氧化碳溶于凝析水，可使凝析水 pH 值降到 4.0 以下。由于环空无流动，该凝析水可稳定的附着在油管外壁，造成严重腐蚀或点蚀穿孔。此外，气井底部的油管和套管在气水界面附近溶解与析出产生的传质动力因素也会加剧腐蚀。但通过加注缓蚀剂可显著减缓对套管内壁和油管外壁的腐蚀。

油管下部带封隔器的完井结构称为闭口环空。在此条件下良好的环空保护液能对油管外壁和套管内壁实施有效保护。环空保护液应具有如下性能：

（1）具有良好的防腐蚀性能

（2）高温及长期的稳定性

（3）具有一定的密度能平衡压力

4）套管外防腐

套管外腐蚀主要发生在未注水泥的自由套管段。水泥环可较好的保护套管免受腐蚀，在注水泥质量差的井段，或井下作业损伤了水泥环的井段，套管外壁也可能受到腐蚀。

防止套管外腐蚀的主要措施包括避免裸眼段过长，用水泥封固腐蚀性井段；采用套管外涂层或外缠绕保护膜；提高注水泥质量和采用合适的抗腐蚀水泥。

2. 抗腐蚀材质管道优选

针对雅克拉凝析气田集输系统恶劣的腐蚀环境，通过添加少量的合金元素，改变碳钢和低合金钢的成分来增强金属材料的抗腐蚀性，通常是添加 Cr、Ni、Cu 等使钢抗腐蚀性提高，使不耐腐蚀金属合金化，获得耐蚀合金，但很显然其钢管的价格也无形中提高许多。非金属材料都以离子键或共价键结合，离子键晶体内带电粒子结合牢固，而共价键具有共享电子对，数量有限，也难以自由运动，所以非金属材料一般硬而脆，很难发生氧化反应(失去外层电子)。在对付 $H_2S-CO_2-Cl^-$ 环境侵蚀作用时，非金属材料比金属材料在耐蚀上具有先天优势。

结合抗腐蚀材质管道施工要求：316L 内衬复合管施工对焊接工艺有较高的要求，必须出焊接工艺评定，挑选高水平焊工，确保焊缝质量；06Cr13 与 13Cr 抗腐蚀材质管道属于不锈钢管，焊接时使用相应不锈钢焊条，并采取防风、防雨、保温等措施，确保焊缝质量；高压玻璃钢管道安装由厂家直接负责，管子的接受、保存、现场安装、管道下沟、穿越、回填和试压等严格按照厂家出具的安装指导书进行，以免管道本体受损。各类抗腐蚀材质管道在雅克拉凝析气田集输系统均有现场施工先例，施工不存在困难。

通过对抗腐蚀材质在雅克拉凝析气田集输系统的适应性、经济性评价，依据“技术可靠”和“经济合理”的原则，结合目前雅克拉凝析气田集输现状，对雅克拉凝析气田集输系统不同部位、不同型号管道优选结果见表 7－51。

表 7－51　雅克拉凝析气田集输系统抗腐蚀材质管道优选系列表

材质、型号＼适用范围	DN150口径集输管线整体	DN150口径井场集输管线	DN150口径井场外集输管线	DN100口径集输管线整体	DN100口径井场集输管线	DN100口径井场外集输管线
316L 内衬复合管 Φ168×(14+2)	再次	其次	不优选			
高压玻璃钢管(DN135)	首选	不优选	首选			
06Cr13(Φ168×14)	其次	首选	其次			
16Mn(Φ168×11)	不优选	不优选	再次			
13Cr 油管(Φ88.9×6.45)				其次	首选	其次
高压玻璃钢管(DN100)				首选	不优选	首选
16Mn(Φ114×8)				不优选	不优选	再次

3. 抗腐蚀弯头优选

弯头是压力管道必不可少的重要组成部分，在安全生产上占有极其重要的地位，由于冲蚀使弯头管壁内部磨损局部变薄，在一定压力下导致刺漏或暴裂，通常腐蚀区弯头边缘局部磨损使用超声波是无法检测到得，因此弯头冲蚀磨损一直是油气工业生产中尤为头痛的问题。

常用的解决办法：材料升级，增加曲率半径，增大壁厚或涂层，加注缓蚀剂；调整流体工艺参数。但是在使用上会遇到高温、高压 CO_2－Cl^-－“甜气”环境下，很难找到合适的材料，也影响正常的安装空间和开发生产效率，且花费高，更换次数频繁，不能彻底解决等问题。

根据管道弯头冲刷腐蚀的磨损机理和影响冲刷腐蚀磨损的主要因素，采取相应的防磨减磨措施，加工制作异型结构锻造高压直角弯头并在现场得到了成功试验，并取得了良好的适用性效果，根据对抗腐蚀材质、型号弯头的适应性、经济性综合评价，依据依据“技术可靠”和“经济合理”的原则，结合目前雅克拉凝析气田集输现状，对雅克拉凝析气田集输系统不同部位、不同型号弯头优选结果见表 7－52。

表 7－52　雅克拉凝析气田集输系统抗腐蚀弯头优选系列表

材质、型号＼适用范围	DN150口径集输管线弯头整体	DN150口径井场内集输弯头	DN150口径井场外集输弯头	DN100口径集输管线弯头整体	DN100口径井场内集输弯头	DN100口径井场外集输弯头
16Mn 渗氮高压锻制直角方墩弯头(DN150 PN320)	首选	首选	首选			
15CrMo 高压锻制直角方墩弯头(DN150 PN320)	其次	其次	再次			
Φ168×11mm 16Mn、$R=6D$、90°热煨弯头	不优选	不优选	最次			
1Cr13 材质高压锻制直角方墩弯头(DN80 PN320)				首选	首选	首选
Φ114×8mm 16Mn、$R=6D$、90°热煨弯头				不优选	不优选	其次

第八章　雅克拉－大涝坝凝析气田开发实例

一、气田开发历程

（一）雅克拉凝析气田开发历程

1. 勘探阶段(1980～1990年)

1980～1983年，地震工作发现雅克拉重力高，布署的SC2井在井深5391.18m时发生强烈井喷，初始畅喷产量为：原油$1000m^3/d$，天然气$200\times10^4m^3/d$，发现了奥陶系凝析气藏。此后S4、S5、S6、S7、S15等井相继完钻，S5井于1987年在白垩系卡普沙良群钻遇工业油气流，发现了白垩系凝析气藏。

1992年8月提交《新疆塔里木盆地雅克拉凝析气田白垩系凝析气藏储量报告》，经全国矿产储量委员会审查批准未开发探明地质储量：天然气为$196.22\times10^8m^3$，凝析油为353.2×10^4t。此外，随着2001年10月份Y4的完钻又向国家储委提交《雅克拉2001年新增探明储量报告》，新增纯天然气探明地质储量$32.49\times10^8m^3$，凝析油58.5×10^4t。截至2002年底累计上报天然气探明储量$245.57\times10^8m^3$，凝析油442×10^4t。

2. 试采阶段(1991～2004年)

雅克拉白垩系气藏自1991年5月投入试采生产以来，先后有四口井进行了试采，积累了丰富的产量和井口压力资料。截至2004年12月已累计生产天然气$14.04\times10^8m^3$，凝析油$32.73\times10^4m^3$，水$1.35\times10^4m^3$。天然气地质储量采出程度5.72%，凝析油地质储量采出程度7.40%。

3. 开发阶段(2005至今)

2005年，雅克拉白垩系凝析气藏正式投入开发，开发方案设计开发井8口，其中4口水平井和4口直井(老井2口)。在该方案中配产7口，监测井1口。水平井日产气$50\times10^4m^3/d$，直井日产气$20\times10^4m^3/d$，区块日产气$260\times10^4m^3/d$，采气速度3.48%，预计稳产10年。

2005年投入开发后(见图8－1)，实际投入开发井6口，其中水平井2口，直井4口(含2口老井)，少执行2口水平井。按方案设计水平井日产气$50\times10^4m^3$，直井日产气$20\times10^4m^3/d$，仅建立日产气能力$180\times10^4m^3/d$。2005年底，雅克拉白垩系气藏日产气水平$140\times10^4m^3/d$。

之后，随着新井(Y14H、Y7CH)和老井措施转层(Y13、Y15、Y8)到白垩系投产后，油气产量不断增加，2011年共有生产井11口，其中，水平井4口，直井7口，直井已超方案设计开井数4口。日产气水平$275\times10^4m^3/d$，仅超过方案设计$15\times10^4m^3/d$，主要是由于水平井Y7CH和Y14H井产能未达到方案设计的产能($50\times10^4m^3/d$)和边部气井Y9X、Y10和Y13井见水后产能大幅降低的原因。

2011年8月雅克拉白垩系采油速度5.56%，采气速度4.17%，凝析油采出程度31.79%，天然气采出程度25.32%。

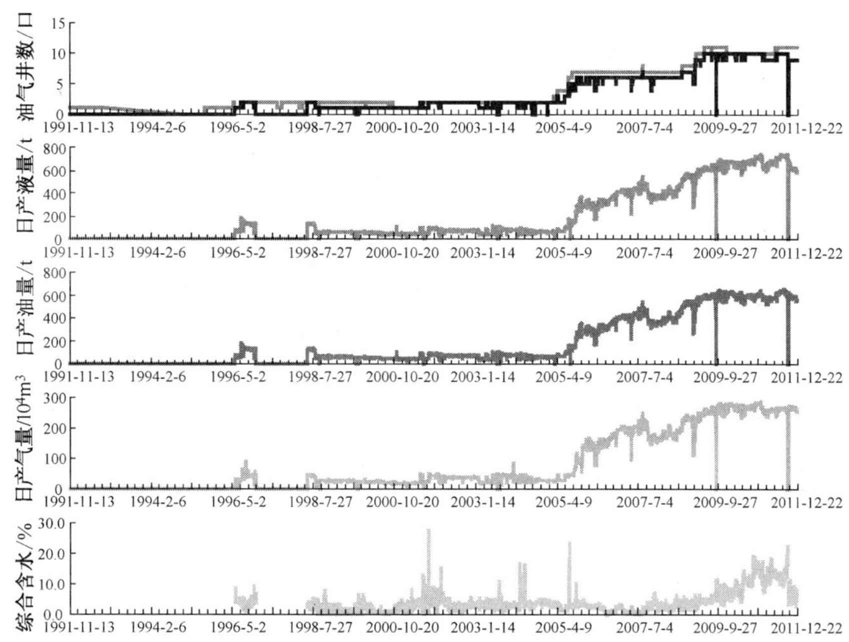

图 8－1　雅克拉白垩系气藏综合生产曲线图

（二）大涝坝凝析气田开发历程

1. 试油阶段(1994 年 10 月～2005 年 5 月)

大涝坝凝析气田有两个局部构造组成，分别是大涝坝 1 号构造和大涝坝 2 号构造，分为 1 号苏维依组、2 号苏维依组和 2 号巴什基奇克组三个气藏。1994 年 9 月 DL6 井(原 YH6 井)在 2 号构造苏维依组下气藏 8mm 油嘴测试，油压 25MPa，日产油 $172m^3$，日产气 $194288m^3$，获得突破，录取各项地层参数后但未试采。后来 1997 年 S45 井完钻，但未在该层进行测试，该阶段共有钻井 2 口。

2. 开发阶段(2005 年 5 月至今)

2005 年 5 月大涝坝凝析气田投入开发，如图 8－2 所示，初期 2 号构造形成 E_3s 上、E_3s 下、K_1bs 三套气层开发局面，共有生产井 6 口。其中单采 K_1bs 气藏井有 4 口，单采 E_3s 上气藏井 1 口，三个气藏合采井 1 口。后因 K_1bs 气藏采速高(8.56%)，地层压力下降快(12.5MPa)地层出现严重的反凝析污染，产能迅速下降，为保证凝析气田平稳开发，进行了层系间的优化调整。

截至 2011 年 8 月，共有生产井 13 口，其中开井 10 口，注水井 1 口。目前日产油 160t，日产气 $28.2\times10^4m^3$，综合含水率 28.43%，综合气油比 $1742m^3/t$，气藏凝析油采出程度 15.92%，气采出程度 19.8%。

二、气田开发特征

（一）雅克拉凝析气田

雅克拉白垩系在试采阶段(1990 年 6 月至 2005 年正式投入开发前)，采速低，地层压力下降较缓；2005 年正式投入开发后，采速不断增大。

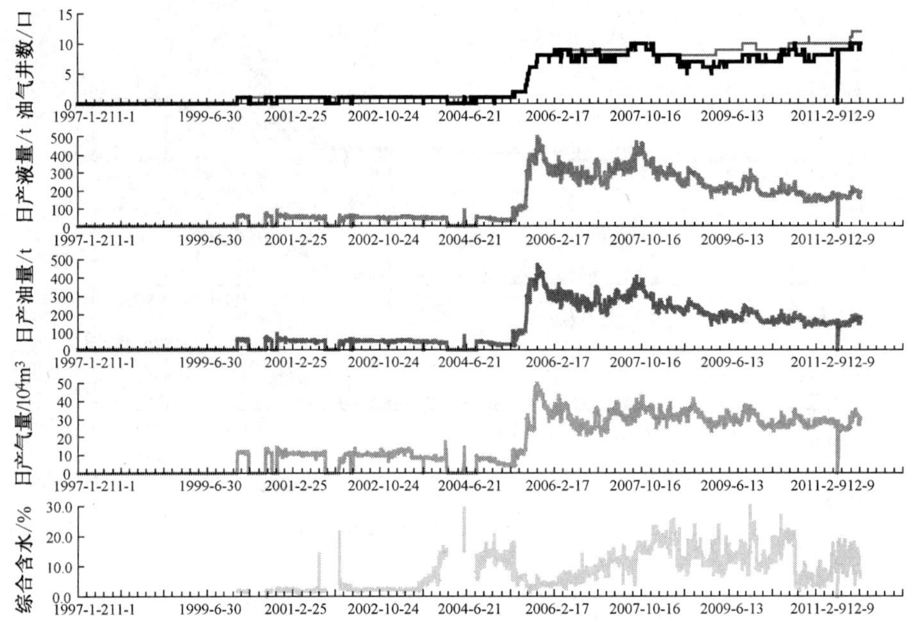

图 8－2　大涝坝凝析气藏综合生产曲线图

雅克拉白垩系气藏在试采过程中表现出以下主要特点：①适当控制生产压差，能减少凝析油的损失和气井生产事故的发生；②凝析油含量受重力分离现象明显；③上下气层合采有利于降低生产压差；④地层压力下降缓慢，单位压降采气量高，为 $3.61\times10^8m^3/MPa$。

雅克拉白垩系气藏开发过程中表现出以下主要特征：①单井产能较高，且生产稳定；②除个别井由于钻完井和修井过程中存在一定储层污染，投产初期时生产压差较大外，水平井生产压差小于1MPa，直井生产压差小于3MPa；③开发受反凝析影响较小；④边水不断推进，水体约20倍大小，边水表现为较活跃，边部井普遍见水；⑤单井见水后，油气产量大幅度下降甚至停喷；⑥气藏下气层采速长期高于上气层，采出程度也不同，导致下气层水侵较上气层严重(见图 8－3、图 8－4)。

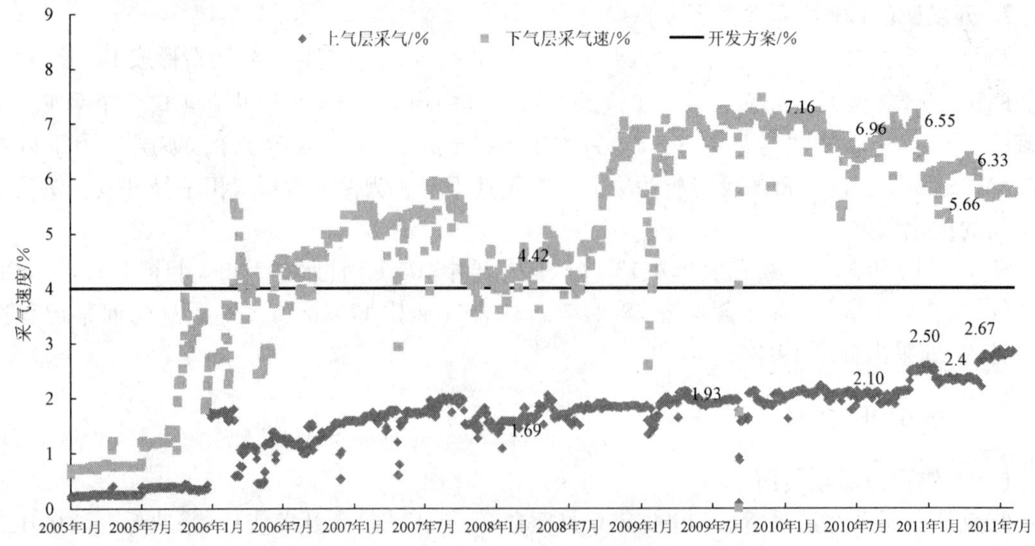

图 8－3　雅克拉白垩系上下气层采气速度图

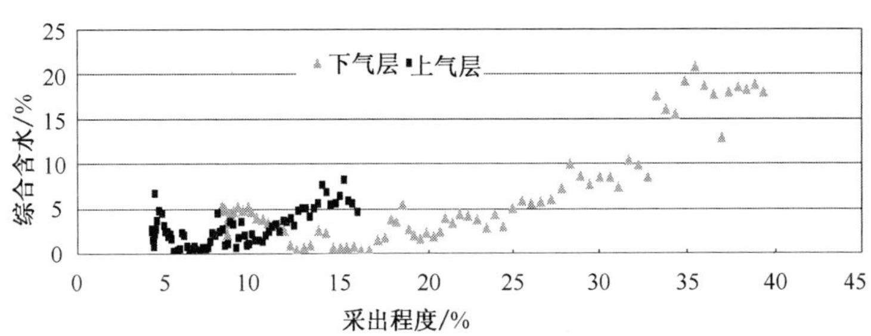

图 8－4　雅克拉白垩系上下气层采出程度与含水率变化曲线

雅克拉凝析气藏开发效果较好，与开发方案相比，在实际采出程度高于方案的情况下，压力保持程度较方案好；气油比较方案设计低，使凝析油采速和采出程度均大于天然气采速和采出程度，凝析油采出程度远高于方案设计。

雅克拉凝析气藏在开发过程中发现的主要问题是上、下气层表现出明显的开发不均衡，2010 年开始采取了相应的井网调整，在 2011 年年底逐步实现了上下气层均衡开采。

（二）大涝坝凝析气田

试采阶段，苏维依组气藏上气层前期仅 S45 井生产，该井 2004 年 8 月见水，2006 年 6 月因边水推进至井底导致该井地层发生水锁停喷。S45 井单井生产上气层近 10 年，采出程度较高，开发效果好，证明了低采速对高含凝析油凝析气藏提高采收率效果明显（见表 8－1）。

表 8－1　苏维依上气层产出情况

原始地层压力/MPa	累产		采出程度/%		单位压降采出量/(10^8m^3/MPa)		停喷前地层压力/MPa
	油/10^4t	气/10^8m^3	油	气	油	气	
55.55	13.83	2.51	21.64	25.96	1.6728	0.2965	46.76

2005 年气田投入开发后，五个气层先后投产，因井网不断调整，各气层采速不断变化，在生产中表现出不同的开发特征：

1 号构造苏维依组开发特征：①苏维依组储量较小，避水高度小，井距较小，开采速度过高，生产压差大，井网部署不合理，造成动用储量低，局部形成较大的压降漏斗，水体舌进，产能不断下降，影响气藏开发效益。②地层水水侵明显。③生产井存在积液，影响气井生产。3 口生产井地层水产出量大，造成的近井储层气相相对渗透率的下降及井筒积液，直接影响了气井产能。

2 号构造苏维依组开发特征：①苏维依组气层具有水驱特征，地层水对构造低部位生产井影响较大。②气井反凝析现象较普遍。井底反凝析不断加重，导致气相相对渗透率下降，生产压差过大，气井产能大幅下降。③后期采气速度过大。设计 6 口生产井，目前实际生产井 9 口，生产井的增加造成采速加大，特别是苏维依组，新井和措施井的投产引起边水推进，严重影响凝析油气高产稳产。

2 号构造巴什基奇克组开发特征：①2005～2006 年 5 口井集中开采巴什基奇克组，开采速度过高，生产压差大，造成产能、压力下降迅速，反凝析污染严重影响产能（见图 8－5、图 8－6）。②产能呈不断下降趋势；气油比呈不断上升趋势；含水率虽然有一定波动，但总体基本稳定。③井网密度较完善，动用程度相对较高，但由于储层物性差，非均质性严重，反凝析污染等的影响，单井控制面积较小。④水体较大，但受隔夹层影响，水体能量不能及时补足。⑤2006 年 7 月开始调整井网以后，地层压力不断上升，2 口井生产该层保持较长时间稳产，后因地层见水产能下降。

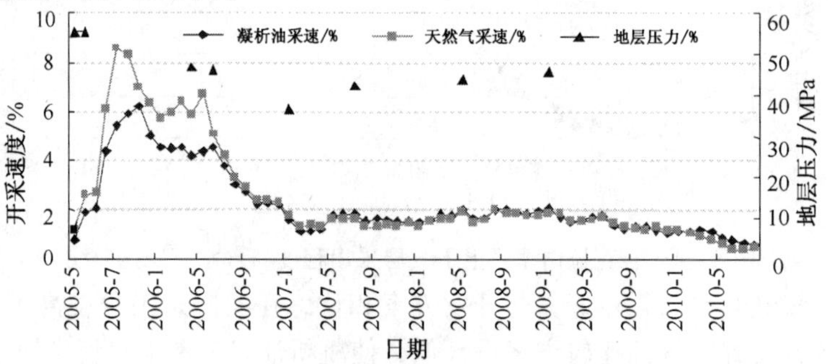

图 8-5　巴什基奇克组气藏采气速度、地层压力变化图

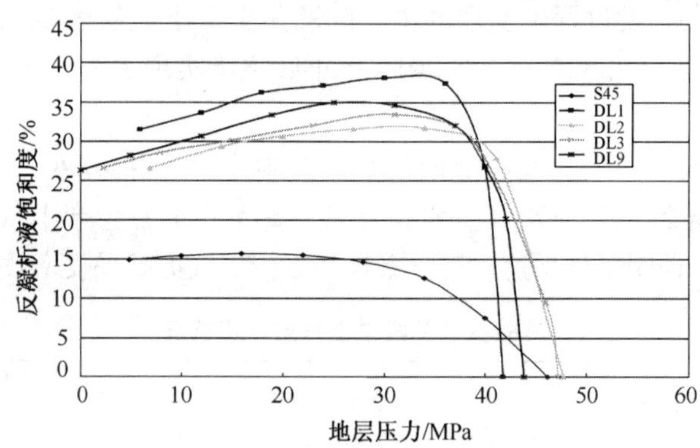

图 8-6　大涝坝地层流体反凝析液饱和度曲线

大涝坝凝析气藏 1 号构造因为水侵和积液问题，导致开发效果较差。大涝坝凝析气藏 2 号构造巴什基奇克组凝析油含量高，地露压差小，反凝析污染严重影响气井产能；苏维依组目前还处于稳产期，开发效果较好。

三、开发过程中的主要问题及对策

针对雅-大凝析气田开发过程中遇到的主要问题，主要开展了以下几方面的技术：

1）注重机理与理论研究

雅克拉、大涝坝两个凝析气藏在开发中，非常重视凝析气藏开发机理的研究和认识，尤其注重储层地质特征、相态试验、渗流机理、水驱规律等基础资料的研究，开展了大量的室内实验、现场试验和科研攻关工作。在油气水三相体系相态特征、多孔介质中的渗流与相态特征、注气驱相态特征和长岩心相变渗流实验中进行了深入研究与探讨，走在了凝析气藏开发前沿；在气藏精细描述与三维地质建模方面、凝析气井试井解释、产能评价、反凝析评价与循环注气提高采收率方面做了深入研究工作，在注气吞吐、注水提高采收率方面做了探讨性实验。

但是随着开发工作深入，也遇到了一些新问题。一是凝析水对气藏开发的影响作用认识薄弱。特别是凝析水产出机理、产水规律、烃水相态变化特征以及凝析气中凝析水含量变化规律还未展开深入研究；二是凝析气藏开发中后期，对气油比变化原因以及对开发的影响认识不足，与理论认识有差异。三是对于发生反凝析和地层见水的气井，由于存在油、气、水三相渗流的凝析气井的产能评价认识能力仍然薄弱。

2）不断进行开发调整与优化

雅克拉凝析气藏整体开发效果较好，在开发过程中发现的主要问题是上、下气层表现出明显的开发不均衡，2008～2010年开始进行井网调整，在2011年年底逐步实现了上下气层均衡开采。

大涝坝凝析气藏2005年开始投入开发，但因反凝析严重，产能下降迅速，整体开发效果较差，特别是巴什基奇克组，2006年7月份开始到2011年一直在不断进行调整与优化，开展了优化生产制度、调整井网、新钻井、实验注水提高凝析气藏采收率技术几项工作，进行了注气吞吐、循环注气和注水提高采收率政策研究。气田在2011年年底进入循环注气保压开发建设阶段。

3）修井污染严重，发明新型修井液

修完井过程中压井液漏失造成储层水锁、水敏、乳化等伤害，前期仅依靠优化工作制度、合理使用压井液密度、优化作业工序和施工参数等方法来开展储层保护工作，储层保护效果不理想，一次修井作业后产能损失达30%以上。

研发出了适合雅大凝析气井的储层保护液体系（ADG077储层保护液），采用超微分子降滤失剂，具有能解除凝析气藏水锁伤害，黏土稳定性能好、防凝析油乳化、密度可变范围宽等特点。储层保护液作业后凝析气井产能恢复率达90%以上，较前期采用普通压井液作业产能恢复率提高20%。为进一步降低成本，2010年新研究的修井液得到推广应用，取得了显著经济效益。

4）深入探讨完井工艺技术

在完井现状调查基础上，并对气田现有的直井、水平井完井方式进行了评价，进行了不同射孔参数组合形成的表皮系数分析，研究了不同射孔参数组合对气井无阻流量及产量的影响。对比常规正压射孔与负压射孔效果，深入实践了油管传输负压射孔完井工艺，降低射孔表皮，提高措施有效率。

研究气井生产管柱的优缺点，对生产管柱的适用性进行了评价与优化。主要就取消封隔器的可行性、封隔器取消时机、以及取消封隔器后套管的腐蚀措施进行了深入研究。

综合考虑不同开发阶段中地层压力下降、地层出水等因素影响，分别对雅克拉、大涝坝深层凝析气田直井、水平井不同开发阶段井壁稳定进行了判断，并优选了直井、水平井完井方法。

5）不断优化完井管串

根据深层凝析气井完井管柱防腐、安全等方面的要求，同时随着凝析气藏开发进入不同的阶段，必须对完井工艺进行适时优化。雅克拉－大涝坝等凝析气田气井正式投入开发以前，其完井管柱优化应用经历了三个阶段：

（1）光管柱完井。没有使用任何井下工具。油管和套管直接接触腐蚀介质腐蚀严重，井口套管承受高压，井口出现事故后需要压井，容易引起井口失控事故，在S7井和S15井引发严重事故，从1995年开始进入封隔器＋普通材质油管完井阶段。

（2）封隔器＋普通材质油管完井阶段采用普通材质油管加封隔器等工具的完井管柱，并在封隔器以上油套环空加入环空保护剂。在实际应用过程中发现，普通材质油管抗腐蚀能力差单井免修期短（8个月），井下安全阀无自平衡装置，关闭后就必须上水泥车打平衡压才能开启，增加作业复杂性，滑套由于结垢等原因，作业时无法打开，起不到作用。为此进一步优化，在2001年后形成了13Cr气密扣油管加井下工具的复合完井工艺。

（3）13Cr气密扣油管加井下工具的复合完井工艺采用13Cr110材质Fox扣3½in和2⅞in油管加井下安全阀、伸缩节、封隔器等工具的完井管柱，封隔器以下采用13Cr110材质套管，并在封隔器以上油套环空加入环空保护剂。通过在雅克拉－大涝坝凝析气田开发中运用，解决了井下管柱腐蚀问题，井下安全阀实现自平衡操作简单方便，保证了气井的安全正常生产，有效地延长了气井免修期。雅克拉、大涝坝凝析气田2005年投入开发设计即采用13Cr气密扣油管加井下工具的复合完井工艺。

雅克拉－大涝坝深层凝析气井在前期地层压力较高、CO_2等腐蚀性介质分压较高腐蚀较严重、自喷携液能力较强井筒积液不严重的前期生产阶段，采用油管和2⅞in与3½in 13Cr油管＋封隔器的完井管柱具有很强的必要性和可行性。

随着开发的进行，各气田出现了不同开发情况，出现了不同的问题，部分气田地层压力下降快，反凝析与边水推进造成产量下降较快，井筒积液日益严重，2⅞in与3½in 13Cr油管＋封隔器的完井管柱由于不利于排液采气工艺的开展，且成本较高，不能很好的适应开发形势，为此针对各气田的不同开发形势和问题，对生产管柱结构（管径、材质、钢级、配套井下工具等）进行了进一步优化。

6）实验多重排液采气工艺技术，效果不佳

针对雅克拉－大涝坝深层凝析气井井筒积液和停喷井问题，开展了排液采气研究，进行了多轮排液采气技术现场实验（见表8－2），但是效果较差，严重制约气田开发。采气厂正在进行雅－大凝析气井气举阀排液工艺技术相关可行性研究工作。

表8－2　雅克拉－大涝坝凝析气田排液采气工艺应用评价

序　号	工艺类别	井　号	应用情况	评　价
1	放嘴排液	DL1X等16口	短期有效，但易激动地层发生水淹	有效
2	连续油管气举	DL1X、Y12	效果好，但费用成本高	有效
3	有杆泵	DL7、S49、Y15	泵易气锁，井易水侵	效果差
4	柱塞气举	DL9	自喷能弱，管柱弯曲影响柱塞滑行	无效
5	小油管＋气举阀	DL5	气举中地层连续供液，举升压差小	待评价

7）液锁问题认识模糊，解除水锁试验效果较差

水锁机理实质就是由于毛细管压力而产生了一个外加的表皮压降。当外来液体（主要是润湿相）进入孔隙后，附着在介质上，由于润湿相和非润湿间的毛管力作用产生水锁，将介质间的孔隙堵死，造成渗透率的下降。广义水锁包括三种：①地层出水后，因气井关井井筒水受到毛管力作用发生自吸而产生的反渗析水锁；②储层渗流过程中凝析油与地层水发生乳化，产生贾敏效应；③外来流体水锁，它是非固相颗粒流体造成的地层渗透性下降的现象，如修井液、泥浆滤液、压裂液等。三个气田产生水锁主要是关井造成的反渗析水锁和外来流体造成水锁。水锁效应是造成气藏产能下降的重要因素，主要影响因素有：气相渗透率大小、初始饱和度、界面张力、水相物理侵入深度、注入流体黏度、驱动压力、孔隙结构、黏土矿物种类及含量等。

目前对水锁认识问题主要有：①气井水淹停喷和水锁停喷界定模糊；②水锁原因是地层水导致还是外来水导致；③一口井同时存在水锁和反凝析污染，各自影响程度如何界定；④解除水锁的工艺技术不成熟，大多技术还处于实验和摸索阶段（见表8－3）。⑤解除水锁

后效果评价困难，往往选择解除水锁的井一般是高含水或快停喷的井，是地层原因还是药剂原因导致解水锁无效很难判定。

表 8－3　西北油田分公司凝析气藏解水锁试验情况表

区　块	井　号	实施内容	实施时间	是否有效
塔河南	THN9H	注甲醇	2007.12	否
	THN9H	注甲醇	2008.03	否
	THN1	注 SMM	2008.05	否
阳探	YT1－1H	甲醇＋SMM－GWS 活性剂	2010.03	有效
	YT1－2H	甲醇＋SMM－GWS 活性剂	2009.07	有效
阿探	AT2－4H	甲醇＋SMM－GWS 活性剂	2009.1	否
	AT1－9H	甲醇＋SMM－GWS 活性剂	2010.09	否
	YL2－1	甲醇＋SMM－GWS 活性剂	2010.8	否
	S3－1	GWP 活性剂	2010.12	否

针对外来流体的水锁，可以开展相关工作，解除水锁后再次发生水锁的可能性大大降低。针对关井造成的反渗析水锁，若气井低含水，可以进行水锁试验工作；若气井高含水再单独开展解除水锁工作意义不大，高含水阶段应该从排水采气＋解除水锁组合工艺角度开展工作。水锁跟反凝析一样，也是一个反复的过程，药剂有效期过了，水锁还会发生。

8）综合多种方法预防水合物冻堵

雅克拉、大涝坝凝析气田的一些气井油压高达 20～35MPa，井口节流后易形成水合物，造成采气树、地面回压管线冻堵，既影响生产时效又存在安全风险，水合物形成主要有两个条件：一是气体必须处于或低于水汽的露点，出现“自由水”时，二是气体必须处于适当的温度和压力条件之下。而影响因素主要有天然气组成、温度和压力、天然气水含量、水中盐含量、凝析油乳化作用等。目前三个气田现场应用了水套炉加热、加抑制剂(甲醇、盐水)、井下节流、电拌热、井口回流拌热、中频感应加热等方法，取得了一定的效果(见表 8－4)。

表 8－4　雅克拉－大涝坝凝析气田防冻堵工艺应用情况

序　号	类　别	井　号	效果评价
1	提高产量法	Y13、Y9X 等井	短期好
2	二级节流法	S3－3H、YL2－3H	低压井有效
3	水套炉加热	大涝坝 20 口单井	大多数有效
4	加甲醇	DL6、DL9 等井	效果差
5	加盐水	DL9、DL1X 等井	效果好
6	倒翼法	DL2、DL4 等井	效果好
7	井下节流	S3－1、Y13	效果好
8	电拌热	Y13	效果差
9	回流伴热法	DL2、DL10X、DL1X	效果差
10	中频感应加热	DL6、DL12	效果好

应用情况表明，防冻堵工作要针对不同的冻堵特点，选择相应的措施，不能单一使用一种方式，应针对不同特点，不同阶段采用组合拳的方式解决冻堵问题，另外需要积极试验应用既能满足开发工作需求，又能节能环保的新型工艺技术，降低现场操作人员劳动强度。

参 考 文 献

1 BFNNION D B. Water and Hydrocarbon Phase Trapping in Porous Media – Diagnosis, Prevention and Treatment. Journal of Canadian Petroleum Technology, December 1996, Volume 35, NO. 10.

2 Bennion, D. B., Thomas, F. B., Bietz, R. F., Hycal Energy Reseach Laboratories Ltd.. Low Permeability Gas Reservoirs: Problems, Opportunities and Solutions for Drilling, Completion, Stimulation and Production[J]. SPE 35577 presented at the the Society of Petroleum Engineers Gas Technology Symposium, 28 April – I May, Calgary, Alberta, Canada, Copyright 1996.

3 Parekh, B., and Sharma, M. Cleanup of Water Blocks in Depleted Low – Permeability Reservoirs, paper SPE 89837 presented at the Society of Petroleum Engineers Annual Technical Conference in Houston, Texas, Sep. 29, 2004.

4 H. A. Nasr – El – Din, J. D. Lynn, K. A. Al – Dossary. Formation Damage Caused by a Water Blockage Chemical: Prevention Through Operator Supported Test Programs, SPE 73790, 2002.

5 Bennion DB. Et al. Low permeability gas reservoirs: Problems, opportunities and selection for drilling, completion, stimulation and production. SPE 35577, 1996.

6 Huchart CE, Gdanski RD. Improved success in acid stimulations with an organic – HFsystem. SPE36907, 1996

7 [苏]M. T. 阿巴索夫，Ф. Г. 奥鲁贾利耶夫. 凝析气田的开发及气水动力学[M]. 北京：石油工业出版社，1993.

8 李士伦，王鸣华，何江川. 气田及凝析气田开发[M]. 北京：石油工业出版社，2001.

9 李士伦，等. 天然气工程 [M]. 北京：石油工业出版社，2008.

10 牛超群，张玉金. 油气井完井射孔技术[M]. 北京：石油工业出版社，1994 .

11 万仁溥，熊友明，等. 现代完井工程(第二版)[M]. 北京：石油工业出版社，2000.

12 陈元千，李璗. 现代油藏工程[M]. 北京：石油工业出版社，2001 .

13 刘育骥，耿新宇，等. 石油工程模糊数学[M]. 成都：成都科技大学出版社，1994.

14 李士伦，等. 天然气工程[M]. 北京：石油工业出版社，2008.

15 袁士义，叶继根，孙志道. 凝析气藏高效开发理论与实践[M]. 北京：石油工业出版社，2004.

16 罗平亚. 储集层保护技术[M]. 北京：石油工业出版社 1999.

17 T·A·拉宾斯卡娅. 岩石学基础[M]. 北京：石油大学出版社，1991.

18 李琪. 人工智能与油气储集层保护[M]. 北京：石油工业出版社，1998.

19 徐同台，赵忠举. 21 世纪初国外钻井液和完井液技术[M]. 北京：石油工业出版社，2004 .

20 法鲁克·西维. 油层伤害 – 原理、模拟、评价和防治[M]. 北京：石油工业出版社，2003.

21 李士伦，等. 注气提高采收率[M]. 南充：西南石油学院，1999.

22 罗平亚，等. 中国现代科学全书(油气田开发工程)[M]. 北京：中国石化出版社，2003.

23 李允主编. 油藏模拟[M]. 东营：石油大学出版社，1999.

24 何更生. 油层物理[M]. 北京：石油工业出版社，1993.

25 葛家理. 油气层渗流力学[M]. 北京：石油工业出版社，1982.

26 孔祥言. 高等渗流力学[M]. 合肥：中国科学技术大学出版社，1999.

27 孙良田，等. 油层物理实验[M]. 北京：石油工业出版社，1992.

28 沈平平，等. 油层物理实验技术[M]. 北京：石油工业出版社，1987.

29 李士伦，华桦. 凝析气勘探开发技术论文集[M]. 成都：四川科学技术出版社，1998.

30 赵春麟. 低渗气藏水锁伤害机理与防治措施分析[J]. 断块油气田，2004.

31 赵新庆. TB – 0 型低伤害修井液在雅克拉 – 大涝坝凝析气田的应用[J]. 石油钻探技术，2002.

32 朱国华，等. 砂岩气藏水锁效应实验研究[J]. 天然气勘探与开发，2003.

33 王亮，等. 新型压井液体系的研究及性能评价[J]. 钻井液与完井液，2004.